DIE
HORMONE DES OVARIUMS
UND DES
HYPOPHYSENVORDERLAPPENS

UNTERSUCHUNGEN ZUR BIOLOGIE UND KLINIK
DER WEIBLICHEN GENITALFUNKTION

VON

DR. BERNHARD ZONDEK

A. O. PROFESSOR FÜR GEBURTSHILFE UND GYNÄKOLOGIE
AN DER UNIVERSITÄT BERLIN

MIT EINEM ANHANG
DIE HORMONALE SCHWANGERSCHAFTSREAKTION
AUS DEM HARN BEI MENSCH UND TIER

MIT 121 ZUM TEIL FARBIGEN ABBILDUNGEN

BERLIN
VERLAG VON JULIUS SPRINGER
1931

ISBN 978-3-642-51285-8   ISBN 978-3-642-51404-3 (eBook)
DOI 10.1007/978-3-642-51404-3

ALLE RECHTE, INSBESONDERE DAS DER ÜBERSETZUNG
IN FREMDE SPRACHEN, VORBEHALTEN.
COPYRIGHT 1931 BY JULIUS SPRINGER IN BERLIN.

Softcover reprint of the hardcover 1st edition 1931

DEM ANDENKEN

MEINES KLINISCHEN LEHRERS

KARL FRANZ

GEWIDMET

Vorwort.

Das vorliegende Buch soll nicht in zusammenfassender Weise über die Hormone des Ovariums und des Hypophysenvorderlappens und deren Bedeutung für die weibliche Genitalfunktion berichten, sondern im Wesentlichen eine Zusammenfassung eigener — z. T. noch nicht veröffentlichter — Arbeiten bringen, so daß ich im Subjektiven den Hauptwert dieser Zeilen erblicke. Ich bitte es mir daher nicht zu verübeln, wenn manche Autoren, die Wichtiges auf diesem Gebiete geleistet haben, ihren Namen in diesen Blättern vielleicht vermissen.

Ich zeige den Weg, den ich bei meinen Studien gegangen bin, wobei ich das Methodische in allen Einzelheiten darstelle, weil viele an mich gerichtete Anfragen mir gezeigt haben, daß hier noch manche Unklarheit herrscht. Die Untersuchungen über die Wirkung von Hormonen, die ich 1913 begann, habe ich während meiner ganzen klinischen Tätigkeit fortgesetzt. Kaum ein anderes Gebiet der Medizin hat einen so innigen Kontakt mit der Lehre von der inneren Sekretion wie gerade die Gynäkologie, da hier fast jedes Krankheitssymptom (Blutung, Amenorrhoe, Fluor usw.) durch die veränderte Ovarialfunktion bedingt sein kann. Wir haben die Möglichkeit, bei unseren Operationen die beherrschende endokrine Drüse, das Ovarium, anzusehen und können damit häufig schon makroskopisch die pathologische Funktion auf morphologische Veränderungen des Ovariums zurückführen. Die anatomische Forschung der letzten Dezennien hat uns in hervorragender Weise über die Beziehungen des Uterus als Erfolgsorgan des Ovariums aufgeklärt. Ich möchte aber glauben, daß wir in der anatomischen Analyse der Krankheitsbilder in der Gynäkologie schon etwas zu weit gegangen sind, so daß wir manche Befunde gezwungen erklären, weil sie in das gewohnte Bild der anatomischen Betrachtungsweise nicht hineinpassen. Ich werde im vorliegenden Buch u. a. zu zeigen bemüht sein, daß die Betrachtung der Genitalfunktion vom funktionellen, d. h. hormonalen Standpunkt aus für den Kliniker wertvoll ist, da wir dadurch zu neuen Auffassungen über Wesen und Therapie des Krankheitsgeschehens der Frau kommen.

Die vorliegenden Untersuchungen habe ich, soweit sie theoretischer Art sind, im Physiologischen, Pharmakologischen und Pathologischen Institut der Universität ausgeführt. Die klinischen Untersuchungen und Hormonstudien sind in der Universitäts-Frauenklinik der Charité, die Arbeiten des letzten Jahres im Städtischen Krankenhaus Berlin-Spandau entstanden.

Vorwort.

Die Untersuchungen habe ich zu einem Teil in gemeinschaftlicher Arbeit ausgeführt. Die mehrjährige, fruchtbringende, anatomisch-biologische Zusammenarbeit mit ASCHHEIM, die für unsere Fragestellung wichtigen chemischen Hormonstudien mit BRAHN und VAN EWEYK, die biologischen und klinischen Untersuchungen mit H. ZONDEK, A. LOEWY, FRANKFURTER, STICKEL, ROBINSON, BERNHARDT, E. K. WOLFF, BUSCHKE, F. LEVY und GRUNSFELD haben die vorliegenden Hormonstudien auf eine breite Grundlage zu stellen versucht.

Bei der Durchführung der Untersuchungen bin ich durch die fleißige Mitarbeit meiner technischen Assistentin, Fräulein INGEBORG LEISERING, unterstützt worden.

Die Arbeiten des letzten Jahres sind mir durch die großzügige Unterstützung der Notgemeinschaft der Deutschen Wissenschaft ermöglicht worden.

Berlin, im Oktober 1930.

BERNHARD ZONDEK.

Inhaltsverzeichnis.

                                                                        Seite

1. Kapitel. Ein falscher Weg der allgemeinen Hormonforschung .. 1
Untersuchungen über die Spezifität von Extrakten aus endokrinen Drüsen 3

2. Kapitel. Das Wachstum des Uterus als Testobjekt zum Nachweis des weiblichen Sexualhormons (Ovarialhormon) 11
Beziehungen des Gewichtes der Sexualorgane zum Gesamtgewicht 14

3. Kapitel. Die Ovarialtransplantation als Substitution des weiblichen Sexualhormons.................. 17

4. Kapitel. Ein neuer Weg zur Erforschung des weiblichen Sexualhormons .·................. 23

5. Kapitel. Die Brunstreaktion der Nagetiere als Testobjekt zum Nachweis des weiblichen Sexualhormons 25

6. Kapitel. Methodisches 35
   1. Kastration 35
   2. Abstrichverfahren 37
   3. Implantationsmethode 39
   4. Fütterungsmethode 41
   5. Injektionsmethode 41
   6. Fehlerquellen 42

7. Kapitel. Die Lokalisation des weiblichen Sexualhormons im menschlichen Ovarium 44
   1. Versuche mit Ovarialrinde 45
   2. Versuche mit Follikelwand 45
   3. Versuche mit Follikelsaft 46
   4. Versuche mit Corpus luteum 46

8. Kapitel. Die funktionelle Bedeutung der interstitiellen Zellen. Die Entstehung des Follikelsaftes 49

9. Kapitel. Weibliches Sexualhormon und Lipoide des Ovariums .. 54

10. Kapitel. Exogene Einflüsse und Ovarialfunktion 58
   1. Röntgenstrahlen und Ovarialfunktion 58
     a) Kastrationsbestrahlung 58
     b) Röntgenreizbestrahlung 63
   2. Nährschäden und Ovarialfunktion 64
   3. Gifte und Ovarialfunktion 66

11. Kapitel. Oestrus, Menstruation, Menstrualblut 71

12. Kapitel. Darstellung des weiblichen Sexualhormons (Folliculin). Einheitsbegriff des Hormons (Hormontitration) 76
   1. Ausgangsmaterial zur Darstellung des Hormons 80
     Follikelsaft S. 80 — Corpus luteum S. 80 — Placenta S. 81 — Harn S. 81.
   2. Eigene Darstellungsmethoden des Folliculins 83
     a) Darstellung aus Placenta und Follikelsaft (Extraktions- und Verseifungsverfahren) 83
     b) Darstellung des Folliculins aus Harn 84
   3. Zur Chemie des Folliculins 89

Inhaltsverzeichnis.

	Seite
13. Kapitel. Die biologischen Wirkungen weiblichen Sexualhormons (Folliculin)	91
1. Wirkung des Folliculins auf die Sexualorgane des kastrierten Tieres	92
2. Wirkung des Folliculins auf die Sexualorgane des infantilen Tieres	92
3. Wirkung des Folliculins auf die Sexualorgane des geschlechtsreifen Tieres	98
4. Wirkung des Folliculins auf die Uterusschleimhaut bei Mensch und Tier	99
5. Wirkung des Folliculins auf die Sexualorgane des senilen Tieres	101
6. Wirkung des Folliculins auf die Brustdrüse	102
7. Die antimasculine Wirkung des Folliculins	103
14. Kapitel. Follikelhormon und Corpus-luteum-Hormon	104
15. Kapitel. Der Hypophysenvorderlappen, der Motor der Sexualfunktion	107
16. Kapitel. Beziehung der Hypophysenvorderlappenhormone (HVH) zum weiblichen Sexualhormon (Folliculin). — Wirkungsmechanismus der Vorderlappenhormone (HVR I—III)	118
17. Kapitel. Die Produktion mehrerer Hormone im Hypophysenvorderlappen. Wachstumshormon, Follikelreifungshormon (HVH-A), Luteinisierungshormon (HVH-B), Stoffwechselhormon?	132
18. Kapitel. Testobjekt zum Nachweis der Hypophysenvorderlappenhormone (HVH)	140
19. Kapitel. Darstellung der Hypophysenvorderlappenhormone (Prolan A und B)	144
20. Kapitel. Biologische Wirkungen des Prolans	148
1. Wirkung von Prolan A am infantilen Tier	149
a) Einmalige Zufuhr	149
b) Dauerzufuhr von Prolan A	151
2. Wirkung von Prolan A und B am infantilen Tier	152
a) Einmalige Zufuhr	152
b) Chronische Zufuhr	154
α) Bei Maus und Ratte	154
β) Beim Kaninchen	155
3. Wirkung von Prolan A und B am geschlechtsreifen Tier bei chronischer Zuführung	158
4. Wirkung von Prolan A und B auf die männlichen Sexualorgane	159
5. Wirkung von Prolan bei Vögeln und Kaltblütern	169
21. Kapitel. Reaktivierende Wirkung der Hypophysenvorderlappenhormone auf den Genitalapparat seniler Tiere	170
22. Kapitel. Das Luteinisierungshormon des Hypophysenvorderlappens (HVH-B) als Hemmungsstoff der Ovarialfunktion. — Schwangerschaftsveränderungen durch die Hypophysenvorderlappenhormone. — Hormonale Sterilisierung	173
23. Kapitel. Ovulation in der Gravidät. Schwangerschaftsunterbrechung durch Hypophysenvorderlappenhormone	181
24. Kapitel. Ei und Hormon	189

Inhaltsverzeichnis.

	Seite
25. Kapitel. Schwangerschaft und Hormone	192
1. Weibliches Sexualhormon und Vorderlappenhormone in der Schwangerschaft	194
a) Folliculin und HVH im Ovarium bei Gravidät	194
b) Folliculin und HVH in der Placenta	195
c) Folliculin und HVH im Blut bei Gravidität	197
d) Folliculin und HVH im Fetus	200
e) Folliculin und HVH im Harn	200
2. Blasenmole, Chorionepitheliom und HVH	206
3. Ablenkungsmechanismus der Hormone in der Schwangerschaft	209
26. Kapitel. Die Placenta als endokrines Organ. Farbstoffe (Vitamin) in der Placenta	210
27. Kapitel. Sexualzyklus und Sexualhormone bei Mensch und Tier. Vergleichende Untersuchungen	218
28. Kapitel. Hypophysenvorderlappenzellen und Vorderlappenhormone. Wechselwirkung zwischen Hypophysenvorderlappen und Ovarium	224
29. Kapitel. Klinische Hormonanalyse zum Nachweis von Folliculin und HVH	234
1. Nachweis von Folliculin	235
a) Im Blut	235
b) Im Harn	236
2. Nachweis von HVH	237
a) Im Blut	237
b) Im Harn	238
30. Kapitel. Polyhormonale Krankheitsbilder	239
1. Polyhormonale Amenorrhoe	240
2. Polyhormonale Blutung	243
3. Polyhormonales Klimakterium	244
4. Analyse der klimakterischen Wallungen	245
31. Kapitel. Die Bedeutung des HVH-A (Follikelreifungshormon) beim Menschen	249
1. Follikelreifungshormon (HVH-A) und Kastration	252
2. Follikelreifungshormon (HVH-A) und Tumoren	259
32. Kapitel. Die Folliculin- und HVH-Reaktionen in ihrer diagnostischen Bedeutung	270
33. Kapitel. Sexualhormone und Stoffwechsel	274
34. Kapitel. Die klinische Anwendung von Folliculin und Prolan	278
A. Folliculin	279
1. Orale Wirksamkeit des Folliculins	279
2. Dosierung des Folliculins	280
3. Klinische Anwendung	281
Amenorrhoe S. 281 — Zyklusstörungen S. 283 — Blutungen S. 283 — Klimakterium S. 285 — Sterilität S. 285 — Habitueller Abort S. 286.	
B. Prolan	287
1. Orale Wirksamkeit	287
2. Wirkung auf die Genitalorgane der Frau	287
3. Klinische Anwendung des Prolans	289
Amenorrhoe S. 289 — Ovariellen Blutungen S. 292 — Adnextumoren S. 293 — Weitere Indikationen für Prolan S. 294.	

Anhang. I. Die hormonale Schwangerschaftsreaktion aus dem Harn
bei Mensch und Tier 296

   A. Bei der Frau 296
      1. Wissenschaftliche Grundlagen der hormonalen Schwangerschaftsreaktion 297
      2. Technik der Schwangerschaftsreaktion (Originalmethode) . . 304
      3. Fällungsschnellreaktion (FSR) 307
      4. Entgiftung des Harns. Verbesserung der Schwangerschaftsreaktion 308
      5. Harntitration zur Diagnose pathologisch veränderter Schwangerschaft (Blasenmole, Chorionepitheliom) 311
      6. Bedeutung der Gewebsuntersuchung nach Gewebsentgiftung für die Diagnose des Chorionepithelioms 312
      7. Die Schwangerschaftsreaktion bei Abort, Fruchttod, und Extrauteringravidität 313
      8. Wertigkeit der Schwangerschaftreaktion 314
   B. Beim Tier 316
      1. Beim Affen 316
      2. beim Pferd (Nachweis des weiblichen Sexualhormons und des Follikelreifungshormons (HVH-A) im Harn 316

II. Über Züchtung des menschlichen Ovarialgewebes in vitro . . . 323

Sachverzeichnis 334

1. Kapitel.

Ein falscher Weg der allgemeinen Hormonforschung.

Die Hormonforschung wurde durch die Aufsehen erregenden Selbstversuche von BROWN-SÉQUARD eingeleitet. Nach subcutaner Injektion von Testikelsaft bemerkte er an seinem Körper eine eigenartige Verjüngung, die sich in überraschender Zunahme der physischen, sexuellen und cerebralen Leistungsfähigkeit äußerte. Wenn dieser Versuch der Kritik auch nicht standhielt und sich schließlich als Autosuggestion erwies, so war dadurch der Weg der parenteralen Substitution einer endokrinen Drüse geschaffen. Dieser Versuch hat aber auf der anderen Seite der Forschung für lange Zeit einen falschen Weg gewiesen. Die ausgezeichneten klinischen Erfolge, die man beim Myxödem und sonstigen athyreotischen Störungen durch orale Zufuhr von getrockneter Schilddrüse sah, die, wenn auch nur vorübergehenden klinischen Erfolge durch Transplantation von endokrinen Drüsen festigten das Gebäude der hormonalen Substitutionstherapie. Durch BROWN-SÉQUARDs Versuch glaubte man nun, daß der wirksame Stoff in dem Preßsaft der Drüse vorhanden sein müßte, und daß durch die subcutane Injektion eine wirksame und im Vergleich zur Transplantation einfache Substitution möglich sei. Da die parenterale Zufuhr der stark eiweißhaltigen Drüsenpreßsäfte wegen toxischer, insbesondere anaphylaktischer Erscheinungen nicht möglich war, wurden die Preßsäfte enteiweißt und dadurch unschädliche Drüsenextrakte gewonnen.

Man glaubte diesen Weg gehen zu können, weil sich gezeigt hatte, daß die durch verschiedenartige Enteiweißung gewonnenen Extrakte des Hypophysenhinterlappens ihre wehenerregenden Substanzen nicht verlieren, wovon man sich im biologischen Versuch am überlebenden Uterus oder Dünndarm des Nagetieres leicht überzeugen konnte. Da man die anderen endokrinen Drüsenstoffe auf ihre Spezifität mangels einwandfreier biologischer Methoden nicht prüfte, wurden die Drüsenextrakte schematisch hergestellt, in dem Glauben, daß sie nach Enteiweißung wirksame Substanzen enthalten. Der Weg wurde dadurch noch besonders kompliziert, daß die verschiedenen chemischen Fabriken nach Geheimverfahren Drüsenextrakte herstellten, ohne daß über den chemischen Weg der Darstellung etwas bekannt war. Der Kliniker, der ein solches Drüsenextrakt in die Hand bekam, glaubte bei der Injektion den wirksamen Drüsenstoff zuzuführen. Sah er eine therapeutische Wirkung, so konnte diese durch das Extrakt bedingt sein, und damit glaubte er eine biologische Wirkung des Extraktes und der entsprechenden Drüse festgestellt zu haben! Der Experimentator, der durch intravenöse Zufuhr eines derartig im Handel befindlichen Drüsenextraktes eine Wirkung am Herzen, Blutdruck, am Gefäßapparat, am überlebenden Dünndarm, bei Durchspülung der Niere usw. sah, sprach von der Reaktion der entsprechenden endokrinen Drüse. Ich möchte zur Skizzierung nur ein Beispiel anführen, um gleichzeitig die in der Literatur vorhandenen Widersprüche zu zeigen. Das Hypophysenhinterlappenextrakt wird gegen Menorrhagien verwendet, wobei man von dem Gedanken ausgeht, daß zwischen dem Ovarium und der Hypophyse eine endokrine Korrelation besteht. Über gute klinische Erfolge bei Menorrhagien berichten BAB, SCHICKELE, LIEPMANN, DEUTSCH, KALLEDEY u. a. Im Gegensatz dazu konnten HOFSTÄTTER und KOSMINSKI durch Hypophysenhinterlappenextrakt Amenorrhöen zur Heilung bringen. Aus solchen klinischen Beobachtungen kann man nach Belieben biologische Schlüsse ziehen. Wir wissen heute, daß der Hypophysenhinterlappen überhaupt nicht Stoffe produziert, die spezifisch auf den Sexualapparat wirken. Verläßt man sich also nur auf die klinische — an Fehlerquellen reiche — Beobachtung, so kann der Unkritische spielend Theorien machen und seiner Phantasie weiten Spielraum geben.

Untersuchungen über die Spezifität von Extrakten aus endokrinen Drüsen.

Meine eigenen biologischen Untersuchungen über Wirkung von Drüsenstoffen begann ich im Physiologischen Institut der Universität (1913), wo ich in Gemeinschaft mit FRANKFURTHER[1] die Wirkung der Schilddrüsenstoffe und Eierstockspreßsäfte auf die Bronchialmuskulatur prüfte. Hierbei lernte ich die verschiedenartige Wirkung von Extrakten aus endokrinen Drüsen am biologischen Objekt kennen und sah die Fülle der Fehlerquellen, die beim experimentellen Arbeiten möglich sind.

Diese erste Arbeit ist für meinen Interessenkreis entscheidend gewesen. Das Rätsel der endokrinen Drüsenfunktion, die Hormonwirkung in ihrer vielgestaltigen Art und in der Merkwürdigkeit der klinischen Krankheitsbilder hat mich immer wieder gefesselt.

Bei den klinischen Untersuchungen über den Wert der Organotherapie (1919) prüfte ich zunächst, ob man durch die im Handel befindlichen Drüsenextrakte überhaupt eine Substitutionstherapie treiben könne. In Gemeinschaft mit STICKEL[2] wurde der Wert der

---
[1] ZONDEK, B. u. FRANKFURTHER: Arch. f. Physiol. 1914, 565—584.
[2] ZONDEK, B. u. STICKEL: Z. Geburtsh. u. Gynäk. 85, 83—106 (1923).

Organextrakte an den verschiedenen Formen ovarieller Blutungen untersucht. Die Untersuchungen wurden an 108 Fällen ausgeführt, die aus 12000 poliklinischen Fällen der Universitäts-Frauenklinik der Charité ausgesucht waren. Bei Pubertätsblutungen und Menorrhagien sahen wir klinische Erfolge durch Pituglandolinjektionen, aber ähnliche Erfolge konnten auch durch Corpus-luteum-Extrakte, sogar durch Hodenextrakt (Testiglandol) erzielt werden. Da wir klinische Wirkungen auch mit Extrakten aus der Schilddrüse, dem Ovarium, der Epiphyse beobachteten, schlossen wir schon aus diesen Untersuchungen, daß man von einer spezifisch organotherapeutischen Wirkung der Extrakte bei der erfolgreichen Behandlung ovarieller Blutungen nicht reden könne.

Um den Wirkungsmechanismus der Drüsenextrakte festzustellen, führte ich 1920—23 ausgedehnte experimentelle Untersuchungen[1] aus, von denen als Beispiele einige angegeben seien. Es wurden Extrakte derselben Drüse, aber verschiedenartiger Herstellung[2] in ihrer Wirkung an verschiedenen biologischen Systemen geprüft. Hierbei zeigte sich, daß im Handel befindliche Extrakte in ihrem Elektrolytgehalt und Säuregrad nicht unerheblich differieren. So wurden u. a. biologische Wirkungen festgestellt, die einfach der Ausdruck des verschiedenen p_H-Gehaltes der Drüsenextrakte waren.

Am isolierten, an der STRAUBschen Kanüle arbeitenden Herzen zeigte sich nach Zufuhr von 0,05 ccm Corpus-luteum-Opton ein momentaner Herzstillstand, wobei der Ventrikel in Diastole stehenbleibt, um sich bald etwas zu erholen und geringe Kontraktionen auszuführen. Daß die Herzzellen durch das Corpus-luteum-Opton nicht schwer geschädigt sind, geht daraus hervor, daß nach einmaliger Auswaschung mit Ringer das Herz wieder normal schlägt. Nachdem festgestellt war, daß das Corpus-luteum-Opton direkt auf den Herzmuskel einwirkt, ergab sich folgende Frage: Produziert das Corpus luteum wirklich Substanzen, die den Muskel zur Erschlaffung bringen? Deshalb prüfte ich ein aus einer anderen Fabrik stammendes Extrakt des gelben Körpers, das Luteoglandol. Hierbei keinerlei Wirkung auf den Herzmuskel. Bei zwei Extrakten aus der gleichen Drüse — dem Corpus-luteum-Opton und dem Luteoglandol — also ganz verschiedene biologische Wirkung.

Eine ganz besondere Wirkung auf das Froschherz sieht man bei Zuführung des Ovoglandol, während die zu beschreibende Wirkung bei Eierstocksextrakten von anderen Firmen nicht zu beobachten war. Schon bei Zusatz von 0,05 ccm Ovoglandol werden die Herzamplituden

---

[1] ZONDEK, B.: Z. Geburtsh. u. Gynäk. **86**, 238—278 (1923).
[2] Die Untersuchungen wurden ausgeführt 1. mit den Glandolen der chemischen Werke Grenzach, 2. den Extrakten der Firma Freund u. Redlich und 3. den Optonen von MERCK, die nach ABDERHALDEN durch tryptischfermentativen Abbau gewonnen sind.

größer, das Niveau der Kurve hebt sich etwas, und es treten Extrasystolen auf. Auswaschen mit Ringer ändert zunächst nichts und erst nach mehrmaligem Auswaschen mit Ringerlösung gelingt es, die Funktion des Herzens wieder zu bessern. Diese eigenartige Kurve wäre an sich belanglos, wenn nicht aus ihr hervorginge, daß die biologische Wirkung durch eine im Extrakt (Ovoglandol) vorhandene anorganische Substanz hervorgerufen würde. Es handelte sich hier lediglich um eine Calciumwirkung. *Die Ovoglandolwirkung ist ein charakteristisches Beispiel dafür, wie leicht man Drüsenwirkungen an biologischen Systemen feststellen kann, die in Wirklichkeit auf irgendwelchen Beimengungen in dem Mixtumcompositum beruhen, das man als Drüsenextrakt bezeichnet.*

In der folgenden Tabelle sind die Wirkungen der verschiedenen Extrakte derselben Drüse, aber verschiedenartiger Herstellung am Froschherzen zusammengestellt.

Tabelle 1.

Präparat	Hersteller	Konzentration	Biologische Wirkung (Froschherz)
1. Corpus luteum.			
a) Corpus-luteum-Opton	Merck	1:5	diastolische Erschlaffung
b) Luteogandol	Chem. Werke Grenzach	1:5	ohne Wirkung
c) Corpus-luteum-Extrakt	Freund u. Redlich, Berlin	1:5	diastolische Erschlaffung
2. Ovarium.			
a) Ovarialopton	Merck	1:5	diastolische Erschlaffung
b) Ovoglandol	Grenzach	1:5	Tonussteigerung
c) Oophorinextrakt	Freund u. Redlich	1:5	diastolische Erschlaffung
3. Hypophyse.			
a) Hypophysenopton	Merck	1:5	diastolische Erschlaffung
b) Pituglandol	Grenzach	1:5	ohne Wirkung
c) Pituitrin	Parke u. Davis	1:5	diastolische Erschlaffung

Hierbei zeigt sich, daß die Optone, gleichgültig aus welcher Drüse sie stammen, stets eine diastolische Erschlaffung machen, während die Glandole ohne Wirkung bleiben. Man kann also aus den Kurven eher die herstellende Fabrik als die endokrine Drüse diagnostizieren.

Am überlebenden Uterus konnte ich zeigen, daß man durch sämtliche Glandole eine Uteruskontraktion auslösen kann. Derartige wehenerregende Substanzen kann man in fast allen Organen finden, so daß man z. B. durch ein 20%iges Placentar- oder Leberextrakt den Uterus zur Kontraktion bringen kann. Diese wehenerregenden Substanzen, die man normaliter in geringer Menge in den Organen nachweisen kann, finden sich in den Extrakten in starker Konzentration, wenn man die Extrakte in Fäulnis übergehen, also einen Eiweißabbau eintreten läßt. Diese Wirkung ist wohl auf die aus dem Histidin entstehenden Abbaustoffe zurückzuführen, insbesondere das β-Imidazolyläthylamin (Histamin). Bei Prüfung der Optone, d. h. der durch tryptisch-fermentativen Abbau gewonnenen Drüsenextrakte sah ich eine entgegengesetzte Wirkung. Während nach 0,1 ccm Luteoglandol eine Uteruskontraktion auftrat, bewirkte 0,5 ccm Corpus-luteum-Opton eine Erschlaffung des Uterus. Dasselbe sehen wir beim Extrakt des Hypophysenhinterlappens, dessen wehenerregende Wirkung durch HOFBAUER bekannt ist. Das Hypophysenopton hat durch den tryptisch-fermentativen Abbau nicht nur seine wirksamen Substanzen verloren, sondern es wirkt sogar in entgegengesetzter Richtung! Durch 0,8 ccm Hypophysenopton wird der Uterus eines 600 g schweren Kaninchens zum Er-

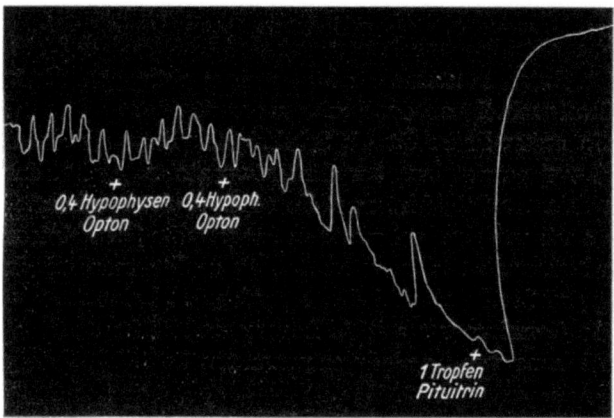

Abb. 1. Wirkung verschiedener Hypophysenhinterlappenextrakte auf den Uterus.

schlaffen gebracht, so daß die Kurve weit abfällt (Abb. 1). Die Spontankontraktionen treten in größeren Abständen auf, um schließlich fast ganz aufzuhören. Am tiefsten Punkt der Kurve wird nun, ohne das Hypophysenopton auszuwaschen, ein Tropfen Pituitrin (ebenfalls Hinterlappenextrakt) zugefügt. Man sieht, wie die Kurve sofort steil in die Höhe geht, weit über den ursprünglichen Kontraktionszustand hinaus. Gleichartige Wirkung konnte auch am überlebenden Dünndarm festgestellt werden.

Am LÄWEN-TRENDELENBURGschen Gefäßpräparat konnte durch Corpus-luteum-Opton eine Vasodilatation hervorgerufen werden, während dies mit Luteoglandol nicht möglich war.

Die Versuche ergeben, daß man durch unspezifische Beimengungen (z. B. Kalk) Reaktionen auslösen kann, die unberechtigterweise dem Ausgangsmaterial, d. h. der endokrinen Drüse, zugeschoben werden.

Die Untersuchungen zeigen weiter, daß die verschiedenartige Herstellung eine ganz andersartige biologische Reaktion auslösen kann. Extrakte der gleichen Firma haben meist gleichartige Wirkungen, woraus man schließen muß, daß diese Wirkung durch die Art der Herstellung bedingt ist. So wirken z. B. die Glandole kontrahierend, die Optone erschlaffend auf die glatte Muskulatur. Durch den schematischen Abbau können, wie wir beim Opton des Hypophysenhinterlappens gesehen haben, die wirksamen Stoffe sogar zerstört werden. Gegen die bisherigen Untersuchungen kann der Einwand erhoben werden, daß die spezifisch endokrine Wirkung der Organpräparate bei der Prüfung an Herz, Uterus, Dünndarm nicht zum Ausdruck kommt. Dies ist richtig. Aber die Versuche zeigen doch, wie falsch die Schlüsse sind, die man aus der Wirkung eines in der Herstellung unbekannten Extraktes gezogen hat.

Die folgenden Untersuchungen werden beweisen, daß schematisch hergestellte Extrakte hormonale Stoffe nicht enthalten. Es ist sicher, daß der Stoffwechsel von der Funktion der endokrinen Drüsen abhängt. Dies gilt in erster Reihe für die Schilddrüse. Beim Myxödem ist, wie MAGNUS LEVY gezeigt hat, der Gesamtumsatz erniedrigt, durch orale Zufuhr wirksamer Schilddrüsenstoffe wird er sicher erhöht.

Wenn auch wäßrige, schematisch hergestellte Schilddrüsenextrakte spezifisch hormonale Stoffe enthalten, so mußte man mit ihnen eine Erhöhung des Stoffwechsels bei entsprechenden Erkrankungen erzielen können. In Gemeinschaft mit A. LOEWY und H. ZONDEK untersuchte ich die Wirkung von Schilddrüsenextrakten an zwei Myxödematösen (s. S. 18).

Tabelle 2.

Atemvolumen	Pro Minute		Pro Kilogramm Körpergewicht O_2-Verbrauch ccm	Resp.-Quotient
	O_2-Verbrauch ccm	CO_2-Ausscheidung ccm		
Fall I: Pat. Bo.:				
5150,0	209,66	172,13	2,705	0,821
Nach Zufuhr von Thyreoglandol:				
4836,8	187,43	180,65	2,335	0,963
Fall II: Pat. Aug.:				
3218,7	156,24	—	1,927	
Nach Thyreoidin:				
4763,6	245,80		3,256	
Nach Thyreoideaopton:				
3508,5	169,12		2,211	

Im Fall I beträgt der O_2-Verbrauch 2,705 ccm pro kg Körpergewicht. Der relativ niedrige Verbrauch ist für das Myxödem charakteristisch, auf die Hypofunktion der Schilddrüse zurückzuführen. Jetzt erhält der Patient in 3 Wochen 21 Injektionen Thyreoglandol (entsprechend 21 g frischer Schilddrüse) mit dem Erfolg, daß der Erhaltungsumsatz nicht eine Spur steigt. Im Gegensatz, der O_2-Verbrauch wird noch geringer. Er fällt von 2,705 auf 2,335 ccm. Mit der Verminderung des Gesamtumsatzes geht auch eine subjektive Verschlechterung einher.

Der Versuch ergibt: *Der durch das Myxödem erniedrigte Gesamtumsatz wird durch ein Schilddrüsenextrakt,* das Thyreoglandol, *nicht erhöht, weil im Extrakt keine spezifischen Substanzen enthalten sind.* Die objektive und subjektive Verschlechterung fand sich in gleicher Weise bei parenteraler Zufuhr von Proteinkörpern (Caseosan, Aolan). Daher dürfte die den Stoffwechsel herabsetzende Wirkung des Thyreoglandols wahrscheinlich auf Eiweißabbauprodukte zurückzuführen sein.

Im Fall II ist der O_2-Verbrauch bei einem schweren Myxödem besonders niedrig. Er beträgt 1,927 ccm pro kg Körpergewicht. Nach oraler Zufuhr von getrockneter, chemisch nicht veränderter Schilddrüse — in Form von dreimal täglich 0,1 g Thyreoidin — steigt der Gesamtumsatz nach 3 Wochen stark an, und zwar von 1,927 auf 3,256 ccm. Hier also eine spezifische Schilddrüsenwirkung. Im Anschluß daran wird tryptisch-fermentativ abgebautes Schilddrüsenopton — 21 ccm — injiziert mit dem Erfolg, daß jetzt nach 3 Wochen wieder ein starkes Sinken des Umsatzes einsetzt, so daß der O_2-Verbrauch nur 2,211 ccm pro kg Körpergewicht beträgt.

Der Versuch ergibt: *Zuführung von chemisch nicht veränderter, getrockneter Schilddrüse zeigt die spezifische Stoffwechselwirkung beim Myxödem, tryptisch abgebaute Schilddrüse bleibt ohne Einfluß.*

An einem zweiten spezifischen Testobjekt konnte die Unwirksamkeit[1] von einigen Schilddrüsenextrakten nachgewiesen werden (Metamorphoseversuch nach GUDERNATSCH). Die Ergebnisse gehen aus den beiden Abbildungen so klar hervor, daß darüber wenig gesagt zu werden braucht. Die Kontrolltiere zeigen dieselbe Größe und denselben Entwicklungsgrad wie die mit Schilddrüsenextrakten (Thyreoglandol, Thyreoideaopton) gefütterten (Abb. 2). In der zweiten Versuchsanordnung (Abb. 3) sehen wir, wie die mit Thyreoideaopton gefütterten Tiere (c) keinerlei Veränderungen zeigen gegenüber den Kontrolltieren (a), den mit Hypophysenopton (b) und den mit Ovarialopton (d) behandelten Kaulquappen. Füttern wir die Tiere (f) aber mit Schilddrüsentrockensubstanz (Thyreoidin), so sehen wir sofort die spezifische Schilddrüsenwirkung, d. h. Wachstumshemmung und Steigerung der Metamorphose.

---

[1] ZONDEK, B.: Z. Geburtsh. u. Gynäk. **88**, 237—244 (1925).

8 Ein falscher Weg der allgemeinen Hormonforschung.

In den letzten Jahren ist die Forschung, speziell beim Schilddrüsenhormon, ein großes Stück vorwärts gekommen. KENDALL, insbesondere HARRINGTON, gelang nicht nur die Isolierung, sondern auch die Synthese (Thyroxin) des Hormons. Heute kennen wir die chemischen Eigenschaften des Thyroxins, die Art seiner Darstellung. Die mit dem Thyroxin erzielten Wirkungen dürfen mit der endokrinen Drüsenwirkung der Schilddrüse identifiziert werden, wenngleich natürlich die Reaktion an einem biologischen Objekt nicht die Verhältnisse wiedergibt, die sich in der komplizierten Maschine des Gesamtorganismus abspielen.

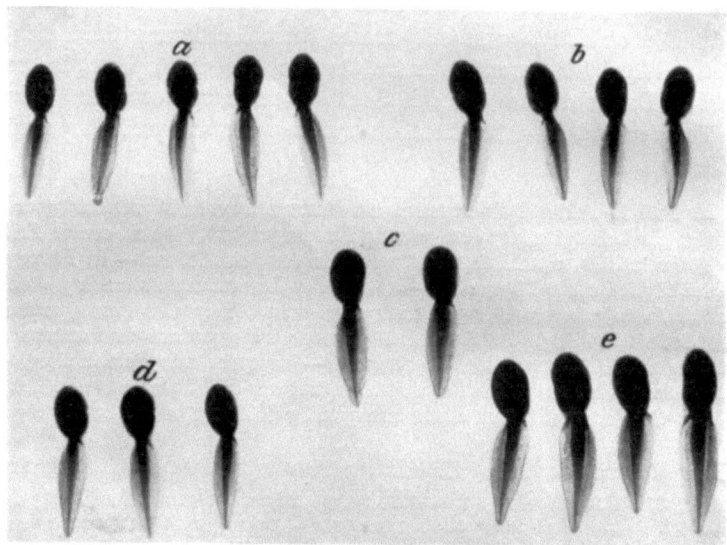

Abb. 2. a = Kontrolle, b = Thyreoglandol, c = Thyreoideaopton, d = Ovoglandol, e = Aolan.

Beginn des Versuchs 16. April.
    Größe der Tiere:
a = 14,22 mm   d = 14,22 mm
b = 14,2 ,,   e = 14,04 ,,
c = 14,08 ,,

Beendigung des Versuchs 26. April.
    Größe der Tiere:
a = 16,8 mm   d = 16,9 mm
b = 17,02 ,,   e = 19,12 ,,
c = 18   ,,

Ich habe über meine Untersuchungen aus dem Gesamtgebiet der Endokrinologie etwas ausführlicher berichtet, um zu zeigen, daß die Gynäkologie denselben falschen Weg gegangen ist, den seinerzeit die Forschung allgemein eingeschlagen hatte. Hierbei muß hervorgehoben werden, daß KÖHLER auf Grund seiner klinischen Beobachtungen bereits 1915 die Wirkung der Extrakte als nicht spezifisch erklärte, eine Ansicht, der auch HALBAN zustimmte. ESCH[1] sah die Erfolge der Organ-

---

[1] ESCH: Zbl. Gynäk. 1920, 65.

Untersuchungen über die Spezifität von Extrakten aus endokrinen Drüsen. 9

extraktbehandlung bei Menstruationsstörungen und anderen gynäkologischen Leiden im wesentlichen als Proteinkörperwirkung an.

Es ist, um es noch einmal zu betonen, falsch, dem Ovarium eine Wirkung auf die Gefäße zuzuschreiben, wenn man mit irgendeinem Ovarialextrakt eine Vasodilatation auslösen kann. Es ist falsch, von der menstruationshemmenden Wirkung des Corpus luteum zu reden, wenn man klinisch durch ein Extrakt des gelben Körpers eine blut-

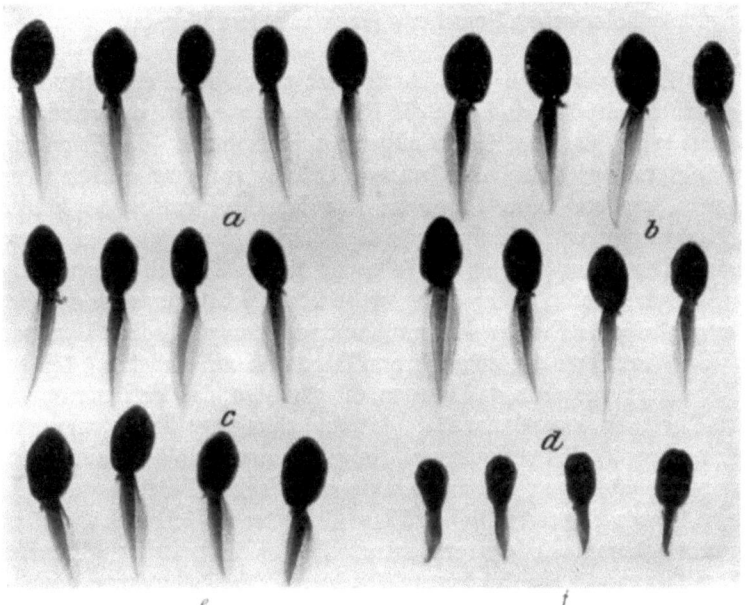

Abb. 3. a = Kontrolle, b = Hypophysenopton, c = Thyreoideaopton, d = Ovarialopton, e = Plazentaopton, f = Thyreoidin.

Beginn des Versuchs 24. April.　　　Beendigung des Versuchs 8. Mai.
　　Größe der Tiere:　　　　　　　　　　Größe der Tiere:
a = 19,75 mm　　d = 19,58 mm　　　a = 27,6 mm　　d = 28,9 mm
b = 19,26 ,,　　　e = 19,66 ,,　　　　b = 29,2 ,,　　　e = 15,1 ,,
c = 19,69 ,,　　　　　　　　　　　　　c = 28,4 ,,

stillende Wirkung auslösen kann. Wir haben gesehen, wie in fast allen Organen muskelkontrahierende Substanzen vorhanden sind, die durch Uteruskontraktion eine Blutung zum Stehen bringen können. Dieser blutstillende Effekt sagt gar nichts über eine inkretorische Wirkung des Extraktes aus. Bei klinischen Versuchen spielt der Zufall (Erfolg durch Wassereinspritzung), das subjektive Urteil des Beobachters und die Fülle der unkontrollierbaren Einflüsse eine so große Rolle, daß ein Schluß von der Wirkung eines Extraktes auf die Funktion einer Drüse zu ganz falschen Ergebnissen führen kann. Das hat, und damit kommen wir zu dem anfangs mitgeteilten Versuch zurück, das bedeutsame Experiment von BROWN-SÉQUARD gezeigt. Das Hormon des Hodens ist erst in den letzten Jahren erfolgreich erforscht worden. Das Hodenextrakt, mit dem BROWN-SÉQUARD sich selbst durch Injektion verjüngte, war sicher ein unspezifisches Extrakt. Die Wirkungen, die dieser bedeutende Physiologe bei sich selbst sah, können nur als Autosuggestion bewertet werden. So hat dieser Versuch, obwohl er an sich falsch war, den Gedanken der Substitutionstherapie außerordentlich gefördert, gleichzeitig aber der endokrinologischen Forschung einen falschen Weg gewiesen.

Der Leser wird sich vielleicht fragen, weshalb ich diese Studien so ausführlich mitteile, da heute die Richtigkeit meiner Ansicht nicht bezweifelt wird, da man heute allgemein bestrebt ist, die Erforschung der Sekretionsprodukte der inneren Drüsen auf sehr exakte Grundlagen zu stellen. Nun liegen in der Literatur zahlreiche klinische Beobachtungen vor, die über günstige Wirkungen mit diesen unspezifischen Extrakten berichten. Je mehr ich mich mit diesen Dingen beschäftigte, um so mehr sehe ich, wie vorsichtig man in der Beurteilung klinischer Erfolge sein muß, um aus therapeutischen Wirkungen auf die Wertigkeit der zugeführten Präparate zu schließen. Ich habe z. B. mehrmals gesehen, daß Frauen, die glaubten, daß ich ihnen operativ einen Eierstock eingepflanzt hätte (in Wirklichkeit wurden aus suggestiven Gründen nur im Chloräthylrausch einige Klammern in die Haut gesetzt), schlagartig von ihren jahrelangen klimakterischen Beschwerden befreit waren. Trotz dieser kritischen Einstellung leugne ich nicht, daß man mit den schematisch aus endocrinen Drüsen hergestellten Extrakten sichere therapeutische Erfolge erzielen kann. Die Heilwirkung kann, wie auch KÖHLER und ESCH annehmen, durch die in den Extrakten vorhandenen Proteinkörper bedingt sein. Es besteht aber noch folgende Möglichkeit. Wir wissen, daß man z. B. den Hypophysenhinterlappen nach den verschiedensten Methoden enteiweißen kann (nur nicht tryptisch-fermentativ abbauen), ohne daß die spezifischen Stoffe[1] zerstört werden. Hier führt also die schematische Darstellung durch Enteiweißung zum Ziel. Würde man mit derselben Methode aber Pankreas oder Schilddrüse behandeln, so würden die Extrakte Insulin und Thyroxin nicht enthalten. Jede Drüse hat ihren spezifischen Chemismus und jedes Drüsensekret kann nur — an einem spezifischen Testobjekt geprüft — in spezifischer Weise dargestellt werden. Die letzten Jahre

---

[1] Durch die Arbeiten von KAMM und seinen Mitarbeitern wissen wir jetzt, daß im Hypophysenhinterlappen zwei Stoffe gebildet werden, ein Hormon, das die glatte Muskulatur des Uterus beeinflußt, und ein zweites Hormon, das auf den Gefäßtonus wirkt und antidiuretische Eigenschaften hat. Es ist den Autoren gelungen diese beiden Hormone getrennt darzustellen,

haben uns nun gezeigt, daß in den Drüsen (Hypophysenhinterlappen, Hypophysenvorderlappen, Ovarium) *mehrere* Hormone produziert werden. Es ist also durchaus möglich, daß Extrakte von Drüsen, die bisher schematisch ohne Testobjekt dargestellt wurden, zufällig bisher noch unbekannte hormonale Stoffe enthalten. So können vielleicht klinische Wirkungen zustande kommen, deren Wesen wir heute noch gar nicht übersehen. Man soll bei Beurteilung klinischer Erfolge zwar sehr kritisch sein, aber man darf nicht — wie es zuweilen von Theoretikern geschieht —, die klinische Beobachtung für wertlos halten. Biologische Forschung und klinische Beobachtung müssen Hand in Hand gehen.

2. Kapitel.

Das Wachstum des Uterus als Testobjekt zum Nachweis des weiblichen Sexualhormons (Ovarialhormon).

Mit Preßsäften und wäßrigen Extrakten des ganzen Ovariums, des gelben Körpers und des Eierstocks ohne Corpus luteum sind zahlreiche Untersuchungen angestellt worden, auf die genau einzugehen hier zu weit führen würde.

So stellt SCHICKELE z. B. fest, daß Preßsäfte oder Extrakte des Uterus oder der Ovarien die Gerinnung des Blutes hemmen können, daß sie bei intravenöser Injektion den Blutdruck herabsetzen, während die Follikelflüssigkeit selbst diese Eigenschaften nicht besitze. SCHICKELE glaubt nicht, damit eine Spezifität der Säfte nachgewiesen zu haben, wenn auch die Ovarium- und Uterusextrakte besonders intensiv wirken. Auch bei Versuchen in vitro fand er mit den Preßsäften eine deutlich nachweisbare gerinnungshemmende Wirkung. LAMBERT hält die Extrakte aus dem Corpus luteum für giftig, während Extrakte aus dem Ovarium ohne Corpus luteum weder giftige noch sonstige physiologische Wirkung ausüben.

Wenn man die verschiedenen Preßsäfte bezüglich der Giftigkeit vergleicht, so muß tatsächlich, wie wir 1913 zeigen konnten, dem Ovarialpreßsaft eine besondere Toxizität zugesprochen werden. Selbstverständlich kann aus dieser Wirkung des Preßsaftes gar nichts für das Ovarium abgeleitet werden, die Giftigkeit des Preßsaftes hat mit der Wirkung des Hormons nichts zu tun. (Arch. f. Anat. u. Physiol. [Phys. Abtlg.] 1914, 580.)

Es ist interessant, daß SCHICKELE mit dem Follikelsaft die gerinnungshemmende und blutdrucksenkende Wirkung nicht auslösen konnte. Wir wissen jetzt (s. S. 46), daß in der Follikelflüssigkeit Hormon vorhanden ist. Wenn SCHICKELE mit Follikelsaft, also der hormonhaltigen Flüssigkeit, eine Wirkung auf Gerinnung und Blutdruck nicht auslösen konnte, so spricht dies mit Sicherheit dafür, daß die genannten Reaktionen nicht durch das Hormon, sondern durch unspezifische Körper der Preßsäfte hervorgerufen wurden.

Eine wichtige Etappe in der Forschung bedeuten die Versuche von L. ADLER [1] (1912), der die Wirkung von Ovarialextrakten an den Genitalien von Tieren prüfte. Hiermit ist (s. auch ISCOVESCO und FELLNER S. 13) zum erstenmal die Wirkung an dem spezifischen Erfolgsorgan des Ovariums untersucht worden. ADLER stellte sich Extrakte aus frischen Kuhovarien her, bei denen die Corpora lutea sorgfältig entfernt waren. Die Ovarien ohne Corpus luteum bzw. die Corpora lutea wurden fein zerhackt, mit destilliertem Wasser versetzt und 24 Stunden im Kühlschrank stehen gelassen. Dann wurde die rötliche oder gelbliche Flüssigkeit abgegossen und injiziert. Ferner wurden Preßsäfte mit der Buchnerpresse bei einem Druck bis zu 450 Atmosphären hergestellt. Außerdem verwandte ADLER ein Handelspräparat (das wäßrige Extrakt Ovarin-POEHL), über dessen Herstellung keine Angaben bestehen. Die Versuche wurden an infantilen Meerschweinchen ausgeführt, wobei täglich subcutan 10—20 ccm des selbsthergestellten wäßrigen Extraktes bzw. 2—4 ccm Ovarin-POEHL injiziert wurden. An den inneren Genitalien der virginellen Tiere, speziell am Uterus, fanden sich Veränderungen, die an die Erscheinungen der natürlichen Brunst erinnerten und sich in Hyperämie und Sekretion äußerten. An den Ovarien war eine starke Hyperämie und Vergrößerung der Follikel nachweisbar. Auch klinisch konnte ADLER bemerkenswerte Resultate nach Injektion von Ovarin-POEHL erzielen und diese Ergebnisse histologisch bestätigen. ASCHNER und GRIGORIU [2] haben aufbauend auf der HALBANschen Theorie von der hormonalen Funktion der Placenta (s. Kap. 26) die Wirkung von Placentarbrei bzw. Placentarextrakten geprüft. Sie konnten dadurch beim virginellen Meerschweinchen reichliche Milchsekretion hervorrufen. LEDERER und PRZIBRAM [3] haben eine momentane Steigerung der Milchsekretion bei lactivierenden Ziegen durch intravenöse Einspritzung von Placentarextrakt erreicht. Außerdem gelang es ASCHNER [4], eine exzessive Hyperämie und mitunter auch eine Hämorrhagie der Genitalorgane durch subcutane Injektion von Placentarextrakt zu erzeugen.

Obwohl die Art der Herstellung der Extrakte — bei der jetzigen Kenntnis der chemischen Eigenschaften des weiblichen Sexualhormons — es fraglich erscheinen läßt, ob die genannten Autoren mit spezi-

---

[1] ADLER, L.: Arch. Gynäk. 95 (1912).
[2] ASCHNER u. GRIGORIU: Arch. Gynäk. 94, 766 (1911).
[3] LEDERER u. PRZIBRAM: Pflügers Arch. 134.
[4] ASCHNER: Arch. Gynäk. 99, 534 (1913).

fischen Stoffen gearbeitet haben, so muß doch auf die große Bedeutung der genannten Versuche hingewiesen werden, da sie eine grundlegende Forschungsrichtung eingeleitet haben.

Besonders hervorheben müssen wir aber die Untersuchungen von ISCOVESCO[1] und FELLNER[2], die unabhängig voneinander zu gleicher Zeit in derselben Richtung gearbeitet haben und zu denselben Resultaten gekommen sind. ISCOVESCO und FELLNER sahen in dem Wachstum des Uterus den Angriffspunkt der hormonalen Ovarialwirkung und benutzten zum erstenmal systematisch das Uteruswachstum als Testobjekt zum Studium der inkretorischen Funktion des Eierstocks. FELLNER zeigte im BIEDLschen Laboratorium, daß die wirksame Substanz in Lipoidlösungsmittel übergeht, und daß man mit diesen Stoffen — aus Placenta, Eihäuten und Corpus luteum — Wachstumserscheinungen am Uterus mit Veränderungen der Uterusschleimhaut hervorrufen kann, die an Gravidität erinnern. (Feminines Sexuallipoid.) Die Vergrößerung der Milchdrüsen sieht FELLNER nicht als spezifisch an, da sie auch bei männlichen Tieren auftritt. Eine Milchsekretion konnte niemals erreicht werden. Am überlebenden Meerschweinchenuterus erzeugten die wäßrigen Alkohol-Ätherextrakte kräftige, langdauernde Kontraktionen. FELLNER war von einem reinen Hormon noch weit entfernt. Die Nephritiden, die er nach der Einspritzung seiner Extrakte sah, waren durch toxische Beimengungen, die Kontraktionswirkung am Uterus durch einen Nebenstoff, nicht durch das Hormon bedingt, da die reine Hormonlösung eine Kontraktionswirkung an der glatten Muskulatur nicht ausübt. Ich hebe die Versuche von ISCOVESCO und FELLNER hervor, weil sie durch die Prüfung der Ovarialstoffe am infantilen Uterus, insbesondere bei kastrierten Tieren ein Testobjekt geschaffen und durch die Aufdeckung der Beziehung von Hormon zum Lipoid der weiteren Forschung einen aussichtsreichen Weg gezeigt haben.

Auf dem Gynäkologenkongreß in Halle (1913) konnte HERRMANN[3] die wichtige Mitteilung machen, daß ihm im FRAENKELschen Laboratorium gelungen war, aus dem Corpus luteum ein ungesättigtes Phosphatid, und zwar ein Pentaminodiphosphatid, zu isolieren, das nach 7tägiger Injektion von 0,01 g bei jungen Kaninchen Hyperämie des gesamten Genitalapparates, Auflockerung und Schwellung der Uterusschleimhaut sowie Sekretion der uterinen Drüsen und der Brustdrüsen erzeugte. Da sich der Körper im Wasser als kolloidal löslich erwies,

---

[1] ISCOVESCO: C. r. Soc. Biol. Paris 72, 73 (1912). Bull. Soc. méd. Hôp. 32 (1912).
[2] FELLNER: Zbl. Path. 23, Nr. 15 (1912). Arch. Gynäk. 100 (1913). Pflügers Arch. 189.
[3] HERRMANN: Verh. dtsch. Ges. Gynäk. 15, II (1913). Mschr. Geburtsh. 41, 1 (1915).

konnten die Injektionen auch intravenös ausgeführt werden. Die Brustdrüsen der injizierten Tiere ließen auf Druck farbloses Sekret hervorquellen. Später hat HERRMANN seine Untersuchungen auch an kastrierten Kaninchen ausgeführt und vor dem Versuch ein Uterushorn zur Kontrolle entfernt. Auch bei solchen Tieren konnte er nach parenteraler Zuführung seiner Substanz die genitale Wirkung auslösen. Derselbe Körper war auch in der Placenta nachweisbar, wobei eine Placenta quantitativ mehr wirksamen Reizstoff enthielt als ein Corpus luteum. HERRMANN stellte ein gelbes, leicht schillerndes Öl dar, das durch Kühlung fest wird, sonst aber dickflüssig bleibt. Der Körper erwies sich als ein Cholesterinderivat, löslich in Alkohol, Äther, Petroläther, Aceton und Benzol, unlöslich in Wasser. Eine weitere Förderung erhielt diese Forschungsrichtung durch die Arbeiten von FRAENKEL und FONDA[1], R. T. FRANK und ROSENBLOOM[2], SEITZ, WINTZ und FINGERHUT[3], R. SCHRÖDER[4] und FAUST[5]. Sämtliche Autoren benutzten als Testobjekt die Wachstumssteigerung des Uterus infantiler Tiere, sämtliche Autoren sehen in den Lipoidfraktionen des Ovariums bzw. der Placenta das wirksame Ovarialsekret. Nur SEITZ, WINTZ und FINGERHUT finden zwei wirksame Körper, einen in organischen Lösungsmitteln und einen in Wasser löslichen Stoff. Der letztere ist ein Lipoproteid, zu den Lecidalbuminen gehörig, und wird nach seiner Wirkungsweise als Agomensin (d. h. menstruationsfördernd) bezeichnet.

Beziehungen des Gewichtes der Sexualorgane zum Gesamtgewicht.

Zweifellos haben die genannten Arbeiten durch die Benutzung der Wachstumswirkung des Uterus als Testobjekt die hormonale Forschung wesentlich gefördert. *Die Wachstumswirkung des Uterus allein genügt aber, wie ich zeigen konnte, nicht als Testobjekt zum Nachweis des Ovarialhormons.*

In Gemeinschaft mit ROBINSON untersuchte ich[6,7] 1922/23 die Bedingungen des Uteruswachstums. Um ein objektives Vergleichsmaß zu haben, wurden die Genitalien von infantilen Meerschweinchen (Scheide, Uterushörner und Ovarien) sorgsam freipräpariert und gewogen. Man darf nicht die Genitalien von verschiedenen Tieren mit-

---

[1] FRAENKEL u. FONDA: Biochem. Z. **141**, 379 (1923).
[2] FRANK u. ROSENBLOOM: Surg. Gynec. a. Obstetr. **21**, 646 (1915).
[3] SEITZ, WINTZ u. FINGERHUT: Münch. med. Wschr. **1914**, 1657.
[4] SCHRÖDER, R. u. GOERBIG: Z. Geburtsh. u. Gynäk. **88**, 764 (1921).
[5] FAUST: Schweiz. med. Wschr. **1925**, 575.
[6] ZONDEK, B.: Arch. Gynäk. **120**, 251—255 (1923).
[7] ROBINSON u. B. ZONDEK: Amer. J. Obstetr. **8**, Nr 1 (1924).

einander vergleichen, da das Wachstum auch bei Geschwistertieren verschieden ist. Als eindeutig erwies sich mir nur die Feststellung des Gewichtsverhältnisses der Genitalien zum Gewicht des gleichen Gesamttieres. Einige Beispiele mögen dies erläutern:

Tabelle 3.

Gesamtgewicht des infantilen Meerschweinchens	Gewicht der Genitalien des infantilen Meerschweinchens
290 g	224 mg
300 „	238 „
240 „	213 „
250 „	212 „

Das Verhältnis des Genitalgewichts zum Gesamtgewicht beträgt durchschnittlich 1 : 1200. Es ist auffallend, welche Genauigkeit in dieser Beziehung besteht. Die Genitalien wiegen in Miligramm etwas weniger als das Grammgewicht der Tiere beträgt.

Es zeigte sich, daß dieses Gewichtsverhältnis von der Jahreszeit abhängig ist. So fanden wir (Tabelle 4) eine Hyperämie und Succulenz der Genitalien mit verdickter Uterusschleimhaut in den Monaten Juni und Juli und eine zweite Reizperiode im Monat November.

Tabelle 4.

Datum	Gesamtgewicht des infantilen Meerschweinchens	Gewicht der Genitalien des infantilen Meerschweinchens
16. Juni 1922	280 g	300 mg
17. Juli 1922	280 „	464 „
22. Juli 1922	350 „	368 „
November 1922	220 „	290 „
November 1922	210 „	230 „

In diesen Monaten ist das Milligrammgewicht der Genitalien etwas größer als das Grammgewicht des gesamten Tieres. Die Gewichtsproportion beträgt nicht wie in den anderen Monaten 1 : 1200, sondern nur 1 : 900.

Diese von der Jahreszeit abhängigen Schwankungen müssen bei Versuchen berücksichtigt werden, weil man zu einer falschen Beurteilung kommen kann, wenn man die Versuche z. B. Mitte Mai beginnt und die Tiere Anfang Juni tötet. Man kann dann einen *hyperämischen succulenten Uterus finden, lediglich als physiologischen Ausdruck der jahreszeitlichen Schwankungen.*

In ausgedehnten Untersuchungen prüfte ich die Wirkung der im Handel befindlichen wäßrigen Ovarialextrakte auf ihre wachstumssteigernde Wirkung mittels der Gewichtsproportion beim Meerschweinchen. Während durch Ovoglandol (GRENZACH) eine geringfügige Wirkung erzielt wurde, war das tryptisch-fermentativ abgebaute Ovarialopton (MERCK) wirkungslos. Eine gleichartige Reaktion konnte auch durch Hodenextrakt erzielt werden, wobei nach 20 tägiger Injektion von je 1 ccm Testiglandol eine Gewichtsproportion von 230 g zu 309 mg festgestellt wurde. Dasselbe Ergebnis nach Injektion von Extrakt der Zirbeldrüse und des Thymus (Epi- und Thymoglandol). Extrakte aus dem Corpus luteum, der Placenta und der Schilddrüse waren wirkungslos. Auch durch das im Handel befindliche Extrakt des Hypophysenvorderlappens (Anteglandol) konnte eine Wachstumsreaktion nicht ausgelöst werden. In weiteren Untersuchungen konnte ich zeigen, daß man auch durch parenterale Zufuhr von Eiweißstoffen eine Reizwirkung auf die Genitalien ausüben kann. Am besten konnte dies durch subcutane Injektion von Aolan, d. h. sterilisierter Milch erreicht werden. Nach 20 Injektionen betrug die Gewichtsproportion 260 g zu 529 mg. Hierbei war besonders auffallend, daß auch die Milz eine starke Wachstumssteigerung bis zum Dreifachen zeigte. Das Casein ruft diese Wachstumswirkung nicht hervor, so daß man wohl die übrigen in der Milch enthaltenen Eiweißkörper verantwortlich machen muß.

Nun sind aber die im Handel befindlichen Organextrakte eiweißfrei. Es lag daher der Gedanke nahe, daß auch die in den Extrakten vorhandenen Eiweißabbauprodukte, die nicht mehr die Biuretreaktion geben, die Reizwirkung auf die Genitalien ausüben könnten. Deshalb prüfte ich die Wirkung von proteinogenen Aminen. Zunächst wurde das Cholin untersucht, das in fast allen pflanzlichen und tierischen Proteinen, auch in Organextrakten, vorkommt. Es erwies sich als völlig unwirksam.

Von Guanidinverbindungen wurde das Guanidin selbst untersucht, das die Leistungsfähigkeit des quergestreiften Muskels steigert. Auf das Wachstum des Uterus bleibt es ohne jeden Einfluß. Das gleiche gilt für das Arginin, das in allen Proteinen reichlich vorkommt und eine wesentliche Rolle im Eiweißstoffwechsel spielt.

Von besonderem Interesse war die Untersuchung der Imidazolverbindungen, weil diese in minimalsten Dosen biologisch sehr wirksam sind. So sei erwähnt, daß das Histamin (β-Imidazolyläthylamin) noch in einer Verdünnung von 1 : 500 Millionen den überlebenden Dünndarm und Uterus kontrahiert. Durch vergleichende Untersuchungen an verschiedenen Tiergattungen konnte ich zeigen, daß das Histamin um so toxischer und wirksamer ist, je höher man in der Tierreihe aufsteigt. So fand sich, daß das Meerschweinchen 400mal, das Kaninchen 1200mal und die weiße Maus 5000mal so viel Histamin pro Kilogramm verträgt als der Mensch. Es war nun interessant, daß ich mit dem Histamin fast regelmäßig und nach der Dosis abgestuft eine deutliche Wachstumssteigerung am Uterus des infantilen Meerschweinchens auslösen konnte. Man könnte einwenden, daß die Wachstumssteigerung darauf zurückzuführen sei, daß durch das Histamin ein dauernder Kontraktionsreiz auf den Uterus ausgeübt wird, so daß das Wachstum lediglich eine Arbeitshypertrophie wäre. Daß dies nicht der Fall ist, geht aus den folgenden Untersuchungen hervor:

Von den Phenylalkylaminen wurde das Paraoxyphenyläthylamin, das Tyramin, untersucht, das ebenso wie das Histamin in spezifischer Weise die glatte Muskulatur zur Kontraktion bringt. Trotzdem war aber durch Tyramin eine Wachstumswirkung des Uterus nicht zu erzielen, so daß wir also in der Histaminwirkung eine spezifische Reaktion erblicken müssen. Zur gleichen Gruppe wie das Tyramin gehört auch das Adrenalin, das wirksame Prinzip der Nebenniere. Auch durch das Adrenalin konnte — allerdings nur in hohen Dosen — der Uterus beeinflußt werden. Ob es sich hierbei um eine durch den Sympathicusreiz bedingte Wirkung handelt, muß dahingestellt bleiben.

Die sonst untersuchten Amine hatten keine Wachstumswirkung.

Die wachstumssteigernde Wirkung des Uterus ist also keine spezifische Reaktion, die nur durch das Ovarialsekret ausgelöst wird. Wir haben gesehen, daß eine *Wachstumsreaktion des Uterus auch durch parenterale Eiweißzufuhr und biogene Amine möglich ist.* Das Uteruswachstum gehört aber zu den Funktionen, die vom Ovarium ausgelöst werden. Daher ist es notwendig, daß das Ovarialhormon *auch* die Wachstumssteigerung bewirkt. Es ist zweifellos ein Verdienst der oben genannten Autoren, die Wachstumssteigerung als Testobjekt angegeben zu haben, nur genügt diese Reaktion *allein* nicht als Testobjekt zum Nachweis des Ovarialhormons, weil auch unspezifische Körper eine gleichartige Wirkung ausüben können.

3. Kapitel.

Die Ovarialtransplantation als Substitution des weiblichen Sexualhormons.

Die in den vorangehenden Kapiteln geschilderten klinischen und experimentellen Untersuchungen hatten mich zur Auffassung geführt, daß man mit den bisherigen organotherapeutischen Mitteln eine spezifische Substitutionstherapie nicht treiben könne. Ich wandte mich daher, aus dem klinischen Bedürfnis heraus, ovarielle Krankheitsbilder spezifisch behandeln zu können, einer anderen Art der Zuführung hormonaler Substanzen zu, und zwar der Ovarialtransplantation. Die homoioplastische Ovarialtransplantation spielte damals in der Gynäkologie eine große Rolle. Es ist kein Zweifel — ich verweise auf die ausgedehnten Untersuchungen von SIPPEL[1] aus der BUMMschen Klinik —, daß man durch die Transplantation zuweilen sehr gute klinische Erfolge erzielen kann. Ein Dauererfolg ist allerdings nur möglich, wenn das Transplantat funktionell einheilt und damit zu einem dauernden rhythmischen Hormonspender wird. Bei meinen zahlreichen Transplantationen habe ich diesen Erfolg leider niemals gesehen. *Nach einer gewissen Zeit war die funktionelle Wirkung des Transplantats geschwunden.* Wiederholt habe ich bei Frauen mit schweren Ausfallserscheinungen mehrmals Transplantationen ausgeführt und mich durch Exzision des ersten Transplantats davon überzeugt, daß das eingepflanzte Ovarium sich meistens in ein bindegewebiges Gebilde umgewandelt hatte, wobei vom spezifischen Ovarialgewebe wenig oder gar nichts übrig geblieben war.

Durch die Transplantation wird zweifellos *infolge Resorption des Hormons aus dem transplantierten Gewebe ein Hormonstoß im Organismus des Empfängers ausgelöst.* Dies konnte ich durch Stoffwechseluntersuchungen in Gemeinschaft mit A. LÖWY[2] nachweisen. Der durch die Kastration gesunkene Stoffwechsel (vgl. Kap. 33) wird durch die Ovarialtransplantation in charakteristischer Weise gehoben.

Bei einer 40jährigen operativ kastrierten Patientin wurden 1½ Jahr in regelmäßigen Zeitabständen Stoffwechseluntersuchungen (nach ZUNTZ-GEPPERT) ausgeführt.

Tabelle 5.

Datum	Atemvolumen	Pro Minute		Pro kg Körpergewicht
		O_2-Verbrauch ccm	CO_2-Ausscheidung ccm	O_2-Verbrauch ccm
17. XII. 21	4085,0	182,5	158,8	2,76
Nach Ovarialopton: 40 ccm				
7. I. 22	4015,0	181,6	157,52	2,75
13. Februar: Ovariumtransplantation				
nach 20 Tagen, 5. III. 22	4289,1	175,00	153,98	2,68
„ 33 „ 18. III. 22	4280,7	170,4	155,4	2,5
„ 47 „ 1. IV. 22	4793,7	210,92	200,38	3,093
„ 61 „ 15. IV. 22	4495,0	198,75	162,15	2,935

Der Sauerstoffverbrauch betrug 182,5 ccm pro Minute, 2,76 ccm pro kg Körpergewicht. Trotz 3wöchiger Behandlung mit Ovarialextrakt (Ovarialopton) wurde der Gesamtumsatz nicht gesteigert. Jetzt wurde der Patientin ein funktionsfähiges Ovarium in die Oberschenkelmuskulatur transplantiert. Nach etwa 2 Wochen besserten sich die lästigen Ausfallserscheinungen. Dieser subjektiven Angabe möchte ich aber keine große Bedeutung bei-

---

[1] SIPPEL: Arch. Gynäk. 118, H. 3, 445 (1923).
[2] Z. Geburtsh. u. Gynäk. 86, 276 (1923).

Die Ovarialtransplantation als spezifische Reiztherapie.

legen, da bei dem neurasthenischen Symptomenkomplex der ovariellen Ausfallserscheinungen schon die Tatsache der Operation einen suggestiven Einfluß ausüben kann. Die objektive Untersuchung — Stoffwechsel — zeigte jedenfalls bis zur 5. Woche keine durch das Transplantat bedingte Veränderung. Von der 6. Woche an wird der Sauerstoffverbrauch wesentlich größer, er steigt von 2,76 auf 3,093 ccm pro kg und von 182,5 auf 210,92 ccm pro Minute.

Der Kastrationsstoffwechsel ist demnach durch die Transplantation des Ovariums um fast 15% erhöht worden. Durch die Kastration tritt bei vielen Menschen eine Herabsetzung des Sauerstoffverbrauchs in dem von LÖWY und RICHTER angegebenen Ausmaß (etwa 15%) auf. Wir haben gesehen, wie bei einem derartigen Fall durch Zuführung eines unspezifischen Ovarialextraktes (Ovarialopton) der Stoffwechsel nicht beeinflußt wird, wie dies aber durch Transplantation eines Eierstockes erreicht wird. *Das transplantierte Ovarium wirkt im Sinne einer spezifischen hormonalen Reiztherapie.* Die Stoffwechseluntersuchungen haben ferner gezeigt, daß die Wirkung des transplantierten Ovariums auf den Grundumsatz nur eine vorübergehende ist, was wohl auf die beschränkte Lebensdauer des Transpantats zurückzuführen ist. Die 15%ige Steigerung des Grundumsatzes war nach 47 Tagen erreicht, 61 Tage nach der Transplantation war der Grundumsatz aber wieder abgesunken, und zwar auf dieselbe Höhe wie vor der Transplantation.

Die homoioplastische Transplantation wird zu einer klinisch brauchbaren Allgemeinmethode deshalb nicht werden können, weil es an Transplantationsmaterial fehlt. Die Überpflanzung vom Spender auf den Empfänger ist nur in großen Krankenhäusern möglich, wo bei reichlichem Operationsmaterial gesundes Eierstocksmaterial abfällt. Bei Operationen von Myomen und Extrauteringravidität kann man zuweilen gesundes Ovarialgewebe gewinnen, das aus operativen Gründen bei der Spenderin entfernt werden muß. Reichlicher wäre das Material, wenn wir die bei Carcinomoperationen exstirpierten, funktionell meist gesunden Eierstöcke verwenden würden. In der Literatur ist über Transplantation derartiger Ovarien berichtet worden. Ich habe nie das Ovarium von einer Carcinomatösen zu transplantieren gewagt, weil es mir unheimlich war, Gewebe eines krebskranken Menschen einem Gesunden einzupflanzen, wenn wir auch wissen, daß beim Collumcarcinom nur sehr selten carcinomatöse Veränderungen in den Ovarien vorkommen.

Wir waren bisher gezwungen, das von der Spenderin entnommene Ovarium sofort lebensfrisch zu transplantieren. Wir brauchen nicht einen ganzen Eierstock zu überpflanzen, es genügen Scheiben des Ovariums. Das übrigbleibende, so kostbare Material blieb unbenutzt. Man mußte die Frauen oft lange Zeit auf die Transplantation warten lassen, da auch bei großem Operationsmaterial nicht immer geeignetes Transplantationsmaterial zur Verfügung steht, zumal man in der Auswahl der Spenderin sehr vorsichtig sein muß, um nicht Allgemeinkrankheiten zu übertragen. Bei diesem unangenehmen Zustand fragte ich mich, ob es nicht möglich sei, das menschliche Ovarium zu konservieren, um es jederzeit zur Transplantation bereit zu haben. Auf diese Weise könnte man in den Krankenhäusern gesundes Ovarialgewebe, das häufig genug bei Operationen fortgeworfen wird, konservieren und sammeln, um es auch außerhalb des Krankenhauses zur Verfügung stellen zu können. Damit fallen die für Arzt und Patientin unangenehmen Zwischenfälle fort, daß die Patientin z. B. zur Transplantation vorbereitet ist, daß man aber das Ovarium der Spenderin, wie sich bei der Operation wider Erwarten herausstellt, wegen krankhafter Veränderungen nicht überpflanzen kann. Besonders gestört hat mich die Tatsache, daß man ein Ovarium transplantieren soll, das man nicht kennt. Transplantiert man ein konserviertes Ovarium, so hat man vorher Zeit, das Transplantat mikroskopisch und bakteriologisch genau zu untersuchen. Hält man sich mehrere Eierstöcke bzw. Stücke von Eierstöcken vorrätig, so kann man für den einzelnen Fall bestimmte Stücke (z. B. Follikelwand oder Corpus luteum) auswählen, außerdem Teile von verschiedenen konservierten Ovarien einpflanzen.

Heilt das konservierte Ovarialgewebe aber beim Menschen ein, und kann das konservierte Gewebe noch spezifische Reizwirkungen ausüben? Um diese Frage exakt zu beantworten, schien es mir notwendig, in vitro Versuche mit überlebendem frischem und konserviertem Ovarialgewebe zu machen. Über die Ergebnisse der in Gemeinschaft mit E. WOLFF[1],[2] im Pathologischen Institut der Universität ausgeführten Züchtungsversuche des menschlichen Eierstocks berichte ich ausführlich im Anhang dieses Buches (s S. 323), weil die Mitteilung an dieser Stelle den Zusammenhang stören würde.

Transplantation konservierter menschlicher Ovarien.

Nachdem wir festgestellt hatten, daß man frisches menschliches Ovarialgewebe in der Plasmakultur über Wochen züchten kann, war die nächste Frage, ob diese Wirkung auch mit konserviertem menschlichem Ovarialgewebe möglich sei. Die Konservierung geschah auf folgende Weise:

Das bei der Operation gewonnene Ovarium bzw. Ovarialstück wird sofort in eine sterile Petrischale gelegt, dann in kalter RINGERscher Lösung abgespült. Dies ist notwendig, weil das anhaftende Blut schädigend wirken

---

[1] ZONDEK, B. u. WOLFF: Zbl. Gynäk. **1924**, Nr 40, 2193—2195 u. 2196 bis 2198.

[2] WOLFF u. B. ZONDEK: Virchows Arch. **254**, H. 1 (1925).

kann. Zwei kleine Stücke werden aus jedem Ovarium ausgeschnitten, um sie histologisch und bakteriologisch untersuchen zu können. Dann wird das Ovarium in eine neue Petrischale gelegt, mit Heftpflaster umklebt und in einen Eiskasten gestellt. Zu diesem Zweck haben wir uns von der Firma *Labag* (Berlin-Schumannstraße) einen besonderen Eiskasten anfertigen lassen. Er ist nach Art einer Kochkiste gebaut (Abb. 4), besteht außen aus Holz, innen aus Blech mit Zwischenpolsterung von Seegras. Der Eiskasten enthält eine große Bleikammer, die mit Eis-Viehsalzmischung gefüllt wird. In der großen befindet sich eine zweite kleinere Bleikammer, in welche die Glasschälchen mit den Ovarien gestellt werden. In der kleinen Bleikammer herrscht eine konstante Temperatur von — 12°. Es genügt für unsere Zwecke die Temperatur von — 4°, die auch im Frigo zu erzielen ist. Das Ovarium wird $1/2$ Stunde vor der Operation aus dem Eiskasten entnommen, damit es langsam auftauen kann. Häufiges Auftauen schädigt die Ovarien. Man soll also das Ovarium einfrieren und vor der Operation nicht aus dem Kasten nehmen.

Abb. 4. Konservierungskasten.

Untersucht man die konservierten Ovarien anatomisch, so findet man histologisch und histochemisch keinen Unterschied gegenüber nicht konservierten Ovarien. Eizelle, Granulosa und Thecazellen, Keimepithel, Lipoide usw. sind unverändert. Abb. 5 zeigt ein menschliches Ovarium nach 10tägiger Konservierung.

Wir haben nun konserviertes menschliches Ovarialgewebe zur Explantation benutzt und konnten feststellen, daß Ovarien, die 14 Tage konserviert waren, in ausgezeichneter Weise in der Plasmakultur wachsen, daß also in vitro kein Unterschied in den Wachstumsvorgängen zwischen frischem und konserviertem Ovarialgewebe besteht.

Wir transplantierten konservierte Kaninchenovarien nach 2- bis 3wöchiger Konservierung auf andere Kaninchen und sahen glatte Einheilung.

Die Konservierungsversuche können auf zahlreiche Vorgänger zurückblicken, so auf die grundlegenden Versuche EHRLICHS über die Konservierung von Tumormaterial in der Kälte, ferner auf die Versuche von LUBARSCH und PROCHOWNICK und die Studien von HERTWIG und POLL, die gleichfalls die Möglichkeit der Reimplantation prüften und noch nach 19 Tagen gute Resultate erzielten. CHUMA untersuchte, ob Unterschiede zwischen Überpflanzbarkeit und Auspflanzbarkeit konservierten Materials beständen und fand, daß die Organe sich etwas länger reimplantieren lassen, als sie in der Gewebskultur angehen. NASU hat an Speicheldrüsen festgestellt, daß die Drüsenepithelien ihre Wachstumsfähigkeit in der Kultur trotz 14tägiger Aufbewahrung bei 2—4° Kälte nicht einbüßen.

Ich habe *in einer großen Zahl von Fällen konservierte menschliche Ovarien transplantiert und niemals eine Störung in der Einheilung beobachtet. Die funktionellen Ergebnisse waren die gleichen wie bei frischen Ovarien.*

Als Beispiel möchte ich folgenden erfolgreich behandelten Fall anführen:

39jährige Frau, seit 11 Jahren amenorrhoisch. Seit mehreren Jahren mit allen möglichen Mitteln erfolglos behandelt (damals war noch keine

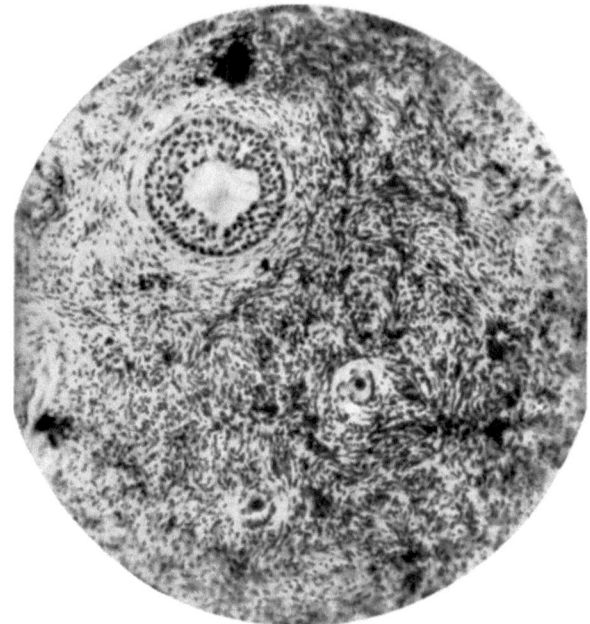

Abb. 5. Menschliches Ovarium nach 10 tägiger Konservierung.

spezifische Hormontherapie möglich, sodaß die vorher (Kap. 1) erwähnten unspezifischen Extrakte benutzt werden mußten). Am 26. V. 1924 transplantierte ich ein 5 Tage lang konserviertes Ovarium. Die ovariellen Ausfallserscheinungen besserten sich bald. Am 3. VIII. 1924 trat eine menstruelle Blutung auf. Die weitere Beobachtung zeigte, daß die Menstruation 1 Jahr lang in regelmäßigen Abständen erfolgte und von normaler Dauer und Stärke war. Dann ließen die Blutungen an Stärke nach, die Pausen wurden größer und nach weiteren 7 Monaten war die Patientin wieder amenorrhoisch.

Dieser Fall scheint mir zu beweisen, daß durch die Transplantation des konservierten Ovariums im Organismus der Empfängerin ein Hormonstoß ausgelöst wurde, der das eingerostete Getriebe der endokrinen

Funktion wieder in Gang brachte. Der Erfolg war auch hier nur ein vorübergehender.

Aufbauend auf diesen Untersuchungen haben LIPSCHÜTZ und seine Mitarbeiter festgestellt, daß auch der konservierte tierische Eierstock seine hormonalen Fähigkeiten nicht verliert.

4. Kapitel.

Ein neuer Weg zur Erforschung des weiblichen Sexualhormons.

Hatten die Transplantationsversuche gezeigt, daß man durch Zuführung spezifischer Ovarialsekrete spezifische Hormontherapie in der Gynäkologie treiben kann, so waren die Ergebnisse doch recht unbefriedigend. Trotz Konservierung von Ovarialgewebe konnte man diese Therapie immer nur bei einer kleinen Zahl von Frauen anwenden, denn es war unmöglich, Transplantationsmaterial in genügender Menge für die vielen Fälle ovarieller Funktionsstörungen zu erhalten. Die Tatsache, daß die Transplantation mit einem, wenn auch kleinen operativen Eingriff verbunden ist, konnte diese Methode niemals zu einer Allgemeinmethode werden lassen.

Bei den eben genannten Untersuchungen hatte ich eine für die Weiterarbeit wichtige Beobachtung gemacht. An den transplantierten und wieder excidierten Ovarialstücken sah ich, daß das Ovarialgewebe nach der Transplantation zwar zugrunde geht, daß aber trotzdem eine hormonale Wirkung im Organismus der Empfängerin auftritt. Es kommt nicht zur funktionellen Einheilung, sondern das Transplantat wird im Körper der Empfängerin abgebaut, und dadurch werden die spezifischen, im transplantierten Ovarium vorhandenen chemischen Stoffe resorbiert. *Die Transplantation wirkt nur als Implantation.* Diese Beobachtung führte mich auf den Gedanken, das *auf seinen Hormongehalt zu untersuchende Gewebe — im Tierversuch — zu implantieren, und zwar körperfremdes, nicht homoioplastisches Gewebe, um einen möglichst schnellen Abbau und damit eine rasche und intensive Resorption der chemischen Stoffe des eingepflanzten Gewebes zu erzielen.* Diese Implantationsmethode *körperfremden* Materials, über deren Technik ich später (S. 39) berichten werde, war ein glücklicher technischer Griff. Die Methode wurde die Grundlage der gesamten weiteren Untersuchungen. Sie hat uns, um einige Beispiele anzuführen, über die Lokalisation des weiblichen Sexualhormons im menschlichen Ovarium Auskunft gegeben, sie hat die funktionelle Bedeutung der interstitiellen Zellen aufgeklärt, sie hat das Testobjekt zum Nachweis der

Hypophysenvorderlappenhormone gebracht und damit die hormonale Schwangerschaftsreaktion ermöglicht.

Implantiert man körperfremdes Gewebe, so zerfällt dieses sehr schnell im Organismus des Empfängers. Dadurch wird das im implantierten Gewebe vorhandene Hormon in Freiheit gesetzt und im Organismus des Empfängers resorbiert. Will man die Wirkung des sehr schnell aus dem implantierten Gewebe frei werdenden Hormons registrieren, so muß man dieses an einer schnell ablaufenden Reaktion prüfen. Es kam darauf an, ein derartiges Testobjekt für das weibliche Sexualhormon zu finden. Durch Probeexcisionen aus der Scheidenschleimhaut erwachsener Mäuse, die jeden Übertag an demselben Tier vorgenommen wurden, konnten wir histologische Veränderungen des Scheidenepithels feststellen und glaubten, in ihnen eine Testwirkung für die Ovarialfunktion gefunden zu haben. Die Probeexcisionen lassen sich sehr leicht ausführen, aber das Einbetten und die histologischen Untersuchungen erschweren diese Methode doch so, daß man mit ihr niemals Massenuntersuchungen ausführen kann.

Mit diesen Arbeiten beschäftigt, erhielt ich Kenntnis von den ausgezeichneten und grundlegenden Arbeiten der Amerikaner über die Brunstreaktion der Nagetiere. STOCKARD und PAPANICOLAOU[1] hatten (1917) bei Meerschweinchen, LONG und EVANS[2] bei der Ratte und ALLEN[3] (1922) bei der Maus die Veränderungen der Vaginalschleimhaut genau studiert und deren Abhängigkeit von der Funktion des Eierstockes genau festgelegt. Durch die Ovarialfunktion bzw. im Rhythmus der Ovarialfunktion kommt es zu einem Auf- und Abbau der Scheidenschleimhaut, die sich — und das ist das Bedeutsame der Untersuchungen — in charakteristischer Weise im Scheidensekret äußert. Man braucht nur einen Scheidenabstrich zu machen, diesen zu fixieren und zu färben, um in einigen Minuten über den jeweiligen Funktionszustand der Ovarien orientiert zu sein. Die amerikanischen Forscher hatten damals bereits die Konsequenzen aus ihren Befunden gezogen und das kastrierte Nagetier als Testobjekt benutzt (ALLEN-DOISY-Test). Hier lag also ein einfaches Testobjekt vor, das für Reihenuntersuchungen besonders brauchbar war. *Es schien mir aussichtsreich, die Hormonwirkungen des Eierstocks durch Verbindung der Implantationsmethode mit der Brunstreaktion am kastrierten Nagetier zu prüfen, insbesondere durch Einpflanzung von menschlichem Ovarialgewebe die uns als Gynäkologen interessierenden Fragen zu studieren.* Es schien mir besonders wertvoll, die bisherigen biologischen, d. h. funktionellen Untersuchungen mit anatomischen,

---

[1] STOCKARD u. PAPANICOLAOU: Amer. J. Anat. **22**, 225 (1917).
[2] LONG a. EVANS: Univ. California Press. Berkeley, Calif. **1922**.
[3] ALLEN: Amer. J. Anat. 1922, Nr 30.

chemischen und klinischen Studien zu vereinigen. So entstand die Zusammenarbeit mit ASCHHEIM, der sich seit vielen Jahren an unserer Klinik mit anatomischen Untersuchungen der weiblichen Genitalorgane beschäftigt hatte, und dessen reiche Erfahrung auf diesem Gebiet für unsere gemeinsamen Untersuchungen wesentlich war. So entstand die wichtige chemische Zusammenarbeit mit BRAHN und später mit VAN EWEYK, die uns zur konzentrierten wasserlöslichen Darstellung des weiblichen Sexualhormons geführt hat. So entstand die eingehende biologische und klinische Zusammenarbeit mit den im Vorwort genannten Autoren.

5. Kapitel.

Die Brunstreaktion der Nagetiere als Testobjekt zum Nachweis des weiblichen Sexualhormons.

Die Untersuchungen über das weibliche Sexualhormon haben wir zum größten Teil an weißen Mäusen ausgeführt.

Zunächst wurden die Angaben der Amerikaner über die Brunstreaktion der weißen Maus (ALLEN) in Gemeinschaft mit ASCHHEIM[1] nachgeprüft und voll bestätigt. Die Arbeiten der Amerikaner sind so bekannt, daß ich mich darauf beschränken will nur das Wichtigste hervorzuheben, wobei besonderer Wert auf die Methodik gelegt werden soll, damit der Leser auf Grund der Darstellung selbst die Versuche ausführen kann.

Weiße Mäuse haben (ebenso wie Ratten) eine periodische Brunst. Die Zeit von Oestrus (Brunst) zu Oestrus schwankt bei den Tieren nicht unerheblich, wobei auch die Jahreszeit eine Rolle spielt. Es gibt Tiere, die wochenlang überhaupt nicht, dann plötzlich rhythmisch östrisch werden. Andere sind wieder einigemal rhythmisch östrisch, um dann in eine unregelmäßige Brunstfolge zu kommen. Daher ist es unbedingt notwendig, für entscheidende Versuche erst die Brunstreaktion etwa 6 Wochen zu prüfen, damit man über den sexuellen Zyklus jedes Tieres genau unterrichtet ist. Wir haben uns für jedes Tier ein besonderes Heft angelegt, in dem jeden Tag das Ergebnis des Scheidenabstriches verzeichnet wird (siehe S. 38), so daß wir beim Durchblättern des Heftes sofort über den Brunstablauf orientiert sind. Bei vielen Tieren fanden wir ein Intervall des Oestrus von 3—4 Tagen, bei anderen eine Pause von 8—10 Tagen. ALLEN gibt ein Intervall von $4^1/_2$ Tagen an, während wir einen Durchschnitt von 6—8 Tagen fanden. Auch die Dauer der Brunst ist verschieden. Im allgemeinen dauert der Oestrus 1 oder 2 Tage, aber es gibt Tiere, bei denen das reine Schollenstadium

---

[1] ZONDEK, B. u. ASCHHEIM: Klin. Wschr. 1925, Nr. 29. 1388. Arch. Gynäk. 127, H. 1 (1925).

hintereinander 4 Tage nachweisbar ist. (Spontane Dauerbrunst, siehe S. 64.)

Die Veränderungen, die sich cyclisch am Genitalapparat der Maus bzw. der Ratte abspielen, gehen, wie ALLEN gezeigt hat, in vier Phasen vor sich:

1. Dioestrus = sogenanntes Ruhestadium. (Ein absolutes Ruhestadium gibt es bei einem fortschreitenden Lebensvorgang nicht.)
2. Prooestrus = Proliferationsphase.
3. Oestrus = Brunst.
4. Metoestrus = Abbauphase.

Ich möchte das Wesentliche dahin zusammenfassen:

Im Dioestrus zeigt die Scheide eine Reihe zylindrischer Basalzellen, auf ihnen 1—2 Reihen polygonaler Zellen und 1—2 Reihen Schleim sezernierende Cylinderzellen mit vereinzelten Leukocyten (Abb. 6).

Im Prooestrus, der Proliferationsphase, sehen wir einen Aufbau der Scheidenschleimhaut, so daß auf den Basalzellen sich nicht 1—2, sondern

Tabelle 6.

	Ovarium	Uterus
Dioestrus = Ruhestadium	Corpora lutea früherer Zyklen, kleine bis mittelgroße Follikel.	Rundes, enges Lumen, enge Drüsen, mittelhohes Epithel, dazwischen einige Leukocyten.
Prooestrus = Proliferationsphase	Corpora lutea früherer Zyklen, größere Follikel mit einer Follikelhöhle.	Uteri im ganzen größer geworden, Lumen mit geschlängelten Konturen, hohe Epithelien und Kernteilungen, reichliche Drüsen, keine Leukocyten.
Oestrus = Brunst	Große Follikel mit großer Follikelhöhle, kleine Granulosazellen, umgeben von 2—3 Reihen Thecazellen. Beim Übergang zum Metoestrus Beginn der Corpus-luteum-Bildung.	Uteri groß, stark gebuchtetes Lumen, hohe Epithelien, ausgedehnte Drüsenbildung, keine Leukocyten.
Metoestrus = Abbauphase	Junge Corpora lutea.	Uteri klein, Lumen wieder eng, rundlich, die Epithelien niedrig. Drüsen klein, zwischen den Epithelien massenhaft Leukocyten, die auch in die Epithelien eindringen. Keine Kernteilungen.
Castrata	fehlt	Uteri klein, enges Lumen, wenig Drüsen, niedriges Epithel, vereinzelte Leukocyten.

8—10 Reihen polygonaler Zellen befinden, deren oberste in eigenartiger Weise zu verhornen beginnen. Die Schleim enthaltenden, aber nicht mehr sezernierenden Zellen stoßen sich ab (Abb. 8).

Ein anderes Bild in der Brunstphase, dem Oestrus: Auf den Basalzellen 10—12 Reihen polygonaler Zellen. Die obersten verhornten Zelllagen (Schollen) heben sich lamellenartig ab, um in das Scheidenlumen abgestoßen zu werden (Abb. 10).

Im Metoestrus, der Abbauphase, sehen wir die polygonalen Zellen von Leukocyten durchsetzt, um sich schließlich bis zur Basalschicht abzustoßen (Abb. 15).

Die Scheidenabstriche der verschiedenen Stadien geben Bilder, die sich aus den histologischen Vorgängen der Scheidenschleimhaut erklären.

So zeigt das Scheidensekret im Dioestrus *Schleim*, Leukocyten und Epithelien (Abb. 7).

Im Prooestrus sehen wir ein reines *Epithelstadium*, d. h. wir finden die sich abstoßenden, nicht mehr Schleim sezernierenden kernhaltigen Schleimzellen (Abb. 9).

Tabelle 6.

Scheide	Scheidensekret
1. 1 Reihe zylindrischer Basalzellen; 2. 1—2 Reihen polygonaler Zellen; 3. 1(—2) Reihen Schleim sezernierender Zylinderzellen, vereinzelte Leukocyten.	*Schleim*, Leukocyten, Epithelien
1. 1 Reihe Basalzellen, darüber: 2. 8—10 Reihen polygonaler Zellen, deren oberste Schicht zu verhornen beginnt; darüber: 3. 1(—2) Reihen Schleim enthaltender, aber nicht mehr Schleim sezernierender Zellen, die sich abstoßen. Kernteilungen in den unteren Zellagen.	*Epithelien*
1. 1 Reihe Basalzellen; 2. 10—12 Reihen polygonaler Zellen (geschichtetes Plattenepithel); 3. Abstoßung der oberen Reihen verhornter Zellen ins Scheidenlumen. In den unteren Lagen noch einige Kernteilungen.	*Schollen*
1. 1 Reihe Basalzellen; 2. Die polygonalen Zellen sind von Leukocyten durchsetzt. 3. Die Polygonalzellen stoßen sich bis zur Basalschicht ab. Keine Kernteilungen.	*Leukocyten*, Epithelien, Schollen
1. 1 Reihe Basalzellen; 2. 1—2 Reihen polygonaler Zellen; 3. 1(—2) Reihen schleimhaltiger und Schleim sezernierender Zellen, vereinzelte Leukocyten.	*Schleim*, Leukocyten, Epithelien

Beim Übergang vom Prooestrus zum Oestrus erhält man oft wenig Sekret, das aus einer krisseligen Masse (Abb. 11) besteht (Krissel).

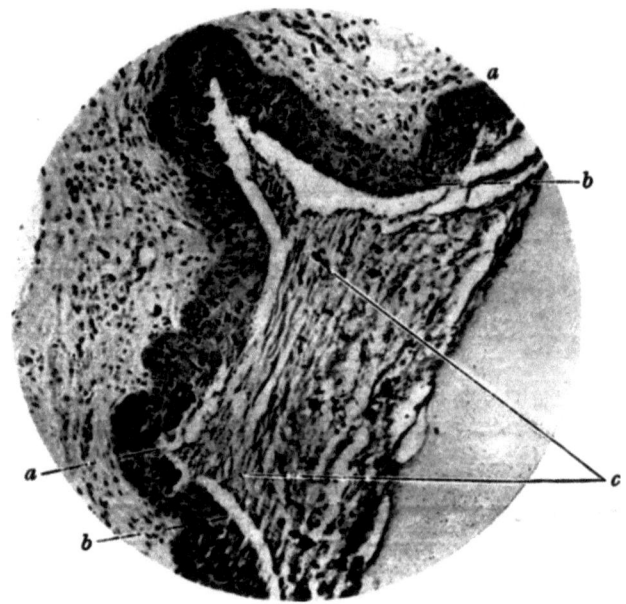

Abb. 6. Scheide der Maus im Dioestrus. a = Basalschicht. b = Schleimzellenschicht. c = schleimhaltiger Scheideninhalt.

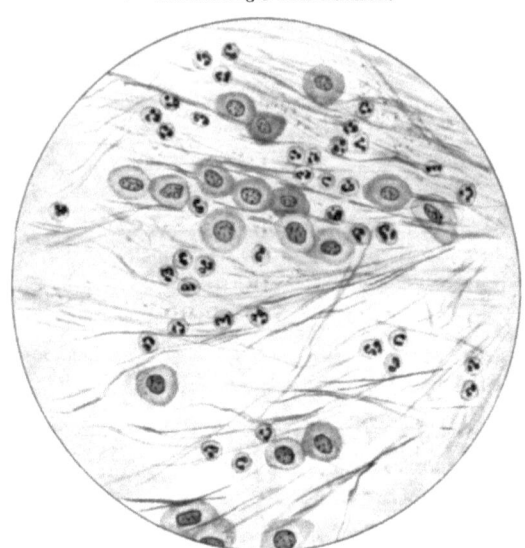

Abb. 7. Scheidenabstrich im Dioestrus (Schleim, Leukocyten, Epithelien).

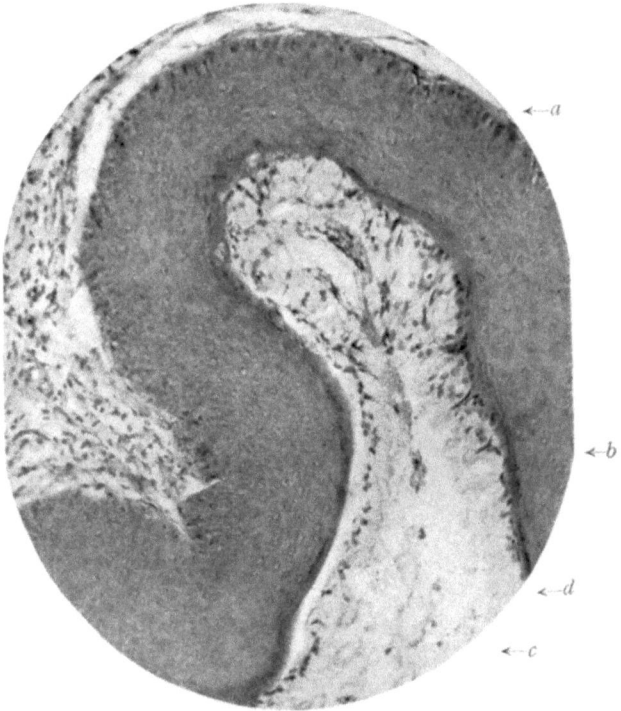

Abb. 8. Scheide der Maus im Prooestrus. $a =$ Basalschicht, $b =$ polygonale Zellen, $c =$ Schleimzellen (nicht mehr sezernierend), $d =$ beginnende Verhornung.

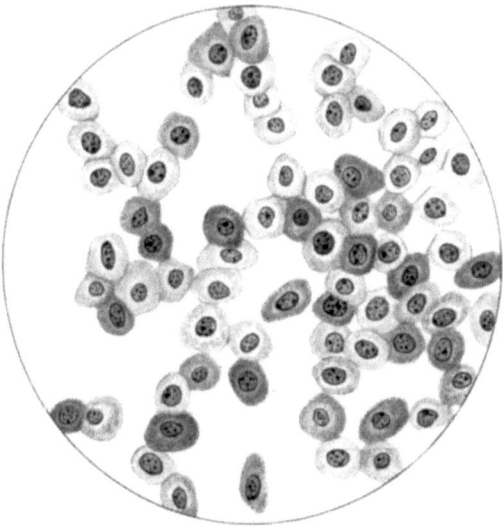

Abb. 9. Scheidenabstrich im Prooestrus. Kernhaltige Epithelien.

30 Die Brunstreaktion der Nagetiere als Testobjekt.

Im Oestrus finden wir infolge der sich abstoßenden verhornten Epithelmassen eine große Menge *kernloser*, mit Eosin gut färbbarer,

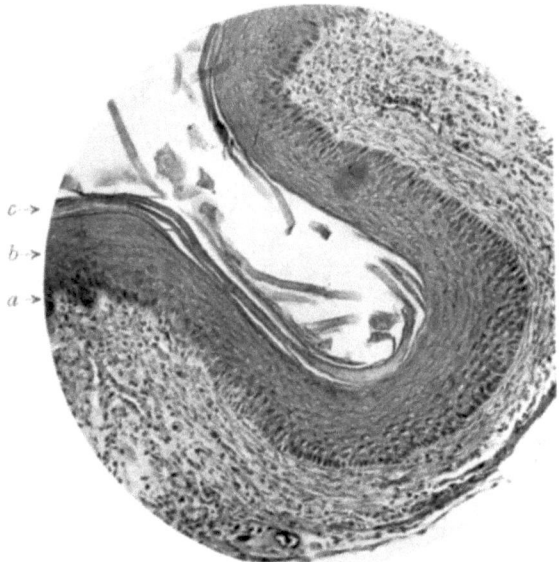

Abb. 10. Scheide der Maus im Oestrus. a = Basalzellen, b = polygonale Zellen, c = verhornte ins Lumen abgestoßene Zellen (Schollen).

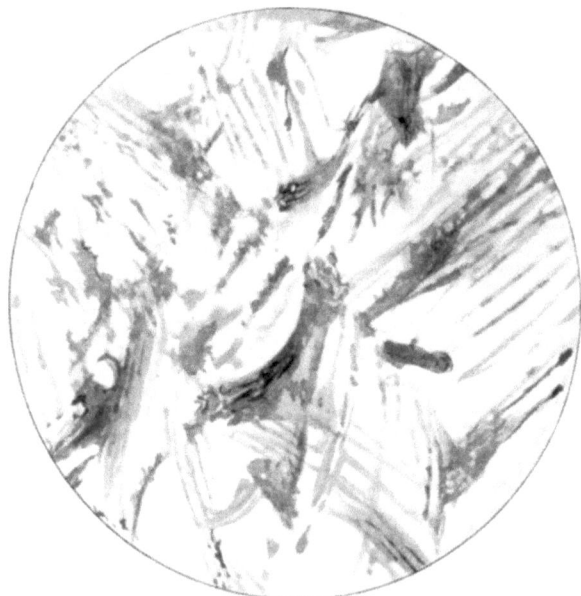

Abb. 11. Scheidenabstrich beim Übergang vom Prooestrus zum Oestrus. Krissel.

Brunstphasen. 31

ziemlich scharf umgrenzter *scholliger Gebilde,* weshalb wir dieses Stadium als das *Schollenstadium* bezeichnet haben (Abb. 12 u. 13). Beim Übergang zum Metoestrus ballen sich die Schollen oft in Klumpen zusammen (Abb. 14).

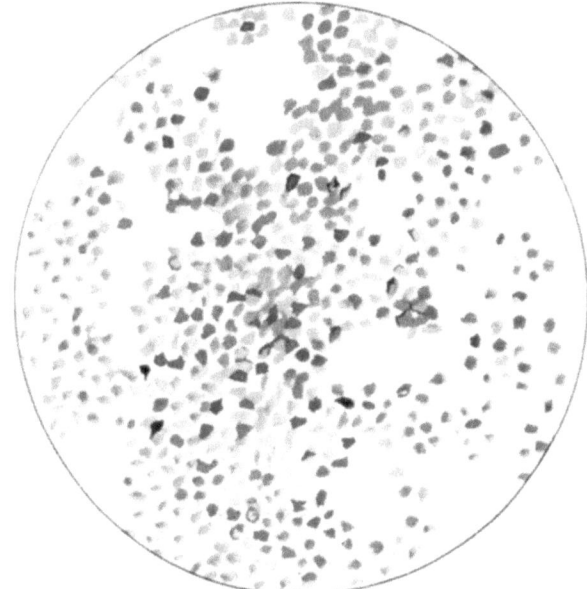

Abb. 12. Scheidenabstrich im Oestrus. Verhornte, kernlose Zellen (Schollen).

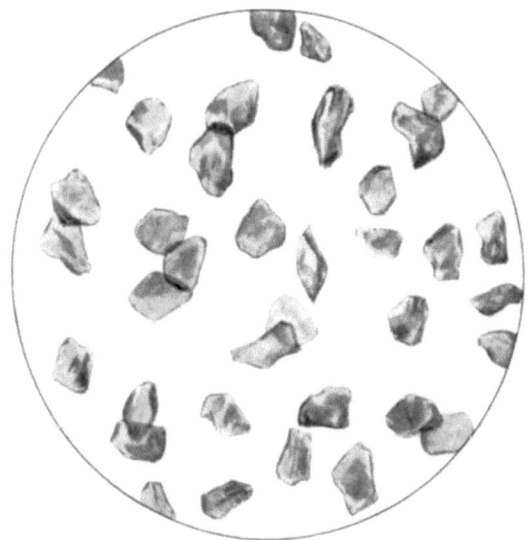

Abb. 13. Scheidenabstrich im Oestrus. Schollen bei starker Vergrößerung.

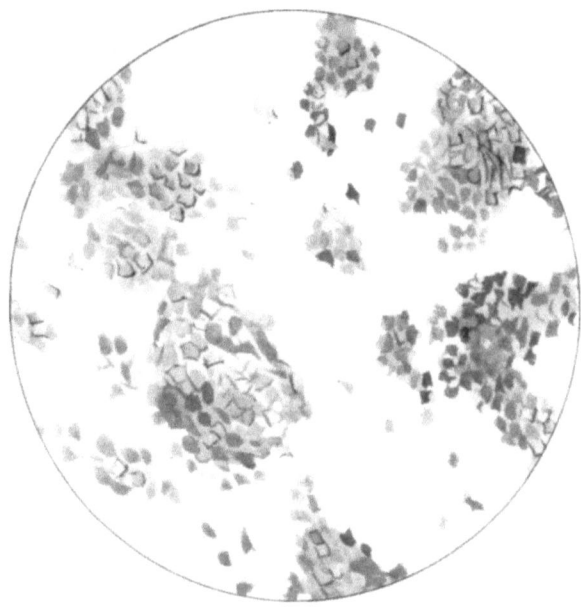

Abb. 14. Scheidenabstrich beim Übergang vom Oestrus zum Metoestrus (Schollen in Verklumpung).

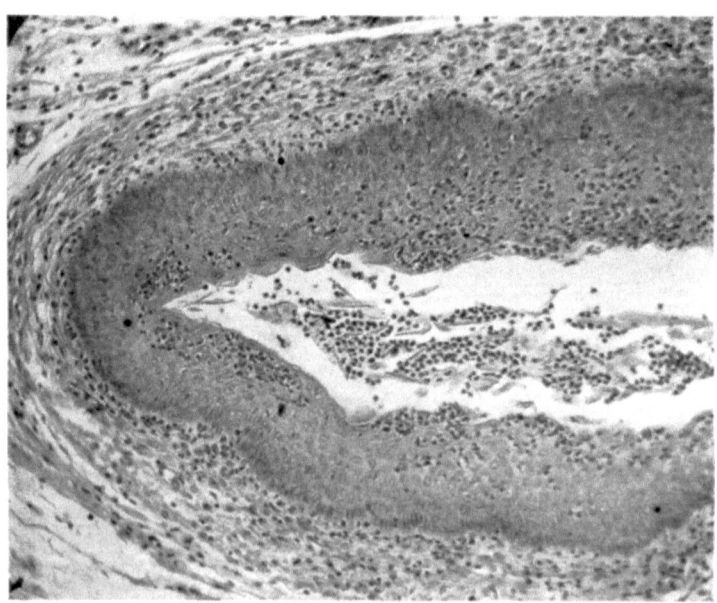

Abb. 15. Scheide der Maus im Metoestrus. (Schleimhaut von Leukocyten durchsetzt, die in Massen ins Scheidenlumen vordringen.)

Brunstphasen. 33

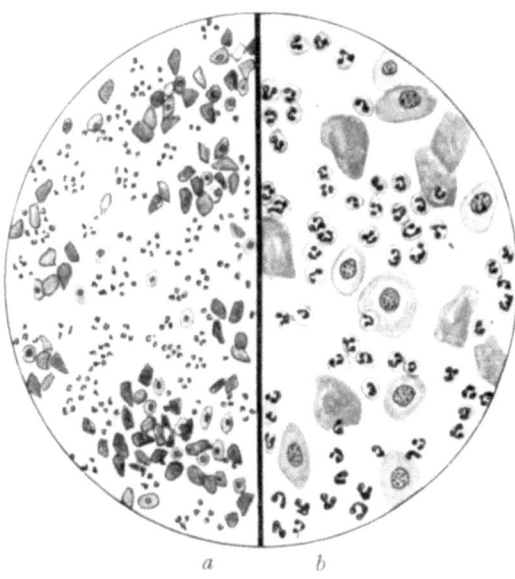

Abb. 16. Scheidenabstrich im Metoestrus. Leukocyten, Epithelien, Schollen (a = kleine, b = große Vergrößerung).

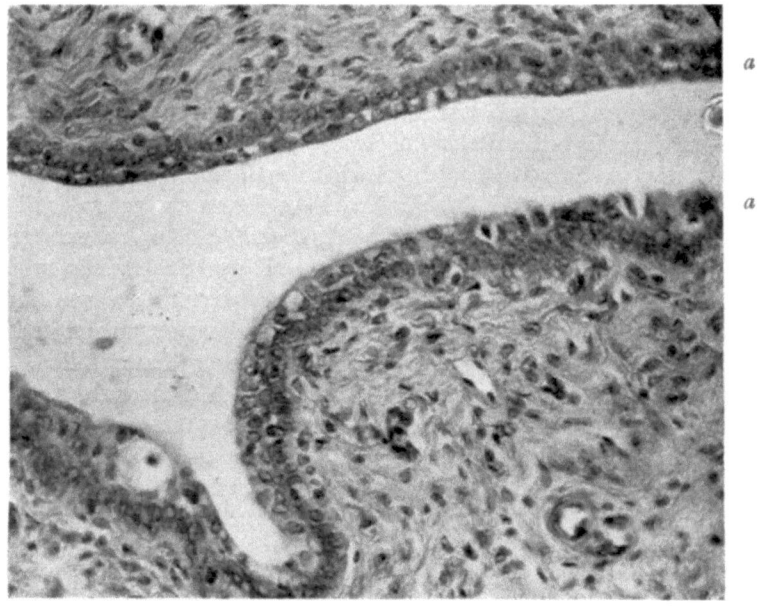

Abb. 17. Scheide der Maus in der Endphase des Metoestrus nach vollendetem Abbau der Schleimhaut (nur eine Basalzellenschicht = a).

Im Metoestrus zeigt der Abstrich als Folge des Durchwanderns der Leukocyten durch die Scheidenschleimhaut massenhaft *frische Leukocyten*, welche die Schollen und Epithelien umlagern (Abb. 15).

Der Rhythmus der Ovarialfunktion äußert sich im Erfolgsorgan, d. h. am Uterus und der Scheide der Nagetiere. Das Wesentliche ist die Tatsache, *daß die Scheide bei den Nagetieren den Rhythmus der Ovarialfunktion in so eklatanter Weise mitmacht, daß man durch einen einfachen Scheidenabstrich den jeweiligen Funktionszustand sicher feststellen kann.*

In den letzten Jahren hat man auch bei der Frau (DIERKS[1]) einen Zyklus der Vaginalschleimhaut zu finden geglaubt, jedoch sind diese Ergebnisse noch umstritten. Da ALLEN[2] auch beim Affenweibchen ovarielle Schwankungen der Scheidenschleimhaut festgestellt hat, sollte man die wichtigen DIERKSschen Befunde, die sich nur an Virgines nachprüfen lassen, nicht ohne weiteres ablehnen.

Die Einzelheiten über die Brunstreaktion bei der Maus und Ratte sind aus Tabelle 6 ersichtlich. Nur einige Bemerkungen noch über die Vorgänge im Ovarium in Beziehung zur Brunst. Im Prooestrus finden wir größere Follikel mit einer Follikelhöhle, im Oestrus sind die Follikel sprungreif mit großer Follikelhöhle, wobei die kleinen Granulosazellen von 2—3 Reihen Thecazellen umgeben sind. Erst beim Übergang des Oestrus zum Metoestrus springt der Follikel, so daß wir im Metoestrus das junge Corpus luteum finden!

Kastriert man eine erwachsene Maus, so fehlt der Reiz des im Ovarium gebildeten Ovarialhormons, so daß die Erfolgsorgane des Ovariums (Uterus, Scheide) außer Funktion gesetzt werden. *Beim kastrierten Tier finden wir im Scheidendurchschnitt histologisch dasselbe Bild wie im Dioestrus,* d. h. 1 Reihe Basalzellen, 1—2 Reihen polygonaler Zellen und darüber 1—2 Reihen schleimhaltiger und Schleim sezernierender Zellen, daneben vereinzelte Leukocyten. Dieser Schleimhautzustand ist ein dauernder. *Niemals kommt es bei der kastrierten Maus zum Aufbau der Scheidenschleimhaut.* Niemals wuchern die polygonalen Zellen, niemals kommt es zu weitgehender Verhornung dieser Zellen. Als logische Konsequenz ergibt sich, daß der Schleimhautabstrich bei kastrierten Mäusen stets ein gleichmäßiger bleiben muß, d. h. daß wir im wesentlichen Schleim finden und daneben einige Epithelien und Leukocyten. *Niemals finden wir bei der kastrierten Maus das reine Schollenstadium!*

---

[1] DIERKS: Arch. Gynäk. 130.
[2] ALLEN: Contribution to Embryology. Carneg. Inst. Washington 1927, Nr 98.
[3] ZONDEK, B. u. ASCHHEIM: Klin. Wschr. 1926, Nr 22, S. 979.

Führt man aber einer *kastrierten Maus das im Eierstock gebildete Ovarialhormon (= weibliches Sexualhormon) zu, dann löst dieses exogen zugeführte Hormon die Brunstreaktion aus, dann kommt es auch bei der kastrierten Maus zum Aufbau der Scheidenschleimhaut bis zur Verhornung der obersten Epithellagen, dann wandelt sich auch bei der kastrierten Maus das Scheidensekret aus dem Schleimsekret in das reine Schollenstadium um.*

6. Kapitel.

Methodisches.

Die zum Nachweis des weiblichen Sexualhormons notwendige Methodik möchte ich in allen Einzelheiten beschreiben, weil ich aus vielen an mich gerichteten Anfragen gesehen habe, daß über die Technik der Untersuchungen manche Zweifel bestehen.

Vorbedingung für die Hormonprüfung ist die exakte Kastration des weiblichen Tieres.

1. Kastration.

Bei der Kastration kann man nicht vorsichtig genug sein, da, wie wir später (S. 42) zeigen werden, kleinste im Körper zurückgebliebene Ovarialreste sich regenerieren können. Die scheinbar kastrierte Maus wird dann nach 6 Wochen wieder brünstig. Wir halten es daher für notwendig, daß derjenige, der nicht große Erfahrung besitzt, mindestens 6 Wochen lang nach der Kastration die Tiere täglich untersucht, um sich zu überzeugen, daß ein Oestrus nicht mehr auftritt.

Die Kastration haben wir zuerst vom Bauch aus ausgeführt, sind aber dann zur Rückenoperation übergegangen, weil diese Operation technisch einfacher ist. Man macht einen $1^1/_2$ cm großen Längsschnitt über der Wirbelsäule oder einen Querschnitt in der Gegend des unteren Nierenpols. Dann sieht man meist schon das Ovarium mit seiner Fettkapsel durch die dünne Rückenmuskulatur durchschimmern. Besonders gut ist das Ovarium zu sehen, wenn das Tier sich im Metoestrus befindet, weil die Corpora lutea mit ihrer gelben Farbe von dem hochroten Eierstock markant abstechen. Nun wird — am unteren Nierenpol — mit der Schere je ein kleiner Längsschnitt rechts und links in die Rückenmuskulatur gemacht und das Ovarium mit seiner Fettkapsel hervorgezogen (s. Abb. 18). Man kann das Ovarium samt Tube und der oberen Spitze des Uterushorns einfach abschneiden und sofort in die Bauchhöhle versenken. Die Blutung ist so gering, daß sie der Maus meistens nicht schadet. Sicherer ist es aber, wenn man das oberste

36 Methodisches.

Stück des Uterus bei der Naht der Rückenmuskulatur in diese — mit demselben Faden — einnäht und erst jetzt das Ovar mit dem obersten nach außen gelagerten Stück des Uterushornes abschneidet. Dadurch wird neben der sicheren Blutstillung gleichzeitig erreicht, daß der Uterus am Rücken, und nicht an atypischer Stelle anwächst. Die Uterushörner bleiben dann gestreckt liegen, so daß man Größe und Dicke des Uterus bei vergleichenden Untersuchungen sehr gut ab-

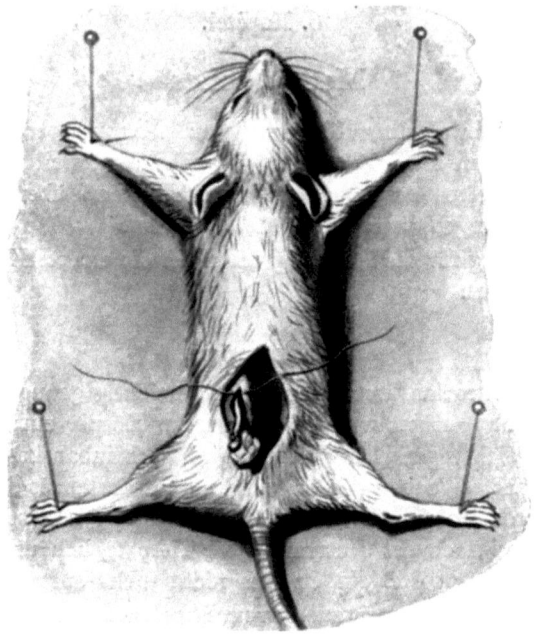

Abb. 18. *Kastration der Maus.* Die narkotisierte Maus wird in Bauchlage auf einer Korkplatte mittels Stecknadeln aufgespannt. Durch einen Muskelschlitz wird das Ovar und der oberste Teil des Uterusschlauches hervorgezogen. Nachdem eine Naht durch die Rückenmuskulatur und das Uterushorn gelegt und geschnürt ist, wird das Ovar mit dem nach außen gelagerten Stück des Uterushornes abgeschnitten. Hautnaht.

schätzen kann. Nachdem das zweite Ovarium in gleicher Weise entfernt ist, wird die Operation durch eine fortlaufende Hautnaht beendet.

Wir narkotisieren die Maus unter einem Wasserglase oder einer Glasglocke mit Äther und spannen die Tiere in Bauchlage auf einer Korkplatte auf, indem wir große Stecknadeln (s. Abb. 18) durch die Füße stecken. Diese einfache Methode hat sich uns als die zweckmäßigste erwiesen. Nach der Operation fangen die Tiere bald an herumzulaufen.

2. Abstrichverfahren.

Der ovarielle Zyklus äußert sich, wie wir gesehen haben, im Scheidensekret der Maus.

Die Sekretentnahme führen wir folgendermaßen aus:

1. Die Maus wird mit der linken Hand gehalten. Daumen und Zeigefinger fassen die Maus am Hinterkopf zwischen den Ohren. Der Rücken der Maus wird über die Dorsalfläche des 3. und 4. Fingers gelegt, der

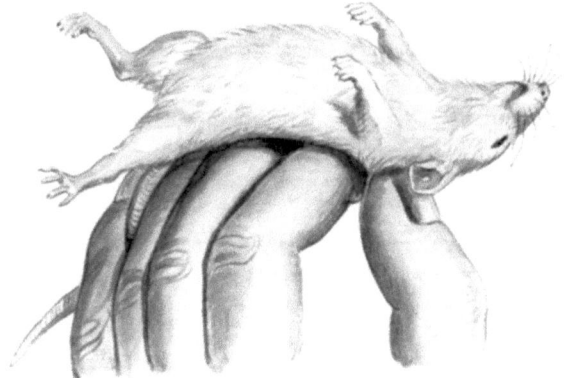

Abb. 19. Lagerung der Maus zur Sekretentnahme.

Schwanz zwischen 4. und 5. Finger eingeklemmt (s. Abb. 19). Der Kopf der Maus wird gegen die Brust des Untersuchers gedrückt. Dadurch wird erreicht:

a) Die Maus liegt ruhig.
b) Die Scheide öffnet sich.

2. Das Scheidensekret wird mit einer an der Flamme geglühten und wieder abgekühlten Platinöse entnommen. Man biegt den Platindraht selbst und macht eine kleine Öse, die sich leicht, ohne Verletzungen zu machen, in die Scheide einführen lassen muß. Auf folgendes ist zu achten:

a) Man geht möglichst hoch in die Scheide hinauf und streicht — ähnlich wie bei einer Curettage — mit leichtem Druck nacheinander die vier Wände ab, ohne bei jedem Zug mit der Platinöse aus der Scheide herauszufahren.

b) Beim Einführen der Öse sowie beim Herausnehmen soll man nicht den Vestibularteil der Scheide abstreichen. Dieser Teil gehört zu den äußeren Bedeckungen des Körpers, *an dem unabhängig vom Ovarialzyklus Epithelien verhornen und sich abstoßen. Dadurch können Schollen abgestrichen werden, die nicht durch die ovariellen Vorgänge bedingt sind.* Hält man die Maus in der oben angegebenen Weise, so öffnet sich die Scheide stets so weit, daß man einen einwandfreien Scheidenabstrich erhält. Ganz vereinzelte verhornte Epithelien des Vestibularteiles streift man bisweilen doch noch ab. Sie spielen bei der Begutachtung keine Rolle.

4. Wenn die Tiere urinieren, soll man mit dem Abstrich warten, damit der Harn sich dem Scheidensekret nicht beimengt.

5. Die Abstriche werden in Alkohol fixiert und mit Hämalaun-Eosin gefärbt. Eine Kontrastfärbung halten wir für unbedingt erforderlich, da sonst Fehler unterlaufen können.

6. Auf einem Objektträger kann man fünf Abstriche machen, so daß man einen Versuch an 5 Tieren auf einem Objektträger vereinigt. Die Nummern der Tiere werden mit Glastinte auf dem Objektträger verzeichnet. Jedes Tier wird zweimal täglich (10 und 17—18 Uhr) abgestrichen.

Die hormonalen Untersuchungen müssen an einem großen Tiermaterial ausgeführt werden. (Wir haben bisher an ungefähr 20 000 Tieren gearbeitet.)

Wir haben es für zweckmäßig gehalten, jeden Versuch doppelt zu registrieren, um ihn noch nach Jahren sofort herausfinden zu können. Jeder Versuch erhält ein besonderes Blatt in einem Leitzordner, in dem die Versuchsanordnung sowie das Gewicht der Tiere, der makroskopische Sektionsbefund und der Befund des Scheidenabstriches angegeben ist, wobei bei letzterem nur „positiv" oder „negativ" verzeichnet wird. Zur Kontrolle des Scheidenabstriches wird außerdem für jeden Versuch ein besonderes Heft angelegt. Dieses enthält am Kopfende jedes Blattes im Druck die Bezeichnungen: Leukocyten, Epithelien, Krissel, Schleim, Schollen.

Unsere Protokolle sehen in den einzelnen Funktionsstadien folgendermaßen aus:

	Leukocyten	Epithelien	Schleim	Krissel	Schollen
Dioestrus	+ +	+ +	+ +	−	−
Prooestrus	−	+ + + +	−	+	−
Oestrus	−	−	−	−	+ + + +
Metoestrus	+ + + +	+ +	−	−	+ +
Castrata	+ +	+ +	+ +	−	−

Man ersieht aus diesem Schema, daß im Dioestrus (ebenso wie bei der Castrata) sich Leukocyten, Epithelien und Schleimfäden finden. Vereinzelte Schollen brauchen nicht protokolliert zu werden oder können durch ein + bezeichnet werden. Der Wechsel im Verhältnis der einzelnen Zellarten zueinander wird von uns durch die Zahl der +-Zeichen (1—4 Pluszeichen) protokolliert. Dies geschieht schätzungsweise, ohne Auszählung, wobei man bei einiger Übung das Verhältnis der Zellmengen zueinander leicht abschätzen kann. *Im übrigen ist die Relation der Zellarten zueinander für das Testobjekt ohne Bedeutung.*

Der erfahrene Untersucher sieht bei der Entnahme des Sekretes meist schon makroskopisch, um welches Stadium es sich handelt.

Entnimmt man mit einer Platinöse das Scheidensekret und findet eine teils grobe, teils feine, fadenziehende (spinnwebartige) Masse in der Öse, so kann man schon daraus diagnostizieren, daß in der Scheide die Schleim sezernierenden Zellen noch in Tätigkeit sind, mit anderen Worten, daß der Dioestrus noch besteht. Beim Übergang zum Prooestrus läßt das Sekret an Menge wesentlich nach, so daß es vorkommen kann, daß man gar kein Sekret erhält. Dann muß man nach einigen Stunden noch einmal die Scheide abstreichen. Oder man erhält nur eine serumartige, mit Eosin sich schwach färbende Masse, bzw. eine aus einzelnen Fäden und körnigen Gerinnungen bestehende, mit Eosin sich schwach färbende Masse (Krissel) (s. Abb. 11).

Die Brunst ist schon am Scheidenabstrich ohne Färbung erkenntlich durch seine typische krümelige Beschaffenheit, so daß der Objektträger aussieht, als ob er mit feinsten Sandkörnern bedeckt sei. Die brünstige Scheide ist makroskopisch daran erkenntlich, daß sie weiter geöffnet ist als sonst, so daß man die Platinöse spielend in die Scheide einführen kann. Die Vulva ist auffallend trocken, die vordere Vaginalwand unterhalb des Klitoriums verdickt.

3. Implantationsmethode.

Die vorangehenden Untersuchungen (Kap. 1) hatten mich belehrt, daß man nicht durch schematische Extraktbereitung den Hormongehalt der Gewebe prüfen kann. Selbst wenn der Chemismus des Hormons bekannt ist, kann man die minimalen, in kleinen Gewebsstücken oder gar in Zellgruppen vorhandenen Hormonmengen nicht extrahieren, so daß für feinste Hormonuntersuchungen des Gewebes die Extraktionsmethode nicht in Frage kommt. Bei den großen zur Extraktgewinnung notwendigen Gewebsmengen waren hormonale Untersuchungen bisher nicht am menschlichen, sondern nur am tierischen Eierstock möglich. Die Funktion des Ovariums ist aber, wie später gezeigt werden wird, bei Mensch und Tier durchaus nicht identisch, wobei als Beispiel nur auf den verschiedenartigen Folliculingehalt des gelben Körpers hingewiesen sei.

Zum Studium der Physiologie des Ovariums bedienten wir uns der Implantationsmethode (s. S. 23). Wir konnten damit die einzelnen Gewebsabschnitte des Ovariums isoliert untersuchen. Das einzupflanzende Stückchen wird in drei Teile zerlegt, die beiden äußeren Abschnitte in den Oberschenkel der Maus implantiert, der mittlere zur histologischen und histochemischen Untersuchung eingebettet. Die histologische Untersuchung gibt uns gewissermaßen das Spiegelbild des implantierten Gewebsstücks. Der mit der Anatomie des Ovariums vertraute Untersucher kann schon am makroskopischen Objekt, eventuell mit der Lupe die Teile bestimmen, die er prüfen will.

Man braucht nur kleine, einige mg bis cg, eventuell 1 dg schwere Gewebsstücke einzupflanzen. Die Resorption der spezifischen, chemisch nicht veränderten Stoffe erfolgt so schnell, daß die Brunst der Maus nach 3- oder 4 mal 24 Stunden ausgelöst wird. *Die Implantation dient also nur der Resorption des eingepflanzten Gewebes!* Zur weiteren Kontrolle kann man außerdem das implantierte Gewebsstück wieder entfernen, um die Veränderungen während und nach der Hormonresorption histologisch zu prüfen.

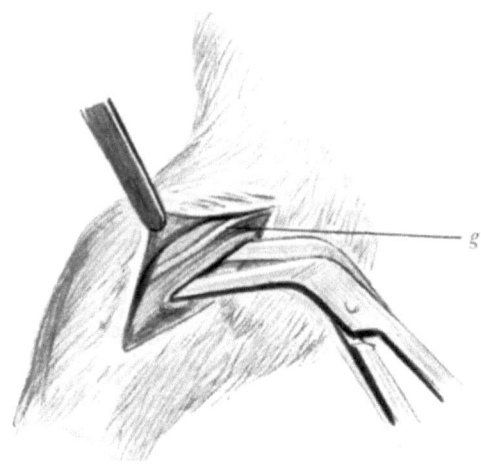

Abb. 20. Implantationsmethode. I. Durch Hautschnitt ist die Oberschenkelmuskulatur freigelegt (Cave Gefäß *g*). Die Winkelschere ist in den Muskel unterhalb des Gefäßes eingestoßen und gespreizt, so daß ein Muskelschlitz entsteht.

Die Kombination der Implantations- mit der Abstrichmethode ermöglicht es, die histologischen Untersuchungen durch funktionelle Prüfung zu ergänzen und umgekehrt der Funktionsprüfung die anatomischen Grundlagen zu geben.

Haben wir durch die Implantationsmethode in einzelnen Gewebsabschnitten einen besonders großen Hormongehalt festgestellt, finden wir derartige Hormondepots, so können wir diese Gewebsteile der chemischen Analyse unterwerfen. Die Implantationsmethode zeigt uns den Weg, den die Forschung gehen

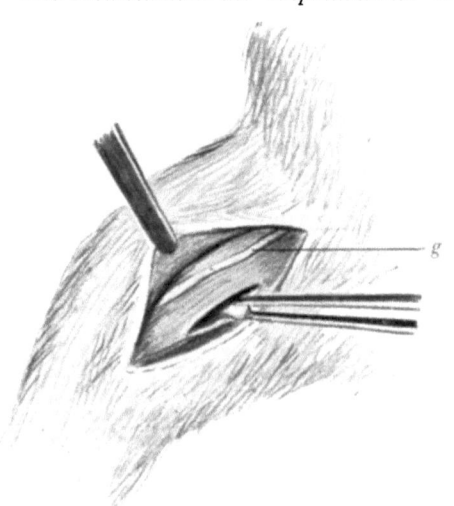

Abb. 21. Implantationsmethode. II. In den Muskelschlitz wird das zu prüfende Gewebe mit Pinzette eingeschoben.

muß. Die Methode hat uns ermöglicht — und ich glaube, daß dies ein Vorteil der vorliegenden Untersuchungen ist —, anatomische, biologische, histologische und chemische Forschung miteinander zu verknüpfen.

Ich möchte noch einmal erwähnen, daß man *körperfremdes* Gewebe implantieren muß, da dieses rasch im Organismus zerfällt, so daß das Hormon frei wird. Implantiert man z. B. Mäuseovarien bei der Maus, so tritt die hormonale Wirkung im Organismus des Empfängers nicht auf, weil das implantierte Mäuseovarium im Organismus der Maus sehr langsam zerfällt. Auch die Implantation bei verschiedenen Nagetieren führt kaum zum Ziel (z. B. Implantation von Kaninchenovarien bei der Maus). Ausgezeichnet ist die Methode für körperfremdes Material, z. B. bei Implantation vom Ovarium des Menschen oder der Kuh bei der Maus.

Die Implantationsmethode führen wir in folgender Weise aus: An dem aufgebundenen Tiere wird durch einen kleinen Schnitt an der Beugeseite des Oberschenkels einer hinteren Extremität die Muskulatur freigelegt, wobei ein größeres Gefäß (siehe Abb. 20 u. 21) vermieden werden muß. Dann wird mit einer kleinen Winkelschere die Muskulatur nach innen vom Gefäß in der Längsrichtung auseinander gespreizt. In den so entstandenen Muskelschlitz werden die kleinen Gewebsstückchen mit einer schmalen, stumpfen Pinzette geschoben. Nach Zurückziehen der Pinzette legen sich die Muskelfasern wieder aneinander. Man kann außerdem von dem Schnitt aus die Haut mit der Pinzette unterminieren und so einige Gewebsstückchen subcutan bis in die Achselhöhle nach oben schieben.

4. Fütterungsmethode.

Steht viel Material zur Verfügung, so kann man die Mäuse damit füttern. Sie fressen menschliche Gewebe, insbesondere Placenta, meist ohne weiteres. Will man eine Trockensubstanz prüfen, so wird diese der Nahrung, am besten der Milch, beigemischt. Fressen die Tiere nicht, so muß man die zu untersuchende Substanz den Mäusen einstopfen. Die Fütterungsmethode ist zum Nachweis hormonaler Substanzen brauchbar, da wir durch Fütterung von menschlichem Gewebe, welches Ovarialhormon enthielt, den Zyklus bei der kastrierten Maus auslösen konnten.

5. Injektionsmethode.

Will man ein Extrakt oder eine Flüssigkeit auf den Hormongehalt prüfen, so injiziert man diese subcutan unter die Rückenhaut der Tiere. Einer infantilen Maus soll man im allgemeinen nicht mehr als 0,4 ccm, einer erwachsenen Maus nicht mehr als 0,5—1 ccm, einer infantilen Ratte nicht mehr als 1—2 ccm, einer erwachsenen Ratte nicht mehr als 2—3 ccm einmalig injizieren. Spritzt man größere Flüssigkeitsmengen ein, so kann diese durch die große Blutverdünnung toxisch wirken, so daß die Tiere unter Krämpfen sterben.

Ich habe wiederholt gesehen, daß die Injektionen technisch falsch ausgeführt werden. Die Flüssigkeit soll in das Subcutangewebe injiziert werden, nicht in die freie Bauchhöhle, nicht in die Brusthöhle! Man hält die Tiere, wie bei der Sekretentnahme beschrieben, und injiziert die Flüssigkeit in die Subcutis der Bauchhaut. Die sich bildende Quaddel muß durch Druck verteilt werden. Zweckmäßiger ist noch folgende Methode: Man stellt die Tiere auf einen festen Gegenstand, hält sie mit der linken Hand am Schwanz fest, während man mit der rechten Hand in die Rückenhaut injiziert.

6. Fehlerquellen.

Es gibt Mäuse, die infolge von Inzucht keinen spontanen Zyklus haben. Derartige Tiere dürfen zu den vorliegenden Versuchen nicht verwendet werden. Es ist daher notwendig, jede Maus mindestens 6 Wochen täglich zu untersuchen, um so ein Bild über die ovariellen Vorgänge zu gewinnen. Ist ein regelmäßiger Zyklus festgestellt, so wird die Maus kastriert. Die Kastration muß exakt ausgeführt werden, d. h. man muß sicher sein, daß die Ovarien in toto exstirpiert sind. Läßt man nur einen Follikel zurück, so kann dieser sich wieder entwickeln, so daß die scheinbar kastrierte Maus nach durchschnittlich 6 Wochen wieder in den Zyklus kommt. Wir haben derartige Fälle selbst gesehen, so daß uns die Spezifität des Testobjektes zunächst zweifelhaft erschien. Wir töteten diese Tiere und konnten bei einigen am unteren Nierenpol schon mit der Lupe ein stecknadelkopfgroßes Gebilde erkennen. Die mikroskopische Untersuchung ergab einen Follikel. Sahen wir makroskopisch keinen Ovarialrest, so wurde die Lumbalgegend in Serienschnitte zerlegt, wobei es regelmäßig gelang, einen zurückgelassenen Ovarialrest[1] festzustellen. Abb. 22 zeigt ein derartiges Präparat.

Wir sehen daraus zweierlei: 1. daß der Zyklus absolut vom Ovarium abhängig ist; 2. daß man bei der Kastration sehr exakt vorgehen muß.

Wie können wir Fehler vermeiden? — Auf folgende Weise:

a) Das exstirpierte Ovarium wird zwischen zwei Objektträgern gequetscht und mit schwacher Vergrößerung besichtigt. Man kann Fettgewebe, Tube und Ovarium genau erkennen. Wie die Abb. 23 zeigt, sieht man die einzelnen Follikel und an der scharfen Umrandung des Eierstockes erkennt man, daß das Ovar in toto entfernt ist.

b) Um ganz sicher zu gehen, wird das Scheidensekret der kastrierten Maus täglich untersucht. Ist nach 6 Wochen ein Zyklus nicht aufge-

---

[1] ZONDEK, B. u. ASCHHEIM, Arch. Gynäk. 127, 267 (1925).

Fehlerquellen.

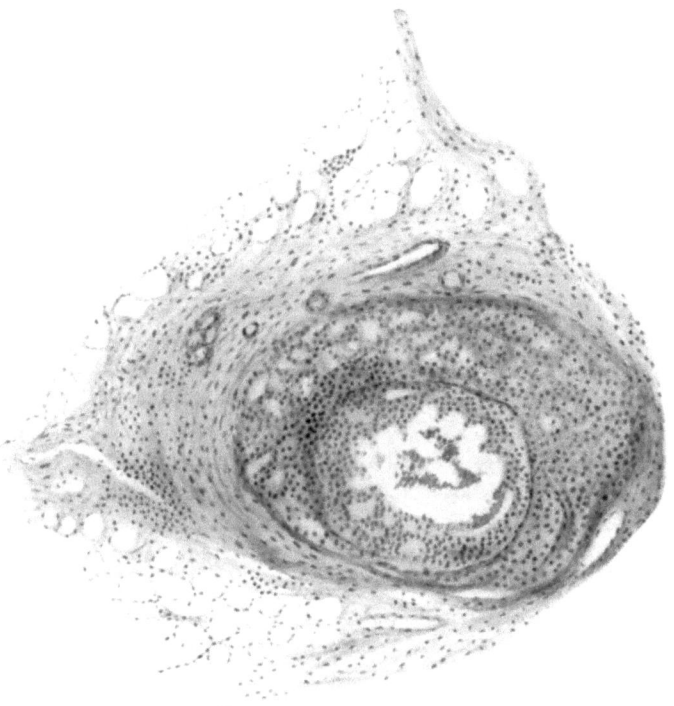

Abb. 22. Ovarialrest mit Follikel nach unvollständiger Kastration.

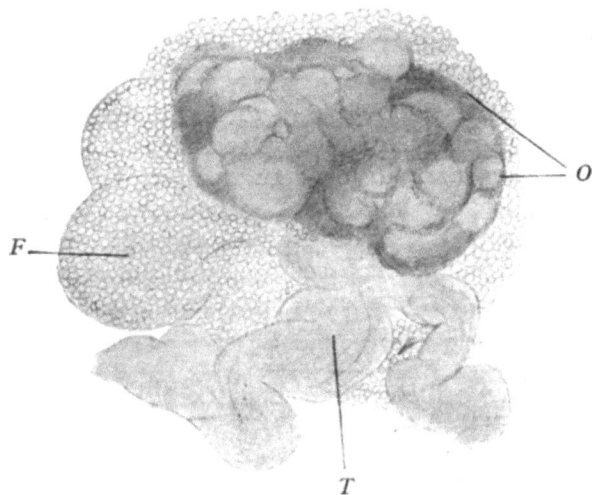

Abb. 23. Exstirpiertes Ovarium zwischen zwei Objektträgern gequetscht.
O = Ovarium mit zahlreichen Follikeln. F = Fettgewebe. T = Tube.

treten, so ist das Tier sicher kastriert und kann zum Versuch verwandt werden. *Das Tier* soll *also vor und nach der Kastration je 6 Wochen untersucht werden!*

Die wichtigste Fehlerquelle ist die falsche Beurteilung der Abstrichpräparate. Es ist unbedingt erforderlich, daß man die Histologie der Scheide in den einzelnen Brunststadien (Kap. 5) genau kennt, damit man die Abstriche richtig beurteilen kann. Für die Brunst ist nur das reine Schollenstadium charakteristisch, Übergangsstadien dürfen nicht berücksichtigt werden. Wir halten es für falsch, nur in einer Änderung des Scheidensekrets (z. B. Fortbleiben der Leukocyten) eine positive Reaktion zu sehen, weil dadurch die Exaktheit des an sich so ausgezeichneten Verfahrens verloren geht. Das *Scheidensekret kann sich bei der kastrierten Maus manchmal aus unbekannten Gründen ändern.* Besonders muß betont werden, daß durch Injektion unspezifischer Mittel und durch den Reiz eines operativen Eingriffes (z. B. Implantation) das Scheidensekret sich dahin ändern kann, daß eine Leukocytose auftritt, bzw. die Leukocyten plötzlich verschwinden. Diese Änderung des Scheidensekrets darf für die hormonale Reaktion nicht verwertet werden. Niemals tritt durch Injektion von unspezifischen Mitteln oder eine exogene Ursache ein reines Schollenstadium auf. Deshalb darf nur das reine Schollenstadium im Scheidensekret als positive Reaktion, d. h. als Wirkung des weiblichen Sexualhormons gewertet werden.

7. Kapitel.
Die Lokalisation des weiblichen Sexualhormons im menschlichen Ovarium[1].

Mittels der im vorigen Kapitel angegebenen Methodik war es möglich, die Bedeutung des weiblichen Sexualhormons für den Gesamtorganismus zu studieren. Körperflüssigkeiten konnten durch Injektion auf ihren Hormongehalt geprüft werden, für Gewebsuntersuchungen stand die Implantationsmethode zur Verfügung. Als Gynäkologen interessierten uns hauptsächlich die hormonalen Probleme bei der Frau, während wir die Verhältnisse beim Tier[2] nur so weit studierten, wie sie zum Verständnis der allgemein biologischen Fragen notwendig waren.

Zunächst wurden Vorversuche zur Klärung der Frage der Spezifität des Testobjektes ausgeführt. Wir mußten Klarheit bekommen, ob man

---

[1] ZONDEK, B. u. ASCHHEIM: Arch. Gynäk. **127**, 270—276 (1925) u. Klin. Wochenschr. **1925**, Nr 29 u. **1926**, Nr 10, S. 400.

[2] Neuerdings habe ich mich viel mit hormonalen Untersuchungen bei Tieren beschäftigt (s. Kap. 12, 15, 25 u. 27).

durch Injektion unspezifischer Mittel auch die Brunstreaktion auslösen kann, wie ich dies früher an der Wachstumsreaktion des Uterus (Kap. 2) beobachtet hatte. Wir untersuchten deshalb die Wirkung von unspezifischem Eiweiß und biogenen Aminen, wir injizierten Blut, Lumbalflüssigkeit, Inhalt von Ovarialcysten usw. Niemals konnten wir mit diesen Mitteln beim kastrierten Tier die Brunst auslösen, niemals gelang es, auf unspezifischem Wege das Schleimsekret des kastrierten Tieres in ein Schollensekret umzuwandeln. Wir implantierten Drüsengewebe (Leber, Milz), wir pflanzten frisches Gewebe endokriner Drüsen ein (menschliche Hypophyse, Schilddrüse, Thymus und Nebenniere). — Sämtliche Versuche verliefen negativ. Dadurch war die Spezifität des Testobjektes (ALLEN-DOISY-Test) bewiesen. Auf dieser exakten Grundlage konnten wir nunmehr an die Erforschung der Frage gehen: Welches ist die Lokalisations- und Produktionsstätte des Hormons im Ovarium selbst?

Das Material wurde bei der Operation steril gewonnen und frisch untersucht. Die Ovarien stammten meist von Frauen, denen Uterus und Ovarium wegen Collumcarcinom entfernt wurden. Dadurch standen uns funktionell und anatomisch gesunde Eierstöcke zur Verfügung. Durch Anamnese, Inspektion beider Ovarien während der Operation und durch gleichzeitige Untersuchung der Uterusschleimhaut waren wir über die funktionelle Phase des Ovariums genau unterrichtet. Die einzelnen Gewebsformationen des Eierstocks lassen sich leicht herauspräparieren. Kleine Follikel wurden in zwei oder mehr Stücke zerlegt, damit sie bei der Implantation in den Oberschenkel der Maus mit möglichst breiter Fläche haften. Bei den großen, d. h. dem Sprung nahen Follikel läßt sich die Wand ohne Schwierigkeit ablösen, so daß sie allein implantiert werden kann. Auch einzelne Zellarten des Ovariums lassen sich, wie wir später sehen werden, isolieren und so auf ihre Wirksamkeit prüfen.

1. Versuche mit Ovarialrinde.

Von der Rinde wurden kleine Stücke ausgeschnitten und diese in drei Teile geteilt. Die mittlere Partie wurde zur mikroskopischen Untersuchung eingebettet, die äußeren Teile kastrierten Mäusen implantiert. Das Ergebnis war folgendes: *In der Ovarialrinde, d. h. im Keimepithel, Stroma und Primordialfollikel befindet sich kein weibliches Sexualhormon.*

2. Versuche mit Follikelwand.

Zunächst wurden Versuche mit der Wand kleiner Follikel ausgeführt, die einen Durchmesser von 2—6 mm hatten. Durch die Implantation der Wand dieser Follikel war in der Mehrzahl der Fälle die Brunstreaktion nicht auszulösen. Pflanzte man aber mehrere kleine Follikel einer Maus ein, so wurden die Versuche positiv. Daraus müssen wir schließen, daß in den kleinen Follikeln das Hormon sich erst in statu nascendi befindet, so daß die in der Wand vorhandene Hormonmenge nicht ausreicht, um die Brunstreaktion auszulösen. Pflanzt man mehrere Follikel ein, so ist die zugeführte Hormonmenge größer, so daß die Brunstreaktion auftritt. Diese Annahme findet eine Stütze in den Versuchen mit Follikelsaft.

Die Untersuchung der Wand des sprungreifen menschlichen Follikels (11.—14. Tag des Zyklus) ergab stets ein positives Ergebnis. Dasselbe Ergebnis war mit der Wand kirschgroßer Follikel der Kuh zu erzielen. *In der Wand reifender Follikel des Menschen und Tieres ist also regelmäßig das weibliche Sexualhormon nachweisbar.*

3. Versuche mit Follikelsaft.

Die Versuche mit Follikelsaft interessierten uns besonders, weil ALLEN und DOISY[1] im Follikelsaft der Kuh und des Schweines Hormon gefunden und infolgedessen den Follikelsaft als Ausgangsmaterial zur Erforschung des weiblichen Sexualhormons gewählt hatten. Regelmäßig konnten wir auch im *menschlichen* Follikelsaft das Sexualhormon nachweisen, vorausgesetzt, daß der Follikel eine bestimmte Größe erreicht hatte, d. h. daß seine Reifung genügend fortgeschritten war. Enthalten die Follikel weniger als 0,5 ccm Saft, so waren die Ergebnisse negativ. War die Größe von 1 ccm erreicht, so waren sämtliche Versuche positiv. Hierbei war in $1/4$—$1/2$ ccm 1 Mäuseeinheit vorhanden, d. h. durch Injektion dieser Mengen von Follikelsaft gelang es, die kastrierte Maus in die Brunst zu bringen. Die gleiche Hormonkonzentration ist auch im Follikelsaft der Kuh nachweisbar.

Der sprungreife menschliche Follikel enthält 2—3 ccm Follikelsaft, demnach 8—12 M.E. Hormon.

Wir haben bisher gesehen, daß mit Zunahme der Follikelreifung sowohl in der Wand wie im Saft des Follikels das Hormon nachweisbar ist. Wie sind nun die hormonalen Verhältnisse nach dem Follikelsprung, wenn sich der Follikel in den gelben Körper, das Corpus luteum, umgewandelt hat?

4. Versuche mit Corpus luteum.

Das Corpus luteum läßt sich mit Pinzette und Schere leicht aus dem Ovarium isolieren, der gelbe Saum kann vom Blutkern spielend abgelöst werden, so daß das Gewebe des gelben Körpers genau untersucht werden kann. Das menschliche Corpus luteum der Blüte, d. h. das Corpus luteum einige Tage vor der zu erwartenden Menstruation, erwies sich stets als hormonal wirksam, wobei man schon durch Implantation kleinster Stücke die Brunstreaktion auslösen konnte. Daraus ergibt sich, daß im menschlichen gelben Körper der Blüte das Hormon nicht nur nachweisbar ist, sondern daß es hier in besonders starker Konzentration vorhanden ist. Im Gegensatz zum Menschen ist im gelben Körper des

---

[1] ALLEN a. DOISY: J. amer. med. Assoc. 81, 819 (1923). — ALLEN, PRATT a. DOISY: Ebenda 85, 399 (1925).

Tieres (Kuh) Hormon nicht, oder nur in geringer Menge vorhanden (s. S. 80 u. 222).

Bei Implantation von Corpus luteum-Wand während der Menstruation sind die Resultate schwankend. Es kann noch Hormon im Corpus luteum vorhanden sein, es kann aber schon im Schwinden begriffen oder überhaupt nicht mehr anwesend sein. Das in Rückbildung begriffene Corpus luteum — nach Ablauf der Menstruation — enthält hingegen niemals wirksame Substanz, es ist also funktionslos.

Daß während der Menstruation noch wirksame Substanz im Corpus luteum vorhanden ist, darf nicht wundernehmen, da die Lebensvorgänge im Ovarium nicht plötzlich aufhören. Nicht alle Zellen degenerieren gleichzeitig, einige leben und funktionieren länger als die anderen. Die Resorption der jetzt quantitativ geringen Menge des Hormons hat

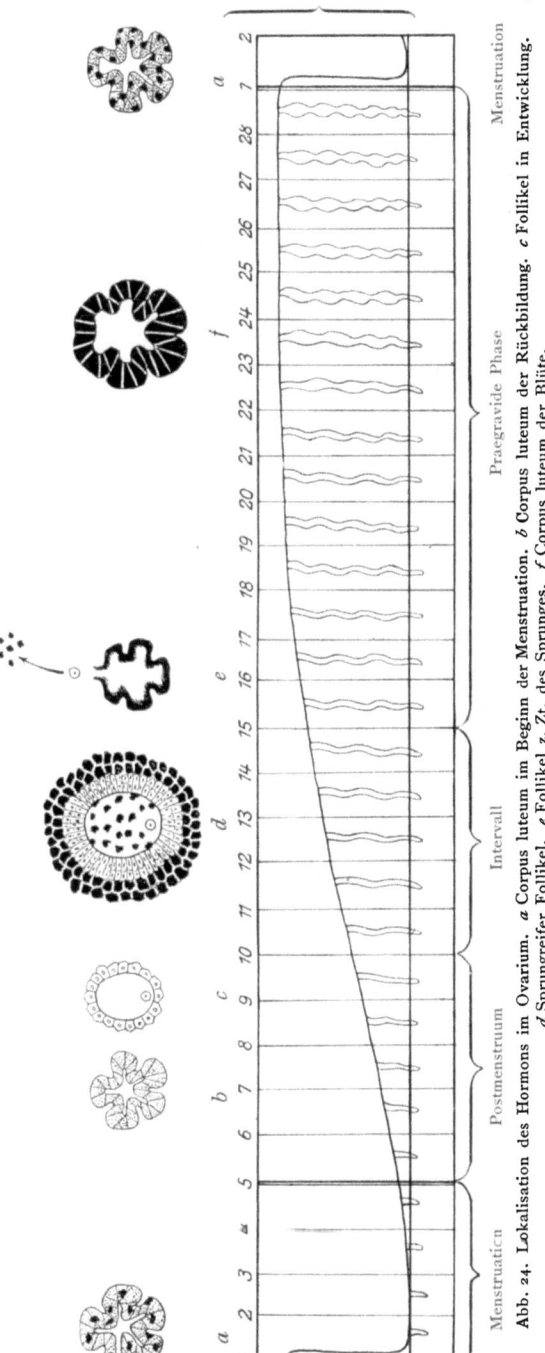

Abb. 24. Lokalisation des Hormons im Ovarium. *a* Corpus luteum im Beginn der Menstruation. *b* Corpus luteum der Rückbildung. *c* Follikel in Entwicklung. *d* Sprungreifer Follikel. *e* Follikel z. Zt. des Sprunges. *f* Corpus luteum der Blüte.

aber bei der Frau keine Wirkung auf das Erfolgsorgan, d. h. auf die Uterusschleimhaut. Wenn JAFFÉ im Gegensatz zu ROBERT MEYER und SCHRÖDER auf Grund seiner Lipoiduntersuchungen die Ansicht vertritt, daß dem Corpus luteum post menstruationem noch eine Funktion zukomme, so kann dies auf Grund der vorliegenden Hormonuntersuchungen in keiner Weise bestätigt werden.

Zusammenfassend läßt sich über die Lokalisation des Hormons im Ovarium folgendes sagen (vgl. Abb. 24):

1. Im Postmenstruum ist der in Rückbildung befindliche gelbe Körper frei von Hormon. Die kleinen Follikel (c) enthalten nicht oder nur selten Hormon.

2. Im Intermenstruum finden wir Hormon sowohl in der Wand des reifenden Follikels wie im Follikelsaft (d). Springt der Follikel (e), so wird das Hormon in die freie Bauchhöhle entleert, um von hier aus auf dem Lymphwege dem Organismus zugeführt zu werden.

3. In der prägraviden Phase ist der gelbe Körper (f) der Träger des Hormons. Die Hormonkonzentration ist jetzt am stärksten. Die Resorption des Hormons erfolgt jetzt auf hämatogenem Wege aus den vascularisierten Zellen des gelben Körpers (also kombinierte innere Sekretion auf dem Lymph- und Blutwege).

4. Während der Menstruation schwindet das Hormon allmählich aus dem Corpus luteum (a), so daß das Corpus luteum postmenstruale (b) frei von Hormon ist.

Wir sehen also folgendes:

a) Die Hormonproduktion ist an den *follikulären*[1] Apparat gebunden.
b) Die Hormonproduktion erfolgt cyclisch, so daß
c) die Konzentration in den einzelnen Phasen verschieden ist.

Sie ist im Postmenstruum am geringsten, in der prägraviden Phase am stärksten. Es soll damit nicht gesagt sein, daß im Postmenstruum überhaupt kein Hormon im Ovarium produziert wird. Es ist in statu nascendi, oder erst in so geringer Menge gebildet, daß es nicht nachweisbar ist. Über die Quantität des im Ovarium produzierten Folliculins läßt sich nichts Näheres aussagen, da das Hormon dauernd in die Blutbahn abgegeben wird. Wir können nur feststellen, wieviel

---

[1] Da das weibliche Sexualhormon im Ovarium nur im folliculären Apparat produziert wird, habe ich das Hormon „**Folliculin**" genannt. Der Name Folliculin wurde zuerst (1911) von G. KLEIN gebraucht. Auch COURRIER (1925) bedient sich dieses Namens. Unter Folliculin verstehe ich das im menschlichen und tierischen Follikelapparat produzierte, in den Follikelsaft abgesonderte weibliche Sexualhormon = Ovarialhormon, das beim kastrierten Nagetier die Brunst, beim Menschen den Aufbau der Uterusschleimhaut in der Proliferationsphase auslöst.

Hormon in dem Eierstock zur Zeit der Untersuchung vorhanden ist. So fanden wir im sprungreifen menschlichen Follikel von 2—3 ccm Inhalt (ich konnte bei der Operation den Follikelsaft mittels Spritze entnehmen) 8—12 Mäuseeinheiten Folliculin (pro Liter Follikelsaft = 4000 M.E.). Die gleichen Werte erhielten wir im Follikelsaft der Kuh. ALLEN, PRATT und DOISY gaben höhere Hormonmengen an und zwar 7390 Ratteneinheiten pro Liter Follikelsaft des Menschen. Im Corpus luteum der Blüte des Menschen (Gewicht = 2 g) fanden wir 8—10 M.E. Folliculin (pro kg = 4—5000 M.E.). Im tierischen gelben Körper ist Folliculin (s. S. 47) überhaupt nicht, oder nur in sehr geringen Mengen vorhanden.

8. Kapitel.
Die funktionelle Bedeutung der interstitiellen Zellen. Die Entstehung des Follikelsaftes[1].

Wir haben im vorhergehenden Kapitel die Spezifität der Ovarialstoffe im menschlichen Ovarium festgestellt. Wir fanden das Hormon: 1. in der Follikelwand, 2. im Follikelsaft, 3. im Corpus luteum der Blüte, aus dem es mit Beginn der Menstruation verschwindet. Von welchen Zellen wird nun das Hormon (Folliculin) produziert? Das Corpus luteum der Blüte besteht im wesentlichen aus einem Komplex von Granulosa-Luteinzellen. Da wir im gelben Körper eine starke Konzentration des Folliculins finden, können wir schließen, daß das Hormon hier auch produziert wird. Es besteht aber ein spezifischer Unterschied zwischen dem gelben Körper der Frau und dem der Tiere, da beim Tier Hormon nicht oder in nur geringen Mengen gefunden wurde. Im menschlichen Corpus luteum der Blüte finden sich noch Thecazellreste, die in die Buchten des Corpus luteum hineinstreben, was beim gelben Körper der Tiere nicht der Fall ist. Man könnte daraus schließen, daß diese Thecazellen bei der Frau die Produzenten des Folliculins sind. Damit kommen wir zu einer Frage, die für die Physiologie der Sexualdrüsen von großer Bedeutung ist. Die Thecazellen entsprechen den LEYDIGschen Zwischenzellen im Hoden. Haben nun diese interstitiellen Thecazellen eine funktionelle Bedeutung? Sind sie, wie von vielen Autoren—insbesondere von STIEVE—angenommen wird, nur Nährstoffspeicher für die Granulosazellen? Dann wäre allerdings die Thecazellenwucherung in den atresierenden Follikeln der Schwangerschaft ohne funktionelle Bedeutung. Von anderer Seite (insbesondere STEINACH, LIPSCHÜTZ u. a.) wird den Thecazellen eine endokrine Funktion ähnlich den LEYDIGschen Zwischenzellen zugeschrieben.

Viele Autoren sträuben sich die innersekretorische Sekretion der-

---
[1] ZONDEK, B. u. ASCHHEIM: Klin. Wschr. 1926, Nr. 10, S. 400.

Thecazellen anzuerkennen, weil sie aus dem Bindegewebe hervorgehen. Diese Abstammung vom Bindegewebe ist bisher noch nicht sicher bewiesen. Aber selbst wenn dies zutrifft, so ist Bindegewebe und Bindegewebe funktionell nicht dasselbe. Die Thecazellen haben mit dem Bindegewebe als Stützgewebe ebensowenig zu tun, wie etwa die Deciduazellen.

Über die in der Literatur niedergelegten Meinungen zur Frage der interstitiellen Bedeutung des Eierstocks sei mit Rücksicht auf die prinzipielle Bedeutung dieser Frage etwas näher eingegangen.

BOUIN u. ANCEL sowie LIMON beschrieben 1902 das interstitielle Gewebe des Eierstocks als epitheloide Zellen, die sich bei einer Reihe von Tierklassen aus atretischen Follikeln entwickeln und sich an verschiedenen Stellen teils in Strängen, teils vereinzelt liegend im Ovarium vorfinden. Die Zellen sollen bindegewebigen Ursprungs sein und sich aus der Theca interna nach dem Zugrundegehen des Eies entwickeln.

Diese Befunde wurden von vielen anderen Forschern bestätigt (F. COHN, FRAENKEL), mit der Einschränkung, daß dieser eigenartige Zellkomplex sich im wesentlichen bei Nagern vorfinde, während bei anderen Tierklassen die Befunde sehr inkonstant oder überhaupt keine Anhaltspunkte für eine interstitielle Drüse vorhanden seien (nach FRAENKEL bei 50% aller untersuchten Tiere).

Wie liegen nun — und das ist für unsere Frage das Entscheidende — die Verhältnisse beim Menschen? Gibt es im Ovarium Zellen, die man mit LEYDIGschen Zwischenzellen des Hodens vergleichen kann, gibt es eine interstitielle Drüse im Eierstock?

SEITZ konnte im Ovarium gravider Frauen bei Follikelatresie Vergrößerung der Theca-interna-Zellen mit gleichzeitigem Auftreten von Fett und Lutein nachweisen, woraus er schließt, daß in der Gravidität genetische und morphologische, der interstitiellen Drüse der Tiere analoge Veränderungen vorkommen.

WALLART erweitert diese Befunde durch den Nachweis, daß die interstitiellen Zellen schon beim Neugeborenen vorkommen, mit dauernder Zunahme derselben bis zur Pubertät und häufig bis zum dritten Dezennium (stärkste Entwicklung in den ersten Lebensjahren!). Die Entwicklungsbedingungen der Theca interna zur interstitiellen Drüse sind nach WALLART in der unter der Rinde des Eierstocks gelegenen Zone am günstigsten, weil sich hier die atresierenden Follikel hauptsächlich entwickeln.

Den interstitiellen Zellen kann eine biologische Bedeutung nicht zugesprochen werden, da L. FRAENKEL bei vielen und gerade den hochstehenden Säugern das interstitielle Gewebe nur selten und bei einzelnen Gattungen sehr inkonstant fand. So soll z. B. beim Wolf der Zellkomplex fast regelmäßig, beim Hund hingegen nur selten vorhanden sein. ASCHNER hält die FRAENKELschen Untersuchungen nicht für beweiskräftig, weil die Versuchstiere nicht gleichaltrig waren, was für die vorliegende Frage von grundlegender Bedeutung sei. Unter Berücksichtigung dieser Fehlerquelle glaubt ASCHNER, daß das Auftreten der interstitiellen Zellen sowohl ontogenetisch als auch phylogenetisch ein durchaus gesetzmäßiges sei. Bei den Säugern bestehe ein Parallelismus zwischen der Fertilität und der Intensität der Follikelproduktion und der Atresie als Vorstufe der interstitiellen Eierstocksdrüse. So haben diejenigen Tiere, die gleichzeitig mehrere Junge zur Welt bringen während der ganzen Zeit der Geschlechtsreife eine gut entwickelte interstitielle Drüse, während bei den hochentwickelten Tieren und dem Menschen infolge der wesentlich geringeren Follikelproduktion und Atresie ein drüsenförmig angeordnetes interstitielles Gewebe überhaupt nicht mehr anzutreffen sei, so daß man nur noch von rudimentärer Entwicklung sprechen könne. Je höher die Entwicklungsstufe, um so mehr werde die interstitielle Drüse biologisch durch das Corpus luteum ersetzt. Beim Menschen zeige die interstitielle Drüse die höchste Entwicklung in den ersten Lebensjahren, um vor der Pubertät schon merklich abzunehmen und mit dem Einsetzen der Menstruation und der Bildung des Corpus luteum auf ein Minimum reduziert zu werden. Die von SEITZ und WALLART beschriebene Zunahme der interstitiellen Zellen während der Menstruation wird von ASCHNER bestritten. Wohl aber sei während der Schwangerschaft die Follikelatresie und die damit Hand in Hand gehende Theca-Luteinzellenbildung erheblich gesteigert.

In Übereinstimmung mit L. FRAENKEL negiert ROBERT MEYER auf Grund seiner ausgedehnten Erfahrung eine *selbständige* interstitielle Drüse beim Menschen. Die größte Entwicklung der Thecazellen findet man nach ROBERT MEYER beim Chorionepitheliom, ohne daß man hierbei von einer endokrinen Bedeutung sprechen könne. So wie das erkrankte Ei die verstärkte Luteinzellenbildung bewirkt, so löst auch im normalen Generationszyklus das Ei die Thecazellenwucherung aus, die mit dem Zugrundegehen des Eies wieder verschwindet. Eine spezifische Bedeutung könne den Thecazellen auch während der Gravidität nicht beigemessen werden. Wohl findet man in den Ovarien von Feten und Kindern deutliche Reste der Follikelatresie, aber niemals eine besondere Entwicklung der Theca, niemals einen Dauerbestand der Theca an den atresierenden, noch überhaupt Thecazellen an den völlig atresierten Follikeln. Die unter dem Namen interstitielle Drüse in der Literatur beschriebenen Veränderungen sind nach ROBERT MEYER völlig zurückgebildete, sehr bald kernlose Zellreste, wobei der Lipoidgehalt nicht die Funktion, sondern die schwere Resorbierbarkeit beweise. Auf keinen Fall aber könne man den interstitiellen Zellen eine funktionelle Wirkung auf die sekundären Geschlechtsmerkmale zuschreiben, da man auch bei Heterosexuellen, deren weiblicher Typ einwandfrei sei, in den Geschlechtsdrüsen keine Spur von Ovarien, wohl aber Samenkanälchen und große Herde von normalen LEYDIGschen Zwischenzellen finde. Interstitielle Zellen im Hoden und Follikeltheca im Eierstock hätten lediglich eine Bedeutung als Nährstoffspeicher für die Geschlechtszellenreifung.

Es war für uns verlockend, mit der oben genannten Methodik die Frage der funktionellen Bedeutung der interstitiellen Zellen zu untersuchen. Das Ergebnis sei vorweggenommen: *Die Thecazellen sind eine Produktionsstätte des weiblichen Sexualhormons.*

Zu dieser Ansicht kamen ASCHHEIM und ich durch folgenden Versuch. Bei einer Frau mit Tubargravidität fand sich im Eierstock eine hühnereigroße Cyste. Der klare Inhalt der Cyste, der einer kastrierten Maus injiziert wurde (0,5 ccm), löste nach 72 Stunden das typische Schollenstadium aus. Die Cyste enthielt also Folliculin. Die histologische Untersuchung ergab, daß die Cystenwand als Innenbekleidung nur Thecazellen hatte (Theca-Luteincyste, s. Abb. 25). Gewöhnliche Ovarialcysten enthalten weder in ihrer Wand noch in ihrer Flüssigkeit Hormon. Hier war also von den Thecazellen Hormon produziert worden.

Wir suchten nach weiteren experimentellen Stützen für diese Ansicht und fanden folgendes:

1. Implantiert man Ovarialrinde von Graviden, so bekommt man häufig ein positives Ergebnis. Ovarien außerhalb der Gravidität enthalten in der Rinde niemals Hormon. Wir können als Produktionsstätte des Ovarialhormons in der Rinde bei Schwangerschaft nur die thecazellreichen, atresierenden Follikel annehmen.

2. Beweisend scheinen uns folgende Versuche zu sein: Wir haben Theca- und Granulosazellen voneinander isoliert und jeden der beiden

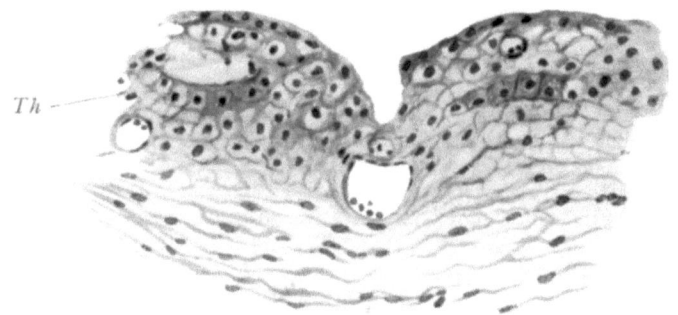

Abb. 25. Wand einer Thecaluteincyste. *Th* = Theca.

Zellkomplexe isoliert am Testobjekt geprüft. In der Wand des sprungreifen Follikels lassen sich, wie aus Abb. 26 ersichtlich, die beiden Zellschichten voneinander trennen. Die Implantation der Thecazellen löste bei der kastrierten Maus die Brunst aus, in den Thecazellen ist also das fertige Ovarialhormon enthalten. Die Implantation der Granulosazellen war ohne Erfolg, d. h. in *diesem Stadium* (Follikelreife) ist in den Granulosazellen Folliculin noch nicht enthalten. Damit scheint uns bewiesen zu sein, daß die Thecazellen das Ovarialhormon (Folliculin) produzieren.

Hiermit stimmen auch die Untersuchungen von FELLNER überein, der im Ovarium von Schwangeren sein feminines Sexuallipoid nachweisen konnte. Auch FELLNER glaubt, daß die interstitiellen Zellen das wirksame Lipoid enthalten.

Es ist also sicher, daß die interstitiellen Zellen nicht nur Nährstoffspeicher sind, sondern daß sie Folliculin enthalten und produzieren. Während der Eireifung ist die Produktion an die Thecazellen gebunden. Ist

Die Entstehung des Follikelsaftes.

das Ei gereift, so gehen die Thecazellen in der Entwicklung zurück, jetzt proliferieren die Granulosazellen sehr stark. Es ist nicht ausgeschlossen, daß die Thecazellen auch im Corpus luteum der Blüte, trotzdem sie jetzt nur noch unwesentliche Zellstränge darstellen (s. S. 49), an der Hormonproduktion beteiligt sind und das produzierte Folliculin an

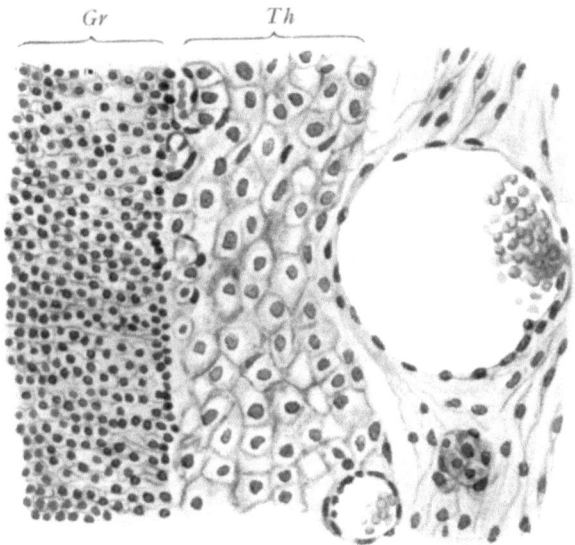

Abb. 26. Wand eines großen Follikels: *Th* = große Thecazellen mit Gefäßen (5—6 Reihen), *Gr* = kleinere Granulosazellen in 8 Reihen.

die Granulosazellen weitergeben. Aber es ist sehr wahrscheinlich, daß auch die Ganulosazellen der Frau das Hormon produzieren, so daß also Theca- und Granulosazellen an der Folliculinproduktion beteiligt sind.

Die menschlichen und tierischen Thecazellen produzieren Folliculin. Die Granulosazellen der Frau produzieren wahrscheinlich Folliculin und außerdem das Corpus-luteum-Hormon (Lutin s. Progestin), die Granulosazelle des Tieres produziert nur Lutin s. Progestin (s. Kap. 14 u. 27).

Die Entstehung des Follikelsaftes.

Die Ergebnisse unserer Untersuchungen führten zu der Frage: Ist die bisherige Anschauung über die Entstehung des Follikelsaftes richtig? In allen Lehr- und Handbüchern der Gynäkologie finden wir über die Entstehung des Follikelsaftes die Angabe, daß er als ein Transsudat aus den Gefäßen anzusehen sei, indem sich noch eine Anzahl Granulosa-Epithelzellen aufgelöst hätten. Diese Angaben sind wohl auf LUSCHKA und WALDEYER (Eierstock und Ei, Leipzig 1870) zurückzuführen. WALDEYER schreibt (S. 39): „Der Liquor folliculi ist zum Teil auf eine direkte Metamorphose des Protoplasmas der Granulosazellen zurückzuführen, in ähnlicher Weise wie HIS die Dotterkugeln der Vogelfollikel als metamorphosierte Granulosazellen ansieht. Bei den Säugetieren kommt es aber nicht allein zum Aufquellen, sondern zu einer vollständigen, gleichmäßigen Lösung des metamorphosierten Zellprotoplasmas im transsudierten Blutserum. Die so entstandene Masse bildet den Liquor folliculi. Ich kann somit der von LUSCHKA gegebenen Beschreibung des Bildungsmodus der Follikelflüssigkeit durchweg zustimmen." WALDEYER gibt noch an, daß der Liquor folliculi in relativ reicher Menge Paralbumin enthalte, daß die zähe Paralbuminlösung sich sehr gut als metamorphosiertes gequollenes und gelöstes Zellprotoplasma auffassen lasse. Demgegenüber betont PFANNENSTIEL, daß der Liquor folliculi kein Pseudomucin (Paralbumin, Kolloid) enthalte, sondern eine nicht quellbare seröse Flüssigkeit.

Wieweit nun bei der Liquorbildung eine Zellauflösung der Granulosazellen beteiligt ist, können wir nicht sagen. Es ist sehr gut denkbar, daß die Auflösung (Degeneration) von Granulosazellen sich in wachsenden Follikeln findet, die atretisch zugrunde gehen, daß aber bei dem Follikel, der bis zur Eröffnung und zur Ausstoßung des reifen Eies gelangt, diese Degenerationen nicht vorhanden sind.

Selbst wenn man aber annimmt, daß bei der Follikelreifung Epithelzellen sich auflösen, dürfte dies für die Liquorbildung von untergeordneter Bedeutung sein. Die Spezifität des Liquors ist durch das aus der Follikelwand stammende Hormon bedingt. Die Granulosazellen des reifenden Follikels enthalten nach unseren Untersuchungen Folliculin noch nicht, die Thecazellen aber enthalten und produzieren es bereits. So schließen wir: *der Follikelsaft enthält das Sekret der Thecazellen, er ist ein Sekret der Thecazellen*. Die Flüssigkeit stammt, wie jede Flüssigkeit im Körper aus dem Blut (oder aus der Lymphflüssigkeit), aber erst durch die Abgabe von Ovarialhormon seitens der Thecazellen wird sie zum wirksamen Liquor folliculi.

9. Kapitel.

Weibliches Sexualhormon und Lipoide des Ovariums.

Bevor man die biologische Methodik kannte, war man in der Forschung im wesentlichen auf morphologische Untersuchungen des Ovariums angewiesen. Die grundlegenden Arbeiten der letzten Dezennien haben in hervorragender Weise die Beziehungen des Ovariums zum Uterus insbesondere zum Auf- und Abbau der Uterusschleim-

Histochemische und hormonale Untersuchungen.

haut geklärt. Besondere Aufmerksamkeit schenkte man hierbei den im gelben Körper auftretenden Fetten, die man mit komplizierten histochemischen Untersuchungen zu analysieren versuchte, um damit einen tieferen Einblick in die Funktion des Corpus luteum zu gewinnen (ROBERT MEYER, MARCOTTY, WEISHAUPT, V. MIKULICZ-RADECKI, WIECZNYNSKI, JAFFÉ u. a.). Diese Untersuchungen haben uns aber, wie ROBERT MEYER ausdrücklich betont hat, über das funktionelle Verhalten der Lipoide nicht aufgeklärt.

Wir gewannen bald die Überzeugung, daß man mit den bisherigen histochemischen Untersuchungen in dieser Frage überhaupt nicht weiter-

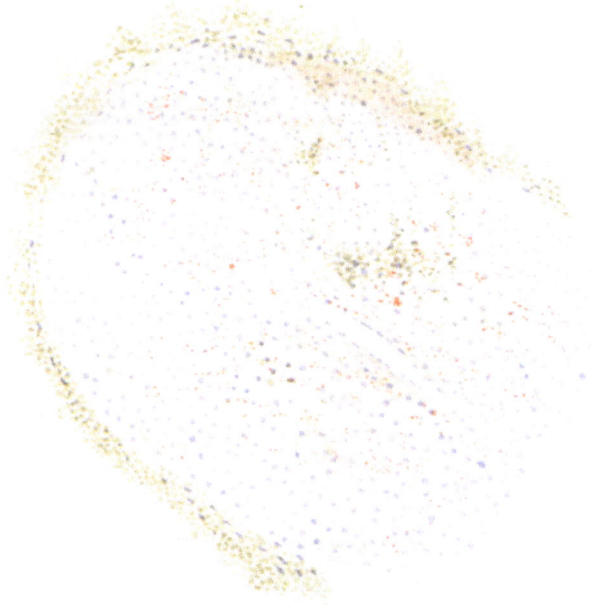

Abb. 27. Corp. lut. der Blüte. Haematein-Sudanfärbung. Wenig Lipoide; biologisch: positiv.

kommen könne, daß die Fette, die wir im Ovarium färben und die so schöne Bilder geben, für die Funktion des Ovariums nichts aussagen. Aus unseren Untersuchungen möchte ich die Beispiele anführen, die wir in der Originalarbeit[1] angegeben haben.

Wir fanden:

1. In der Wand des sprungreifen Follikels nur wenig Lipoide. — Bei der Implantation dieser Follikelwand kommt die kastrierte Maus nach 3 Tagen in den Zyklus, d. h. die Wand produziert Hormon.

Ergebnis: Wenig Lipoide; funktonell positiv.

---

[1] ZONDEK, B. u. ASCHHEIM: Arch. Gynäk. **127**, H. 1, 286—289 (1925)

2. Wir bilden zwei Corpora lutea der Blüte ab (Abb. 27 u. 28). Sie zeigen bezüglich der sudanophilen Substanzen erhebliche Unterschiede, d. h. das eine Corpus luteum zeigt sehr wenig, das andere viel Fett. Beide Corpora lutea zeigten bei der Implantation ganz kleiner Stückchen in die Oberschenkelmuskulatur der kastrierten Maus ein positives Ergebnis (Schollen), d. h. beide Corpora lutea produzieren reichlich Folliculin.

Ergebnis: Beide Corpora lutea der Blüte sind funktionell sehr wirksam. *Histologisch zeigen sie bezüglich des Fettgehaltes erhebliche Differenzen.*

3. Abb. 29 zeigt ein Corpus luteum graviditatis. Mit den üblichen histochemischen Untersuchungen ließen sich Fettsubstanzen kaum nachweisen. Biologisch, d. h. bei der Implantation, aber positives Resultat.

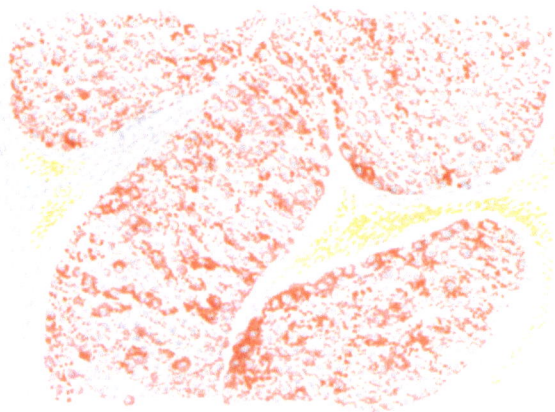

Abb. 28. Corp. lut. der Blüte. Haematein-Sudanfarbung. Reichlich Lipoide; biologisch: positiv.

Ergebnis: *Im Corpus luteum graviditatis histologisch kaum Fett nachweisbar, biologisch-hormonal aber wirksam.*

4. Im Gegensatz dazu sehen wir im Corpus luteum post menstruationem außerordentlich viel Fett (Verfettung), biologisch ist jetzt keine Wirkung mehr zu erhalten.

Ergebnis: Histologisch viel Fett, biologisch unwirksam.

Diese Beispiele mögen genügen. Sie zeigen deutlich, daß die histochemische Lipoiduntersuchung des Ovariums uns über die Funktion nicht aufklärt. *Wir können aus dem histochemischen Bild, auch wenn es noch so schön aussieht, nicht auf die Funktion schließen. Fett und Fett ist, auch wenn es gleich aussieht, funktionell nicht dasselbe. Die Lipoide, die wir sehen, sind nicht das Hormon selbst. Der Körper bedient sich des Fettes nur als Lösungsmittel des Hormons im Ovarium.*

Histochemische und hormonale Untersuchungen.

Auch die Verfeinerung der histochemischen Untersuchungen kann die Frage nach der Funktion nicht klären. Dafür einige Beispiele:

JAFFÉ bzw. seine Mitarbeiter finden histochemisch:

a) beim Menschen im sprungreifen Follikel — Cholesterin-Fettsäuregemisch und Cholesterinester;

b) beim Rinde im sprungreifen Follikel — Phosphatide und Cerebroside;

c) beim Menschen im Corpus luteum postmenstruale — Cholesterinester und Fettsäuregemische.

Vergleichen wir damit unsere vorher mitgeteilten biologischen Unter-

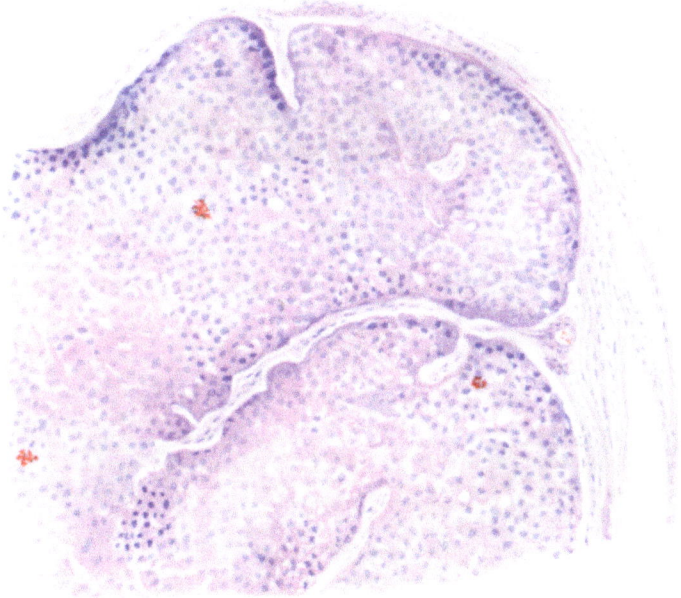

Abb. 29. Corp. lut. graviditatis m. II/III. Haematein-Sudanfärbung. Wenig Fett; biologisch: positiv.

suchungen. Wir finden sowohl beim Menschen (a) wie beim Rinde (b) im sprungreifen Follikel Hormon (Folliculin). Die Lipoide im Follikel sind aber, wie wir aus a und b erkennen, ganz verschieden. Dort Cholesterine, hier Phosphatide und Cerebroside.

Vergleichen wir a mit c: Im sprungreifen Follikel findet sich Folliculin, im Corpus luteum postmenstruale findet sich kein Hormon. Histochemisch aber finden sich bei a und c fast dieselben Lipoide, d. h. Cholesterine.

Der Vergleich der histochemischen Untersuchung von JAFFÉ mit unseren biologischen Ergebnissen zeigt uns, daß das Folliculin mit den histochemisch festgestellten Lipoiden, d. h. den Cholesterinen, Phosphatiden und Cerebrosiden nicht identisch ist.

Ich sehe das Wesentliche unserer Untersuchungen darin, gezeigt zu haben, daß das Hormon mit den färberisch darstellbaren Lipoiden nicht identisch ist, sondern nur an die Lipoide des Ovariums irgendwie gekettet ist. Weiter haben die Untersuchungen gelehrt, daß man die histochemische Methodik nicht überschätzen[1] darf, daß sie speziell für die Erforschung funktioneller Vorgänge nicht zu verwerten ist. Diese Gedankengänge sind von KAUFMANN und LEHMANN[2] weitergeführt worden. Sie haben in gründlichen Untersuchungen zeigen können, daß die in der histologischen Technik gebräuchlichen Fettdifferenzierungsmethoden nicht spezifisch sind, daß die gebräuchlichen Farbstoffe keinen Anspruch auf Spezifität für Fettgruppen, geschweige denn für Einzelstoffe erheben können. Nur die qualitative und quantitative chemische Analyse kann zu sicheren Resultaten führen.

10. Kapitel.
Exogene Einflüsse und Ovarialfunktion.

Bevor ich auf das weibliche Sexualhormon selbst eingehe, möchte ich in den folgenden Kapiteln Untersuchungen mitteilen, die sich mit der exogenen Beeinflussung der Ovarialfunktion beschäftigen.

1. Röntgenstrahlen und Ovarialfunktion.
a) Kastrationsbestrahlung.

Am stärksten können wir das Ovarium exogen durch Röntgenstrahlen beeinflussen. Es ist allgemein bekannt, daß man durch Röntgenstrahlen das menschliche Ovarium außer Funktion setzen kann, so daß der Rhythmus der Menstruation 6—8 Wochen nach der Bestrahlung abbricht. Die Röntgenkastration der Frau gehört zu unseren gebräuchlichen klinisch-therapeutischen Maßnahmen. Eine Fülle von Arbeiten hat sich mit dem Einfluß der Röntgenstrahlen auf die Ovarien der Tiere beschäftigt, wobei die Wirkung bisher nur an den anatomischen Veränderungen des Eierstocks kontrolliert wurde. Mit Hilfe des neuen Testobjektes, d. h. der Brunstreaktion, war es möglich, neben den anatomischen Veränderungen auch den ovariellen Funk-

---

[1] Aus der rein histologischen Betrachtung mit den üblichen Färbungen läßt sich, wie ROBERT MEYER betont hat, weit eher ein Urteil auch über die Funktion gewinnen.
[2] KAUFMANN u. LEHMANN: Virchows Arch. 261, H. 2, 623/648 (1926).

Röntgenstrahlen und Ovarialfunktion.

tionsablauf zu studieren. Diese Untersuchungen wurden zu gleicher Zeit von PARKES[1] in London und von v. SCHUBERT[2] in unserem Laboratorium in der Charité-Frauenklinik ausgeführt, später durch SCHUGT

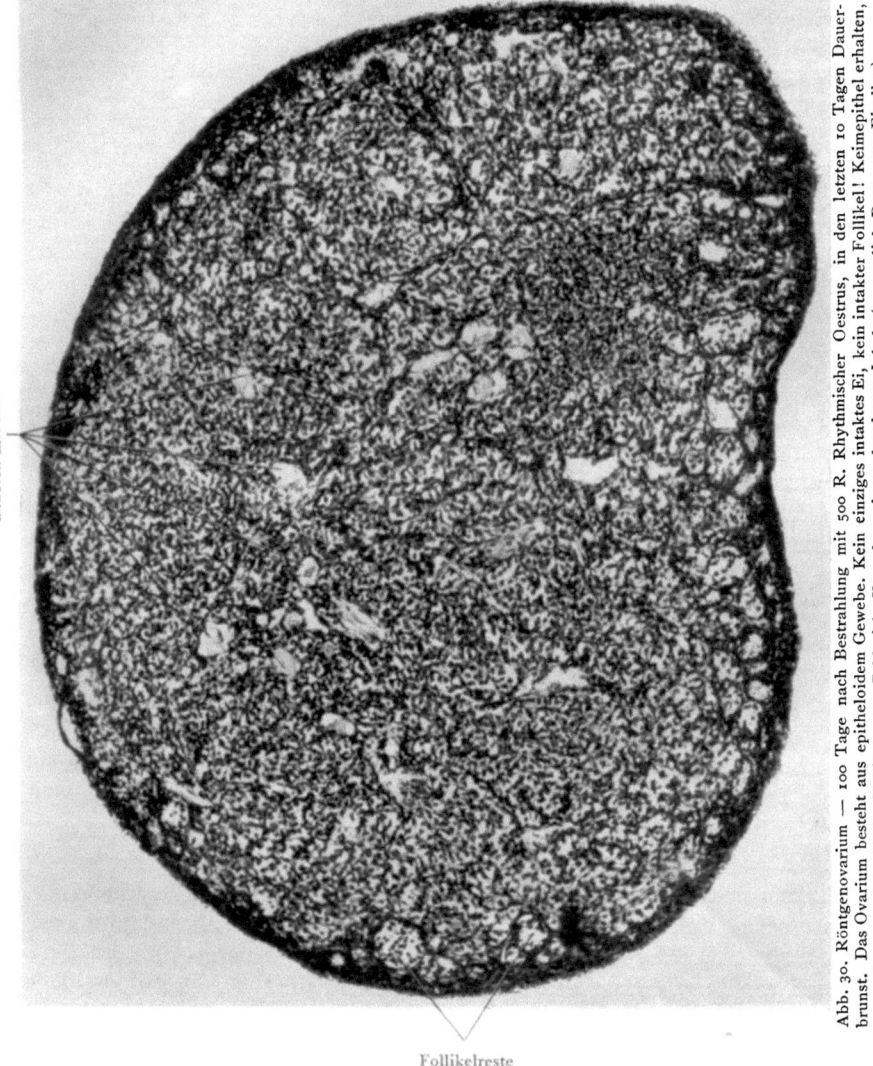

Abb. 30. Röntgenovarium — 100 Tage nach Bestrahlung mit 500 R. Rhythmischer Oestrus, in den letzten 10 Tagen Dauerbrunst. Das Ovarium besteht aus epitheloidem Gewebe. Kein einziges intaktes Ei, kein intakter Follikel! Keimepithel erhalten, darunter einige kleine Follikelreste. Zahlreiche Vacuolen mit strukturlosem Inhalt (vermutlich Reste von Eizellen).

und GELLERT bestätigt und erweitert. Die Arbeiten führten zu übereinstimmenden Ergebnissen, über die ich kurz berichten möchte, da sie

[1] PARKES, A. S.: Proc. Roy. Soc. 101, 71 u. 421 u. 102, 51 (1927).
[2] v. SCHUBERT: Habilitationsschrift (eingereicht Juli 1926).

für die Auffassung der Ovarialfunktion von wesentlicher Bedeutung sind.

Die Kastrationsdosis beim Menschen beträgt rund 200 R., bei der weißen Maus 54 R. (SCHUGT). Bestrahlt man weiße Mäuse mit dieser Dosis, so hörte der Brunstzyklus nicht auf. Wurden die Röntgendosen bis über das 5fache erhöht (300 R.), so trat trotzdem keine Funktionsänderung ein, und *selbst bei Steigerung auf 400 und 500 R. konnte der Brunstzyklus noch wochenlang im Rhythmus weiter gehen.*

Interessant war das anatomische Bild dieser mit hohen Röntgendosen bestrahlten Ovarien. Einige Wochen nach der Bestrahlung waren hochgradigste anatomische Veränderungen in den Ovarien aufgetreten. Die Serienuntersuchung ließ keinen einzigen intakten Follikel, kein einziges frisches Corpus luteum erkennen! *Das Ovarium verödet also, Follikel reifen nicht, und trotzdem geht die Hormonproduktion rhythmisch weiter!* Wir finden wochenlang nach der Röntgenbestrahlung in der Scheide den typischen östralen Aufbau, während im Ovarium ein reifender Follikel, der sonst das Folliculin ausschüttet, nicht vorhanden ist. Abb.[1] 30 zeigt das Ovarium einer Maus, die 100 Tage nach der Bestrahlung mit 500 R. getötet wurde: In den letzten 10 Tagen bestand Dauereoestrus. Das Keimepithel ist erhalten, darunter einige kleine Follikelreste ohne Ei. Zahlreiche Vakuolen mit strukturlosem Inhalt (vermutlich Reste von Eizellen). Die Hauptmasse ist epitheloides Gewebe.

Die mitgeteilten Befunde beweisen, daß die *cyclische Produktion des Folliculins im Ovarium nicht von dem Zyklus der Eireifung abhängig ist.* Auf die feineren Untersuchungen des bestrahlten Ovariums und der sich im Ovarium bildenden sogenannten epitheloiden Zellen möchte ich nicht eingehen, da dies zu weit führen würde. Ich hebe die Unabhängigkeit des Brunstzyklus von der Eireifung hier hervor, weil diese Frage uns noch später beschäftigen wird.

Wir lernen aus den Untersuchungen weiter, daß operative Kastration und Röntgenkastration funktionell doch wesentlich voneinander verschieden sind. Bei der operativen Kastration hört der Brunstzyklus der Maus sofort auf, niemals tritt nach der Kastration das Schollenstadium wieder auf. Bei der Röntgenkastration hingegen sehen wir, daß das Tier durch die Bestrahlung anatomisch sterilisiert wird, da eine Follikelreifung nicht mehr auftritt, daß aber die rhythmische Hormonproduktion und der dadurch bedingte charakteristische Brunstaufbau der Scheide noch wochenlang weitergehen kann. Diese Verschiedenartigkeit der hormonalen Vorgänge im Organismus nach operativer Kastration

---

[1] Die Abb. 30—32 stammen aus der v. SCHUBERTschen Arbeit.

und nach Röntgenbestrahlung werden wir auch später beim Hypophysenvorderlappenhormon kennen lernen (s. Kap. 31).

Die Bestrahlung mit hohen Röntgendosen führt bei der Maus nach vielen Wochen allerdings auch zu funktionellen Veränderungen, erkenntlich an unregelmäßiger Folge der einzelnen Brunstphasen. Besonders interessant sind die hierbei festgestellten anatomischen Zustände in der Scheide, die zu einer sonst nicht beobachteten Poly-

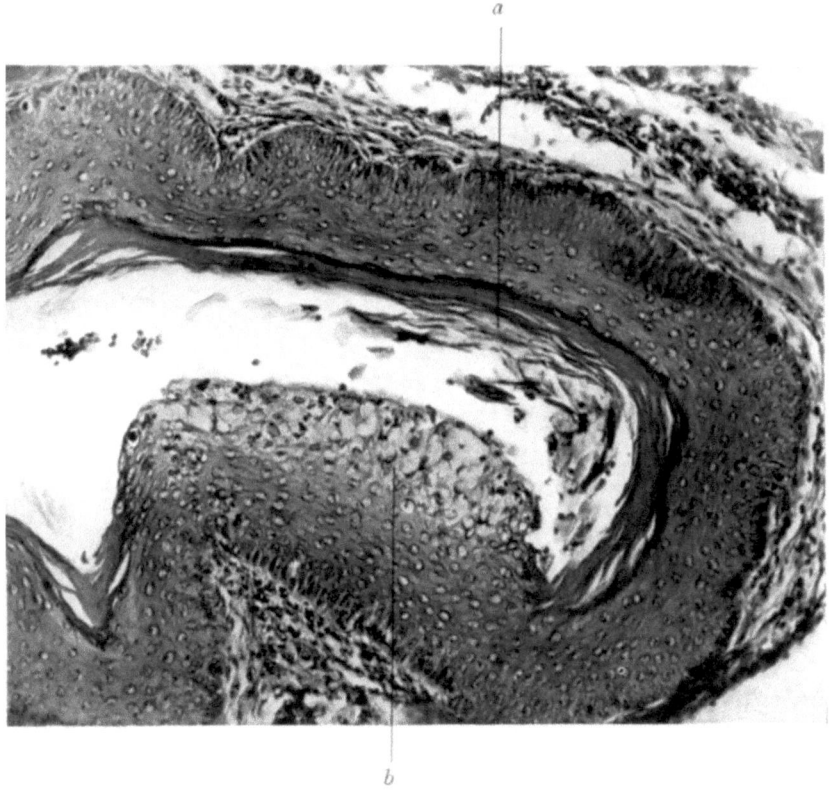

Abb. 31. Polymorphie der Scheidenschleimhaut nach Röntgenbestrahlung. Bei *a* Aufbau im Oestrus, bei *b* im Prooestrus.

morphie des Scheidenepithels führen (v. SCHUBERT), so daß man in derselben Scheide (siehe Abb. 31, 32) die verschiedenartigsten Zyklusstadien nebeneinander sehen kann. An der einen Stelle findet man das Abheben der verhornten Epithelmassen (Oestrus), an einer anderen Stelle, auf den polygonalen Zellen aufsitzend, hohes Schleimepithel (Prooestrus), an einer weiteren Stelle Durchwandern von Leukocyten durch die polygonalen Zellen (Metoestrus).

62   Exogene Einflüsse und Ovarialfunktion.

Ich möchte an dieser Stelle Untersuchungen[1] mitteilen, die eigentlich in das Kapitel der Hypophysenvorderlappenhormone gehören, sich aber sachlich hier besser eingliedern lassen. Ich habe die Röntgenuntersuchungen fortgeführt und dabei festgestellt, daß 3—4 Monate nach der Bestrahlung der Ovarialzyklus völlig aufhört, daß also auch jetzt ein funktioneller Tod der Ovarien eintritt. Nun interessierte mich die Frage, ob man derartige durch Röntgenstrahlen

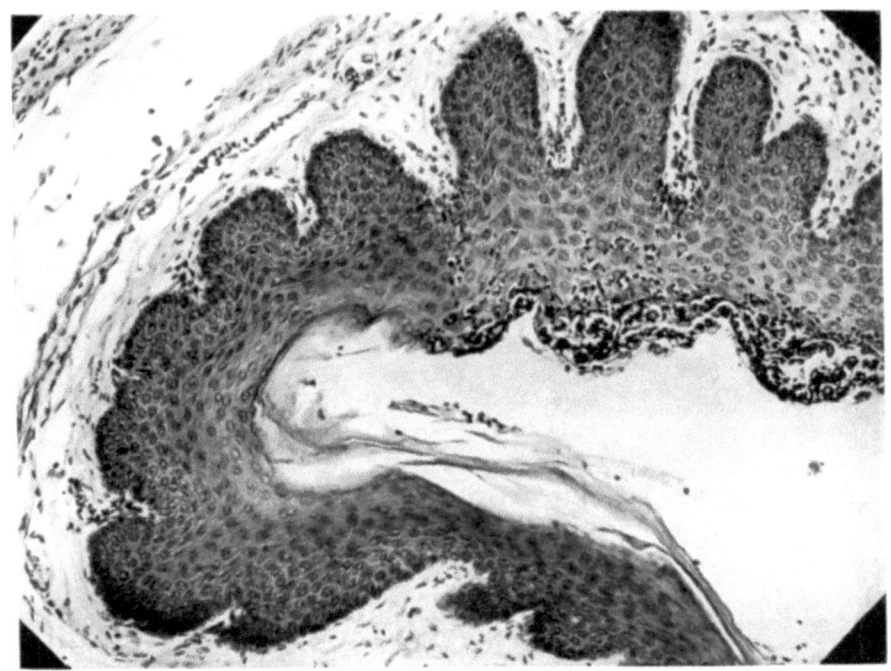

Abb. 32. Polymorphie der Scheidenschleimhaut nach Röntgenbestrahlung. Im unteren Teil oestraler Aufbau, im oberen Durchwandern von Leukocyten durch die Schleimhaut (Metoestrus).

anatomisch und funktionell getötete Ovarien noch durch Hypophysenvorderlappenhormon zu neuer Funktion anregen kann. Die Untersuchungen verliefen sämtlich negativ, d. h. *die Ovarien, die einige Wochen vorher trotz anatomischer Zerstörung noch rhythmisch Folliculin produzierten, sind nach dem Aufhören der Folliculinproduktion, d. h. nach ihrem funktionellen Absterben auch durch Hypophysenvorderlappenhormon nicht mehr zu neuem Leben zu erwecken.*

---

[1] Noch nicht veröffentlicht.

b) Röntgenreizbestrahlung.

Neben der Kastrationsbestrahlung spielt die Reizbestrahlung der Ovarien klinisch eine große Rolle. Man versucht — entsprechend dem ARNDT-SCHULTZEschen Gesetz — durch kleine Röntgendosen eine funktionelle Reizwirkung auf die Eierstöcke auszuüben.

Die Ovarien kommen, wie wir festgestellt haben, von sich aus nicht zur Funktion, sondern sowohl die erste Eireifung wie der Rhythmus der Ovarialfunktion sind von der Wirkung und Steuerung der Vorderlappenhormone abhängig (s. Kap. 15). Mich interessierte nun die Frage, ob man durch Bestrahlung noch nicht funktionierender Ovarien mit kleinen Röntgendosen die hormonale Funktion in Gang bringen kann, mit anderen Worten, ob es möglich ist, durch die Strahlenwirkung Follikelreifung und Bildung des Folliculins in den Follikelzellen und dadurch Brunstreaktion auszulösen.

Zu diesem Zweck wurden die Ovarien von 40 infantilen Mäusen bestrahlt[1]. Da die Kastrationsdosis bei der Maus (s. S. 60) etwa 50 R. beträgt und als Reizdosis im allgemeinen $1/_{10}$ der Kastrationsdosis angewendet wird, erhielten die Tiere zunächst 5 R. Da die Versuche nach der funktionellen Seite hin negativ verliefen, wurden allmählich steigende Dosen (10, 25 R.) bis schließlich zur Kastrationsdosis (50 R.) gegeben.

Die Bestrahlung mit kleinen Dosen (5 R.) blieb nicht ohne anatomische Wirkung auf die Ovarien. Von der Peripherie des Ovariums aus schieben sich zwischen die randständigen Follikel kreisförmige Zellverbände, die die Größe eines Follikels mit einschichtiger Theka und einschichtiger Granulosa haben. An der Peripherie dieser Gebilde sieht man thekaähnliche Zellen mit langgestrecktem spindligem Protoplasma und ovalem Kern. Man hat zunächst den Eindruck, daß es sich um zusammengestürzte Primärfollikel handelt. Doch ist es nicht ausgeschlossen, daß sie vom Keimepithel herausgewachsen sind. Diese eigenartigen Gebilde sind auch bei Kastrationsbestrahlung beschrieben worden (PARKES, V. SCHUBERT, GELLERT, SCHUGT u. a.), ohne daß man bisher über die Entstehungsart dieser Zellverbände Abschließendes hat sagen können.

Bei einigen Tieren (im ganzen wurden 15 Mäuse mit 5 R. bestrahlt) konnte man vereinzelte vergrößerte Follikel nachweisen mit deutlicher Follikelhöhle und Cumulus oophorus. Niemals wurde aber in diesen vergrößerten Follikeln Hormon gebildet, niemals kam es zu einer funktionellen Wirkung, niemals zur Vergrößerung des Uterus und zum Aufbau der Scheidenschleimhaut.

---

[1] Bei diesen Untersuchungen hat mich Herr SCHATZ unterstützt, der die Versuche in seiner Promotionsarbeit (Juli 1927) zusammengefaßt hat. Die Bestrahlungen wurden von Herrn Dr. FRIK im Werner-Siemens-Institut für Strahlenforschung (Berlin, Krankenhaus Moabit) ausgeführt, wofür auch an dieser Stelle bestens gedankt sei.

Die weiteren Versuche mit höheren Röntgendosen (10—25 R.) ergaben einen erhöhten Wachstumsreiz auf die Follikel, der zu fast sprungreifen Follikeln führte. *In diesen großen Follikeln wird aber nicht Folliculin gebildet! Die Follikel sind gewachsen, aber sie funktionieren nicht.* Bei noch höheren Röntgendosen (40 R.) dasselbe Ergebnis.

Zusammenfassend ergeben die Versuche, daß man *durch Röntgenreizbestrahlung am noch nicht funktionierenden infantilen Ovarium —* neben neugebildeten follikelartigen Zellverbänden — *einen follikulären Wachstumsreiz (Follikelvergrößerung), nicht aber vorzeitige hormonale Funktion des Follikelapparates auslösen kann.* Dies scheint mir nicht verwunderlich, da ohne hypophysären Reiz (Vorderlappenhormone) die Funktion der Ovarien nicht angekurbelt werden kann. Vielleicht läßt sich durch Röntgenreizbestrahlung des Hypophysenvorderlappens beim infantilen Tier auch die Ovarialfunktion in Gang bringen. (Ich möchte zu diesen Versuchen hiermit anregen.) Wenn die Versuche am infantilen Organismus negativ ausfallen, so wäre es doch möglich, daß eine Reizbestrahlung am nicht mehr funktionierenden Ovarium des geschlechtsreifen Organismus wirkungsvoll ist, da hier die Wechselwirkung (s. S. 233) zwischen Ovarium und Hypophysenvorderlappen schon bestanden hat. Ich erwähne hierbei, daß man z. B. durch eine einmalige Folliculinzufuhr beim infantilen Tier nur eine einmalige Brunst auslösen kann, daß aber eine einmalige Folliculindosis beim alten sexuell degenerierten Tier das Ovarium so ankurbelt, daß jetzt der Brunstzyklus wieder in normalem Rhythmus auftritt (s. S. 101). Ich habe bisher noch nicht Gelegenheit gehabt, den Einfluß kleiner Röntgendosen auf das nicht mehr funktionierende Ovarium alter Tiere zu untersuchen. Derartige Untersuchungen wären zur Klärung der Frage der ovariellen Reizbestrahlung von wesentlicher Bedeutung. Die vorliegenden negativen Ergebnisse am infantilen Ovarium zeigen, daß man der ovariellen Reizbestrahlung mit gewisser Skepsis gegenüberstehen muß. Des weiteren lehren die Untersuchungen, daß die anatomische Follikelvergrößerung nicht die Funktion des Follikels anzeigt, so daß uns nur die kombinierte morphologische und funktionelle Untersuchung über den Lebensvorgang unterrichten kann.

2. Nährschäden und Ovarialfunktion.

Es war uns aufgefallen, daß Mäuse zuweilen ohne äußere Ursache in einen Daueroestrus kommen, so daß wochenlang täglich im Scheidenabstrich Schollen nachweisbar sind. Die anatomische Untersuchung der Ovarien solcher Tiere führte zu der Anschauung, daß dieser Daueroestrus eine Funktionsschwäche des Ovariums darstelle, bedingt durch Atresie der Follikel, die kurz vor ihrem Absterben als Überkompensation in erhöhtem Maße Folliculin produzieren.

Der auch nach der Röntgenbestrahlung häufig beobachtete Daueroestrus spricht für diese Auffassung. Wir werden im folgenden sehen, wie man das Ovarium auf verschiedenartige Weise exogen schädigen kann, und wie diese durch verschiedene Mittel herbeigeführten Schädigungen den gleichartigen funktionellen, d. h. hormonalen Effekt auslösen, charakterisiert durch die Dauerbrunst. Ich ernährte Ratten einseitig mit reiner Eiweißnahrung[1], wobei die Tiere nach 2—3 Wochen infolge Eiweißvergiftung stark an Gewicht abzunehmen begannen. Bei diesen Tieren änderte sich der Ovarialrhythmus, die Oestruspausen wurden länger oder es trat nicht selten ein Daueroestrus auf. In einer zweiten Versuchsserie[1] ernährte ich die Tiere ausreichend mit Milch und Hafer, an zwei Tagen der Woche erhielten sie aber reine Fleischnahrung (Thymus bzw. Leber). Die Tiere gediehen gut. Auch bei diesen Ratten änderte sich nach wochenlanger Ernährung der Ovarialzyklus, die Intervalle wurden immer länger. Daueroestrus trat nicht auf, hingegen hörte bei einigen Mäusen der Brunstzyklus ganz auf. *Diese Versuche zeigen schon, daß man durch die Ernährung die Ovarialfunktion beeinflussen kann.*

Regelmäßig läßt sich ein Daueroestrus erzielen, wenn man, wie REISS[2] festgestellt hat, Nagetiere avitaminotisch ernährt.

Ich fütterte weiße Ratten nur mit poliertem Reis und sah bei allen übereinstimmend, daß nach 4—6wöchiger Reisfütterung mit beginnender Gewichtsabnahme ein Daueroestrus auftrat. Als Beispiel führe ich folgenden Versuch[3] an:

Ratte 72 wurde vom 18. V. an mit poliertem Reis gefüttert. Vom 4. VI. an wird das Scheidensekret täglich untersucht. Es ergibt bis zum 14. VI. das Bild des Dioestrus: mäßig viel Epithelien, reichlich Schleim und Leukocyten. Das Gewicht des Tieres betrug am 5. VI. 110 g. Am 15. VI. zeigt das Scheidensekret einige Schollen neben dem Bild des Dioestrus. Das Gewicht beträgt 100 g. Vom 16. VI. bis 26. VI. zeigt das Scheidensekret ausschließlich Leukocyten. Am 28. VI. zeigt sich reines Schollenstadium und hält ohne Unterbrechung bis zum 1. VIII. an. Während dieses 5wöchigen Daueroestrus nimmt das Gewicht des Tieres kaum ab. Gewicht am 21. VII. = 102 g. Am 1. VIII. wird das Tier kastriert. Ein Ovarium wird für Fettfärbung, das andere in Zenker eingelegt. Am 2. VIII. stirbt das Tier spontan.

Das Tier (Ratte 72) wurde vom 18. V. bis zum 1. VIII. (also über 10 Wochen) avitaminotisch ernährt. In der 6. Woche der einseitigen Ernährung beginnt der Daueroestrus. Nach 5wöchigem Daueroestrus werden die Ovarien operativ entfernt. *Bei der histologischen Unter-*

---

[1] ZONDEK, B.: Noch nicht veröffentlicht.
[2] REISS, M.: Klin. Wschr. **1928**, Nr 18, 849.
[3] Über diese Untersuchungen hat F. FAUST in seiner bei mir angefertigten Dissertationsschrift kurz berichtet.

suchung fand ich auffallend wenig morphologische Veränderungen in den Ovarien. Wir sehen reifende Follikel mit Cumulus oophorus sowie Corpora lutea. Eine Reihe von Follikeln geht atretisch zugrunde. Bemerkenswert war der geringe Fettgehalt (Sudanfärbung) der gelben Körper.

Wir finden also einen charakteristischen Unterschied nach Röntgenbestrahlung und avitaminotischer Ernährung. Nach der Röntgenbestrahlung hochgradigste Veränderung der Ovarien, völliges Aufhören der Eireifung und trotzdem zunächst cyclische, später konstante Hormonproduktion (Daueroestrus), schließlich, nach unregelmäßigem Rhythmus, völliges Sistieren der Hormonfunktion. Daueroestrus finden wir auch nach avitaminotischer Ernährung, dabei aber im Ovarium keine wesentlichen anatomischen Veränderungen. Hier sehen wir reifende Follikel und Corpora lutea, nur die Atresie einiger Follikel läßt vielleicht auf eine Funktionsänderung schließen. Diese Untersuchungen zeigen den großen Unterschied zwischen anatomischer und funktioneller Betrachtung. Wir können dem Ovarium anatomisch gar nicht ansehen, ob es noch funktioniert, ob es Hormon produziert. Bei anatomisch normalem Bild kann die Funktion (d. h. Hormonproduktion) erloschen sein, trotz schwerer anatomischer Veränderungen der Drüse kann ihre Funktion wochenlang ungestört sein. Wir sehen also bei gleichartiger hormonaler Funktion (Daueroestrus) ganz verschiedene anatomische Bilder der endokrinen Drüse. *Bei der durch Röntgenstrahlen bedingten Dauerbrunst finden wir hochgradige anatomische Veränderungen des Ovariums, die bei dem durch Avitaminose herbeigeführten Daueroestrus fehlen.*

3. Gifte und Ovarialfunktion[1].

Einseitige Ernährung führt (S. 65) zu endogener Stoffwechselvergiftung, wodurch auch die endokrinen Funktionen beeinflußt werden. Es fragt sich nun, wie exogen zugeführte Gifte auf die Ovarialfunktion wirken. Aus klinischer Erfahrung wissen wir, daß z. B. bei Morphinistinnen der menstruelle Zyklus beeinflußt wird. Bei den vorliegenden Versuchen wählte ich verschiedenartige Gifte, um festzustellen, ob die zu beobachtenden Veränderungen auf eine spezielle oder allgemeine Giftschädigung zurückzuführen sind. Zunächst wandte ich das in einer endokrinen Drüse (Nebenniere) produzierte, den Sympathicus reizende Adrenalin an. KRAUL[2] hatte die Beobachtung gemacht, daß man durch Adrenalin bei sexuell reifen Mäusen den Zyklus zum Aufhören bringen könne. Das Follikelwachstum zeige

---

[1] Noch nicht veröffentlicht.
[2] KRAUL: Arch. Gynäk. **131**, 600 (1927).

sich gehemmt, und der Bestand der interstitiellen Drüse gefördert. KRAUL glaubt, daß die durch Adrenalin bedingte Einwirkung auf den Sympathicus die Funktion des Ovariums im Sinne einer Hemmung beeinflusse. Ich will das Ergebnis der eigenen Untersuchungen vorwegnehmen. Die Angaben KRAULS konnten wir im funktionellen Sinne nicht bestätigen. Bei den erwachsenen, mit Adrenalin behandelten Tieren zeigte sich kein Aufhören der Brunstphasen, wenn das Intervall auch bei einigen verlängert wurde. In einigen Versuchen konnte auch ein Daueroestrus erzielt werden, der aber nur eine gewisse Zeit (8—10 Tage) anhielt, um dann wieder von normalen Brunstphasen unterbrochen zu werden.

Daß das Adrenalin an sich die Follikelreifung und Folliculinproduktion im Ovarium nicht hemmt, geht aus folgenden Versuchen hervor: Ich injizierte infantilen, 6—8 g schweren Mäusen täglich 0,05 bzw. 0,1 mg Adrenalin. Würde Adrenalin die Follikelreifung und Sexualfunktion hemmen, so dürften die infantilen Tiere überhaupt nicht oder verspätet zum erstenmal brünstig werden. Dies ist aber nicht der Fall. Die Brunstreaktion tritt bei den mit Adrenalin chronisch behandelten infantilen Tieren zu der gleichen Zeit auf wie bei nichtbehandelten Kontrolltieren. Aber in der Folgezeit zeigt sich doch ein wesentlicher Unterschied. Bei den Kontrolltieren geht der Brunstzyklus rhythmisch vor sich, bei den mit Adrenalin behandelten Mäusen treten lange Oestrusperioden auf, die nur für kurze Zeit unterbrochen werden. Es tritt zwar nicht immer ein reiner Daueroestrus auf, aber doch eine chronische, langdauernde Folliculinproduktion mit nur kurzen Intervallen. Die Einzelheiten gehen aus folgendem Versuchsprotokoll hervor:

Maus 8910 erhielt ab 19. I. täglich 0,05 ccm Adr. Gewicht 6,7 g. Der Abstrich zeigt bei dem sexuell unreifen Tier Schleim und Leukocyten. Am 1. II. beträgt das Gewicht 9,2 g, am 9. II. 12,0 g, am 16. II. 14,0 g. An diesem Tage zeigen sich zum erstenmal Schollen im Sekret neben den Leukocyten. Das Schollenstadium wird in den nächsten Tagen stärker, die Leukocyten verschwinden fast völlig. Das Schollenstadium hält bis zum 28. II., also 10 Tage an. Vom 28. II. bis 2. III. tritt ein Intervall auf, in dem Leukocyten und Epithelien die Schollen verdrängen. Vom 2.—6. III. wieder Schollenstadium. Am 7. und 8. III. verschwinden die Schollen, um vom 9.—23. III. in einem 14 tägigen, ununterbrochenen Daueroestrus zu erscheinen. Nach diesem Oestrus erscheint ein 2 tägiges Intervall mit Bild des Dioestrus. Vom 27. III. bis zum Tode am 3. IV. tritt wieder fast reines Schollenstadium auf. Maus am 3. IV. getötet. Gewicht 17,4 g. Uteri groß. Ein Ovar für Fettfärbung, das andere in Zenker eingelegt.

Die Sektion des im Daueroestrus getöteten Adrenalintieres ergibt große, mit Sekret strotzend gefüllte Uteri. Die Ovarien sind vergrößert, hyperämisch und lassen alte Corpora lutea erkennen. Die histologische

Untersuchung der Ovarien zeigt hochgradige Hyperämie der Ovarien, alte Corpora lutea, einen sprungreifen Follikel, daneben zahlreiche atretische Follikel. Die Fettfärbung (Sudan) läßt reichlich sudanophile Substanzen im Interstitium und in den Corpora erkennen.

Narkotica.

Besonders interessierte mich bei der Giftwirkung der Einfluß der Narkotica auf die Ovarialfunktion, weil diese Gifte uns in ihrem Mißbrauch in der Klinik begegnen. Ich hatte vorhin schon erwähnt, daß bei Morphinistinnen Unregelmäßigkeiten im Menstruationsverlauf beobachtet werden. Interessant schien mir ferner die Beziehung der Narkotica zur Hormonproduktion im Ovarium, weil H. ZONDEK und BANSI [1] gefunden hatten, daß die Narkotica allgemein die Hormonwirkung hemmen, weil die Zelle für das Hormon unempfindlicher wird. In der Tat konnte ich in Gemeinschaft mit H. ZONDEK feststellen, daß dieses Gesetz auch für das weibliche Sexualhormon, Folliculin, gilt. Bei genauer Titration [2] von Folliculinlösungen konnte festgestellt werden, daß mit Luminal behandelte kastrierte Mäuse eine größere Hormondosis brauchen, um in die Brunst zu kommen, als Kontrolltiere.

Bei Behandlung mit Morphium (täglich 2 mg subcutan) fand ich zunächst keine Änderung im Brunstverlauf. Aber nach 3 Wochen beginnt der Rhythmus unregelmäßig zu werden. Manche Tiere vertragen die Morphiumbehandlung monatelang. Bei allen zeigt sich zum Schluß ein zum Teil wochenlanger Daueroestrus. Die auf der Höhe der Brunst getöteten Tiere haben große, violettrote, dicke Uteri. In den Ovarien sieht man nur noch vereinzelte große Follikel, auch alte Corpora lutea. Erwähnt werden müssen — im Vergleich zu der Adrenalinbehandlung — *degenerative Veränderungen der Gewebszellen, so daß der Eierstock an manchen Stellen einem röntgenbestrahlten Ovarium ähnlich sieht.* Auch diese schwer geschädigten Ovarien überschütten den Organismus mit Hormon, es kommt zur Dauerbrunst durch das in den zugrunde gehenden Follikelzellen im Übermaß produzierte Folliculin.

Alkohol: Zum Schluß sei noch über meine Versuche mit Alkohol [2] berichtet. Die genau vorher auf ihren Zyklus untersuchten Tiere erhielten täglich 0,1 ccm einer 35%igen bzw. 70%igen Alkohollösung subcutan. Näheres ergibt sich aus einem Versuchsprotokoll:

Maus T 62, erwachsen. Vom 20. IV. bis anfangs Juli zeigt sich 11 mal reines Schollenstadium mit ziemlich regelmäßigen 5—7tägigen Intervallen.

---

[1] ZONDEK, H. u. BANSI: Klin. Wschr. **1927**, Nr 28. Biochem. Z. **195**, H. 4—6, 376 (1928).
[2] ZONDEK, B.: Noch nicht veröffentlicht.

Ab 6. VII. bekommt die Maus täglich 0,1 ccm 35%igen Alkohol subcutan. Vom 5.—16. VII. zeigt das Tier einen 11tägigen Oestrus, der aber vom 17.—25. VII. von einem Metoestrus abgelöst wird. Hierauf scheint die Hormonproduktion wieder normal zu werden. Es tritt in ziemlich regelmäßigem Zyklus mit 3—5tägigen Intervallen stets ein mehrere Tage andauerndes Schollenstadium auf. Am 31. XII. beginnt schließlich ein Daueroestrus, der ununterbrochen 5 Wochen lang, bis zum 8. II., anhält. (Beginn nach 5 monatiger Alkoholbehandlung.) An manchen Tagen treten neben den Schollen Leukocyten auf. Am 8. II. macht der Daueroestrus einem 14 Tage anhaltenden Metoetrus Platz. Vom 21.—23. II. erscheinen wieder Schollen. Am 23. II. wird die Maus getötet. Uteri riesengroß. Kapsel des rechten Ovars gespannt. Ein Ovarium für Fettfärbung, das andere in Zenker eingelegt.

Die histologische Untersuchung der Ovarien (T 62) des Alkoholtieres ergab mittlere und große Follikel mit Cumulus oophorus und Ei. In den Randpartien der Follikel zeigen sich helle, blasig aufgetriebene Zellen und Vakuolen. Besonders auffallend war die starke Hyperämie der Ovarien *und das Auftreten von geringen Blutungen in den nicht geplatzten Follikeln.* Ich erwähne dies besonders, weil wir später beim Hypophysenvorderlappenhormon diese Follikelblutungen als eine spezifische Reaktion des Vorderlappenhormons bei der Maus kennen lernen werden (s. S. 131). Diese durch chronische Alkoholzufuhr bedingten Follikelblutungen sind allerdings bei weitem nicht so stark wie beim Vorderlappenhormon. Die Blutungen sind aber sehr bemerkenswert, weil sie weder physiologisch, noch als Wirkung irgendeines Mittels bei der Maus bisher beobachtet worden sind.

Das Follikelwachstum wird durch Alkohol nicht gehemmt. Auffallend ist das spärliche Vorkommen von gelben Körpern bei den Alkoholtieren. Die Fettfärbung ergab massenhaft Fett im Interstitium des Ovars und auch in den Randzellen der Follikel, an denen man degenerierte Zellen findet.

Der ovarielle Zyklus wird wochenlang nur unwesentlich beeinflußt, geht aber schließlich auch beim Alkohol als Ausdruck der toxischen Schädigung in einen Daueroestrus über.

Thallium.

Eine Sonderstellung unter den Giften nimmt das Thallium ein, das nach BUSCHKE und seinen Mitarbeitern in spezifischer Weise auf die endokrinen Drüsen wirkt. Charakteristisch ist die Tatsache, daß die durch Thallium bewirkten Änderungen aufhören, wenn das Gift den Tieren nicht mehr zugeführt wird.

In Gemeinschaft mit BUSCHKE und BERMANN[1] prüfte ich die Wir-

---

[1] BUSCHKE, ZONDEK, B. u. BERMANN: Klin. Wschr. 1927, Nr 15, 683.

kung des Thalliums auf den Brunstzyklus der Maus. Die Fütterung mit Thallium aceticum erfordert große Sorgfalt, weil bei der großen Giftigkeit die Tiere schnell zugrunde gehen. Nur durch genaueste Beobachtung und exakte Dosierung ist es möglich, die Tiere am Leben zu erhalten. Dies gelang uns bei 18 Mäusen.

Das Ergebnis war folgendes: *Unter dem Einfluß der Thalliumfütterung*[1] *kommt es während der Fütterung überhaupt nicht mehr zur Brunst*, d. h. das Schollenstadium wird im Scheidensekret nicht mehr beobachtet. Hört man mit der Thalliumfütterung auf, so tritt nach 1—8 Wochen die Brunst wieder auf. Es besteht also eine *durch Thallium bedingte reversible Hemmung der Ovarialfunktion*. Ob es sich hier um eine spezifische Wirkung des Thalliums handelt oder allgemein um den Einfluß der Metallwirkung muß dahingestellt bleiben. Die Frage scheint mir auch von untergeordneter Bedeutung zu sein. Wichtig ist die Tatsache, daß man durch ein Gift den Brunstzyklus hemmen kann, was uns durch andere[2] Stoffe bisher nicht gelungen ist. Durch wiederholte Implantationen von menschlichem und tierischem Thymus konnten wir zwar eine gewisse Verzögerung, aber nicht Aufhören der Ovarialfunktion bewirken. Mäuse, denen wir beide Nebennieren entfernt hatten, hatten noch monatelang normalen Zyklus. Auch die Röntgenstrahlen können den Zyklus erst nach Monaten zum Versiegen bringen. Um so interessanter ist die Tatsache, daß man durch die Giftwirkung des Thalliums die hemmende Reaktion akut auslösen kann. Untersucht man die Ovarien der Thalliumtiere, so lassen sich anatomisch gar keine Veränderungen feststellen. Man sieht sprungreife Follikel, die wie beim physiologischen Oestrus aussehen, die aber trotz der anatomischen Integrität doch keine Funktion haben, so daß sie Folliculin nicht mehr produzieren. Dabei ist — das muß noch erwähnt werden — die hormonale Reaktionsfähigkeit derartiger mit Thallium behandelter Tiere nicht gestört. Führt man ihnen weibliches Sexualhormon (Folliculin) oder das Hypophysenvorderlappenhormon zu, so tritt die Brunst sofort wieder auf (s. S. 191).

Zusammenfassend ergibt sich aus den vorliegenden Untersuchungen, *daß exogene Schädigung des Ovariums, wie Röntgenbestrahlung, einseitige Ernährung und Gifte, den Eierstock anatomisch und funktionell schädigen können, daß aber anatomische Veränderungen und Funktionsstörung keineswegs parallel gehen. Als gemeinsamen Funktionsausdruck toxischer Schädigungen des Organismus haben wir die Dauerproduktion des weiblichen*

---

[1] Die Thalliumversuche sind von DEL CASTILLO (Semana méd. 1929, I) nachgeprüft und bestätigt worden.

[2] Bezüglich der hemmenden Wirkung des Corpus luteum-Hormons auf den Oestrus sei auf Kap. 14 verwiesen.

Sexualhormons im Ovarium, den Daueroestrus, kennen gelernt. Wir finden bei Röntgenbehandlung der Ovarien anatomisch überhaupt keine reifenden Follikel und trotzdem funktionell rhythmische Hormonproduktion oder Dauerbrunst. Beim Morphiumtier finden wir große, sprungreife Follikel mit Schädigung des Follikelgewebes und funktionell Daueroestrus. Beim Alkohol sehen wir Dauerbrunst und dabei sprungreife Follikel mit geringer Gewebsschädigung. Beim Thallium endlich sehen wir anatomisch gar keine Veränderungen und dabei funktionell schwerste Beeinflussung, völliges Sistieren der Folliculinproduktion und damit Aufhören des Sexualzyklus.

Man darf nicht die Fehler begehen, in einer festgestellten biologischen Wirkung gleich eine *spezifische* Reaktion des untersuchten Stoffes zu sehen. So ist z. B. die Wirkung des Adrenalins auf die Ovarialfunktion als *allgemeine* Giftwirkung, nicht als spezielle funktionelle Reaktion auf den Sympathicus aufzufassen. Jeder Versuch ist unter allgemeinen biologischen Gesichtspunkten zu werten! Vor allem müssen zur Ausschaltung von Fehlerquellen zahlreichste Kontrolluntersuchungen gemacht werden.

11. Kapitel.

Oestrus, Menstruation, Menstrualblut.

Die experimentellen Ergebnisse, studiert an der Brunstreaktion der Maus, dürfen nicht ohne weiteres auf den Menschen übertragen werden. Wir dürfen, was leider häufig geschieht, die Brunst mit der Menstruation oder dem prämenstruellen Stadium der Frau nicht vergleichen! Die Brunst wird durch das im Follikelapparat entstehende Hormon (Folliculin) herbeigeführt. Im Ovarium finden wir auf der Höhe der Brunst einen sprungreifen oder frisch gesprungenen Follikel. Ganz anders liegen die Verhältnisse bei der Frau. Hier finden wir den Follikelsprung im Intervall! Im Uterus ist die Schleimhaut unter der Wirkung des auch im menschlichen Follikel gebildeten Ovarialhormons (Folliculin) aufgebaut, ohne daß sich im Drüsenepithel eine Funktion eingestellt hat. Das prämenstruelle Stadium der Frau wird (s. S. 105) nicht nur durch das im Follikelapparat gebildete Folliculin ausgelöst, sondern dazu ist noch die Wirkung des Corpus luteum-Hormons notwendig. Im gewöhnlichen Zyklus der Maus besteht keine Phase, die mit dem prämenstruellen Stadium bzw. der Menstruation der Frau vergleichbar ist. Die Brunst, d. h. der Aufbau der Scheidenschleimhaut, die Massenabstoßung der verhornten Zellen ins Scheidenlumen hat bei dem Nagetier einen speziellen biologischen Zweck. Die Schollenmassen bilden, wie die Franzosen gezeigt haben, mit dem Sperma einen Pfropf, so daß nach der im Oestrus erfolgten Kohabitation eine zweite Besamung nicht möglich ist. Erst unter dem Einfluß des Coitus bzw. der Befruchtung, treten bei der Maus jene Veränderungen auf (hohes Schleimepithel der Scheide, polypöse Wucherung der Uterusschleimhaut), die man mit den prämenstruellen Veränderungen der Frau vergleichen könnte.

Die Brunstreaktion ist in ausgezeichneter Weise zum Studium aller derjenigen funktionellen Erscheinungen geeignet, die mit der Follikelreifung und der Bildung des Folliculins zusammenhängen. Man darf aber nicht den Fehler machen die Brunst mit der Menstruation zu identifizieren. (Näheres s. Kapitel 27.)

Diese Bemerkungen führen mich zu den Untersuchungen, die ich über die menstruellen Reaktionen der Frau gemacht habe. Noch immer ist die Frage nach dem Sinn der Menstruation nicht geklärt. Im Volksglauben und auch in der alten Medizin hielt man den Uterus für ein Exkretionsorgan für die im Stoffwechsel entstehenden schädlichen Produkte, so daß man in der Menstruation eine für den weiblichen Körper notwendige monatliche Reinigung erblickte. Die wunderbaren und abenteuerlichen Vorstellungen von der starken Giftigkeit des Menstrualblutes im orientalischen Volksglauben wurden durch PLINIUS in die wissenschaftliche Medizin übernommen und spielen auch heute im Volke eine nicht unbeträchtliche Rolle. So sollen, um einige Beispiele zu nennen, die Früchte von den Bäumen fallen, wenn eine Menstruierende in die Nähe kommt. Die Gärung von Most soll gestört werden, wenn eine Menstruierende den Keller betritt. Daß auch heute diese Fragen wissenschaftlich diskutiert werden, geht aus der Tatsache hervor, daß SCHIFF vor einigen Jahren eine Menstruierende beobachtet hat, die Blumen zum Verwelken brachte, wenn sie diese in die Hand nahm. Die Auffassung von der Notwendigkeit der monatlichen Reinigung durch das Menstrualblut wird besonders von ASCHNER vertreten. Im Gegensatz dazu steht die von ROBERT MEYER verfochtene Ansicht, daß die Menstruation, der Abort des unbefruchteten Eies, ein Fehlschlag der Natur sei, in gewissem Sinne also ein pathologischer Vorgang. Die Menstruation als solche könne nicht als ein von der Natur beabsichtigter Vorgang betrachtet werden, und alle Umwandlungen der Uterusschleimhaut dienen nicht dazu, eine Menstruation zu veranlassen, sondern eine Schwangerschaft zu ermöglichen. Bei der Verschiedenartigkeit dieser Anschauungen hat mich die Frage interessiert, ob das Produkt der Menstruation, d. h. das Menstrualblut, irgendwelche Abweichungen erkennen lasse, die man für die eine oder andere Anschauung verwenden könne. GAUTIER[1] und BOURCET[2] hatten gefunden, daß im

---

[1] GAUTIER: C. r. Acad. Sci. Paris 1900, 362.
[2] BOURCET: Ebenda 493.

Menstrualblut giftige Substanzen, und zwar Arsen und Jod, in größerer Menge ausgeschieden werden. Ich halte diese Befunde für äußerst bemerkenswert, da eine Ausscheidung von Giften sehr für die Excretionstheorie der Menstruation sprechen würde. Wichtig erscheint mir besonders die Arsenausscheidung, weniger bedeutend der erhöhte Jodgehalt des Menstrualblutes, da wir veränderte Jodausscheidungen häufiger finden. Ich habe bei zwei Fällen von Hämatokolpos, wo größere Menstrualblutungen zur Verfügung standen, den Arsengehalt festzustellen versucht. Hierbei habe ich gesehen, wie schwierig es ist, kleinste Arsenmengen exakt zu bestimmen, so daß ich den Analysen von GAUTIER und BOURCET (1900) etwas skeptisch gegenüber stehe. In den letzten Jahren sind die Methoden zum Nachweis kleinster Arsenmengen sehr exakt ausgebaut worden, so daß es wünschenswert wäre, wenn diese Untersuchungen neu aufgenommen würden.

Bei meinen in Gemeinschaft mit STICKEL[1] ausgeführten Untersuchungen entnahmen wir das Menstrualblut mittels einer eigens angefertigten Pipette direkt aus dem Corpus uteri, um zu verhüten, daß Veränderungen des Blutes auf dem Wege durch die Cervix auftreten. Zur Kontrolle wurde stets Venenblut derselben Frau untersucht, um beide Blutarten miteinander vergleichen zu können.

Die Ergebnisse waren folgende: Im Menstrualblut besteht eine Oligocythämie. Nicht so klar liegen die Verhältnisse bei den Leukocyten. Meist besteht eine Leukopenie, die Werte sind aber größeren Schwankungen unterworfen als bei den Erythrocyten. Als Durchschnittswert läßt sich angeben: 2 990 000 Erythrocyten und 3160 Leukocyten pro Kubikmillimeter Menstrualblut. Das Hämoglobin des Menstrualblutes zeigt regelmäßig geringere Werte als das des Gesamtblutes. Diese Verminderung ist jedoch nicht proportional der Herabsetzung der Erythrocytenzahl. Infolgedessen ist der Hämoglobinwert im Menstrualblut relativ zu hoch, so daß der Färbeindex in der Regel größer als 1 ist. Diese Erhöhung des Färbeindexes muß, da eine zentrale Störung von seiten des Knochenmarks während der Menstruation auszuschließen ist, auf eine lokale Ursache zurückzuführen sein. Wir fanden sie in einer partiellen Hämolyse des uterinen Blutes.

Die Differenzierung des Blutbildes ergab im Gesamtblut der menstruierenden Frau eine Verschiebung zugunsten der Lymphocyten auf Kosten der Leukocyten. Veränderungen der anderen Zellarten wurden nicht gefunden. Im Menstrualblut ist die Lymphocytose ausgesprochen, so daß sie bis 62% aller Leukocyten beträgt (beigemischte Rundzellen

---

[1] STICKEL u. B. ZONDEK: Z. Geburtsh. u. Gynäk. 83, 1 (1921).

der Uterusschleimhaut?). Die Neutrophilen sind entsprechend vermindert, die anderen Zellarten zeigen keine wesentliche Veränderung.

Die physikalische Untersuchung des Menstrualblutes ergab folgendes: Während das spezifische Gewicht des Gesamtblutes durch die Menstruation nicht geändert wird, fanden wir im Menstrualblut einen geringeren Wert.

Die Prüfung der Trockensubstanz und des Wassergehaltes (gewichtsanalytisch) ergab eine deutliche Hydrämie des Menstrualblutes. Während im Gesamtblut der menstruierenden Frau die Trockensubstanz 20,7%, der Wassergehalt demnach 79,3% beträgt, fanden wir im Menstrualblut im Durchschnitt 17,2% Trockensubstanz und 83,8% Wasser.

Die molekulare Konzentration (Gefrierpunktsbestimmung) ist im Gesamtblut während der Menstruation normal, im Menstrualblut hingegen vermindert ($\Delta = -0{,}51^0$).

Die refraktrometrische Eiweißbestimmung ergab im Gesamt- und Uterinblut normale Werte.

Obwohl die Resistenz der Erythrocyten des Menstrualblutes nicht wesentlich verändert ist, zeigt das Blut deutliche Hämolyse. Der Farbenton ist schwankend, ohne daß man einen bestimmten Faktor für die verschiedenartige Menge des gelösten Hämoglobins verantwortlich machen kann. Als ursächliches Moment kommt wahrscheinlich eine Fermentwirkung in Frage. Die Hämolyse findet nur bei Kontakt mit der Uterusschleimhaut statt.

Während die Gerinnungsfähigkeit des Gesamtblutes während der Menstruation nicht geändert ist, hat das Menstrualblut seine Gerinnungsfähigkeit praktisch verloren. In den ersten 24 Stunden fließt das Menstrualblut aus dem Gerinnungsröhrchen ohne weiteres heraus. Am 2. Tage bilden sich leichte Flocken und Streifen, während es am 3. Tage im Röhrchen zum Teil haften bleibt, was auf die Eintrocknung des Blutes und den Wasserverlust zurückzuführen ist. Nur das mit der Uterusschleimhaut in Kontakt befindliche Menstrualblut gerinnt nicht. Das aus der Portio des menstruierenden Uterus mittels Einstich entnommene Blut zeigte normale Gerinnungsfähigkeit!

Wir sehen aus den vorliegenden Untersuchungen, daß das Menstrualblut sich von dem Gesamtblut der menstruierenden Frau wesentlich unterscheidet. Die Zahl der Blutkörperchen des Menstrualblutes ist vermindert, ebenso der Gehalt an Blutfarbstoff. Der Färbeindex ist meist größer als 1. Die Differenzierung der Blutkörperchen zeigt eine Verschiebung zugunsten der Lymphocyten auf Kosten der Neutrophilen. Es besteht eine deutliche Hydrämie, die molekulare Konzentration ist vermindert. Besonders müssen zwei Faktoren hervorgehoben werden, die das Menstrualblut in charakteristischer Weise vom Gesamtblut unterscheiden: 1. Die Hämolyse und 2. die Gerinnungsunfähigkeit. Es ist möglich, daß beide Faktoren durch Fermentwirkung der Uterusschleimhaut bedingt sind.

Das Problem der mangelnden Gerinnungsfähigkeit des Menstrualblutes hat Physiologen und Gynäkologen seit langem beschäftigt, und jeder Autor hat fast seine eigene Theorie aufgestellt. RETZIUS führt als Grund die saure Reaktion des Blutes infolge Beimengung von freier Phosphor- und Milchsäure an. Wenn KRIEGER[1] das alkalische Cervixsekret, SCHRÖDER[2] das saure Vaginalsekret verantwortlich machen, so ist dies durch meine Untersuchungen widerlegt, da wir das Menstrualblut direkt aus dem Corpus uteri entnahmen, so daß es sicher keine Beimengungen aus Vagina und Cervix enthielt. CHRISTEA und DENK[3] sehen ebenso wie LAVAGNER die Ursache der Gerinnungsunfähigkeit in einem Mangel an Fibrinferment. HALBAN, FRANKL und ASCHNER[4] fanden in der Uterusschleimhaut des prämenstruellen Stadiums große Mengen Trypsin, während diese im Postmenstruum wesentlich geringer waren. Durch die prämenstruelle Hyperämie soll eine starke Aktivierung des tryptischen Fermentes auftreten. Dieses löse eine Quellung der Stromazellen in den oberflächlichen Stromaschichten und die Andauung der oberflächlichen Schleimhautcapillaren aus. Das gleiche Ferment soll auch die Gerinnungsunfähigkeit bedingen.

Die hervorstechendste Eigenschaft des Menstrualblutes, die mangelnde Gerinnungsfähigkeit, zeigt uns, daß das Menstrualblut ein besonderes Blut ist. Diese Eigenschaft ist zweckmäßig, da sonst das Blut im Corpus uteri zu Klumpen gerinnen würde, und die Säuberung des Uterus, d. h. die Abstoßung der Uterusschleimhaut während der Menstruation, behindert wäre. Wenn das Menstrualblut durch seine Gerinnungsunfähigkeit seine Zweckmäßigkeit beweist, so muß auch die Absonderung des Blutes eine physiologische Bedeutung haben. Sehen wir mit ROBERT MEYER in der Menstruation einen von der Natur gar nicht beabsichtigten, gewissermaßen pathologischen Vorgang, so kann man nicht verstehen, weshalb das Menstrualblut andere Eigenschaften besitzen soll als das Gesamtblut. Wenn die Umwandlungen

---
[1] KRIEGER: Die Menstruation. 1869.
[2] SCHRÖDER, R.: Verh. dtsch. Ges. Gynäk. Halle 1913.
[3] CHRISTEA u. DENK: Wien. klin. Wschr. 1910, Nr 7.
[4] HALBAN, FRANKL u. ASCHNER: Gynäk. Rdsch. 1910.

der Uterusschleimhaut nur dazu dienen, eine Schwangerschaft zu ermöglichen, nicht aber die Menstruation auszulösen, so müßte bei der Menstruation als pathologischem Vorgang das Blut die gewöhnliche Beschaffenheit haben, es brauchte nicht zweckmäßig für die Menstruation zusammengesetzt zu sein. Ich hebe dies hervor, weil ich die Ansicht von ROBERT MEYER für zu weitgehend halte. Wohl dienen die Aufbauvorgänge im Uterus der Schwangerschaft. Wenn aber eine Schwangerschaft nicht eintritt, so ist die Menstruation, d. h. die Abscheidung des Menstrualblutes, ein für den Organismus wichtiger regulatorischer Vorgang! Erwähnt sei noch, daß die Hormonkonzentration (Folliculin) im Menstrualblut 7mal so hoch ist wie im Gesamtblut (R. T. FRANK und GOLDBERGER [1]), sodaß das Menstrualblut auch an der Ausscheidung des vom Organismus nicht verwerteten Folliculins teilnimmt.

Das Abfließen des Menstrualblutes ist nicht nur ein für die Psyche, sondern auch für den Organismus der Frau notwendiger Vorgang. Wir Gynäkologen sollen daraus die Lehre ziehen — damit stimme ich mit ASCHNER überein —, bei unseren operativen Eingriffen möglichst konservativ zu verfahren, um den Frauen die menstruelle Blutung, wenn nur irgend möglich, zu erhalten.

12. Kapitel.

Darstellung des weiblichen Sexualhormons. Einheitsbegriff des Hormons.

Um ein möglichst übersichtliches Bild meiner Untersuchungen zu geben, lasse ich die Arbeiten nicht chronologisch folgen, sondern ordne sie nach sachlichen Gesichtspunkten, wodurch auch Wiederholungen vermieden werden. Ich unterbreche jetzt die Mitteilung der biologischen Studien, um über die chemischen Untersuchungen zu berichten, die ich in Gemeinschaft mit BRAHN und später mit VAN EWEYK ausgeführt habe.

Einheitsbegriff.

Die chemische Darstellung des weiblichen Sexualhormons hat durch das Testobjekt von ALLEN und DOISY so große Förderung erfahren, weil man mit dieser Methodik in kurzer Zeit das Ergebnis der che-

---

[1] FRANK, R. T. u. GOLDBERGER: Journ. of the Americ. med. Assoc. **87**, 1719 (1926).

mischen Untersuchung überprüfen kann. Man spritzt die obersten Fraktionen der kastrierten Maus ein und kann schon nach enge 80 Stunden feststellen, ob die untersuchte Flüssigkeit Hormon enthält oder nicht. Ist Sexualhormon vorhanden, so macht die Scheidenschleimhaut den typischen Aufbau mit Verhornung der obersten Zelllagen durch, das Scheidensekret wandelt sich aus dem Schleimsekret in das Schollensekret um. Bleibt das Schleimsekret unverändert, so wissen wir, daß die eingespritzte Flüssigkeit Sexualhormon nicht enthält. Die geringste Hormonmenge, die imstande ist, die Brunstreaktion auszulösen, nennt man eine Mäuseeinheit (bei der Ratte eine Ratteneinheit).

Die Mäuseeinheit ist in der Literatur von verschiedenen Untersuchern verschieden definiert worden so daß eine gewisse Verwirrung auf diesem Gebiete herrscht. In Übereinstimmung mit ALLEN und DOISY haben ich und ASCHHEIM nur in dem reinen Schollensekret den Beweis für das Vorhandensein des weiblichen Sexualhormons erblickt. Damit ist ein fester Wert geschaffen, zumal das Schollenstadium im Ausstrich schon makroskopisch an seiner krümeligen Beschaffenheit sicher zu erkennen ist. LAQUEUR, HART, DE JONGH, WIJSENBEK[1] begnügen sich als Testobjekt mit dem Nachweise des Übergangsstadiums vom Prooestrus zum Oestrus. Unter positiv (+) wird verstanden, wenn die Leukocyten so gut wie verschwunden sind und die Epithelien das Bild vollkommen beherrschen und darüber hinaus ungefähr ebensoviel kernlose wie kernhaltige Zellen zu sehen sind. Die einzelnen Reaktionen werden mit —, (±) = (—), + und ++ bezeichnet. Mit diesen nicht scharf definierten Reaktionen wird dem Testobjekt die Exaktheit genommen und dem subjektiven Ermessen des Beobachters ein gewisser Spielraum gelassen. Der Vorteil des geschilderten Testobjektes ist aber gerade die objektive, zuverlässige Feststellung des biologischen Vorganges der Brunst, charakterisiert durch die unverkennbaren und von jedem Untersucher gleich zu beurteilenden Schollen. LAQUEUR kam es darauf an, die Hormonwerte zu erfassen, die auch unter einer Mäuseeinheit liegen, wenn die Wirkung des eingespritzten Hormons noch nicht die Verhornung ausgelöst hat. Von ähnlichen Gesichtspunkten gingen LOEWE[2], LANGE und FAURE aus, die an die Stelle der betrachtenden Abschätzung des Oestrusbildes die Auszählung des prozentualen Anteils der Schollen am Gesamtzellbilde des Abstriches setzten. „Wir gewinnen so für jeden durch eine Hormongabe an die weibliche kastrierte Maus erzeugten Brunstgang ein Schaulinienbild vom täglichen Stande der Zellelemente im allgemeinen und des Schuppenanteils im

---

[1] LAQUEUR c. s.: Dtsch. med. Wschr. 1926, Nr 1 u. 2.
[2] LOEWE c. s.: Zbl. Gynäk. 1925, 1735. Dtsch. med. Wschr. 1926, Nr 8 u. 14.

besonderen." Die LOEWEsche Modifikation hat wenig Anhänger gefunden, schon weil die Auszählung der Schollen die Methodik sehr erschwert. Das Auftreten von Schollen kommt auch außerhalb der Brunst vor, so daß LOEWE selbst 30% Schuppen in den physiologischen Schwankungsbereich des Ruhestadiums unbehandelter Kastraten rechnet. Wir können die LOEWEsche Modifikation nicht empfehlen, weil es uns unmöglich scheint, aus dem prozentualen Schollenanteil die Hormondosis zu berechnen.

Es wäre wünschenswert, wenn eine Einigung in der Definition der Einheit des weiblichen Sexualhormons erfolgen würde. Es freut mich, daß neuerdings BUTENAND bei seinen so erfolgreichen chemischen Arbeiten (s. S. 89) auch unsere Definition der Vollbrunsteinheit angewandt hat, d. h. das *erste Auftreten des reinen Schollenstadiums* als entscheidend ansieht. Da wir jetzt durch BUTENAND wissen, daß 1 Einheit ein Gewicht von 0,000125 mg hat, so scheint mir kein Bedürfnis vorzuliegen, noch geringere Hormonmengen zu erfassen. Ich glaube, daß durch Modifikationen, die noch Hormonmengen unter 1 Einheit feststellen wollen, nur die Exaktheit der Untersuchungen leidet, so daß ich empfehlen möchte, am Begriff der Vollbrunsteinheit festzuhalten.

Alle Untersucher sind sich darin einig, daß die Brunstreaktion nicht nur von der absoluten Hormonmenge, sondern auch von der Art und Zeitdauer der Hormonzufuhr abhängt. Spritzen wir die gleiche Hormonmenge in Öl bzw. Wasser gelöst ein, so wird die Wasserlösung schneller resorbiert und ausgeschieden als das Öl, infolgedessen wird die Brunstwirkung der wäßrigen Lösung nicht die gleiche sein wie die der Öllösung. Spritzen wir dieselbe Hormonmenge in *einer* Dosis ein, so ist die Wirkung geringer, als wenn wir dieselbe Hormonmenge auf mehrere Portionen verteilen. ALLEN und DOISY haben ihre in Öl gelösten Hormonpräparate im Verlauf von 24 Stunden auf 3 Portionen verteilt. Ich habe die wäßrigen Hormonlösungen auf 6 Portionen verteilt und im Verlauf von 48 Stunden injiziert. BUTENAND führt das Hormon in einer einmaligen Dosis zu, was für Öllösungen wohl am exaktesten und bequemsten, bei wäßrigen Lösungen aber wegen der zu schnellen Resorption nicht zweckmäßig ist. Nicht alle kastrierten Tiere reagieren gleichmäßig, so daß dadurch eine gewisse Streuung auftritt. Um diesen Fehler möglichst zu korrigieren, muß man an einer großen Zahl von Tieren arbeiten. Ich möchte folgende Definition vorschlagen, in der Hoffnung, daß man sich auf diese einigen wird: *1 Mäuse- bzw. Rattenvollbrunsteinheit weibliches Sexualhormon ist diejenige Hormonmenge, die bei sechsmaliger Injektion im Verlauf von 48 Stunden nach rund 80 Stunden bei 75% der zur Prüfung verwandten 24 Tiere das reine Schollenstadium auslöst.*

Darstellung des weiblichen Sexualhormons.

Bei den vorliegenden Untersuchungen hat mich die Frage der Darstellung des weiblichen Sexualhormons besonders beschäftigt, weil ich als Kliniker immer wieder das Bedürfnis nach einem wirksamen Ovarialhormon empfand. Ich hatte gesehen, daß die schematisch dargestellten Ovarialextrakte (siehe Kapitel I) wirkungslos sind. So wesentlich die Arbeiten von ISCOVESCO und der Wiener Autoren FELLNER, HERMANN, ADLER, ASCHNER u. a. waren, so hatten sie uns der Darstellung eines gereinigten wirksamen Hormonpräparates nicht näher gebracht (s. S. 12—14). Die von diesen Autoren dargestellten Lipoidlösungen enthielten so viel Ballaststoffe, daß man sie für klinische Zwecke wegen der Nebenwirkungen nicht benutzen konnte. Chemisch war wohl HERMANN am weitesten gekommen, der als wirksamen Stoff ein gelbes Öl darstellte, ein Cholesterinderivat (?), das in organischen Lösungsmitteln löslich, in Wasser unlöslich war. FAUST[1] ging einen Schritt weiter und konnte durch Hochvakuumdestillation ein sehr gereinigtes Lipoid gewinnen, ein hellgelbes, stickstofffreies Öl, dessen Hauptmenge bei 150—200° überging.

Es soll nicht der Zweck dieser Zeilen sein, alle Versuche zu beschreiben, die zur Darstellung des weiblichen Sexualhormons unternommen wurden, da ich in diesem Buch nur über die eigenen Untersuchungen berichten will. Es muß jedoch hervorgehoben werden, daß ALLEN und DOISY c. s.[2] mit ihrem Testobjekt die Darstellung des Hormons sofort begonnen und in hervorragender Weise gefördert haben, worauf ich später noch zurückkommen werde. Die Arbeiten der Amerikaner haben der Forschung neuen Impuls gegeben, so daß in der Folgezeit in fast allen Ländern erfolgreich an diesen Fragen gearbeitet wurde. Von den Autoren nenne ich: LOEWE, COURRIER, LAQUEUR c. s., R. T. FRANK u. GUSTAVSON c. s., DICKENS, DODDS u. WRIGHT sowie BRINKWORTH, LIPSCHÜTZ, GLIMM u. WADEHN, BIEDL, SLOTTA, BROUHA u. SIMMONET, HARTMANN u. ISLER, MARRIAN u. a.

Die eigenen chemischen Untersuchungen gingen von den Beobachtungen aus, die wir bei den vergleichend anatomisch-biologischen Arbeiten (1924) gemacht hatten. Wir hatten gesehen, daß das im gelben Körper des Menschen produzierte Ovarialhormon nicht mit den sichtbaren Lipoiden identisch ist (Kap. 9), daß sich beim Vorhandensein großer Lipoidmengen häufig nur geringe Hormonmengen und umge-

---

[1] FAUST: Schweiz. med. Wschr. 1925, Nr 25, 575.
[2] ALLEN a. DOISY: J. amer. med. Assoc. 81 (1923). — DOISY, ALLEN a. JOHNSTON: J. biol. Chem. 61, Nr 3 (1924).

kehrt nachweisen ließen, daß aber das Hormon immer an die Anwesenheit von Lipoiden geknüpft ist. Diese Beobachtung führte zu der Anschauung, daß das Hormon nicht mit den Lipoiden identisch ist, sondern daß es nur an das Lipoid gekettet ist und aus ihm befreit werden könnte. So wurde die Forschung gleich auf den Weg geführt, die Lipoide nur als Lösungsmittel zu betrachten, dessen sich der Körper zur Konzentration des Hormons bedient. Die Lipoide, die wir aus hormonhaltigem Gewebe extrahierten, waren für uns dadurch nur Träger des Hormons, aus denen das Hormon in Lösung übergeführt werden mußte. Ich möchte glauben, daß unseren chemischen Arbeiten insofern eine gewisse prinzipielle Bedeutung zukommt, als wir bewußt auf die wasserlösliche Darstellung des Hormons hingearbeitet haben. Diese Untersuchungen führten uns zur Darstellung des Folliculins[1], das sich seit über 3 Jahren in allgemeiner klinischer Anwendung befindet.

1. Ausgangsmaterial.

Als *Ausgangsmaterial zur Darstellung des weiblichen Sexualhormons* kommen folgende Flüssigkeiten bzw. Gewebe in Frage:

a) *Follikelsaft.* — R. F. FRANK[2] sowie ALLEN und DOISY[3] erkannten, daß der Follikelsaft regelmäßig Hormon enthält, so daß dieser als Ausgangsmaterial benutzt werden kann. Mensch und Tier verhalten sich gleichartig. (Bezüglich der Quantität siehe S. 46).

In den aus Eierstöcken von Fischen und Hühnereigelb dargestellten Lipoiden fand FELLNER[4] geringe Hormonmengen, wobei 30 Eier und $1/8$ kg Fischeierstock etwas mehr Hormon enthielten als 1 Placenta.

b) *Corpus luteum.* — Wir haben (S. 46—49) gezeigt[5], daß das menschliche Corpus luteum Hormon enthält und produziert, daß beim Menschen im gelben Körper die stärkste Hormonkonzentration vorhanden ist (4—5000 ME. pro kg). Im Corpus luteum der Tiere konnten wir in Übereinstimmung mit ALLEN u. DOISY, KAUFMANN u. a. Folliculin überhaupt nicht nachweisen, während R. T. FRANK u. GUSTAVSON geringe Mengen (rund 150 RE. pro kg) gefunden haben. Da zur Darstellung des Hormons nur der gelbe Körper von Tieren in Frage kommt,

---

[1] Das Hormon wird für klinische Zwecke von der Degewop A.-G., Berlin-Spandau, Berliner Chaussee, unter der Bezeichnung „Ovarialhormon Folliculin Menformon" dargestellt.

[2] FRANK, R. T.: J. amer. med. Assoc. **78**, 181 (1922).

[3] ALLEN a. DOISY: J. amer. med. Assoc. **81**, 819 (1923). — ALLEN, PRATT a. DOISY: Ebenda **85**, 399 (1925).

[4] FELLNER: Klin. Wschr. **1925**, Nr 34, 1651.

[5] ZONDEK, B. u. ASCHHEIM: Arch. Gynäk. **127**, H. 1 (1925). Klin. Wschr. **1925**, Nr 29; **1926**, Nr 10.

kann das Corpus luteum-Gewebe als Hormonquelle nicht verwendet werden.

c) *Placenta.* Daß in der Placenta weibliches Sexualhormon vorhanden ist, haben bereits Iscovesco, Fellner, Herrmann, Aschner u. a. 1912/1913 zeigen können. Wir konnten durch Implantation von 0,1 g Placenta des Menschen die Schollenreaktion auslösen, so daß in 0,1 g 1 ME. Folliculin vorhanden ist. Bei einem Durchschnittsgewicht von 500 g sind also 5000 ME. Folliculin in einer reifen menschlichen Placenta nachweisbar (s. S 196). Die Annahme, daß die menschliche Placenta einen wesentlich höheren Hormongehalt habe als die tierische, läßt sich nach meinen Untersuchungen am Pferd[1] nicht aufrecht erhalten. Ich fand in der reifen Pferdeplacenta 10000 ME. Folliculin pro kg Zottengewebe, also den gleichen Hormongehalt wie in der menschlichen Placenta. Ob die Placenta das Folliculin nur sammelt oder produziert, soll hier nicht erörtert werden (s. Kap. 26).

d) *Schwangerenharn.* 1927 teilten Aschheim und ich[2] mit, daß im *Harn der schwangeren Frau* große Hormonmengen ausgeschieden werden, so daß in den letzten Schwangerschaftsmonaten in einem Liter Harn durchschnittlich 12000 ME. und mehr Folliculin nachweisbar sind. Demnach ist Harn schwangerer Frauen ein gutes Ausgangsmaterial zur Darstellung des Hormons.

Im Harn trächtiger Tiere konnten wir nur bei der Kuh geringe Folliculinmengen (5—800 ME. pro Liter) finden (s. auch S. 204). Derartiger Harn kommt bei seiner geringen Ausbeute als Ausgangsmaterial nicht in Frage. Nach meinen neuesten Untersuchungen[1] ist der *Harn des trächtigen Pferdes ein noch wesentlich besseres Ausgangsmaterial als der Harn schwangerer Frauen. Der Pferdeharn enthält pro Liter Harn durchschnittlich 100000 ME. Folliculin, also die 10fache Menge wie der Frauenharn.* In einem Sammelharn von fünf trächtigen Stuten des V.—VI. Graviditätsmonats fand ich 400000 ME. Folliculin pro Liter.

Harn schwangerer Frauen steht uns nur in Entbindungsanstalten zur Verfügung. Hier hält sich die Frau durchschnittlich 10 Tage auf. In dieser Zeit sezerniert sie etwa 10—15 Liter Harn, wodurch wir rund 150000 ME. Folliculin erhalten können. Im Gegensatz dazu kann man Harn trächtiger Stuten während der ganzen Tragzeit sammeln. Bei einer täglichen Harnmenge von 10 Liter liefert eine trächtige Stute pro Tag 1000000 ME. Folliculin. Nehmen wir an, daß eine trächtige Stute 250 Tage diese Hormonmengen liefert (das Pferd trägt 320 Tage), so

---

[1] Zondek, B.: Noch nicht veröffentlicht.
[2] Aschheim u. B. Zondek: Klin. Wschr. **1927**, Nr 28; **1928**, Nr 1.

würde eine Stute während der Gravidität 250000000 ME. Folliculin ausscheiden. Somit können wir von einer trächtigen Stute soviel Hormon erhalten, wie von 1500 Patientinnen einer geburtshilflichen Klinik. Ich glaube somit, *daß der Harn trächtiger Stuten das beste Ausgangsmaterial zur Darstellung des weiblichen Sexualhormons ist.* Dieses in unbegrenzten Mengen vorhandene, billige, hormonreiche Ausgangsmaterial wird m. E. nicht nur für die klinische Verwertung (Darstellung von konzentrierten Folliculinpräparaten mit Tausenden von Einheiten), sondern auch für die weitere chemische Forschung von Bedeutung sein. Genügt doch der von einer einzigen Stute während der Gravidität ausgeschiedene Harn, um über 30 g kristallinisches weibliches Sexualhormon zu gewinnen.

Es kann kein Zweifel sein, daß der Nachweis großer Hormonmengen im Schwangerenharn die Forschung wesentlich gefördert hat. Während wir im Follikelsaft, einem eiweißhaltigen Medium, nur geringe Hormonmengen finden, während in der Placenta das Hormon im Gewebe fest verankert sitzt, finden wir im Harn außerordentlich große Hormonmengen im eiweißfreien Medium in gelöster Form.

e) *Harn von Frauen mit polyhormonalen Störungen.* In Gemeinschaft mit ASCHHEIM konnte eine besondere Form der Amenorrhöe beschrieben werden, die durch eine Überproduktion von Folliculin charakterisiert ist, so daß das Hormon in relativ großen Mengen (mehrere 100 Einheiten im Liter) im Harn ausgeschieden wird. Im letzten Jahr habe ich[1] gefunden, daß besondere Formen von Blutungen und die erste Phase des Klimakteriums (s. Kap. 30) polyhormonaler Natur sind, so daß hierbei große Folliculinmengen (bis zu 1000 Einheiten und mehr pro Liter) im Harn ausgeschieden werden. Man kann auch den Harn der polyhormonalen Störungen zur Darstellung benutzen, jedoch ist dieser Harn schwer zu beschaffen, so daß er praktisch für die Darstellung kaum in Frage kommt.

2. Vorkommen von Folliculin außerhalb des weiblichen Organismus.

Im männlichen Organismus wurde das Hormon in den Hoden (30 E. pro kg), im Harn (50—200 E. pro Liter) und im Blut nachgewiesen (LAQUEUR, DOHRN, HIRSCH)[2]. Diese Befunde zeigen die bisexuelle Anlage beim Mann Sie sprechen für die STEINACHsche Auffassung von der doppelten Keimdrüsenwirkung. Besonders interessant ist die Tatsache, daß das im männlichen Organismus vorhandene weibliche Sexualhormon hemmend auf die Entwicklung der Hoden wirkt (s. S. 103). In der menschlichen und tierischen Galle beiderlei Geschlechts wurde

---

[1] ZONDEK, B.: Zbl. Gynäk. 1930, Nr 1.
[2] LAQUEUR: Arch. exper. Path. **119**, Nr 39. Klin. Wschr. **1927**, 1859.
— DOHRN: Klin. Wochenschr. **1927**, 359. — HIRSCH: Ebenda **1928**, 313.

Folliculin durch GSELL-BUSSE[1] gefunden (600—800 RE. pro Liter). Aber auch außerhalb des tierischen Organismus hat man das Hormon — ähnlich wie beim Insulin — in geringen Mengen in Pflanzen nachweisen können, und zwar in Pflanzenblüten (bis 200 ME. pro kg Feuchtsubstanz), ferner in Kartoffeln, Rüben, Hefe u. a. (LOEWE, LANGE u. SPOHR, sowie FAURE, DOHRN, POLL u. BLOTEVOGEL)[2].

2. Eigene Darstellungsmethoden des Folliculins.
a) Darstellung aus Placenta und Follikelsaft
(B. ZONDEK und BRAHN)[3].

Placenta.

Die Placenta wird sofort nach der Geburt entblutet und in einer Fleischmaschine fein zerkleinert. Man kann mit dem frischen Gewebsbrei arbeiten, oder besser erst ein Trockenpulver bei 70⁰ im FAUSTschen Apparat herstellen. Der Brei bzw. das Pulver werden 48 Stunden mit 96%igem Alkohol extrahiert. Hierauf wird durch ein Tuch abgepreßt und frischer Alkohol zugegeben (48stündige Extraktion). Jetzt wird die abgepreßte Placenta etwa 8 Stunden auf dem Dampfbad mit siedendem Äther extrahiert. Der Äther wird dekantiert, und die Placenta weiter 8 Stunden in derselben Weise mit Chloroform extrahiert. Die Äther- und Chloroformextrakte werden im Wasserbad auf ein geringes Volumen eingedampft. Die trüben alkoholischen Extrakte sowie der zurückbleibende fettige Rückstand werden im Faust vom Wasser befreit. Sämtliche Lipoide werden im absoluten Alkohol gelöst und nunmehr nur der alkohollösliche Teil verwandt. Nachdem der Alkohol abgedampft ist, wird die zurückbleibende Substanz mit $^1/_{10}$ normal Essigsäure gut verrieben, kurze Zeit gekocht, abfiltriert und der Rückstand nochmals mit Essigsäure gekocht. Die vereinigten Filtrate läßt man in der Kälte stehen, wodurch ein Teil durch Ausfrieren ausfällt. Der lösliche Teil wird durch Filtration weiter geklärt, im Vakuum eingeengt und mit Soda neutralisiert. Man erhält jetzt eine klare, eiweißfreie Hormonlösung.

Follikelsaft.

Enteiweißungsmethode. Wir stellten das Folliculin aus dem Follikelsaft der Kuh dar, der möglichst bald nach der Schlachtung aus den Follikeln mittels Spritze gewonnen wird. Der Follikelsaft wird in Wasser verdünnt und bei schwachsaurer Reaktion bei 80⁰ enteiweißt. Das Filtrat wird im Vakuum eingeengt. Man erhält ein wäßriges Hormonextrakt, das aber noch mit Sulfosalicylsäure eine schwache Eiweißreaktion gibt, so daß wir diese Darstellungsmethode bald verlassen haben.

Verseifungsmethode (ZONDEK und BRAHN[3]). 1 Liter Follikelsaft wird mit 2 Liter 96%igem Alkohol versetzt und mehrere Tage im Wärmeschrank

---

[1] GSELL-BUSSE: Klin. Wschr. **1928**, 1606. — Pflügers Arch **219**, 629 (1928).
[2] LOEWE, LANGE u. SPOHR: Sitzgsber. Akad. Wiss. Wien, Math.-naturwiss. K., Okt. 1926. Pflügers Arch. **216**, 156 (1927). — FAURE, DOHRN, POLL u. BLOTEVOGEL: Med. Klin. **1927**, 1397.
[3] ZONDEK, B. u. BRAHN: Klin. Wschr. **1925**, Nr 51, S. 2445 u. **1926**, Nr 27, 1220.

bei 56⁰ extrahiert. Die Lösung wird filtriert und das Filtrat durch Abdampfen des wäßrigen Alkohols fast zur Trockne gebracht. Der Rest wird in absolutem Alkohol auf dem Wasserbad einige Stunden in der Hitze oder im Soxlet behandelt, und nunmehr nur der in absolutem Alkohol lösliche Teil verwandt. Ferner wird die erste Fällung (Follikelsafteiweiß) mehrmals in der Hitze mit absolutem Alkohol extrahiert und auch hierbei nur der alkohollösliche Teil verwertet. Die gesamten Lipoide befinden sich zum Schluß in 100 ccm absolutem Alkohol, der eine klare, bernsteingelbe Lösung darstellt. Nun wird der Alkohol mit *starkem Alkali* (10—15 ccm 2 n NaOH) 24 Stunden bis *zur völligen Verseifung* behandelt. Der Alkohol wird abdestilliert und die Seife in 100—200 ccm Wasser aufgenommen. Jetzt erfolgt die mehrmalige Auschüttelung des — zu den nicht verseifbaren Substanzen gehörigen — Hormons mit großen Äthermengen. Das Hormon geht in den Äther über. Dieser wird abgedampft, wobei ein weißliches Pulver zurückbleibt. Dieses wird in 30 ccm absolutem Alkohol aufgenommen. Auf dem Wasserbad wird zu dem erhitzten Alkohol 50 ccm $^1/_{10}$ normal Essigsäure gefügt. Der Alkohol wird verdampft, wobei das Hormon in die dünne Essigsäure übergeht. Die leicht getrübte Lösung wird durch Filtration klar. Nach Neutralisation ist die Hormonlösung gebrauchsfertig, d. h. das in 1 Liter Follikelsaft entstandene Hormon (3000 ME.) befindet sich jetzt in 50 ccm Wasser gelöst.

b) Darstellung des Folliculins aus Harn[1].

α) Verseifungsmethode. Die Darstellung des Folliculins geschieht am leichtesten und billigsten aus Harn (s. S. 81), da hier das Hormon in großen Mengen gelöst vom Körper ausgeschieden wird. Für die Verhältnisse des Frauenharns habe ich unsere umseitig angegebene Verseifungsmethode modifiziert. Die Extraktion der Lipoide darf hier nicht mit Alkohol ausgeführt werden, weil dieser den Harnstoff löst. Man verwendet zur primären Extraktion am besten Äther oder ein anderes organisches, mit Wasser nicht mischbares Lösungsmittel (z. B. Benzol, Chloroform und anderes). Im einzelnen geschieht die Darstellung folgendermaßen:

1 Liter menschlicher Schwangerenharn wird, falls er nicht sauer reagiert, mit Essigsäure bis zur schwach lackmussauren Reaktion angesäuert und filtriert (eventuell zur Klärung Filtration mit Kieselgur). Man kann den Harn, um Extraktionsmittel zu sparen, durch Kochen auf die Hälfte seines Volumens einengen. Der Harn wird zwei- bis dreimal mit dem vierfachen Volumen Äther oder Benzol in der Hitze extrahiert, wobei das Hormon in den Äther bzw. Benzol übergeht. Der Äther wird abgedampft, wobei in der Schale eine weißlichgelbliche, am Boden anhaftende Masse zurückbleibt. Diese wird mit 50 ccm 2%iger NaOH behandelt. Die Verseifung dauert 24 Stunden bei einer Temperatur von 60⁰. Diese wäßrige Seifenlösung wird nach dem Abkühlen mit großen Äthermengen ausgeschüttelt, wo das Hormon wieder in den Äther übergeht. Der Äther wird abgedampft und der Rück-

---

[1] ZONDEK, B.: Klin. Wschr. **1928**, Nr 11, 485.

Eigene Darstellungsmethoden des Folliculins.

stand in $^1/_{10}$ normal Essigsäure (z. B. 50 ccm) aufgenommen, filtriert und neutralisiert. Zur Reinigung des Hormons können die beiden letzten Phasen, d. h. Überführung des Hormons aus dem Äther in die schwachsaure Lösung, wiederholt werden. Das Hormon ist jetzt in den 50 ccm Wasser gelöst, die Lösung ist blank, farb- und geruchlos.

Diese Darstellungsmethode muß für den Harn trächtiger Stuten (s. S. 81 u. 82) modifiziert werden[1]. Ich fand, daß das Folliculin im alkalischen Pferdeharn in einer in organischen Lösungsmitteln (Äther, Benzol) unlöslichen Form ausgeschieden wird. Auch nach Ansäuern des Harns ist das Hormon nicht extrahierbar. *Kocht man aber den stark mit Salzsäure angesäuerten Pferdeharn einige Minuten, so läßt sich jetzt das Folliculin durch organische Lösungsmittel extrahieren* (s. S. 90).

Im letzten Jahr ist in der Chemie des weiblichen Sexualhormons ein großer Fortschritt erzielt worden, da es DOISY[2] und BUTENAND[3] unabhängig voneinander gelang, das Hormon kristallinisch darzustellen (s. S. 89).

Für die praktische Verwendung des Hormons ist die kristallinische Darstellung und auch der übertriebene Reinheitsgrad des Hormons nicht von so großer Bedeutung. Es ist wichtig konzentrierte Hormonlösungen darstellen zu können, die ohne jeden Schaden dem Menschen injiziert werden können, wobei es aber unwesentlich ist, ob der Trockenrückstand der zu injizierenden Menge 0,01 oder 0,0001 mg beträgt. Daß auch chemisch nicht rein dargestellte und nach Einheiten biologisch titrierte Hormonlösungen klinisch ausgezeichnet wirken können, sehen wir am besten beim Insulin.

Bei den weiteren Untersuchungen leiteten mich folgende Gedanken:

Wie kann man das Hormon aus dem Harn möglichst einfach konzentrieren?

Wie kann man das Hormon in konzentrierter wäßriger Lösung darstellen?

Bei der Darstellung des Hormons aus Harn bedient man sich, wie oben auseinandergesetzt, der Extraktionsmethode, d. h. der Extraktion des Harns mittels der mit Wasser nicht lösbaren organischen Lösungsmittel (Äther, Benzol, Chloroform u. a.). Hierbei muß man mit großen Harnmengen arbeiten, die sowohl im Laboratorium wie auch bei der technischen Darstellung störend wirken. Über die Sammlung des Hormons aus dem Harn und die Darstellung des Folliculins in konzentrierter wäßriger Lösung, gaben die folgenden Untersuchungen Aufschluß.

---

[1] Noch nicht veröffentlicht.

[2] DOISY: Internat. Physiologenkongr. Boston August 1929. — DOISY, VELER a. THAYER: Thayer, Journ. of Biol. Chemistry **86**, 501 (1930).

[3] BUTENAND: Naturwiss. **1929**, Nr 17. Dtsch. med. Wschr. **1929**, 2171. Hoppe-Seylers Z. **188**, H. 1 u. 2 (1930).

β) *Darstellung des Folliculins aus Harn mittels Adsorption und Schwermetallsalzfällung* (B. ZONDEK und VAN EWEYK [1]).

Adsorptionsversuche.

H. ZONDEK und BANSI[2] haben als ein Charakteristicum der Hormone beschrieben, daß sie leicht adsorbierbar sind. Sie haben weiter die wichtige Tatsache gefunden, daß man durch Narkotica die Adsorption der Hormone weitgehend hemmen (s. S. 68) und eine Trennung von Hormon und adsorbierendem Substrat bewirken kann. Dabei zeigte sich, daß die oberflächenaktiven Substanzen in ihrer Fähigkeit die Hormonadsorption zu verhindern bzw. das Hormon z. B. von der Kohleoberfläche zu verdrängen, dem RICHARDSONschen Gesetz der homologen Reihe folgen. Von diesen Tatsachen gingen wir bei unseren Untersuchungen aus. Daß das weibliche Sexualhormon leicht adsorbierbar ist, hatte LAQUEUR bereits 1927 auf dem Pharmakologenkongreß mitgeteilt.

Unsere Untersuchungen befaßten sich mit der Adsorption des Folliculins aus dem Harn, um auf diese Weise große Hormonmengen aus großen Harnmengen an geringe Kohlenmengen zu binden. Bei saurer Harnreaktion wird durch Kohle eine vollständige Adsorption des Hormons bewirkt. Auch aus reinen Hormonlösungen (Folliculin) kann man durch Kohle eine vollständige Adsorption erzielen. Anders liegen — das sei nebenbei erwähnt — nach unseren Untersuchungen die Verhältnisse z. B. bei der Adsorption durch Kieselgur. Im Harn findet eine Adsorption des weiblichen Sexualhormons durch Kieselgur bei schwach essigsaurer Reaktion nicht statt, während in reinen Folliculinlösungen eine fast vollständige Adsorption auftritt. Kieselgur ist also zur Klärung des Harns geeignet, hingegen nicht zur Klärung gereinigter Folliculinlösungen.

Rückgewinnung des Hormons nach Adsorption.

Die Adsorption des Hormons an Kohle ist eine sehr enge. So gelang es nicht mit einigen organischen Lösungsmitteln, in denen das Hormon an sich sehr gut löslich ist, dieses aus der Kohle zurückzugewinnen. Behandlung der Kohle mit Äther und Chloroform war ergebnislos. Hingegen gelang die Rückgewinnung durch Alkohole, wobei die von H. ZONDEK und BANSI festgestellte Gesetzmäßigkeit auch für das weibliche Sexualhormon zutrifft, daß nämlich Alkohole bei gleicher Konzentration eine mit der Zahl der C-Atome zunehmende Verdrängung des Hormons bewirken. Unter diesem

---

[1] ZONDEK, B. u. VAN EWEYK: Klin. Wschr. **31**, 1436 (1930). Diese Untersuchungen waren im Mai 1928 abgeschlossen, so daß ich darüber in meinem Referat auf der Naturforscherversammlung in Hamburg (Herbst 1928) kurz berichten konnte. Die Publikation erfolgte aus äußeren Gründen erst 1930.

[2] ZONDEK, H. u. BANSI: Klin. Wschr. **1927**, Nr 28; Biochem. Ztschr. **195**: 376 (1928).

Gesichtspunkt verwandten wir mit gutem Erfolg den Amylalkohol. Extraktion der Kohle mittels Äthylalkohol war ergebnislos, hingegen gelang mit Amylalkohol und Überführung des Amylalkoholrückstandes in Wasser eine Ausbeute des Hormons von 30—40%. Hierbei zeigte sich, daß die mittels Amylalkohol extrahierte Kohle sekundär mit Chloroform eine Hormonausbeute liefert (primäre Chloroformextraktion der Kohle ist ergebnislos). Diese Ausbeute beträgt 20—40%. Durch die kombinierte Behandlung der Kohle mittels Amylalkohol und Chloroform können wir also etwa 65% des adsorbierten Hormons zurückgewinnen.

Das aus der Kohle zurückgewonnene Hormon wird in absolutem Alkohol gereinigt, d. h. nur der alkohollösliche Teil verwandt. Die weitere Darstellung und Reinigung des Hormons kann nach der Verseifungsmethode von B. ZONDEK und BRAHN ausgeführt werden (siehe S. 83) oder nach den folgenden neuen Methoden.

Fällung des Hormons mit Schwermetallsalzen.

Die folgenden Methoden beruhen auf unserer Erkenntnis (B. ZONDEK und VAN EWEYK), daß das weibliche Sexualhormon, ähnlich wie Fermente (WILLSTÄTTER) mit bestimmten Begleitsubstanzen an Niederschläge fixiert werden kann, die in einer bestimmten Weise hergestellt sein müssen. Hierzu ist es notwendig, in dem schwachsauren Harn mit Zusatz von Schwermetallsalzen organischer Säuren Fällungen zu erzeugen. Während bei Innehaltung bestimmter Mengenverhältnisse die Filtrate dann vollkommen frei von Hormon sind, enthält der Niederschlag die gesamte Hormonmenge. Es gelingt das Hormon aus solchen Metallniederschlägen wieder in Freiheit zu setzen, wobei Lösungen von immer höherem Hormongehalt und immer geringerem Gehalt an Begleitstoffen entstehen. Die Fällung ist mit Schwermetallsalzen möglich, z. B. Quecksilberacetat, Silberacetat und Bleiacetat. Letzteres, und zwar das dreibasische Bleiacetat, hat sich uns am besten bewährt. In einer gereinigten und konzentrierten Hormonlösung läßt sich durch Wiederholung einer Schwermetallfällung das Hormon nicht mehr ausfällen, wohl aber Verunreinigungen beseitigen, so daß hierdurch eine weitere Möglichkeit der Reinigung gegeben ist.

Aus den Fällungen mit Schwermetall kann das Hormon auf folgende Weise wieder in Freiheit gesetzt werden:

a) Der in Wasser aufgenommene Metallniederschlag (z. B. Blei) wird durch Behandeln mit Schwefelwasserstoff in eine anorganische Verbindung übergeführt (Bleisulfid), wobei das Hormon in Lösung tritt. Nach Filtration enthält das Filtrat das Hormon.

b) Die Fällung wird mit organischen Lösungsmitteln behandelt (Chloroform, Urethan, Äther, Benzol, Alkohol usw.).

c) Durch Verwendung verschiedener, mit Wasser mischbarer und nicht mischbarer organischer Lösungsmittel nacheinander gelingt eine weitgehende Konzentrierung unter Ausfällung von Ballaststoffen.

Ich verzichte auf eine eingehende Beschreibung der verschiedenen Methoden und möchte im folgenden die Methode mitteilen, die sich uns zur Darstellung konzentrierter wäßriger Hormonlösungen mittels des Fällungsverfahrens am besten bewährt hat. Ich gebe die Einzelheiten und Mengenverhältnisse an, damit die Methode genau ausgeführt werden kann. Das Hormon wird mittels dreibasischem Bleiacetat aus Harn gefällt und aus der Fällung mittels Äthylalkoholextraktion gewonnen. Dann erfolgt eine Reinigung des Hormons durch Aceton und Überführen des Hormons aus dem Aceton in Essigester. Im einzelnen geschieht die Darstellung folgendermaßen:

Beispiel: 3 Liter Schwangerenharn werden mit Essigsäure bis zur schwach lackmussauren Reaktion angesäuert und mit Kieselgur filtriert. Unter Umrühren werden 54 g Plumbum aceticum tribasicum (SCHUCHART-Görlitz) zugegeben. Es bildet sich ein weißlichgelblicher Niederschlag, den man 24 Stunden stehen läßt. Der Niederschlag wird abfiltriert und zwei- bis dreimal mit je 200 ccm absolutem Alkohol bei 40—50° extrahiert. Der Alkohol wird verdampft, der Rückstand in 20 ccm absolutem Alkohol aufgenommen (es wird also nur der alkohollösliche Teil verwandt). Der Alkohol wird erhitzt, heiß filtriert und das Filtrat unter Umschwenken in 250 ccm Aceton langsam gegossen, wobei sich im Aceton eine voluminöse Fällung bildet. Die Fällung enthält kein Hormon. Nachdem das Aceton von der aus Verunreinigung bestehenden Fällung durch Filtration befreit ist, wird das Aceton auf etwa 10 ccm eingedampft. Diese konzentrierte Acetonlösung wird mit 30 ccm Essigester oder Acetessigester versetzt, in den Scheidetrichter gebracht und nach Zusatz von etwa einem Drittel des Gesamtvolumens Wasser geschüttelt. Es bilden sich zwei Schichten, von denen die wasserhaltige (acetonige) praktisch frei von Hormon ist. Das Hormon befindet sich im Essigester. Die Ausschüttelung erfolgt zweckmäßigerweise zwei- bis dreimal. Die Esterportionen werden vereinigt, eingedampft und der Rückstand in 50 ccm Essigester aufgenommen. Der Essigester wird unter Hinzufügung von absolutem Alkohol und Wasser schrittweise abgedampft, bis zum Schluß Alkohol und Ester abgedampft sind. Das Hormon befindet sich jetzt im Wasser, das gekocht und filtriert wird. Nimmt man das Hormon in 30 ccm Wasser auf, so befindet sich in diesen 30 ccm das Hormon aus den 3 Litern Ausgangsharn.

Bei größeren Harnmengen werden nicht prozentual die gleichen Mengen der Reagenzien verbraucht. So sind z. B. bei 10 Liter Ausgangsharn notwendig: 180 g dreibasisches Bleiacetat, 2 bis 3 mal 400 ccm absoluter Alkohol, die auf etwa 40 ccm eingedampft werden, 800 ccm Aceton, 5 mal 80 ccm Essigester.

Es ist uns auf diese Weise gelungen, wäßrige Hormonlösungen darzustellen, die in 1 ccm Wasser bis zu 8000 Vollbrunsteinheiten des weiblichen Sexualhormons enthielten.

Wir glauben, daß die Darstellung des weiblichen Sexualhormons aus Harn mittels der Schwermetallsalzfällung einen Fortschritt bedeutet, da man bei der Sammlung [1] des Harns durch Zufügung des Metallsalzes

---

[1] Man könnte schon in den Frauenkliniken die Metallsalzfällung des Schwangerenharns sammeln und damit die Transportkosten für die großen Harnmengen sparen.

das Hormon in der Fällung sammeln kann und auf diese Weise nicht die großen Harnmengen, sondern nur die im Vergleich dazu kleine Quantität der Fällung zu verarbeiten braucht. Die weitgehende Konzentration des Hormons in wäßriger Lösung ermöglicht die für die Therapie notwendigen Hormonmengen leicht in injizierbarer Form zu gewinnen.

3. Zur Chemie des Folliculins.

Die Darstellung des Hormons in möglichst reinen Lösungen hat uns sehr eingehend beschäftigt. Aus dem Harn wurden Hormonlösungen mit wechselndem Reinheitsgrad dargestellt, wobei der Trockenrückstand pro pro Vollbrunsteinheit (Mäuseeinheit) zwischen 0,01 und 0,001 mg lag. In einigen Sonderversuchen gelang es mir 1927 das Hormon so weit zu reinigen, daß die Werte pro Einheit zwischen 0,001 und 0,0001 mg schwankten. Die Frage nach der Reinheit des Hormons ist jetzt durch die Arbeiten von BUTENAND entschieden worden, der bei der kristallinischen Darstellung pro Vollbrunsteinheit ein Gewicht von 0,000125 mg fand (bei einmaliger Hormoninjektion). BUTENAND[1] vermutet einen Zusammenhang des Hormons mit Sterinen oder Gallensäuren. Das kristallisierte Hormon (Schmelzpunkt 243—245°) erwies sich der Konstitution nach als ein Oxyketon der wahrscheinlichen Molekularformel[1] $C_{18}H_{22}O_2$. WIELAND, STRAUB u. DORFMÜLLER[2] haben Kristalle von hohem Wirkungswert dargestellt, jedoch sind diese Kristalle nicht so rein, wie die von DOISY und BUTENAND angegebenen. DINGEMANSE, DE JONGH, KOBER u. LAQUEUR[3] geben jetzt an, daß ihre früher gewonnenen Niederschläge kristallinische Struktur gehabt hätten.

Das weibliche Sexualhormon war, wie oben auseinandergesetzt, durch unsere eigene Methoden und die Arbeiten LAQUEURs weitgehend gereinigt dargestellt, so daß es den kristallinischen Produkten in der Reinheit nahe kam. Das Verdienst, das Hormon kristallinisch dargestellt zu haben, gebührt DOISY und BUTENAND. Es ist zu hoffen, daß die Kristallisation einen Schritt zum Endziel, d. h. der Synthese des Hormons, bedeutet. Es muß jedoch betont werden, und darin unterstreiche ich die Ansicht von DINGEMANSE, DE JONGH, KOBER u. LAQUEUR, daß man aus der Tatsache, Kristalle dargestellt zu haben, bei so komplizierten Stoffen, wie es Hormone sind, nicht schließen darf, das Hormon chemisch rein dargestellt zu haben.

Wir stellten folgende chemische Eigenschaften des Folliculins fest: Das Hormon ist gegenüber äußeren Einflüssen sehr beständig. Starke

---
[1] BUTENAND: Hoppe-Seylers Z. **191**, 140—156 (1930). S. auch S. 85.
[2] WIELAND, STRAUB u. DORFMÜLLER: Hoppe-Seylers Z. **186** (1929).
[3] DINGEMANSE, DE JONGH, KOBER u. LAQUEUR: Dtsch. med. Wschr. 1930, Nr 8.

Hitze und Kälte, Behandlung mit starken Säuren und Alkali schädigen das Hormon nicht.

Das Folliculin ist in allen organischen Lösungsmitteln sehr leicht löslich.

Durch organische Lösungsmittel (Äther, Benzol) läßt sich das Hormon aus Placenta, Follikelsaft und menschlichem Harn leicht extrahieren. *Dies trifft aber nicht für den Pferdeharn[1] zu.* Schüttelt man den alkalischen Harn trächtiger Stuten[2] — das beste Ausgangsmaterial für das weibliche Sexualhormon — mit Äther oder Benzol, so geht überhaupt kein Hormon in diese Lösungsmitttel über. Deshalb glaubte ich bei Beginn meiner Untersuchungen, daß die durch Pferdeharn hervorgerufene Brunst bei der infantilen Ratte auf Follikelreifungshormon des Hypophysenvorderlappens zurückzuführen ist (s. Anhang S. 318). Da aber das im Harn trächtiger Stuten zu 100000 E. pro Liter vorhandene Hormon durch Kochen nicht zerstört wird, und da die Brunstwirkung des Hormons auch am kastrierten Tier positiv ist, konnte ich das Hormon als Folliculin identifizieren. Warum das Hormon aus dem Harn trächtiger Stuten — im Gegensatz zum Harn schwangerer Frauen — durch organische Lösungsmittel wie Äther und Benzol nicht extrahierbar ist, läßt sich nicht mit Bestimmtheit sagen. Wahrscheinlich sind besondere im Pferdeharn vorhandene Begleitsubstanzen verantwortlich zu machen. Säuert man den alkalischen Pferdeharn an, so geht auch jetzt beim Schütteln oder Extrahieren mit Äther bzw. Benzol Hormon nicht in die Lösungsmittel über. Im Gegenteil. *Nach dem Ausschütteln mit Äther ist im Pferdeharn meist ein erhöhter Folliculingehalt nachweisbar* (bis um 40%), *was dafür spricht, daß durch den Äther ein Hemmungsstoff[2] beseitigt wird!* Kocht man aber den stark mit Salzsäure angesäuerten Harn einige Minuten, so kann man jetzt durch Äther die Extraktion ermöglichen. Diese Befunde bestätigen die Beobachtung von GLIMM u. WADEHN[3], daß man nach Kochen des angesäuerten menschlichen Schwangerenharns noch Hormonmengen durch Äther gewinnen kann, die sich ohne die genannte Behandlung nicht extrahieren lassen. Auch im menschlichen Harn seien geringe Hormonmengen zuweilen nicht ätherlöslich.

Hervorheben möchte ich, daß das Folliculin in der hormonreichen Pferdeplacenta (s. S. 81) in ätherlöslicher Form vorhanden ist. In der Placenta also — im Gegensatz zum Harn — die gleichen Verhältnisse bei Mensch und Pferd.

In den Hormonlösungen sind Purinderivate, Kohlehydrate nicht vorhanden. Die Untersuchung auf SH-Gruppen fiel negativ aus.

Das Folliculin ist frei von Cholesterin, frei von N, P und S.

Das Hormon ist (siehe oben) leicht adsorbierbar.

Ist das Hormon wasserlöslich? Ich möchte diese Frage bejahen, nachdem es EWEYK und mir gelungen ist, Hormonlösungen darzustellen, die pro Kubikzentimeter 8000 ME. enthalten. Die Lösungen müssen als echte

---

[1] Noch nicht veröffentlicht.

[2] Anmerkung bei der Korrektur: Das Folliculin wird auch im Harn der trächtigen Kuh in einem ätherunlöslichen bzw. schwer löslichen Zustand ausgeschieden. Ein ätherlöslicher Hemmungsstoff ist aber im Kuhharn nicht vorhanden. Die Folliculinmengen (s. auch S. 204) sind im Harn trächtiger Kühe nur sehr gering (5—800 ME. pro Liter) (noch nicht veröffentlicht).

[3] GLIMM u. WADEHN: Biochem. Z. **207**, 361 (1929).

Lösungen bezeichnet werden, da das TYNDALL-Phänomen in ihnen negativ ist. Das Hormon ist, wie zuerst LAQUEUR gezeigt hat, leicht dialysabel. BUTENAND gibt an, daß das kristallinische Hormon in Wasser schwer löslich ist. Im Durchschnitt enthält 1 ccm einer gesättigten wäßrigen Hormonlösung etwa 150 ME. Wir konnten mit der Fällungsmethode (S. 88) wäßerige Hormonlösungen aus Harn darstellen, die pro Kubikzentimeter 8000 Vollbrunsteinheiten enthielten, wir erzielten demnach eine 50fach stärkere Konzentration als BUTENAND mit seinem kristallisierten Hormon.

Ich möchte glauben, daß wir mit unserem Darstellungsverfahren deswegen eine größere Wasserlöslichkeit des Hormons erzielen, weil wir mit dem Hormon wahrscheinlich eine Begleitsubstanz aus dem Harn darstellen, die die Löslichkeit des Hormons erhöht. Dann wären allerdings unsere Lösungen für die klinische Anwendung wertvoller als das kristallinische Produkt, bei dem erst die Möglichkeit erhöhter Wasserlöslichkeit gefunden werden müßte.

Auf unserer Verseifungsmethode aufbauend, kam MARRIAN[1] bei Untersuchungen des Schwangerenharns zu interessanten neuen Ergebnissen. In den bei der Verseifung in den Äther übergehenden Stoffen fand MARRIAN eine zu den unverseifbaren Stoffen gehörende, mit dem Hormon nicht identische Substanz, die in farblosen Tafeln kristallisiert. Durch Darstellung eines Acetylderivats konnte MARRIAN die Alkoholnatur dieses neuen, nur im Schwangerenurin, nicht in anderem Harn vorkommenden Stoffes feststellen, dem er auf Grund seiner Molekulargewichtsbestimmungen und Analysen die Formeln $C_{19}H_{30}(OH)_2$ oder $C_{20}H_{32}(OH)_2$ zuschreibt. In 100 Liter Schwangerenharn fand MARRIAN 0,087 bis 0,218 g dieser Substanz. BUTENAND[2] kam zu gleichen Ergebnissen. Er vertritt die Ansicht, daß dieser Stoff, von ihm Prägnandiol genannt, in nahem chemischem Zusammenhang mit den Sterinen und Gallensäuren steht, daß das Prägnandiol das erste neutrale Oxydationsprodukt der Sterine sei, das im Organismus vorkommt. Das Prägnandiol ist im Gegensatz zum weiblichen Sexualhormon in allen organischen Lösungsmitteln schwer löslich. Nach BUTENAND kommt dem Prägnandiol mit größter Wahrscheinlichkeit die Molekularformel $C_{21}H_{36}O_2$ zu.

13. Kapitel.
Die biologischen Wirkungen des weiblichen Sexualhormons (Folliculin).

Das weibliche Sexualhormon — wir verwandten das von uns dargestellte Folliculin — zeigt im Tierversuch folgende Wirkungen:

---

[1] MARRIAN: Biochemic J. **23**, Nr. 5, 1090/98 (1929).
[2] BUTENAND: Ber. dtsch. chem. Ges. **1930**, H. 3, 659.

1. Wirkung auf die Sexualorgane des kastrierten Tieres.

Injiziert man Folliculin einer kastrierten Maus oder Ratte, so werden diese Tiere im Verlauf von 100 Stunden östrisch. Die Tiere werden als brünstig vom Bock erkannt und gejagt. Die Vulva ist trocken, verdickt, offen stehend, der Scheidenabstrich zeigt eine krümelige Beschaffenheit und besteht nur aus Schollen. Die Scheidenschleimhaut hat den typischen Brunstaufbau mit Verhornung der obersten Zellagen, die Uteri sind stark vergrößert, violettrot, mit Sekret zum Teil strotzend gefüllt. Beim Durchschneiden der Uterushörner fließt Sekret ab, das Leukocyten enthält. Die Uterusschleimhaut zeigt die für die Brunst charakteristischen Drüsenveränderungen, aber nicht jene Fältelung und polypöse Beschaffenheit der Uterusschleimhaut, die man bei junger Gravidität vorfindet. Darüber wird noch im folgenden Kapitel zu reden sein.

Injiziert man einem kastrierten Tier dauernd Folliculin, so kommt es zu einer Dauerbrunst, d. h. zu einer dauernden Abschuppung der verhornten Zellen ins Scheidenlumen, zu einem Dauerschollenstadium.

2. Wirkung des Folliculins auf die Sexualorgane des infantilen Tieres[1].

Durch Folliculin wird das infantile Tier *vorzeitig* brünstig gemacht (rund 80 Stunden nach der Zuführung des Hormons). Auch diese jungen Tiere werden als östrisch vom Bock erkannt und gejagt. Wir haben wiederholt gesehen, daß die jungen Tiere unter den stürmischen Kohabitationsversuchen zugrunde gingen.

Scheide und Uterus haben bei der experimentell ausgelösten vorzeitigen Brunst das gleiche Aussehen wie bei den durch Folliculin herbeigeführten Brunstveränderungen des kastrierten Tieres.

Hat Folliculin auch eine wachstumssteigernde Wirkung, d. h. ist der den Zyklus auslösende Stoff gleichzeitig das Wachstumsstimulans für den Uterus[2]?

Wir führten diese Untersuchungen an 3—4 Wochen alten, dem Muttertier eben entwachsenen Mäusen aus. Bei sehr zahlreichen Kontrolluntersuchungen, die wir wegen anderer Fragestellungen gemacht hatten, konnten wir feststellen, daß infantile Mäuse im allgemeinen brünstig werden, wenn sie ein Gewicht von 13—14 g haben, in seltenen Fällen bei einem Minimalgewicht von 12 g. Wir wählten zu unseren

---

[1] ZONDEK, B. u. ASCHHEIM: Klin. Wschr. 1926, Nr 47.

[2] Als wir über das Ergebnis unserer Hormonuntersuchungen auf dem Kongreß der Deutschen Gesellschaft für Gynäkologie Pfingsten 1929 berichteten, meinte R. SCHRÖDER, daß der den Zyklus bedingende Stoff und das Wachstumsstimulans für den Uterus wahrscheinlich Stoffe verschiedenartiger Natur seien. Dieser Einwand SCHRÖDERS veranlaßte die obigen Untersuchungen.

Untersuchungen Tiere mit einem Durchschnittsgewicht von 6—8 g. Bei so jungen Mäusen tritt niemals die Brunst spontan auf. Die Tiere erhielten zweimal täglich je $^1/_2$ ME. Folliculin. Die Kontrolltiere wurden mit einem Organextrakt injiziert, das nach denselben chemischen Prinzipien wie das Folliculin aus unspezifischem Gewebe dargestellt war, wodurch die gleichen Bedingungen für die Versuche geschaffen waren. Ich gebe im folgenden je ein Versuchsprotokoll wieder von einem Tier, das chronisch mit Folliculin behandelt ist und von einem mit unspezifischem Extrakt behandelten Kontrolltier. (Tab. 7 u. 8.)

Tabelle 7. **Wirkung des Folliculins auf den Scheidenzyklus der infantilen Maus. Folliculin.**

Datum	Leukocyten	Epithelien	Schleim	Krissel	Schollen	Bemerkungen
16. III.	+ + + +	+	−	−	−	Von heute an wird 2mal täglich je $^1/_2$ Einheit Folliculin injiziert
17. III.	+ + +	+	−	−	−	
18. III.	+	+	+	+	−	
19. III.	+ +	+	+	+ +	+	
20. III.	+	+ + +	+ + +	−	−	
21. III.	−	+	−	+	+ + + +	
22. III.	−	−	−	−	+ + + +	
23. III.	−	−	−	−	+ + + +	
24. III.	−	−	−	−	+ + + +	
25. III.	−	−	−	−	+ + + +	
26. III.	−	−	−	−	+ + + +	
27. III.	−	−	−	−	+ + + +	
28. III.	−	−	−	−	+ + + +	
29. III.	−	−	−	−	+ + + +	
30. III.	−	−	−	−	+ + + +	
31. III.	−	−	−	−	+ + +	
1. IV.	−	−	−	−	+ + + +	
2. IV.	−	−	−	−	+ + + +	
3. IV.	−	−	−	−	+ + + +	
4. IV.	+	−	−	+	+ + +	
5. IV.	−	−	−	+	+ + +	
6. IV.	−	−	−	−	+ + + +	

Die Ergebnisse dieser Versuche sind eindeutig. Die mit Folliculin behandelten Tiere wurden sämtlich nach 3—4 Tagen brünstig, sie zeigten im Scheidenabstrich das reine Schollenstadium. Solange Folliculin dem Organismus zugeführt wird, bleibt das Schollenstadium bestehen. Die Dauerhormonisierung führt also zur dauernden Verhornung des hochschichtig aufgebauten Vaginalepithels, dauernde Folliculinzufuhr bewirkt dauerndes Schollenstadium. Untersucht man eine derartige Scheide mikroskopisch, so zeigt sie im Epithel keinen Unterschied im Vergleich zu einer Scheide, die durch die Hormonzufuhr nur einmal das Schollenstadium bildet. Wenn FELLNER in der Ver-

Tabelle 8. **Wirkung eines unspezifischen Organextraktes auf den Zyklus der infantilen Maus.**

Datum	Leukocyten	Epithelien	Schleim	Krissel	Schollen	Bemerkungen
16. III.	kein Material	kein Material	kein Material	kein Material	kein Material	Von heute an wird 2mal täglich unspezifisches Organextrakt injiziert
17. III.	+ + +	+	+ +	−	−	
18. III.	+ +	+ +	+ +	+	−	
19. III.	−	+ + + +	+ +	−	−	
20. III.	−	+ + + +	+	+ +	−	
21. III.	+ + +	+ + + +	+ + +	−	−	
22. III.	+ + +	+ +	+ +	−	−	
23. III.	+ + +	+	+ +	−	−	
24. III.	±	+ + + +	+	−	−	
25. III.	+ +	+ + + +	+ +	−	−	
26. III.	+ + +	+	+	−	−	
27. III.	+ + +	+ +	+ +	−	−	
28. III.	+ + + +	+	−	−	−	
29. III.	+ +	+	+	−	−	
30. III.	+ + + +	+	+ +	−	−	
31. III.	+ + + +	+	+ + +	−	−	
1. IV.	+ + +	+	−	−	−	
2. IV.	+ + +	+	+	−	−	
3. IV.	+ + + +	+	−	−	−	
4. IV.	+ + +	+	+	−	−	
5. IV.	−	+	−	+ + +	−	
6. IV.	+ + + +	+	+ + +	−	−	
7. IV.	+ + + +	+ +	+ +	−	−	
8. IV.	+ + + +	+	+ + +	−	−	
9. IV.	+ + + +	+ +	+	−	−	
10. IV.	+ + + +	+	+ +	−	−	
11. IV.	−	+ + + +	+ +	+	−	
12. IV.	+ +	+	+ + + +	−	−	
13. IV.	+ + + +	+ +	+	−	±	
14. IV.	+ + + +	+	+ +	−	−	
15. IV.	+ + +	+ +	+ + +	+	−	
16. IV.	+ + + +	+	+ +	−	−	
17. IV.	+	+ + + +	+	−	−	

hornung und Abstoßung der Schollen einen Abbauprozeß sieht, so zeigen unsere Versuche eindeutig, daß das Schollenstadium im Scheidensekret, d. h. die Verhornung des Scheidenepithels, ein von der Ovarialfunktion abhängiger, biologisch sehr wichtiger Vorgang ist, der nur beim Kreisen des Folliculins im Organismus vor sich geht. Wenn, wie später gezeigt werden wird, durch Folliculin beim Menschen ein Aufbau der Uterusschleimhaut, beim Nagetier eine Verhornung von Zellen im Genitalapparat ausgelöst wird, so scheint uns dies zu beweisen, daß die Verhornung der Scheidenepithelien biologisch nicht als Abbauprozeß aufgefaßt werden kann. Die Schollenbildung ist morphologisch-histologisch ohne weiteres als Degeneration zu bezeichnen, da der Kern degeneriert, aber in funktioneller Beziehung ist dieser

Verhornungsprozeß ebensowenig eine Degeneration, wie etwa die Verhornung der Epidermis. Wie diese als Akkommodation betrachtet werden muß, bei der die Zellen eine Schutzfunktion erlangen, so haben auch die verhornten Scheidenepithelien eine bestimmte Funktion, und zwar für die Kohabitation. Die Bedeutung der Schollen liegt in der Fähigkeit mit dem Spermapfropf in der Scheide eine innige Verbindung einzugehen — die Franzosen nennen den Vorgang ,,enveloppe" —, wodurch ein fester Verschluß der Scheide gegen eine weitere Kohabitation erreicht wird. Wäre das Schollenstadium ein Abbauvorgang im funktionellen Sinne, so wäre es merkwürdig, daß durch dauernde Hormonzuführung sich dauernd funktionell wertlose Zellen bilden sollen. Es finden sich tatsächlich Mitosen in der Basalis, während das Oberflächenepithel verhornt. Die Schleimhaut als Ganzes baut also zur Zeit des Oestrus noch auf.

Diese Versuche zeigen, daß wir lernen müssen die Funktion nicht nach dem anatomischen Bild allein zu beurteilen. Wir sehen im vorliegenden Fall, daß ein Zellvorgang noch eine lebenswichtige Bedeutung haben kann, auch wenn der Kern schon in Degeneration befindlich ist.

Die mit unspezifischem Organextrakt behandelten infantilen Mäuse werden nicht brünstig. Die Genitalorgane zeigen keinerlei Veränderungen, im Scheidensekret kommt es niemals zum Schollenstadium, sondern dauernd zur Abscheidung von Schleim und Leukocyten (Tabelle 8).

Die Uteri der 14 Tage mit Folliculin behandelten Tiere zeigen deutliche Vergrößerung und blauviolette Verfärbung. Das Lumen enthält Sekret. Da der Einwand gemacht werden kann, daß die sichtbare Größenzunahme nur durch die Sekretfüllung ist, haben wir die Uteri eingeschnitten und nach Ablassen des Sekrets die Uterusschläuche der Folliculintiere und der Kontrolltiere gewogen. Wir fanden (Tabelle 9),

Tabelle 9.

Folliculin.			Kontrolle.		
Tier Nr.	Gesamtgewicht	Gewicht der Genitalien	Tier Nr.	Gesamtgewicht	Gewicht der Genitalien
625	10 g	92 mg	632	8,5 g	15 mg
626	9,5 ,,	76 ,,	634	8,5 ,,	21 ,,
629	8 ,,	75 ,,	635	6,5 ,,	16 ,,
631	10 ,,	82 ,,	639	9,5 ,,	27 ,,

daß das Gewicht der sorgsam herauspräparierten Genitalien der Kontrolltiere zwischen 15 und 27 mg schwankt. Das Durchschnittsgewicht beträgt 19,7 mg. Hingegen ist das Gewicht der durch Folliculinbehandlung in sexuelle Frühreife und Dauerbrunst gebrachten infantilen Tiere wesentlich erhöht. Das Gewicht der Genitalien schwankt zwischen 75 und 92 mg, das Durchschnittsgewicht beträgt 81,2 mg. *Demnach ist das Gewicht der Genitalien der mit Folliculin behandelten Mäuse 4,1mal so groß als bei den Kontrolltieren.* Die Wachstumssteigerung[1] ist makroskopisch (Abb. 33a u. b) deutlich zu erkennen

Folgenden Befund möchte ich besonders unterstreichen, da er für die weitere Arbeit von großer Wichtigkeit war. Bei Sektion dieser experimentell in sexuelle Frühreife gebrachten Tiere hatte man das Ge-

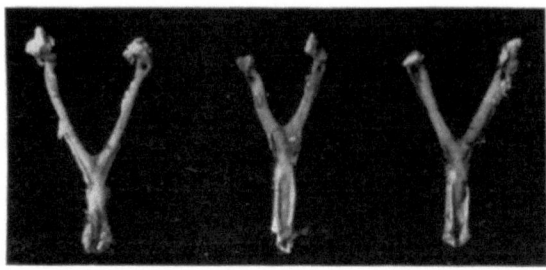

Abb. 33a. Infantile Uteri nach Behandlung mit Folliculin.

fühl, als ob diese großen Uteri gar nicht in den kleinen unentwickelten Organismus paßten. Die dicke Scheide, die makroskopisch hochgradig veränderten Uterusschläuche sahen wie Genitalien erwachsener Tiere aus. In auffallendem Gegensatz dazu befanden sich die Ovarien. Hier sah man gar keine Veränderungen! Die Ovarien hatten dasselbe Aussehen wie bei den unbehandelten Kontrolltieren. Sie lagen als hirse-

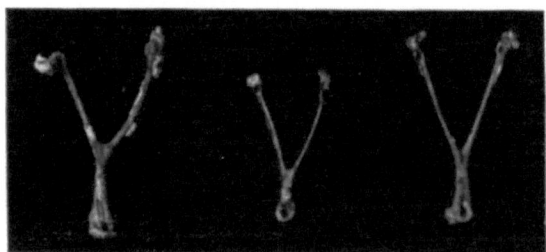

Abb. 33b. Infantile Uteri nach Behandlung mit unspezifischem Extrakt.

korngroße, fast farblose Gebilde neben den hyperämischen großen Uterusschläuchen. Die histologische Untersuchung bestätigte die makroskopischen Befunde. Es zeigte sich, *daß die Ovarien der durch Folliculin in sexuelle Frühreife gebrachten Tiere gar nicht oder nur unwesentlich beeinflußt werden* (Abb. 34, 35). Ich lasse die histologische Beschreibung der Ovarien aus der Originalarbeit folgen[2].

---

[1] Die Wachstumswirkung wird nach LAQUEUR mit einer wesentlich geringeren Hormondosis ($^1/_{10}$) erzielt als die Brunstwirkung.

[2] ZONDEK, B. u. ASCHHEIM: Klin. Wochenschr. **1926**, Nr 27, 2199.

Folliculin und Ovarium.

Mehrere der untersuchten Ovarien zeigen starke Füllung der größeren und kleineren Gefäße. In keinem Ovarium fanden sich reifende oder reife Follikel. Es waren neben zahlreichen Primordialfollikeln kleine, mit zwei bis drei Reihen Granulosazellen versehene und mittelgroße Follikel vorhanden. Keiner der Follikel enthielt eine größere Follikelhöhle. Eine sehr große Anzahl der Follikel zeigte Degeneration im Granuloseepithel (Kernzerfall, Pyknosen), noch zahlreicher fanden sich Eidegenerationen in Form von Fragmentierung des Eies in mehrere Bruchstücke, besonders in kleinen Follikeln. Mittlere, gut erhaltene Follikel wiesen im Granulosaepithel reichlich Kernteilungsfiguren auf. Es erschien die Zahl dieser Mitosen größer als in den Kontrollen, doch legen wir diesen Befunden nur bedingten Wert bei. In kleinen Follikeln, deren Epithel Degeneration zeigte, fanden wir im Ei nicht selten Teilungsfiguren. Aber auch in den Kontrollen konnten wir solche nachweisen. Interstitielles Gewebe war nur spärlich vorhanden. Alles in allem können wir sagen, daß deutliche Veränderungen in den Ovarien

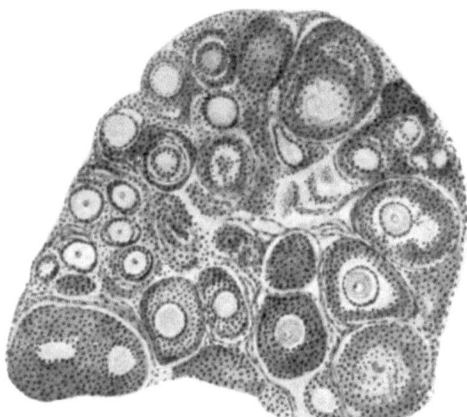
Abb. 34.

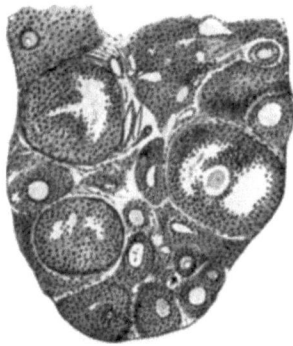
Abb. 35.

Abb. 34. Teil eines Ovariums einer infantilen 11 g schweren Maus (Kontrolltier).
Abb. 35. Teil eines Ovariums einer infantilen, durch Ovarialhormon-Folliculin vorzeitig in die Brunst gebrachten Maus.

der mit Folliculin behandelten Tiere nicht vorhanden sind. *Sicher kommt es nicht zu einer Follikelreifung.*

Wir haben weiterhin untersucht, ob sich im Gesamtorganismus Veränderungen an den experimentell zur sexuellen Frühreife gebrachten Tieren nachweisen lassen. Hierbei haben wir dem Knochensystem besondere Beachtung geschenkt, da man nach den Untersuchungen von K. FRANZ, SELLHEIM, TANDLER und GROSS Beziehungen zwischen Knochenwachstum und Sexualdrüsen annehmen muß. Nach Beendigung der Dauerversuche mit Folliculin wurden die Tiere getötet und die Skelette sorgsam präpariert. Die Inspektion kann leicht zu Täuschungen Anlaß geben, weil das Skelettwachstum auch bei Geschwistertieren, die unter den gleichen Verhältnissen aufwachsen, an sich verschieden sein kann. Um ein Vergleichsmaß zu haben, haben wir die Skelette (Tab. 10) gewogen und dabei folgendes gefunden:

Tabelle 10. Gewichte der Skelette.

a) Infantile Kontrolltiere (Mäuse)		b) Durch Folliculin frühreife infantile Mäuse	
Versuchstier Nr.	Skelettgewicht	Versuchstier Nr.	Skelettgewicht
632	0,42 g	625	0,55 g
634	0,45 „	626	0,48 „
635	0,40 „	629	0,48 „
637	0,67 „	630	0,71 „
639	0,57 „	631	0,52 „
Durchschnittsgewicht: 0,50 g		Durchschnittsgewicht: 0,55 g	

Das Durchschnittsgewicht der Skelette bei den Kontrolltieren beträgt 0,5 g, bei den sexuell frühreifen Tieren 0,55 g, demnach eine Gewichtszunahme von 10%, die im Bereich der Fehlerquellen liegen kann. Durch die Dauerhormonisierung ist also eine wesentliche Änderung der Knochenmasse nicht erzielt worden.

Wir haben weiterhin Röntgenaufnahmen[1] der Skelette gemacht, um eventuelle Veränderungen im Epiphysenwachstum an den Tieren mit Pubertas praecox festzustellen. Die Versuche wurden sowohl an Mäusen wie an infantilen Kaninchen ausgeführt. Eine eingehende Mitteilung dieser Versuche erübrigt sich, weil wir keine Veränderungen in der Knochenstruktur feststellen konnten, die mit Sicherheit auf die Hormonisierung bezogen werden konnten.

3. Wirkung des Folliculins beim geschlechtsreifen Tier.

Auch beim geschlechtsreifen Tier löst Folliculin die Brunst aus. Der normale, vom Hypophysenvorderlappen gesteuerte Rhythmus wird durch Folliculin unterbrochen, so daß wir bei chronischer Zufuhr großer Folliculindosen[2] auch beim geschlechtsreifen Tier einen Daueroestrus erzielen können. In Kurve Abb. 36 ist ein Versuch abgebildet, wo durch 30tägige Zufuhr von je 10 ME. Folliculin eine geschlechtsreife Maus sich im Daueroestrus befand. Die Uteri waren groß, glasig und livide! Ich erwähne diese Versuche besonders, weil SIGMUND und MAHNERT (S. 191) durch Folliculin bei der geschlechtsreifen Maus keinen Daueroestrus erzielen konnten. Trotz Hormonzufuhr werde der Zyklus durch das reifende Ei unterbrochen, worin die Autoren einen Beweis für die Lehre vom Primat der Eizelle erblicken. Will man die Wirkung des Folliculins auf den Ovarialzyklus studieren, so darf man nicht wie MAHNERT und

---

[1] Die Röntgenaufnahmen wurden im Werner Siemens-Institut für Röntgenforschung im Krankenhaus Moabit, ausgeführt, wofür auch an dieser Stelle Herrn Dr. FRIK bestens gedankt sei. Nur durch besondere Technik war es möglich, die Strukturen an den feinen Knochen infantiler Mäuse darzustellen.

[2] Noch nicht veröffentlicht.

Wirkung des Folliculins auf die Uterusschleimhaut.

SIGMUND kleine Hormonmengen (1 ME.) zuführen, sondern man muß dem Tier täglich mindestens 8—10 ME. injizieren. Wir müssen die im Organismus vorhandenen Zykluskräfte (Hypophysenvorderlappen) über-

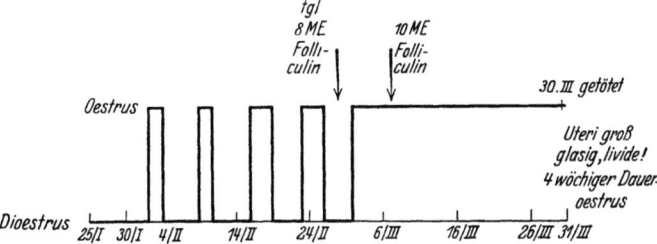

Abb. 36. Daueroestrus bei der geschlechtsreifen Maus durch chronische Folliculinzufuhr (30 Tage).

trumpfen, wozu große Folliculinmengen notwendig sind. Vielleicht kann man aus den vorliegenden Untersuchungen auch schließen, daß große Folliculinmengen imstande sind, die Wirkung des im Hypophysenvorderlappen produzierten Luteinisierungshormons (S. 233) zu hemmen.

4. Wirkung des Folliculins auf die Uterusschleimhaut bei Mensch und Tier.

Durch einmalige Folliculinzufuhr kann man die Brunst auslösen, chronische Darreichung bewirkt Dauerbrunst. Die Uteri sind dabei vergrößert, succulent, die Uterushöhle häufig mit Sekret gefüllt, so daß beim Durchschneiden Sekrettropfen abfließen können. Die Uterushörner sind livide verfärbt, so daß man den Eindruck einer jungen Gravidität hat. Wirkt das Folliculin auch auf die Uterusschleimhaut? Das Ergebnis ist eindeutig. Wohl können wir durch Folliculin auch ein Wachstum der Schleimhaut erzielen, niemals gelingt es aber, die Drüsen in volle Funktion zu bringen, niemals erreichen wir durch Folliculin den funktionellen Aufbau der Schleimhaut zur Aufnahme des befruchteten Eies, d. h. die prägravide Umwandlung. Die Verhältnisse lassen sich am besten bei infantilen Kaninchen studieren, wo ich durch chronische Folliculinzufuhr eine Dickenzunahme der Schleimhaut um das Fünffache erzielen konnte (s. S. 151). Die Drüsen sind zwar vermehrt, zeigen aber nur einen einschichtigen Bau. Die Schleimhaut ist glatt, nicht wie in der prägraviden Phase polypös in Falten gelegt! Das gleiche Ergebnis erhielt ich auch beim Menschen[1], wo ich die Wirkung des Folliculins an der Uterusschleimhaut einer kastrierten Frau studierte.

39jährige Frau, im Februar 1924 in unserer Klinik operativ wegen chronischer häufig rezidivierender Adnextumoren kastriert.

Am 16. III. 1926 entnehme ich mittels kleiner Cürette etwas Uterusschleimhaut. Die atrophische Schleimhaut zeigt das Stadium der Ruhe; kein Glykogen (Abb. 37).

---

[1] ZONDEK, B.: Klin. Wschr. 1926, Nr 27, 1223.

100   Die biologischen Wirkungen des weiblichen Sexualhormons.

Vom 17.—25. III. wird Patientin mit Folliculin behandelt (subkutan), wobei über starkes Wühlen im Leib, Kreuzschmerzen und Ausfluß geklagt wird.

In der Nacht vom 27. zum 28. III. tritt spontan eine ziemlich starke Uterusblutung auf.

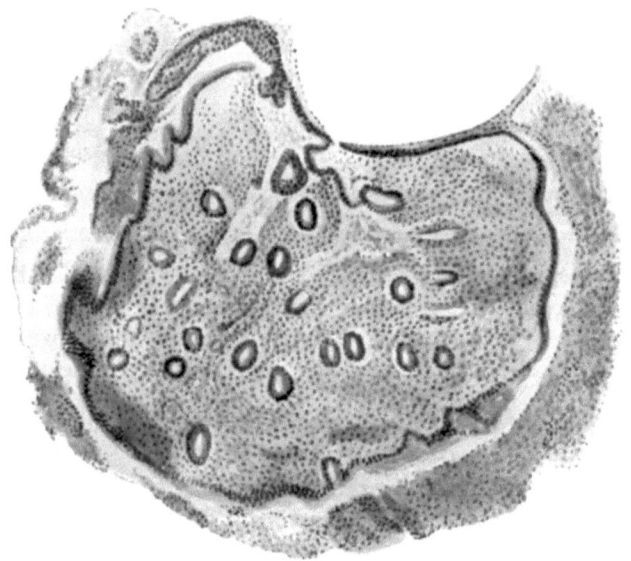

Abb. 37. Uterusschleimhaut einer kastrierten Frau im Ruhestadium. (Leitz I Obj. 4.)

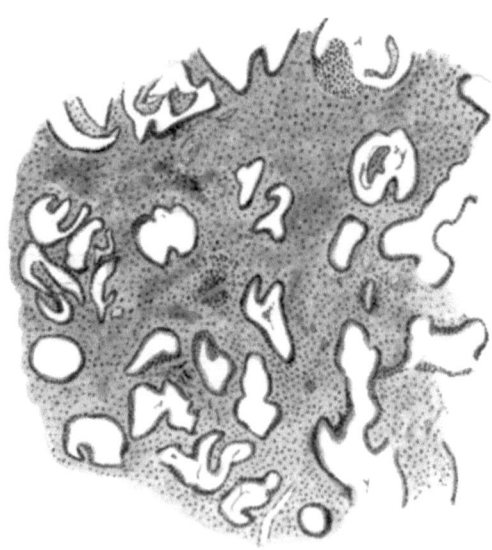

Abb. 38. Uterusschleimhaut einer kastrierten Frau nach Folliculinbehandlung. Drüsen im beginnenden Sekretionsstadium. Leitz I. Obj. 4.

Am 28. III. wird aus dem blutenden Uterus Schleimhaut entfernt. Die mikroskopische Untersuchung ergibt eine verdickte Schleimhaut mit deutlich vergrößerten und etwas geschlängelten Drüsen (Ende des Intervalls) und Glykogen, das sich aber nur in Leukocyten nachweisen läßt.

Nochmalige Folliculinbehandlung vom 2.-22.IV.1926.

Am 24. IV. wird wieder Schleimhaut entfernt, wobei schon die erhebliche Menge der gewonnenen Schleimhaut auffällt. Die mikroskopische Untersuchung zeigt, daß die Drüsen der Uterusschleimhaut sich im Sekretionsstadium befinden. Die Drüsen enthalten Glykogen (= beginnendes Sekretionsstadium, Abb. 38, 39).

Diese Untersuchungen beweisen, daß man auch bei der Frau einen Aufbau der Uterusschleimhaut[1] erreichen kann, der aber nur bis zum Beginn der Sekretionsphase führt, ohne die prägravide Umwandlung auszulösen.

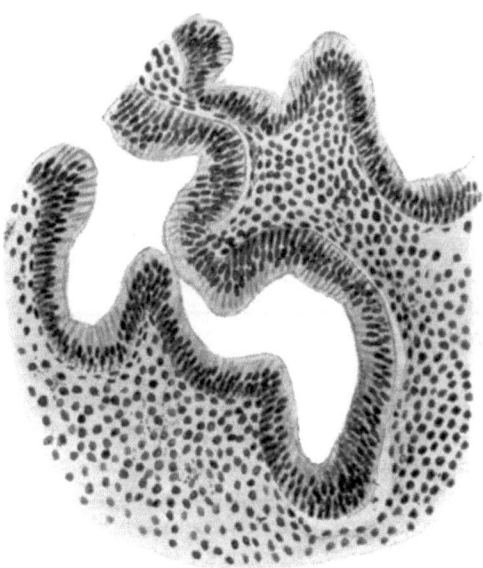

Abb. 39. Drüse in der Uterusschleimhaut einer kastrierten Frau nach Folliculinbehandlung. (Die Bestsche Färbung zeigt in diesen Drüsen Glykogen.) Leitz I Obj. 6.

Demnach ergibt sich:

Das weibliche Sexualhormon (Folliculin) bewirkt den Aufbau der Uterusschleimhaut in der Proliferationsphase, das in den Follikelzellen produzierte Hormon (Folliculin) ist das Hormon der Pf-Phase (s. auch Kap. 27).

5. Wirkung des Folliculins auf die Sexualorgane des senilen Tieres.

Die durch einmalige Folliculinzufuhr am infantilen Tier ausgelösten Brunsterscheinungen klingen bald ab, so daß das Tier wieder in den sexuellen Ruhestand kommt. Um bei demselben Tier wieder Brunst auszulösen, ist erneute Hormonzufuhr nötig. Einmalige Folliculinzufuhr hat also beim infantilen Tier nur eine einmalige Wirkung. Die mit Folliculin behandelten infantilen Tiere kommen auch nicht früher als ihre Geschwistertiere in die Spontanbrunst. Anders liegen die Verhältnisse beim senilen Tier. Bei alten weiblichen Mäusen, bei denen durch Scheidenuntersuchung wochenlanges Sistieren der Brunstwelle

---

[1] Diese Untersuchungen wurden von S. JOSEPH (Arch. Gynäk. **132**, 192 [1927]) nachgeprüft und bestätigt.

festgestellt war, konnte durch einmalige Folliculinzufuhr[1] nicht nur die Brunst ausgelöst, sondern auch die Brunstwelle erhalten bleiben. In Übereinstimmung mit STEINACH, HEINLEIN u. WIESNER[2] können wir also beim alten Tier eine echte Reaktivierung der bereits eingeschlummerten Ovarialfunktion erzielen. Wie soll man sich den Unterschied der Wirkung beim infantilen und senilen Tier erklären? Wir haben gesehen (S. 96), daß das Folliculin auf das Ovarium selbst nicht wirkt, daß das Folliculin nicht imstande ist, die Follikelreifung in Gang zu bringen. Diese Wirkung geht, wie wir später (Kap. 15) sehen werden, vom Hypophysenvorderlappen aus. Da die Hypophyse des infantilen Tieres auf den Folliculinreiz scheinbar noch nicht anspricht, wird nur ein einmaliger sexueller Impuls ausgelöst, während die Hypophyse des alten Tieres durch das Folliculin angekurbelt wird, um dann dauernd in Funktion zu bleiben. Man muß auf Grund dieser Versuche die Vermutung aussprechen, daß das Folliculin eine stimulierende Wirkung auf den Vorderlappen ausübt (s. S. 232). Diese Wirkung ist zunächst nicht leicht zu verstehen in Anbetracht der Tatsache, daß der Hypophysenvorderlappen dem Ovarium übergeordnet ist. Aber bei der engen Korrelation der endokrinen Drüsen und der Gegenwirkung von Hormonen ist es durchaus möglich, daß das unter der Wirkung des Vorderlappens im Ovarium entstehende Folliculin seinerseits einen stimulierenden Reiz auf den Vorderlappen ausübt.

6. Wirkung des Folliculins auf die Brustdrüse.

Die Frage der Beziehung des weiblichen Sexualhormons zu den sekundären Geschlechtscharakteren ist in der Literatur eingehend untersucht worden. Schon die Wiener Autoren (FELLNER, HERMANN, ASCHNER) konnten zeigen, daß mit den ungereinigten hormonhaltigen Lipoidextrakten Wachstum und auch Sekretion der Brustdrüsen auszulösen war. Mit gereinigten wäßrigen Hormonlösungen konnten TAUSK und DE JONGH Vergrößerung der Mammae bei jungen Rattenmännchen und -weibchen sowie bei kastrierten Meerschweinchen erzielen, so daß LAQUEUR[3] im weiblichen Sexualhormon das Hormon für die „Präparation der Mamma" sieht. Wir haben uns mit der Wirkung des Folliculins auf die Brustdrüse beim Tiere nicht beschäftigt, hingegen möchte ich einige klinische Beobachtungen beim Menschen mitteilen[4], die mir zu

---

[1] Die Versuche wurden von uns in Gemeinschaft mit Dr. HOFMANN, Philadelphia, ausgeführt.

[2] STEINACH, HEINLEIN und WIESNER: Pflügers Arch. 210, H. 4/5, 598 (1925).

[3] LAQUEUR, BORCHARDT, DINGEMANSE, DE JONGH: Dtsch. med. Wschr. 1928, Nr 12, 465.

[4] ZONDEK, B.: Klin. Wschr. 1926, Nr 27, 1224.

beweisen scheinen, daß das Folliculin eine stimulierende Wirkung auf die Brustdrüse auch beim Menschen auszuüben imstande ist.

$19^1/_2$ jähriges intelligentes Mädchen, das zum erstenmal mit 13 Jahren und in der Folgezeit regelmäßig menstruiert war. Mit 16 Jahren wurde die Menstruation unregelmäßig, die Pausen immer größer (bis 6 Monate), die Blutung immer schwächer. Seit $1^1/_2$ Jahren Amenorrhöe mit Gewichtszunahme von 26 kg, so daß sie jetzt 86 kg wiegt. Patientin wurde mit allen möglichen im Handel befindlichen Präparaten ohne Erfolg behandelt.

Äußere Genitalien: Große und kleine Labien atrophisch, Schamhaare nur sehr gering, wie bei 13—14 jährigem Mädchen. Uterus kann infolge des intakten Hymens nicht gemessen werden. Rektal fühlt man einen sehr atrophischen, schmalen, kurzen, harten Uterus mit kleiner Portio. Die Länge des Uterus wird auf 3—4 cm geschätzt.

Brüste schlaff, Drüsengewebe entwickelt. Die Warzen sind eingezogen, in der rechten Achselhöhle keine Haare, links spärliches Wachstum.

Nach $3^1/_2$ wöchiger Behandlung mit Folliculin (täglich injiziert) bemerkt Patientin ein Ziehen in beiden Brüsten. *Patientin macht mich darauf aufmerksam, daß die Brustwarzen hervorgetreten seien* Dies ist in der Tat der Fall, die Warzen sind auch erektil. *Die vorher nicht sichtbaren Montgomeryschen Drüsen sind stark hervorgetreten, so daß die Brüste wie bei einer jungen Gravidität aussehen.* Sekret wird nicht abgesondert.

Die Beeinflussung der Brüste wurde auch bei einem zweiten Fall von hochgradigem Infantilismus einer 21 jährigen, noch niemals menstruierten Patientin beobachtet. Nach 4 wöchiger Behandlung mit Folliculin werden die Brüste prall, die Warzen treten hervor, die MONTGOMERYschen Drüsen werden sichtbar.

7. Die antimaskuline Wirkung des Folliculins.

Daß das weibliche Sexualhormon eine hemmende Wirkung auf den männlichen Sexualapparat ausübt, ist bereits 1916 von HERMANN u. MARIANNE STEIN[1] festgestellt worden. Die Autoren bedienten sich zu den Versuchen ihres aus dem Corpus luteum bzw. der Placenta hergestellten Lipoidextraktes. LAQUEUR und STEINACH konnten mit wäßrigen Hormonlösungen den gleichen Effekt auslösen, so daß die antimaskuline Wirkung des weiblichen Sexualhormons außer Zweifel steht. Ich kann diese Befunde bestätigen, d. h. nach chronischer Behandlung infantiler männlicher Nagetiere (Ratten) mit Folliculin bleiben die männlichen Sexualorgane, insbesondere die Hoden, im Wachstum zurück, was sich durch Gewichtsbestimmungen sicher feststellen läßt. Wie bei den früheren Wachstumsstudien des Uterus (s. S. 14) habe ich auch bei diesen Versuchen[2] das Gewicht der Hoden in Beziehung zum Gesamtgewicht des Tieres gesetzt, wodurch eine exakte Relation geschaffen wird. Es wird das Dezigrammgewicht des Körpers mit dem Zentigrammgewicht der Hoden verglichen.

---

[1] HERMANN, E. u. M. STEIN: Ges. f. Ärzte, Wien, Sitzg v. 28. I. 1916. Wien. klin. Wschr. **29**, H. 25.

[2] ZONDEK, B.: Noch nicht veröffentlicht.

Einige Versuche seien mitgeteilt:

Tabelle 11. Hodengewicht nach Folliculinbehandlung.

I. Kontrollversuche mit physiologischer Kochsalzlösung			II. Folliculinversuche		
dg-Gewicht der Ratte	cg-Gewicht der Hoden	Proportion	dg-Gewicht der Ratte	cg-Gewicht der Hoden	Proportion
648	69	9,4	430	23	18,7
765	62	12,3	360	15	24
820	92	8,9	430	18	23,8
448	49	9,1	410	19	21,5
1168	170	6,8	470	29	16,2

Bei den Kontrolluntersuchungen finden wir Gewichtsproportionen zwischen Gesamt- und Hodengewicht, die zwischen 6,8 und 12,3 liegen. Bei den Folliculinversuchen aber liegt die Gewichtsproportion zwischen 16,2 und 24 als *Ausdruck des Zurückbleibens des Hodengewichts gegenüber dem Gesamtgewicht*, d. h. als *Ausdruck der antimaskulinen Wirkung des weiblichen Sexualhormons.*

14. Kapitel.

Follikelhormon und Corpus luteum-Hormon.

Aus den eben geschilderten Wirkungen des Folliculins geht hervor, daß das Hormon die Brunst auslöst, das Wachstum des Uterus anregt und auch auf die sekundären Geschlechtscharaktere (Brustdrüse) stimulierend wirkt. Das Folliculin wird im Follikel und im Corpus luteum des Menschen produziert, so daß ich und ASCHHEIM auf Grund dieser Befunde zu der Ansicht kamen, daß im Ovarium nur *ein* Hormon gebildet wird, daß also Theca- und Granulosazellen denselben Stoff liefern. Auffallend war allerdings die Tatsache, daß in den gelben Körpern der Tiere Folliculin nicht produziert wird. Unsere Ansicht, daß im Ovarium nur *ein* Hormon entsteht, müssen wir auf Grund der folgenden Arbeiten revidieren.

Schon SEITZ, WINTZ und FINGERHUT[1] kamen zu der Ansicht, daß in den Corpora lutea verschiedenen Alters zwei Stoffe erzeugt werden, von denen der eine, das wasserlösliche Agomensin, die Menstruation anregt, während der lipoide Stoff, das Sistomensin, die Menstruation verhindert. In den letzten Jahren ist von verschiedenen Autoren (PAPANICOLAOU[2], BIEDL[3], GLEY[4], PARKES und BELLERBY[5]) aus dem Corpus luteum ein Stoff gewonnen worden, der beim Nagetier den

---

[1] SEITZ, WINTZ u. FINGERHUT: Münch. med. Wschr. **1914**, Nr 61.
[2] PAPANICOLAOU, J. amer. med. Assoc. **86**, 1422 (1926).
[3] BIEDL: Arch. Gynäk. **132**, 173 (1927).
[4] GLEY: C. r. Soc. Biol. Paris **1928**, Nr 9, 504.
[5] PARKES a. BELLERBY: J. of Physiol. **64**, Nr 3 (1927). (5. Mitt.)

Oestrus verhindern soll. Die Beurteilung der Wirkung eines derartigen Stoffes ist deshalb schwierig und nicht ganz einwandfrei, weil Mäuse und Ratten nicht immer regelmäßige Brunstphasen haben, so daß es vorkommen kann, daß die Brunst ohne äußere Ursache ein- oder mehrmals ausbleibt. Über die Natur dieses brunsthemmenden Stoffes ist nichts Näheres mitgeteilt worden, obwohl die oben angeführten Arbeiten schon 3 Jahre zurückliegen. Da die Untersuchungen von so namhaften Autoren ausgeführt wurden, kann die brunsthemmende Wirkung von Corpus luteum-Stoffen nicht bezweifelt werden. Daß die Gelbkörperbildung die Ovulation hemmen kann, geht übrigens schon aus den Untersuchungen von L. LOEB[1] und HAMMOND[2] hervor, die durch Entfernung des gelben Körpers beim Meerschweinchen bzw. bei der Kuh das Auftreten der nächstfolgenden Ovulation beschleunigen konnten. In seinen Parabioseversuchen stellte KALLAS[3] fest, daß der Oestrus durch das Auftreten eines Corpus luteum unterbrochen wird. Wir müssen also annehmen, daß im Corpus luteum ein besonderer Stoff produziert wird, der auf die Ovulation und die Folliculinbildung hemmend einwirken kann.

Neben diesem brunsthemmenden Stoff wird im gelben Körper, wie CORNER und ALLEN[4] exakt bewiesen haben, ein Hormon produziert, das in spezifischer Weise die prägravide Umwandlung der Uterusschleimhaut bewirkt und einen protektiven Einfluß auf die junge Schwangerschaft ausübt. *Dieses Gelbkörperhormon möchte ich als das Hormon der Schwangerschaftsvorbereitung und der Schwangerschaftsfürsorge bezeichnen.*

Kastriert man ein Tier, in den ersten Tagen der Trächtigkeit, so tritt regelmäßig Abortus ein. Durch Injektion des aus Gelbkörpern der Kuh hergestellten Hormons konnten CORNER und ALLEN die Schwangerschaft trotz Kastration über 14 Tage lang erhalten. Dieses Gelbkörperhormon löst demnach die biologischen Wirkungen aus, die L. FRAENKEL in seinen grundlegenden Arbeiten dem gelben Körper zugesprochen hat.

ALLEN[5] hat sich mit den chemischen Eigenschaften und der Darstellung des Hormons eingehend beschäftigt und gezeigt, daß das Corpus luteum-Hormon — „Progestin"[6] genannt — wesentliche Eigenschaften

---

[1] LOEB, L.: Amer. J. Anat. **32**, 305 (1923).
[2] HAMMOND: The Physiol. of Reproduction in the Cow. Cambridge 1927, S. 21.
[3] KALLAS, H.: Pflügers Arch. **223**, 232 (1929).
[4] CORNER a. ALLEN: Amer. J. Physiol. **1929**, Nr 88, 326.
[5] ALLEN: Amer. J. Physiol. **91**, Nr 1 (1930).
[6] Wir bezeichnen die Hormone im allgemeinen nach ihrem Entstehungsort wie Insulin, Thyroxin, Folliculin, nicht nach ihrer Wirkungsart. Ich würde es für zweckmäßig halten, das Corpus luteum-Hormon einfach als „Lutin" zu bezeichnen. Da der Entdecker des Hormons aber den Namen „Progestin" gewählt hat, werde ich im Rahmen dieses Buches das Hormon Lutin s. Progestin nennen.

mit dem Folliculin gemeinsam hat. So wird das Lutin s. Progestin aus den Lipoiden des Corpus luteum gewonnen, es ist gegen Hitze und Kälte sowie Säuren widerstandsfähig. Hingegen besteht ein charakteristischer Unterschied gegenüber dem Folliculin: Während das Folliculin durch Alkali nicht zerstört wird, ist das Lutin s. Progestin alkaliempfindlich. Es ergibt sich somit die Tatsache, daß im Ovarium mehrere Hormone produziert werden:

1. Das in den Follikelzellen produzierte Follikelhormon (Folliculin), das die Brunst auslöst und den Aufbau der Uterusschleimhaut bis zur beginnenden Sekretion herbeiführt (*Hormon der Proliferationsphase*).

2. Das Gelbkörperhormon (Lutin s. Progestin), das die Uterusschleimhaut zur Funktion bringt (Sekretion), und damit die Vorbedingung für die Befruchtung des Eies schafft (= prägravide Umwandlung der Uterusschleimhaut), sowie einen protektiven Einfluß auf die junge Schwangerschaft ausübt (*Hormon der Funktionspraegraviden Phase, Hormon der Schwangerschaftsvorbereitung und Schwangerschaftsfürsorge*).

3. Eine Gelbkörperhormon, das hemmend auf die Ovulation und die Folliculinbildung wirkt. Über dieses Hormon sind wir bisher noch ungenau orientiert.

Wichtig wird die Entscheidung sein, ob die beiden Stoffe des gelben Körpers (2 u. 3) miteinander identisch sind, d. h. ob man durch denselben Stoff sowohl die Brunst hemmen wie den prägraviden Aufbau der Uterusschleimhaut herbeiführen kann. Die Untersuchungen von WINTER[1] sprechen für die Identität beider Stoffe.

Im *Ovarium werden also mehrere Hormone produziert*. Wir können bereits eine zelluläre Lokalisation der Hormone vornehmen. Die Thecazellen produzieren das Folliculin, die Granulosazellen das Lutin s. Progestin und das brunsthemmende Hormon, das wohl mit dem Lutin identisch ist. Bei Mensch und Tier besteht insofern eine hormonale Differenz, als das Folliculin beim Menschen während des ganzen Zyklus, d. h. im Follikel und gelben Körper (hier vielleicht in den sich in den gelben Körper einschiebenden Thecazellen) gebildet wird, während beim Tier bis zum Follikelsprung nur das Folliculin, nach dem Sprung im gelben Körper nur das Lutin s. Progestin produziert wird (s. auch Kap. 27).

Ich breche die Untersuchungen über das weibliche Sexualhormon hier ab, da weitere Fragen, wie die klinische Anwendung des Folliculins, die Stoffwechselwirkung usw. besser im Zusammenhang mit den Hypophysenvorderlappenhormonen besprochen werden können, mit denen das Folliculin in enger biologischer Beziehung steht.

---

[1] WINTER: Arch. f. Gynäk. 141, 548 (1930).

15. Kapitel.
Der Hypophysenvorderlappen[1], der Motor der Sexualfunktion.

Durch Folliculin kann man das infantile Tier vorzeitig in sexuelle Reife bringen. Diese Reife äußert sich aber nur am Uterus und der Scheide, während — wie vorher gezeigt — das Ovarium selbst durch das Hormon nicht zur Reife gebracht werden kann (s. S. 96). Diese Befunde befremdeten uns zunächst, da wir glaubten, daß das im Ovarium gebildete Hormon auf das Ovarium selbst besonders stark stimulierend wirken müßte. Als wir die Befunde immer wieder bestätigt sahen, mußten wir einsehen, daß hier ein biologisches Gesetz vorliegt, daß nämlich das in den Follikelzellen gebildete Hormon auf den Follikel selbst und das Ei ohne jeden Einfluß ist. Der Impuls für die Ovarialfunktion mußte also an anderer Stelle gesucht werden.

Im Juli 1925 machte ich folgende Versuche: Ich implantierte 3—4 Wochen alten, 6—8 g schweren infantilen weiblichen Mäusen ganz kleine Stücke des Hypophysenvorderlappens einer Kuh. Nach 100 Stunden wurden diese Tiere brünstig. Die Uteri und vor allem die Ovarien zeigten so hochgradige Veränderungen, daß ich zunächst an Fehlerquellen des Versuches dachte. Erneute Versuche hatten dasselbe Ergebnis. Es war ein glücklicher Zufall, daß mir die ersten Versuche an allen Tieren gelangen; denn wir wissen heute, daß die Tiere sehr verschieden auf den Hypophysenvorderlappen reagieren, daß manchmal die Hypophysenvorderlappenreaktion bei einem Tier ausbleiben kann. Diese Hypophysenversuche wurden nun in Gemeinschaft mit ASCHHEIM in großem Umfange aufgenommen und bestätigen einwandfrei die Tatsache, daß im Hypophysenvorderlappen Stoffe vorhanden sein müssen, die stimulierend auf das Ovarium wirken.

Die mit Hypophysenvorderlappen behandelten Mäuse zeigten makroskopisch schon einen charakteristischen Unterschied gegenüber den mit Folliculin in sexuelle Frühreife gebrachten Tieren. In beiden Fällen

---

[1] *Zur Nomenklatur:* 1. Das in den Follikelzellen produzierte weibliche Sexualhormon nenne ich „Folliculin"; 2. das von der Degewop A. G., Berlin-Spandau für klinischen Gebrauch dargestellte weibliche Sexualhormon trägt die Bezeichnung „Ovarialhormon Folliculin-Menformon"; 3. das im Corpus luteum produzierte Hormon (CORNER, ALLEN) nenne ich „Lutin"; 4. die beiden im Hypophysenvorderlappenhormon produzierten übergeordneten Sexualhormone bezeichne ich als „HVH"; 5. das im Hypophysenvorderlappen produzierte Follikelreifungshormon bezeichne ich als „HVH-A", das Luteinisierungshormon als „HVH-B"; 6. das nach meinen Angaben für den klinischen Gebrauch von der I. G. Farbenindustrie-Leverkusen dargestellte Vorderlappenhormon trägt die Bezeichnung „Prolan".

wurde die Brunst ausgelöst, war der Uterus vergrößert, livide verfärbt und mit Sekret gefüllt. In beiden Fällen wurden die Tiere als sexuell reif vom Bock erkannt und gejagt. Während aber die Ovarien beim Folliculintier auf infantiler Stufe stehenblieben, zeigten die *Hypophysentiere erstaunliche makroskopische Veränderungen der Ovarien*. Die Eierstöcke waren wesentlich vergrößert, hyperämisch und markierten sich deutlich gegenüber den blassen Tuben. An der Oberfläche der Ovarien fielen stecknadelkopfgroße, das Niveau überragende blaurote bzw. blauschwarze Erhebungen auf, daneben sah man hirsekorngroße gelbe Körper, die schon makroskopisch als Corpora lutea imponierten. Die Implantation des Hypophysenvorderlappens hatte also verschiedenartige Wirkungen (Abb. 40 und 41) am infantilen Tier ausgelöst.

Abb. 40. Genitalien einer infantilen 8 g schweren Maus (Kontrolltier).

Abb. 41. Genitalien einer infantilen Maus, 100 Stunden nach Implantation eines Stückchens Hypophysenvorderlappen.

1. Die Tiere wurden in die Brunst gebracht mit den charakteristischen Erscheinungen am Uterus und an der Scheide, daneben wurden

2. im Ovarium der Maus jene eigenartigen blauschwarzen Körper ausgelöst (als „Blutpunkte" bezeichnet), und außerdem wurde

3. die Bildung von Corpora lutea angeregt.

Über das Ergebnis dieser Untersuchungen habe ich erstmalig in einem am 22. Januar 1926 in der Berliner Gynäkologischen Gesellschaft gehaltenen Vortrag[1] berichtet. Am gleichen Abend konnte ASCHHEIM[2] die anatomischen Untersuchungen der Ovarien mitteilen: Das ganze Ovarium ist hyperämisch, die Follikel sind vergrößert, vielfach enthalten sie Massenblutungen. Die Thecazellen sind gewuchert, die Ovarien enthalten Corpora lutea, zum Teil mit eingeschlossenem Ei.

---

[1] ZONDEK, B.: Z. Geburtsh. u. Gynäk. **90**, 378 (1926).
[2] ASCHHEIM: Ebenda **90**, 391 (1926).
Die Vorträge sind zuerst referiert in der Dtsch. med. Wschr. **1926**, Nr 8, 343.

Unsere Untersuchungen erhielten bald eine Bestätigung[1] durch SMITH[2], der 10 Monate nach uns (November 1926) unabhängig von uns zu gleichem Ergebnis kam. Bei infantilen Ratten konnte SMITH durch Implantation von Hypophysenvorderlappen die Brunst auslösen und somit eine sexuelle Frühreife herbeiführen. Die Blutpunkte hat SMITH allerdings nicht beobachtet.

Unsere Untersuchungen sind im In- und Ausland von zahlreichen Autoren — ich nenne ARONOWITSCH, BIEDL, BROUHA und SIMMONET, EHRHARDT, EVANS, EVANS und SIMPSON, FELS, HAUPTSTEIN, KALLAS, MAHNERT, PHILIPP, PROBSTNER, SIEGMUND, STEINACH, SCHULTZE-RHONHOF u. a. nachgeprüft und bestätigt worden.

Die mitgeteilten Untersuchungen über den Einfluß des Hypophysenvorderlappens auf die weibliche Sexualfunktion haben der Erforschung der Hypophysenvorderlappenhormone neuen Impuls gegeben. Es lagen schon vor unseren Arbeiten wichtige experimentelle Beobachtungen über die Beziehung der Hypophyse zum Genitalapparat vor. So hatten CUSHING und BIEDL, insbesondere ASCHNER[3], zeigen können, daß die Exstirpation der Hypophyse ein Zurückbleiben des gesamten Wachstums der Tiere herbeiführt. Die Ossifikation wird verzögert, Eiweiß- und Kohlehydratstoffwechsel sind herabgesetzt, es tritt starker Fettansatz ein. Die sekundären Geschlechtscharaktere entwickeln sich nicht, Hoden und Ovarien bleiben bei Tieren ohne Hypophyse infantil.

Besonders wichtig sind die Ergebnisse der ausgezeichneten Studien von LONG und EVANS[4], die Ratten fein zerriebene Hypophysenvorderlappensubstanz monatelang zuführten. Sie konnten auf diese Weise Riesenwachstum erzeugen, so daß die Tiere nach 11 Monaten das doppelte Gewicht wie die Kontrolltiere hatten. Sämtliche Organe waren vergrößert, hingegen waren die Uteri im Wachstum zurückgeblieben! Die Ovarien waren doppelt so schwer wie bei den Kontrolltieren und enthielten massenhaft Luteingewebe um die Eier in ungeplatzten, normalen und atretischen Follikeln. Normale GRAAFFsche Follikel waren stets abwesend! Der Oestrus trat bei diesen Tieren entweder in ungewöhnlich langen Intervallen auf oder fehlte ganz. Auch bei jungen Tieren sah EVANS[5] durch dauernde Zuführung von Vorderlappensubstanz Bildung von Corpora lutea. EVANS vertritt die Ansicht, daß im Vorder-

---

[1] Ich teile die Daten der Publikationen mit, weil von manchen Autoren — insbesondere in deutschsprachlichen Arbeiten — die Verhältnisse nicht richtig angegeben werden. Ich darf wohl erwähnen, daß ein so guter Kenner dieser Fragen wie EVANS (Amer. J. Physiol. **89**, Nr 2, 371 (1929)) unsere Priorität zum Ausdruck bringt.

[2] SMITH: Proc. Soc. exper. Biol. a. Med. **24**, H. 2 (Nov. 1926).

[3] ASCHNER: Arch. Gynäk. **97**, H. 2 (1912).

[4] LONG a. EVANS: Proc. nat. Acad. Sci. U. S. A. **8**, 38 (1922).

[5] EVANS: Harvey Lectures 1925.

lappen zwei verschiedene Stoffe vorhanden seien, und zwar ein wachstumsbeschleunigender und ein ovulationshemmender Stoff (s. Kap. 17).

Von diesen wichtigen Untersuchungen der Amerikaner erhielten wir erst nach Abschluß unserer Experimente Kenntnis. Diese Arbeiten waren in Deutschland unbekannt geblieben, so daß es uns schwierig war, s. Zt. die entsprechende Literatur zu erhalten. Es war für unsere Untersuchungen zweifellos von Vorteil, daß wir die EVANSschen Arbeiten nicht kannten, da wir sonst unsere Versuche wahrscheinlich gar nicht unternommen hätten. Denn nach den EVANSschen Arbeiten mußte man schließen, daß im Hypophysenvorderlappen ein Stoff produziert wird, der die Ovulation und das Wachstum des Uterus hemmt. *Der Unterschied zwischen den Versuchen von* LONG *und* EVANS *und den eigenen liegt darin, daß wir durch einmalige Implantation von Vorderlappensubstanz im Kurzversuch die ovulationsfördernde und luteinisierende Wirkung demonstrieren konnten, während* EVANS *durch seine langdauernden Versuche die Ovulation übersah und nur den luteinisierenden Effekt erkannte.* Wir werden später sehen (s. S. 159), wie die Arbeiten von EVANS und unsere Studien sich zu einem Ganzen fügen.

Ich möchte nun im einzelnen den Weg schildern, den wir bei unseren Versuchen gegangen sind. Als wir durch Hypophysenvorderlappen bei infantilen Tieren sexuelle Frühreife ausgelöst hatten, mußte zunächst bewiesen werden, daß diese Wirkung eine spezifische ist, d. h. daß sie *nur* durch Vorderlappen auszulösen ist. Wir machten eine große Anzahl von Kontrollversuchen, um alle unspezifischen Faktoren mit Sicherheit ausschließen zu können. Wir injizierten infantilen Mäusen unspezifische Eiweißkörper (wie Aolan, Kaseosan usw.), ferner biogene Amine (Cholin u. a.), wir untersuchten Körperflüssigkeiten, wie Blut, Serum, Menstrualblut, Lumbalflüssigkeit, Hydrosalpinxflüssigkeit, Cystenflüssigkeit u. a. m. Niemals gelang es mit diesen Mitteln, beim infantilen Tier die Reifungserscheinungen des Ovariums und damit den Oestrus auszulösen. Wir gingen dann zu Gewebsuntersuchungen über, implantierten infantilen Mäusen drüsiges Gewebe wie Milz und Leber, pflanzten Cystenwand ein und schließlich zellreiches Gewebe (verschiedenartiges Krebsgewebe). Auch diese Versuche verliefen einwandfrei negativ. Schon daraus ging hervor, daß den Versuchen mit Hypophysenvorderlappen eine besondere Bedeutung zukam. Aber vielleicht waren gleichartige Stoffe auch in anderen endokrinen Drüsen vorhanden. Wir fütterten daher infantile Mäuse mit Thyreoidin, wir implantierten ihnen Schilddrüse und Thymus von Mensch und Kuh. Die Versuche verliefen negativ. Bei Implantation von Kuhepiphyse sahen wir in einem Fall ein positives Ergebnis, das sich aber als Versuchsfehler herausstellte, da wir ein zu schweres Tier verwandt hatten, so daß die Ovulation spontan aufgetreten war. Alle weiteren 23 Versuche mit

Epiphyse des Menschen, des Stiers, der nichtträchtigen und trächtigen Kuh verliefen einwandfrei negativ. Injektion von Adrenalin war ohne jede Wirkung, desgleichen konnte durch Implantation von Nebennierenrinde und von Nebennierenmark der Oestrus nicht ausgelöst werden.

Diese Versuche hatten uns mit Sicherheit gezeigt, daß die Auslösung der sexuellen Reife im Ovarium des infantilen Tieres einzig und allein durch Zuführung von Hypophysenvorderlappensubstanz zu erzielen ist. Das im Vorderlappen produzierte Hormon bringt die ruhende Ovarialfunktion in Gang, der Hypophysenvorderlappen ist der Motor der Ovarialfunktion.

Anschließend seien unsere Originalversuche[1] mitgeteilt:

a) Hypophysenvorderlappen der Kuh.

Versuch 292—293. Am 5. VII. 1925 wird Maus 530 und 531 (8 bzw. 8,5 g schwer) Hypophysenvorderlappen der Kuh implantiert. Beide Versuche positiv, d. h. nach 3 Tagen im Scheidensekret reines Schollenstadium und die sonstigen Zeichen der Brunst.

Versuch 294—297. Vier infantilen Mäusen im Gewicht von 6,5—8,5 g wird am 21. XII. 1925 je ein Stückchen Hypophysenvorderlappen einer jungen geschlechtsreifen Kuh implantiert. Tier 316 stirbt am 22. XII., Tier 315 zeigt keine Veränderungen. Tier 314 und 317 zeigen am 24. XII. alle Zeichen der Brunst. Sie werden getötet, der Uterus ist sehr stark vergrößert, die Ovarien enthalten Blutpunkte.

Versuch 298—303. Sechs infantilen, 18 Tage alten Mäusen (Tier 548 bis 553) mit einem Durchschnittsgewicht von 6,5 g wird am 19. I. 1926 Hypophysenvorderlappen einer geschlechtsreifen Kuh eingepflanzt. Um die Vorgänge im Ovarium zu studieren, wurde hierbei nicht die Ausbildung des reinen Schollenstadiums abgewartet, sondern die Tiere schon im Prooestrus bzw. beim Übergang vom Prooestrus zum Oestrus getötet. Sämtliche Versuche waren positiv, d. h. bei sämtlichen Tieren waren in der Scheide die charakteristischen Aufbauvorgänge vor sich gegangen, der Uterus hatte sich vergrößert und mit Sekret gefüllt. Auch im Ovarium fanden sich die für das Hypophysenvorderlappenhormon charakteristischen Veränderungen, die später noch genau beschrieben werden.

Versuch 304—306. Am 12. I. 1926 wir zwei infantilen Mäusen (Tier 526, 527) Hypophysenvorderlappen implantiert. Ergebnis positiv. Der Hinterlappen derselben Hypophyse hatte bei der Implantation (Tier 524, 525) keine Wirkung.

Die Versuche ergeben: *Implantation des Hypophysenvorderlappens der Kuh bringt die Ovarialfunktion beim infantilen Tier in Gang und macht das Tier brünstig* (s. Abb. 47—50).

Es war jetzt zu untersuchen, ob der wirksame Stoff nur im Hypophysenvorderlappen des weiblichen, oder auch im männlichen Organismus vorkommt.

---

[1] ZONDEK, B. u. ASCHHEIM: Arch. f. Gynäk. **130**, H. 1, 21—24 (1927). Ich habe diese Versuche in den letzten Jahren häufig wiederholt. Die Ergebnisse waren stets die gleichen.

b) Hypophysenvorderlappen des Stiers.

Versuch 307—310. Am 4. I. 1926 wird vier infantilen Mäusen (Tier 507 bis 510) Hypophysenvorderlappen eines geschlechtsreifen Stiers implantiert. Tier 507 stirbt am 5. I. Die anderen Tiere sind am 7. I. brünstig, d. h. in der Scheide reines Schollenstadium usw.

Diese Versuche zeigen, daß *das Hormon des Hypophysenvorderlappens, das die Sexualfunktion der weiblichen infantilen Maus in Gang bringt, auch in der männlichen Hypophyse (Stier) vorhanden ist.*

Weiter war zu untersuchen, ob der wirksame Stoff sich auch in der Hypophyse des Menschen findet. Wir konnten seinerzeit (1925) nur wenige Untersuchungen ausführen, weil die Tiere uns nach Einpflanzung des bei der Sektion erhaltenen Vorderlappens infolge Giftwirkung häufig starben[1]. So konnten wir nur Hypophysen verwerten, die bei akuten Todesfällen (z. B. Embolie) gewonnen waren oder von Kranken stammten, bei denen die Sektion kurze Zeit nach dem Tode vorgenommen wurde. Ich teile diese Originalversuche mit:

c) Hypophysenvorderlappen des Menschen.
α) der Frau.

Versuch 311—313. Die Hypophyse stammt von einer 35jährigen Frau, die 10 Tage nach einer Myomoperation, als sie aus der Klinik entlassen werden sollte, an Embolie plötzlich zugrunde ging. Der Hypophysenvorderlappen wurde am 8. VII. 1925 drei 8—10 g schweren Mäusen in die Oberschenkelmuskulatur implantiert (Tier 76—78). Die drei Versuche waren positiv, d. h. sämtliche Mäuse wurden nach 3 Tagen brünstig. Die Sektion ergab auffallend große Uteri und vergrößerte Ovarien.

Versuch 314. Tier 134 wird am 3. IX. 1925 Hypophysenvorderlappen einer geschlechtsreifen Frau implantiert. Das Tier stirbt.

Versuch 315—316. Hypophyse stammt von einer 47jährigen Frau, die seit 4 Jahren amenorrhoisch ist (Klimakterium). Tod infolge Embolie nach Operation eines Ovarialtumors. Hypophysenvorderlappen wird am 31. VIII. 1925 Tier 117 und 133 implantiert. Versuch 117 negativ, Versuch 133 positiv.

Versuch 317. Hypophyse stammt von einer 39jährigen, kurz nach der Operation gestorbenen Frau. Vorderlappen Maus 141 (8 g schwer) am 10. IX. 1925 implantiert. Versuch positiv.

Diese Versuche lehren, daß das Hypophysenvorderlappenhormon, welches die Ovarialfunktion des infantilen Organismus in Gang bringt, sich auch in der menschlichen Hypophyse findet. *Das Hormon ist in der Hypophyse des Weibes noch vorhanden* (Versuch 315—316), *wenn ihre eigene Ovarialfunktion bereits aufgehört hat (Klimakterium). Das Hormon des Hypophysenvorderlappens ist bei Mensch und Tier identisch.*

---

[1] Mit der von mir 1930 angegebenen Äther-Entgiftungsmethode (s. S. 309 u. 312) kann man jetzt jedes Gewebe untersuchen.

β) Hypophysenvorderlappen des Mannes.

Versuche 318—322. Die Hypophyse stammt von einem 42jährigen Mann und konnte einige Stunden nach dem Tode gewonnen werden. Implantation bei fünf infantilen Mäusen (Tier 706—710). Der Versuch ist eindeutig positiv. Sämtliche Tiere werden durch die Implantation brünstig.

Der Versuch lehrt, daß auch in der Hypophyse des Mannes die Stoffe vorhanden sind, die den Sexualapparat des weiblichen Tieres in Gang bringen, mit anderen Worten, daß *die übergeordneten Sexualhormone in der Hypophyse des männlichen und des weiblichen Organismus produziert werden.*

d) Quantitative Untersuchungen des Hypophysenvorderlappens.

Unsere 1925/1926 ausgeführten Untersuchungen beschäftigten sich im wesentlichen mit der qualitativen Wirkung des Vorderlappens auf den weiblichen Sexualapparat. Im letzten Jahr habe ich die *quantitativen Verhältnisse* geprüft[1], d. h. den Gesamthormongehalt des menschlichen und tierischen Vorderlappens untersucht. Zu diesem Zweck wird bei den bei der Sektion bzw. bei der Schlachtung gewonnenen Drüsen Vorder- und Hinterlappen voneinander getrennt, und das Vorderlappengewebe mit der Schere in kleinste Stückchen zerteilt. Nun wird festgestellt, welche minimalste Gewebsmenge imstande ist, die HVR[2] auszulösen. So implantiere ich steigende Gewebsmengen von 1—200 mg in die Oberschenkelmuskulatur infantiler Mäuse. Die bei der Schlachtung gewonnenen Tierhypophysen können frisch eingepflanzt werden. Bei Implantation der durch Sektion erhaltenen Menschenhypophysen sterben, wie oben gezeigt (S. 112), häufig die Tiere durch Giftwirkung des eingepflanzten Gewebes. Diese Schwierigkeit konnte ich dadurch beseitigen, daß ich die Giftstoffe aus dem Vorderlappen extrahierte. Ich konnte feststellen[3], daß *man durch 24 stündige Behandlung mit Äther die Giftstoffe der Hypophyse beseitigen kann.* Derartige Hypophysen werden von den Tieren gut vertragen, auch wenn die Drüsen vom Menschen stammen, die an schweren und fieberhaften Erkrankungen zugrunde gegangen sind.

Ich gebe ein Versuchsprotokoll wieder. Hierbei ist die HVR I als HVH-A, die HVR III als HVH-B bezeichnet, weil, wie im Kapitel 17 auseinandergesetzt werden wird, diese beiden Reaktionen durch zwei verschiedene Stoffe ausgelöst werden. Diejenige minimalste Gewebsmenge, die Follikelreifung und Brunst auslöst, wird als 1 ME. Follikelreifungshormon = HVH-A, diejenige Gewebsmenge, die Luteinisierung bewirkt, als 1 ME. Luteinisierungshormon = HVH-B bezeichnet.

[1] Noch nicht veröffentlicht.
[2] Bezüglich der Einzelheiten der HVR I—III sei auf das folgende Kapital verwiesen.
[3] ZONDEK, B.: Klin. Wschr. 1930 Nr 21, 964, Zbl. f. Gynäk. 1930, Nr 37.

Quantitative Hormon-Untersuchungen des Vorderlappens (geprüft an infantilen Mäusen).

Versuchsprotokoll.

Frau M., 57 Jahre alt, gestorben an Parotitis und Pneumonie. Gewicht der Hyophyse = 0,84 g, Gewicht des Vorderlappens = 0,7 g, Gewicht des Hinterlappens = 0,14 g.

Gewicht des eingepflanzten Hypophysengewebes in mg	Scheidenabstrich (Schollenstadium)	Uterus	Ovarien	HVR I mg	II mg	III mg	Der Vorderlappen enthält: HVH-A in ME.	HVH-B in ME.
1	neg.	klein, dünn	infantil	—	—	—	—	—
5	pos.	groß, etwas glasig	hyperämisch, Follikel vergr.	5	—	—	140	—
10	pos.	groß, glasig	hyperämisch, große Follikel	—	—	—	—	—
20	pos.	groß, glasig	hyperämisch, große Follikel	— —	—	—	—	—
30	pos.	groß, glasig	hyperäm., Corpora lutea + +	—	—	30	—	23,3
50	pos.	groß, glasig	groß, Corpora lutea + + +	—	—	—	—	—

Die Ergebnisse der quantitativen Hormonuntersuchungen menschlicher Hypophysen (Mann und Frau) sind aus folgenden Tabellen ersichtlich:

Tabelle 12. Hormongehalt der menschlichen Hypophyse.

Lfd. Nr.	Name	Alter	Prot. Nr.	Krankheit	Gesamtgewicht der Hypophyse g	Gewicht des Vorderlappens g	Gewicht des Hinterlappens g	HVR I mg	II mg	III mg	Gesamtgehalt d. Hypophyse HVH-A ME.	HVH-B ME.
				Frau								
1	P.	39	(1504)	Myom, Fettherz	1,08	0,8	0,28	5	—	30	160	26,6
2	Pr.	64	(1499)	Gangränose	0,57	0,42	0,15	4	—	—	105	—
3	T.	52	(1479)	Bronchopneumonie	0,61	0,5	0,11	5	—	10	100	50
4	M.	57	(1465)	Parotitis, Pneumon.	0,84	0,7	0,14	5	—	30	140	23
5	B.	39	(1472)	Ca. cervicis, Rezidiv,	0,98	0,64	0,34	16	—	80	40	8
6	W.	41	(1439)	Ca. portionis, Exitus post operat. (Wertheim)	0,61	0,5	0,11	30	—	40	16,6	12,5
7	J.	45		Ca. ovarii et peritonei mit Lebermetastasen	0,6	0,4	0,2	5	50	10	80	40
				Durchschnitt:	0,75	0,56	0,19	—	—	—	—	—

Quantitative Untersuchungen des Vorderlappens.

Lfd. Nr.	Name	Alter	Prot. Nr.	Krankheit	Gesamtgewicht der Hypophyse g	Gewicht des Vorderlappens g	Gewicht des Hinterlappens g	HVR			Gesamtgehalt d. Hypophyse	
								I mg	II mg	III mg	HVH-A ME.	HVH-B ME.
				Mann								
1	L.	59	(1498)	Lungengangrän	0,63	0,5	0,13	4	—	50	125	10
2	B.	51	(1497)	Peritonitis	0,62	0,5	0,12	1,25	20	20	400	25
3	H.	46	(1473)	Lungen-Ca. Kachexie	0,58	0,45	0,13	5	—	30	90	15
4	S.	68	(1470)	Prostatahypertrophie	0,47	0,3	0,17	5	50	30	60	10
5	R.	54	(1464)	Lungentuberkulose	0,73	0,54	0,19	30	—	—	18	—
				Durchschnitt:	0,69	0,46	0,14	—	—	—	—	—

Das Gewicht der Gesamthypophyse von *Frauen* (Nr. 1—4) schwankt zwischen 0,61 und 1,08 g. Das Gewicht des Vorderlappens liegt zwischen 0,42 und 0,8 g.

1 Einheit Follikelreifungshormon (HVH-A) ist in 4—5 mg Vorderlappengewebe enthalten, der Gesamtgehalt des Vorderlappens beträgt 100—160 ME.

1 Einheit Luteinisierungshormon (HVH-B) ist in 10—30 mg Vorderlappengewebe enthalten, der Gesamtgehalt des Vorderlappens beträgt 23—50 ME.

Bei den Hypophysen, die von Frauen mit Cervixcarcinom stammten (Nr. 5 und 6), waren größere Gewebsmengen notwendig, um die HV-Reaktionen auszulösen. So betrug der Gesamthormongehalt des Vorderlappens nur 16—40 ME. Follikelreifungshormon und 8—12 ME. Luteinisierungshormon, d. h. etwa 25% der sonst im Vorderlappen vorhandenen Hormonmengen. In den Hypophysen von Frauen mit Genitalcarcinom kann der Hormongehalt also erheblich herabgesetzt sein. Dies trifft aber nicht immer zu; denn im Vorderlappen der von einem Ovarialcarcinom stammenden Hypophyse (Nr. 7) sind die Hormonwerte fast normal.

Die Hypophyse des *Mannes* ist etwas kleiner und leichter als die der Frau. Das Gewicht schwankt zwischen 0,58 und 0,73 g. Das Gewicht des Vorderlappens liegt zwischen 0,3 und 0,54 g.

1 Einheit Follikelreifungshormon ist enthalten in 1 1/4—30 mg. Der Gesamtgehalt des Vorderlappens beträgt 60—400 ME. (HVH-A). Der Hormongehalt ist in der männlichen Hypophyse nicht so konstant wie bei der Frau.

1 Einheit Luteinisierungshormon ist enthalten in 20—50 mg. Der Gesamtgehalt des Vorderlappens liegt zwischen 10 und 25 Einheiten.

Tabelle 13. **Hormongehalt der Tierhypophyse**[1] (Kuh und Schwein).

Gesamt-gewicht g	Vorder-lappen g	Hinter-lappen g	HVR I mg	HVR II mg	HVR III mg	Gesamthormongehalt in ME.	
						A.	B
I. Kuh (geschlechtsreif)							
3,19	2,77	0,42	10	—	30	277	92
2,0	1,85	0,15	20	—	20	92,5	92,5
2,23	1,92	0,31	30	—	50	96	38
Durch-schnitt 2,47	2,18	0,29	—	—	—	—	—
II. Schwein (geschlechtsreif)							
0,09	0,06	0,03	5	—	5	12	12

Die quantitative Untersuchung der Tierhypophysen ergibt in dem großen Vorderlappen der Kuh (Durchschnittsgewicht 2,18 g gegenüber 0,56 g bei der Frau) einen Hormongehalt, der zwischen 96 und 277 ME. HVH-A und 38—92 ME. HVH-B schwankt. In dem sehr kleinen Vorderlappen des Schweins (Durchschnittsgewicht 0,06 g) finden wir entsprechend geringere Hormonwerte und zwar je 12 ME. HVH-A und B.

Zusammenfassend ergibt sich:

Im Hypophysenvorderlappen der *Frau* sind enthalten (d. h. mittels des Implantationsversuches nachweisbar) = 100—160 ME. Follikelreifungshormon und 23—50 ME. Luteinisierungshormon.

Im Hypophysenvorderlappen des *Mannes* sind enthalten = 60 bis 400 ME. HVH-A und 10—25 ME. HVH-B.

In den Vorderlappen von Frauen mit Genitalcarcinom kann der Hormongehalt bis auf 75% herabgesetzt sein.

In der großen Hypophyse der *Kuh* (Vorderlappen = 2,18 g schwer) finden wir durchschnittlich 155 ME. Hormon A u. 74 ME. Hormon B. In der kleinen Schweinehypophyse (Vorderlappen = 0,06 g) sind entsprechend geringere Hormonmengen vorhanden und zwar je 12 ME. Hormon A u. B.

Wir haben oben gesehen, daß die Hypophyse das Hormon noch zu einer Zeit bei der Frau produziert, wo ihre eigene Ovarialfunktion bereits erloschen ist (siehe S. 112 Versuch 315—316; Hypophyse einer 47jährigen Frau, seit 4 Jahren amenorrhoisch [Klimakterium]). Es fragt sich nun, ob die übergeordneten Sexualhormone in der Hypophyse schon produziert werden, wenn die Sexualfunktion noch nicht in Gang ist. Die Versuche von SMITH u. ENGLE[2] geben hierüber Aufschluß. Die Autoren implantierten Hypophysen von 5—30 Tage alten infantilen Ratten auf 17 Tage alte Mäuse und konnten bei diesen sexuelle Frühreife auslösen. Daraus

---

[1] Für die Überlassung des Drüsenmaterials bin ich Herrn Schlachthausdirektor SCHUBATH (Berlin-Spandau) zu großem Dank verpflichtet.
[2] SMITH a. ENGLE: Amer. J. Anat. **40**, Nr 20 (Nov. 1927).

geht hervor, daß in der Hypophyse junger, noch nicht geschlechtsreifer Tiere die HVH bereits produziert werden. Zu gleichem Ergebnis kamen SCHULZE-RHONHOF und NIEDENTHALL[1], SIEGMUND u. MAHNERT[2], SMITH u. DORTZBACH[3] sowie HAUPTSTEIN, die in der Hypophyse von menschlichen, Rinder- und Schweinefeten Hormon fanden, so daß nach Implantation nicht nur Follikelreifung, sondern auch Blutpunkte und Corpora lutea beobachtet wurden (also HVH-A und B). Bei vergleichenden quantitativen Untersuchungen der HVR-Reaktion I (Hormon A) fand HAUPTSTEIN[4] als geringste wirksame Dosis des Hypophysenvorderlappens der Kuh 0,01 g, des Kalbes 0,025 g, des menschlichen Fetus 0,1 g. In der Hypophyse des menschlichen Fetus ist also nur etwa ein Zehntel der Menge vorhanden, die im Vorderlappen der geschlechtsreifen Kuh nachweisbar ist und etwa ein Viertel der Menge, die in der Hypophyse des Kalbes vorhanden ist.

Pubertät: Wie wir eben gesehen haben, enthält die Hypophyse in jedem Lebensalter die übergeordneten Sexualhormone. Es erhebt sich die Frage, wie es möglich ist, daß in einem bestimmten Lebensalter, d. h. in der Pubertät, die Sexualfunktion anfängt und in einem bestimmten Alter der Frau (Klimakterium) aufhört, wenn die übergeordneten HVH während des ganzen Lebens produziert werden. Die Ansicht von EVANS ist bestechend, daß das in der Hypophyse produzierte allgemeine Wachstumshormon und die Sexualhormone biologische Antagonisten sind, so daß letztere erst zur Wirkung kommen, wenn der Wachstumsstoff in der Pubertät zu wirken aufhört. Das wäre eine Erklärung für den Beginn der Sexualfunktion in der Pubertät Warum stellt aber der Eierstock in der Klimax trotz Weiterproduktion der HVH seine Funktion ein? Wir müssen uns mit der Erklärung abfinden, daß das Ovarium eine begrenzte Lebensdauer hat, daß das Hormon an seinem Erfolgsorgan nicht mehr wirken kann, wenn dieses keine funktionstüchtigen Zellen mehr hat, wenn dieses abstirbt. Die männlichen Sexualorgane (s. S. 159) werden ebenfalls vom Hypophysenvorderlappen dirigiert. Die Lebensdauer der Hoden ist aber eine viel längere, ohne daß wir uns erklären können, warum der Hoden den Samen so viel länger produziert als das Ovarium die Eier. Diese Rätsel der Natur sind noch nicht gelöst.

---

[1] SCHULZE-RONHOF: Zbl. Gynäk. **1928**, Nr 15.
[2] SIEGMUND u. MAHNERT: Münch. med. Wschr. **1928**, Nr 43.
[3] SMITH a. DORTZBACH: Anat. Rec. **23**, 277—97 (1929).
[4] HAUPTSTEIN: Endokrinologie **4**, 248—260 (1929).

16. Kapitel.
Beziehung der Hypophysenvorderlappenhormone (HVH) zum weiblichen Sexualhormon (Folliculin). Wirkungsmechanismus der Vorderlappenhormone (HVR I—III).

Implantiert man einer infantilen Maus folliculinhaltiges Gewebe (z. B. Follikelwand oder Corpus luteum des Menschen) oder injiziert ihr Folliculin, so wird die infantile Maus brünstig. Durch Implantation eines Stückchens Hypophysenvorderlappen, also durch Zuführung von Hypophysenvorderlappenhormon, wird die infantile Maus ebenfalls brünstig. Wie unterscheidet sich nun das weibliche Sexualhormon vom Vorderlappenhormon? In ganz charakteristischer Weise. Implantiert man einer *kastrierten* Maus folliculinhaltiges Gewebe oder injiziert ihr Folliculin, so wird die kastrierte Maus brünstig. Führt man aber einer kastrierten Maus durch Implantation Hypophysenvorderlappenhormon zu, so wird sie *nicht* brünstig.

Wir sehen also, daß das weibliche Sexualhormon s. Ovarialhormon (Folliculin) am kastrierten Tier wirkt, Hypophysenvorderlappenhormon aber nicht.

Über den hormonalen Wirkungsmechanismus geben die schematischen Zeichnungen (Abb. 42—44) Aufschluß.

Das Hypophysenvorderlappenhormon wirkt also nur auf dem Wege über die Ovarien. Das Folliculin löst bei infantilen nicht geschlechtsreifen *und* beim kastrierten Tier die Brunst aus, das Hypophysenvorderlappenhormon aber nur bei einem Tier, das Ovarien, d. h. seine Sexualdrüse hat.

Das Hypophysenvorderlappenhormon wird, wie wir aus den vorhergehenden Versuchen jetzt zusammenfassend feststellen können, bei Mann und Frau, bei Mensch und Tier, im jugendlichen und alternden Organismus produziert. Das Hormon ist bei Mensch und Tier identisch. Daraus ergeben sich für uns folgende Schlußfolgerungen:

Der Hypophysenvorderlappen ist der Motor der Sexualfunktion. Das Hypophysenvorderlappenhormon ist das übergeordnete, allgemeine, geschlechtsunspezifische Sexualhormon (s. S. 138). *Das Hypophysenvorderlappenhormon ist das Primäre, das weibliche Sexualhormon (Folliculin) das Sekundäre. Das Vorderlappenhormon bringt den follikulären Apparat in Gang, löst die Follikelreifung aus und mobilisiert sekundär in den Follikelzellen das Folliculin. Dieses wirkt dann in spezifischer Weise auf das Erfolgsorgan, d. h. Uterus und Scheide.* Beim Tier löst das Folliculin die Brunst aus und schafft damit die Bedingungen zur Kohabitation, dient also der Funktion der Fortpflanzung. Beim Menschen wird durch das Folliculin der Aufbau der Uterusschleimhaut bis zu Beginn der Sekretion ausgelöst. Auch die Funktion der Corpora lutea, d. h. die Hormonproduktion in den gelben Körpern geht bei Mensch und Tier unter der Herrschaft des Vorderlappens vor sich (siehe auch Kapitel 17 und 27). Das Corpus luteum-Hormon löst die prägravide Umwandlung der Uterusschleimhaut aus, *so daß unter der Gesamtwirkung des Hypophysenvorderlappens im Genitalapparat die optimalen Bedingungen zur Nidation des befruchteten Eies geschaffen werden.*

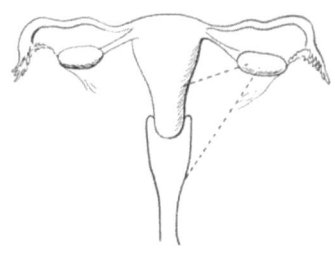

Abb. 42. Wirkung des im Ovarium produzierten Ovarialhormons (Folliculin) auf das Erfolgsorgan (Uterus, Scheide).

Über die Beziehungen der Hormone zum Ei und zur Schwangerschaft werde ich in besonderen Kapiteln (24 und 25) berichten.

Ich lasse jetzt die genaue histologische Beschreibung der Ovarien infantiler Mäuse nach Implantation von Hypophysenvorderlappen folgen, wie sie in unserer Originalarbeit[1] angegeben sind.

Zunächst sei kurz das Ovarium der infantilen Kontrolltiere (Maus, siehe Abb. 45) beschrieben.

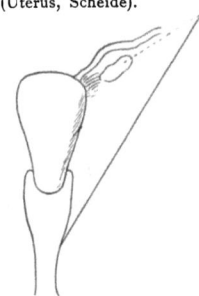

Abb. 43. Wirkung des von außen zugeführten Ovarialhormons (Folliculin) auf das Erfolgsorgan (Uterus, Scheide).

Unter dem Oberflächenepithel finden sich Primordialfollikel in verschieden großer Zahl. Nach dem Inneren zu folgen kleine Follikel mit zwei Reihen Granulosa- und mittelgroße Follikel mit mehreren Reihen Granulosazellen, die das Ei umschließen. Eine Schicht von ein bis zwei Reihen kleiner Thecazellen mit wenig gefüllten Gefäßen umgibt die Granulosa. Das Ei zeigt bisweilen Kernteilung. Hier und da finden sich Züge kleiner Zellen, die als interstitielle Zellen aufzufassen sind. Degenerationserscheinungen an den Follikeln, sowohl an den kleinen wie an den mittleren, sind sehr häufig. Sie betreffen in erster Linie das Ei. Es weist Fragmentierung in zwei bis vier und mehr verschieden große Bruchstücke auf. Die Zona pellucida ist bisweilen noch sichtbar, häufig in Falten gelegt. An den Follikelzellen finden wir ebenfalls Degenerationserscheinungen, bestehend in Pyknose

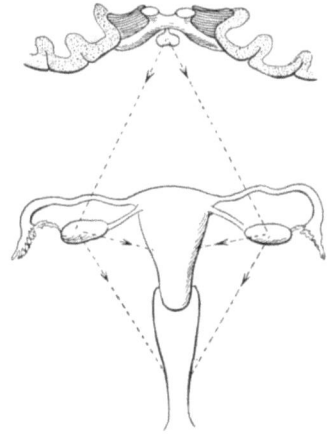

Abb. 44. Wirkung der Hypophysenvorderlappenhormone auf die Ovarien und des dadurch sekundär im Ovarium entstehenden Ovarialhormons auf das Erfolgsorgan (Uterus, Scheide).

[1] ZONDEK, B. u. ASCHHEIM: Arch. Gynäk. **130**, H. 1, 27—30 (1927).

der Kerne, Auftreten von kugeligen, mit Hämatein intensiv gefärbten Gebilden und vereinzelten Leukocyten. Gerade in solchen Follikeln findet man nicht allzu selten am Ei noch Kernteilungsfiguren, Kernknäuel und Kernspindel, Reduktionsteilungen, die auftreten, ohne daß der Follikel und sein Ei zur Reife gelangen. Die Blutgefäße in diesen Ovarien sind nur wenig gefüllt.

Die Follikelflüssigkeit tritt in den mittleren Follikeln in geringer Menge auf, es findet sich dabei keine einheitliche große Höhle, sondern gewöhnlich zeigen sich zwei ganz kleine Hohlräume im Follikelzellverband, bei denen am fixierten Präparat Gerinnungsfäden, durch Hämatein bläulich gefärbt, hindurchziehen. Diese Bilder finden wir bei Tieren von 6—11 g.

Was geschieht nun an den Ovarien nach Zuführung von Hypophysenvorderlappensubstanz?

Wir können hier nicht eine Beschreibung jeder einzelnen Serie, die wir untersucht haben, geben, sondern wollen nur das Charakteristische an den Veränderungen der Ovarien hervorheben, wie wir es fanden:

1. Bevor an dem Scheidenabstrich noch wesentliche Veränderungen auftraten (24—48 Stunden nach der Implantation).

2. Zur Zeit, da die Scheide das Bild des Prooestrus aufwies (72 Stunden nach der Implantation).

3. Zur Zeit, da die Scheide den Oestrus zeigte (96—100 Stunden nach der Implantation).

4. Zur Zeit, wenn der Oestrus schon einige Stunden bestanden hatte.

Ergebnis der histologischen Untersuchung der Ovarien nach Zuführung von Hypophysenvorderlappenhormon (Implantation).

I. Vor dem Prooestrus (nach 24—48 Stunden).

Tier 552, 8 g schwer; Hypophysenvorderlappen am 19. I. implantiert.

	Leucocyten	Epithelien	Schleim	Schollen
20. I.	+ + +	+ +	—	—
21. I.	+ +	+ + +	+ +	—

Getötet am 21. I. Dieses Tier wurde also getötet, bevor die Wirkung des Hormons sich im Scheidenabstrich geltend machte. Die vier übrigen Tiere dieser Versuchsreihe zeigten einen Tag später den Prooestrus. Es kann also, da die Hypophyse wirksam war, angenommen werden, daß auch dieses Tier am nächsten Tag den Prooestrus aufgewiesen hätte.

Die Ovarien zeigen im Unterschiede zu den normalen Kontrollen eine starke Hyperämie in den Gefäßen der *deutlich hervortretenden Theca interna*. Primärfollikel und mittelgroße Follikel sind vorhanden, deren Granulosa Kernteilungen aufweisen. An einzelnen Eiern sind Chromosomen sichtbar, zwischen den kleinen Follikeln finden sich mehrfach kleine Zellen, die in zwei Reihen angeordnet sind. Sie werden als interstitielle Zellen gedeutet. Im Hilus liegt ein Komplex epitheloider Zellen (Markstränge?). Als cha-

Anatomische Veränderungen im Sexualapparat durch HVH.   121

rakteristischer Unterschied zur Kontrolle ist die *Hyperämie der Theca interna* und *das etwas stärkere Hervortreten der Theca interna* selbst zu bezeichnen.

II. Im Prooestrus (nach 72 Stunden).

Maus 550, infantil, 8 g schwer. Kuhhypophyse implantiert. Am 23. I. im Scheidenabstrich nur Epithelien, also Prooestrus. Tier getötet. In den Ovarien finden wir, abgesehen von den Primärfollikeln, den kleinen und mittleren Follikeln, welche in der Granulosa die schon früher erwähnten Degenerationszeichen, an den Eizellen hier und da Fragmentierung, bisweilen auch Mitosen zeigten, eine Anzahl *großer Follikel* mit *sehr deutlicher Theca*, an der die starke Gefäßfüllung auffällt. Die Granulosazellen dieser Follikel erscheinen vergrößert, Kernteilungsfiguren sind an ihnen noch zu sehen. Die Follikel enthalten eine große Höhle, in die der Cumulus mit dem Ei hineinragt. Einer dieser Follikel *enthält einen Bluterguß (Blutpunkt)* (HVR II). Die interstitiellen Zellzüge sind spärlich, das ganze Ovarium hyperämisch.

Es ist also hervorzuheben: 1. die *Hyperämie im Ovarium*, besonders in den *Gefäßen der Theca interna*; 2. das *deutliche Hervortreten der Thecazellen*; 3. das *Wachstum der Follikel*, bei denen es zur Bildung *einer großen Follikelhöhle* gekommen ist; 4. *ein Bluterguß im Follikel* (Blutpunkt). Es entspricht das Bild im wesentlichen dem Befunde, den wir beim nichtkastrierten, reifen Tier während des Prooestrus im Ovarium finden, nur daß wir hier den Blutpunkt nicht beobachten. Ähnliche Bilder finden wir bei Tier 551 derselben Gruppe, ebenfalls im Prooestrus getötet. Hier zeigt das Ei im Cumulus eines großen Follikels Chromatinfäden neben dem Nucleolus.

Auch ein 5 g schweres Tier, 548, zeigt im Prooestrus große Follikel, Hyperämie, deutliche Theca-interna-Zellen neben einigen Zügen interstitieller Zellen. Auch in diesem Ovarium fanden sich im degenerierenden Follikel am Ei Kernteilungserscheinungen.

Tier 685, 686 und 689 sowie 691 wurden 50—72 Stunden nach der Implantation getötet, wenn der Scheidenabstrich das für den Prooestrus charakteristische Epithelstadium ohne Leukocyten und ohne Schleim aufwies. Wiederum fiel die starke Hyperämie in den Ovarien, die Thecaentwicklung um die großen Follikel, die große Höhle in den Follikeln auf. Auch Vermehrung von interstitiellen Zellen wurde beobachtet. Es ist das Bild in allen Fällen, die im Prooestrus getötet wurden, im großen und ganzen das gleiche.

III. Oestrus (nach 96—100 Stunden).

Tier 687 wurde im Oestrus — reines Schollenstadium im Vaginalausstrich — 96 Stunden nach der Implantation von Hypophysenvorderlappen getötet. Die Uteri waren groß, sekretgefüllt, die Scheide dick. Am rechten Ovarium Blutpunkte.

Mikroskopisch zeigte die Scheide reinen Oestrus. An den Uteri, deren Muskulatur verdickt, deren Schleimhaut Drüsenvermehrung aufwies, waren unter dem Eipthel bereits einige Leukocyten vorhanden.

Das eine Ovarium war hyperämisch, enthielt sechs große Follikel, darunter einen mit Blut gefüllten = Blutpunkt, außerdem *ein Corpus luteum, das ein Ei mit zwei Kernen einschloß*. Die Thecazellen traten deutlich an den Follikeln hervor. Das andere Ovarium zeigte neben einem großen Follikel zwei Corpora lutea, die noch das Ei enthielten, ein Corpus luteum ohne Ei. Ferner fiel ein noch das Ei enthaltender Follikel auf, dessen vascularisierte Granulosazellen in der Peripherie luteinös waren, während nach der Mitte zu die Zellen von den gewöhnlichen Granulosazellen kaum zu unterscheiden waren. Es handelt sich um *eine partielle Umwandlung des Follikels in ein Corpus luteum*. In kleinen Follikeln fanden sich mehrfach an den Eikernen Mitosen bei gleichzeitigem Vorhandensein degenerativer Veränderungen an der Granulosa.

Tier 509, 5 g schwer, erhielt am 4. I. Stierhypophyse. Am 9. I. bei 6 g Gewicht nach rund 100 Stunden zeigte die Scheide den östrischen Abstrich.

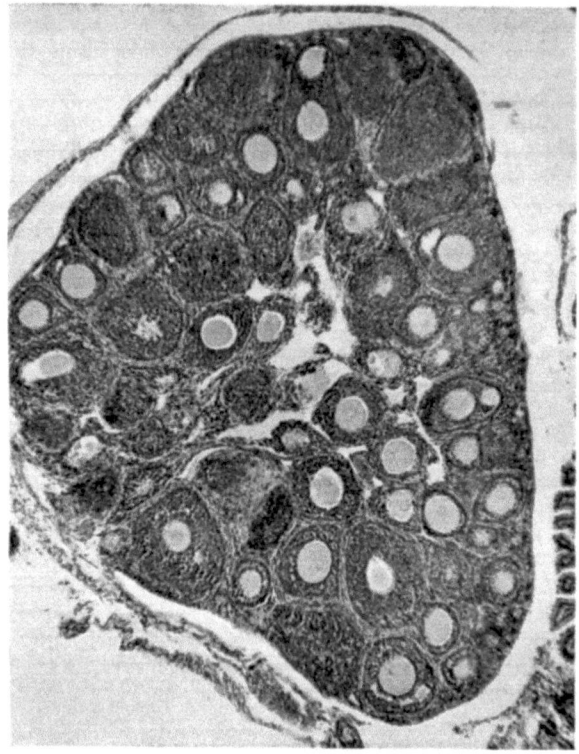

Abb. 45. Ovarium einer infantilen (3—4 Wochen alten) Maus (Kontrolltier).

Hier enthielt das eine Ovar 14 große Follikel, das andere etwa 10 große Follikel mit hyperämischer, deutlich hypertrophischer Theca interna.

Tier 510, 8 g schwer, zeigte den Oestrus nach 96 Stunden. Das Ovarium enthielt große Follikel, darunter einen mit Blut gefüllten (Blutpunkt), ein anderer Follikel zeigte im Cumulus das Ei mit lockeren Chromatinfäden, an anderen Follikeln zeigte sich die partielle Luteinumwandlung der Granulosa, wie wir sie schon beschrieben haben. Im anderen Ovarium waren fünf Corpora lutea vorhanden, darunter ein bluthaltiges (HVR II und III). Die Follikel zeigten ebenfalls mehrfach partielle Luteinumwandlung der Granulosazellen. In den Corpora lutea fanden wir die Eier mit Degenerationszeichen.

Anatomische Veränderungen im Sexualapparat durch HVH. 123

IV. Ende des Oestrus. Übergang zum Metoestrus.

Maus 317 erhielt am 21. XII. Hypophysenvorderlappen implantiert. Am 23. XII. abends zeigte sie Epithelien und einige Schollen. Am 24. XII.

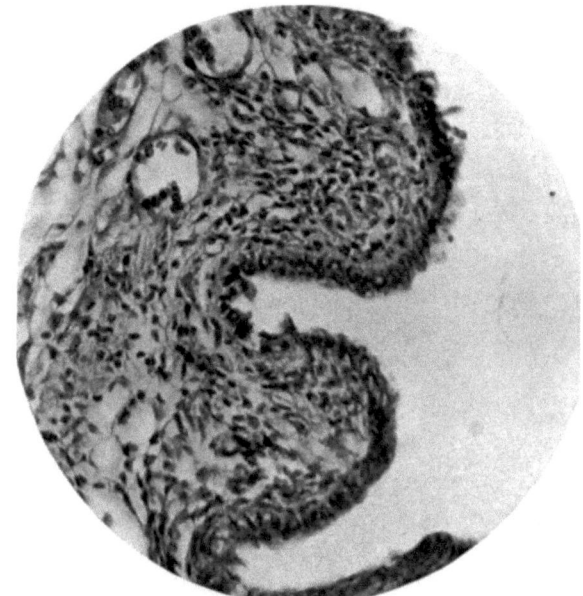

Abb. 46. Scheide einer infantilen Maus (zu Abb. 45).

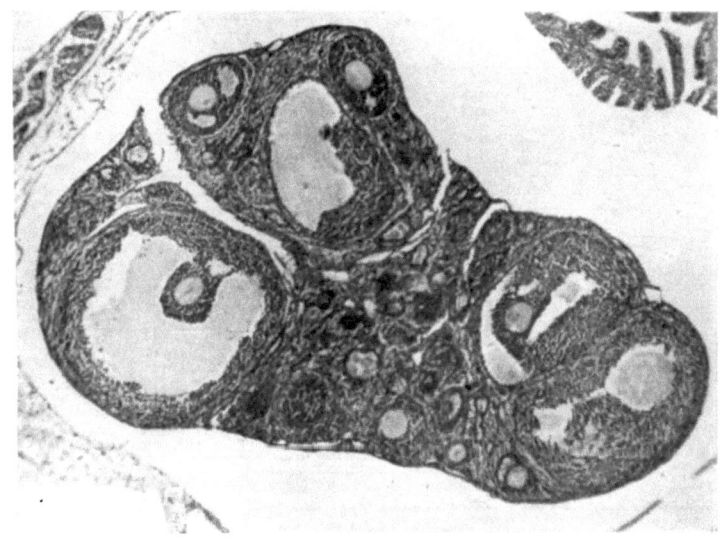

Abb. 47. Ovar der infantilen Maus 60 Stunden nach Implantation von Hypophysenvorderlappen. Große, fast reife Follikel.

124 Hypophysenvorderlappenhormon und Ovarium.

massenhaft Schollen, aber schon einige Leukocyten, Epithelien und etwas Schleim. Das Tier wurde also im eben beginnenden Metoestrus getötet. Die Ovarien enthielten zahlreiche Corpora lutea mit stark gefüllten Gefäßen, daneben noch große Follikel, die im Cumulus das Ei zeigten, deren Thecazellen deutlich hervortraten. Neben den vollkommenen Corpora lutea fanden wir auch wieder die partielle Luteinzellbildung. Ein Corpus luteum

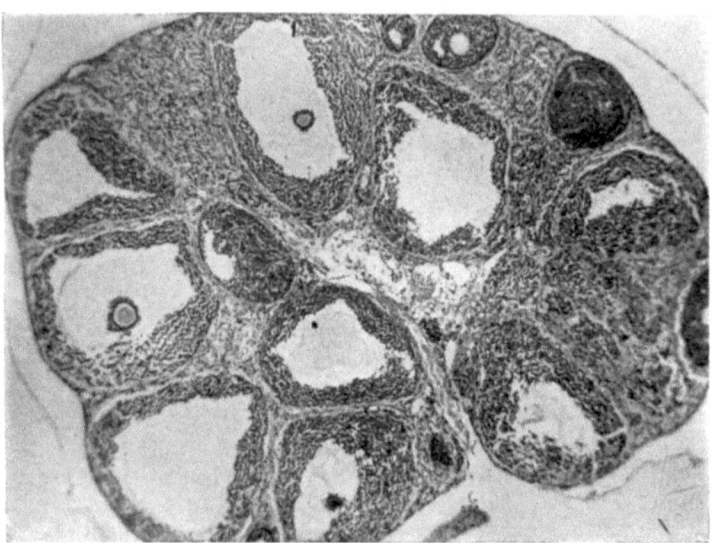

Abb. 48. Ovar der infantilen Maus 72 Stunden nach Implantation von Hypophysenvorderlappen. Zahlreiche reife Follikel. Scheide im Prooestru.

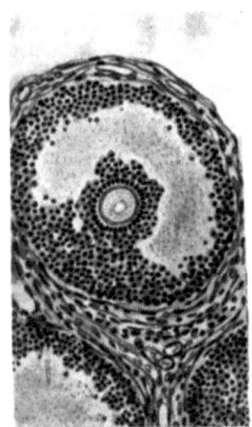 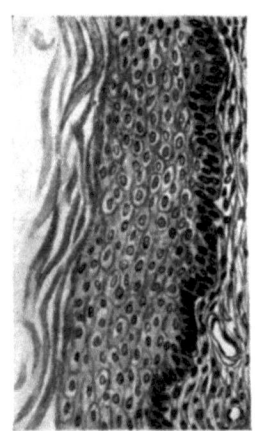 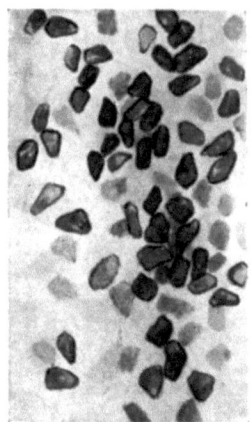

Im Ovarium reifender Follikel   Scheidenschleimhaut, aufgebaut,   Im Scheidensekret reines
                                          oberste Lagen verhornt   Schollenstadium

Abb. 49. Ovar und Scheide der infantilen Maus 80 Stunden nach Implantation von Hypophysenvorderlappen. HVR I: Im Ovarium reifender Follikel, in dem das Ovarialhormon (Folliculin) produziert wird, das seinerseits die Brunstreaktion der Scheide auslöst.

Anatomische Veränderungen im Sexualapparat durch HVH.

ragte pilzförmig über die Oberfläche hervor, ein anderes enthielt das Ei, das Chromatinfäden aufwies. *In der Tube wurde durch fünf Schnitte hindurch ein Ei gefunden mit deutlicher Zona pellucida und mit einem deutlichen Kernknäuel* (siehe Abb. 50).

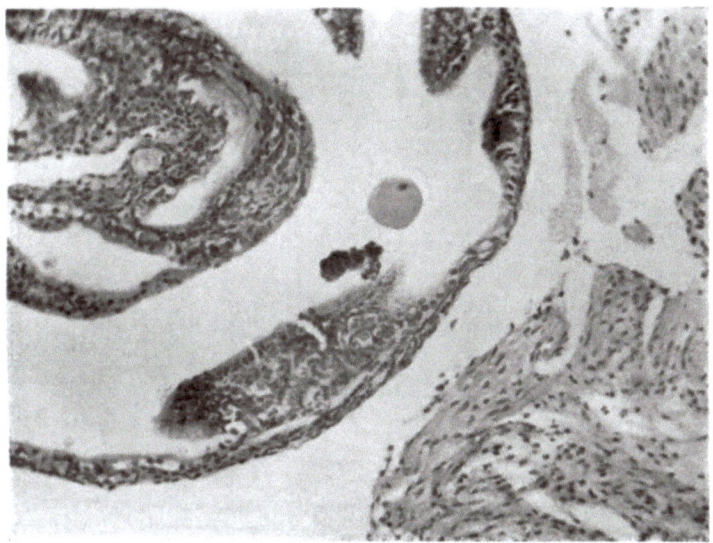

Abb. 50. Follikelsprung bei der infantilen Maus nach Implantation von Hypophysenvorderlappen. Reifendes Ei auf der Wanderung durch die Tube (HVR I).

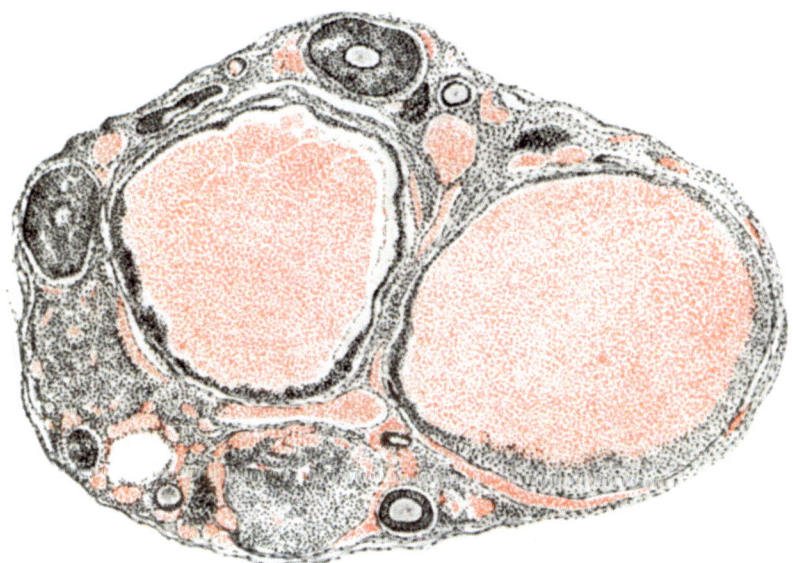

Abb. 51. Ovar der infantilen Maus, 72 Stunden nach Implantation von Hypophysenvorderlappen Zwei große blutgefüllte Follikel. Blutpunkte (HVR II) (vgl. Abb. 103).

126 Hypophysenvorderlappenhormon und Ovarium.

Tier 76 erhielt menschlichen Hypophysenvorderlappen am 8. III. Nach 120 Stunden im Oestrus getötet. Auch hier im Ovarium zahlreiche Corpora lutea, zum Teil bluthaltig (HVR II und III), meist das degenerierte Ei einschließend. Einige zeigen in der Mitte oder an den Rand zusammen-

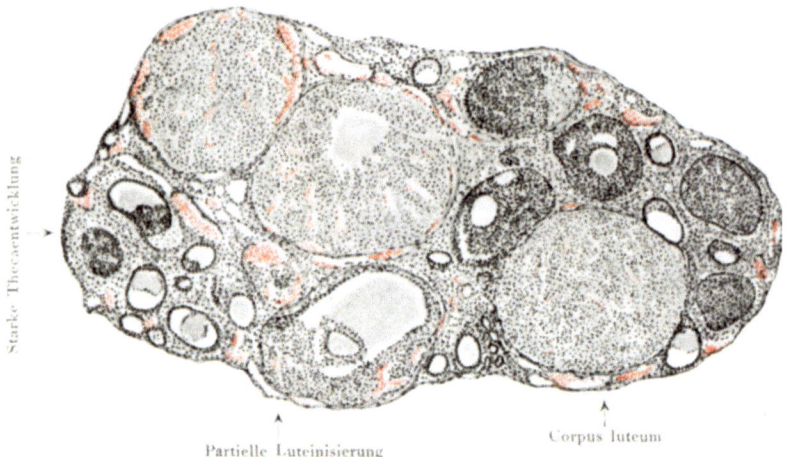

Abb. 52. Ovar der infantilen Maus 100 Stunden nach Implantation von Hypophysenvorderlappen. Wirkung des Luteinisierungshormons (HVH-B): Zahlreiche Corpora lutea (3 im Schnitt getroffen); ein Follikel mit partieller Luteinisierung, starke Proliferation der Theca interna-Zellen an kleinen Follikeln (HVR III).

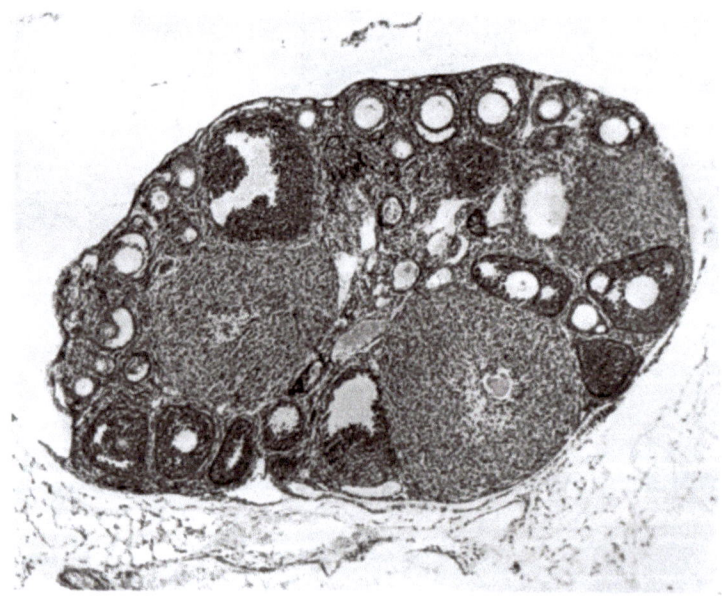

Abb. 53. Ovar der infantilen Maus etwa 100 Stunden nach Zuführung von Hypophysenvorderlappen. Im Schnitt ein Corpus luteum mit eingeschlossenem Ei = Corpus luteum atreticum (HVR III).

Anatomische Veränderungen im Sexualapparat durch HVH. 127

gedrängt noch Haufen kleiner Granulosazellen, daneben finden sich große Follikel mit Blut (Blutpunkte). Ein Follikel zeigt ein Ei mit Teilungsfigur im Cumulus.

Tier 843 und 844, die im Oestrus getötet wurden, und zwar im Beginn, zeigten große Follikel, während Tier 842 derselben Reihe im Oestrus schon junge Corpora lutea neben den großen Follikeln aufwies. Die *jungen Corpora lutea zeigen häufig noch die Follikelhöhle.*

Zusammenfassend läßt sich sagen:

1. 48 Stunden nach der Vorderlappenimplantation, bevor noch der Scheidenabstrich charakteristische Veränderungen aufweist, finden wir

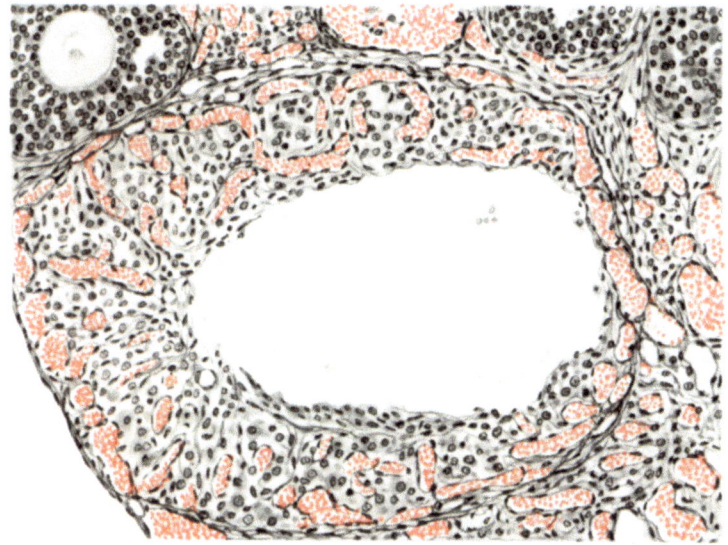

Abb. 54. Ovar der infantilen Maus nach Implantation von Hypophysenvorderlappen. Vascularisiertes Corpus luteum mit Höhle bei starker Vergrößerung.

im Ovarium starke Hyperämie. Die Theca interna fällt durch die Füllung ihrer Gefäße auf, große Follikel sind noch nicht vorhanden.

2. Im Prooestrus, der nach rund 72 Stunden auftritt, finden wir außer der Hyperämie und der deutlichen Hyperplasie und Hypertrophie der Theca interna-Zellen große Follikel (Abb. 47 u. 48) mit einer einzigen Flüssigkeitshöhle (HVR I), in die der Cumulus mit dem Ei hineinragt. Die Follikelhöhle ist zuweilen von Blutergüssen (s. Abb. 51) ausgefüllt (Blutpunkte — HVR II). Das Ei zeigt öfter Auflösung der Chromatinsubstanz in Fäden. Interstitielle Zellen sind vorhanden, aber nicht sehr reichlich.

3. Im Oestrus, nach 80—100 Stunden, treten neben den großen Follikeln Corpora lutea (HVR III) auf. Sie zeigen zum Teil noch deut-

lich die Entstehung aus Granulosazellen, zum Teil sind die Luteinzellen auffallend groß, oft besteht noch eine Follikelhöhle (Abb. 52). Ein Teil der Corpora lutea schließt das oft degenerierte Ei (s. Abb. 53) ein, Blutergüsse (Blutpunkte) sind in ihnen nicht selten, ebenso wie in den Follikeln. Häufig findet sich eine partielle Umwandlung der Granulosazellen in Luteinzellen, und zwar finden sich die luteinösen Zellen in der Peripherie, so daß die nicht umgewandelten Granulosazellen meist nach der Mitte zu zusammengedrängt sind. Auch schließen sie häufig das Ei ein. Aber auch Corpora lutea ohne Eieinschlüsse werden beobachtet. Daß das Vorderlappenhormon die Follikelreifung auslöst, geht daraus hervor, daß es gelungen ist, das reifende mit Kernknäueln versehene Ei auf der Wanderung durch die Tuben festzustellen (Abb. 50).

HVR I—III.

Die Wirkung des Hypophysenvorderlappens äußert sich am infantilen Ovarium in drei charakteristischen Reaktionen, die ich und ASCHHEIM als HVR I—III bezeichnet haben. Im einzelnen folgendermaßen.

HV-Reaktion: I. *Follikelreifung, Ovulation, Brunstauslösung.*

Der Follikel wächst, es bildet sich eine Höhle mit Cumulus oophorus. Der Follikel reift und springt, die Eier treten in die Tube aus.

Unter der Wirkung des Vorderlappenhormons entsteht im reifenden Follikel das weibliche Sexualhormon (Folliculin), das seinerseits die Brunst des Tieres auslöst und zwar: Vergrößerung und Sekretfüllung des Uterus, Aufbau der Scheide mit Verhornung der obersten Zellagen, reines Schollenstadium im Scheidensekret (ALLEN-Test). (Abb. 47—50.)

*HV-*Reaktion *II: Blutpunkte (Massenblutungen in den vergrößerten Follikel).*

Das ganze Ovarium ist hyperämisch, die Gefäße sind stark erweitert. Spezifisch für das Vorderlappenhormon sind Massenblutungen in den vergrößerten, häufig luteinisierten Follikel. Die Blutung ist makroskopisch als scharf umschriebene, die Oberfläche des Ovariums überragende, blaurote bzw. blauschwarze, stecknadelkopfgroße Erhebung zu erkennen, von uns als „Blutpunkt" bezeichnet (Abb. 51).

HV-Reaktion III: Luteinisierung, Bildung von Corpora lutea atretica.

Unter der Wirkung des Vorderlappenhormons luteinisieren die Thecazellen, ferner die Granulosazellen (zum Teil partiell). Hervorzuheben ist vor allem die Bildung von vascularisierten Corpora lutea mit eingeschlossenem Ei = Corpora lutea atretica (Abb. 52—54 u. 110).

Die Corpora lutea mit eingeschlossenem Ei, von uns als Corpora lutea atretica bezeichnet, hatten bereits LONG und EVANS in ihren Hypophysenversuchen beschrieben. Diese Corpora lutea sind vascularisiert, wobei allerdings die Zahl und Größe der Capillaren recht erheblich schwanken kann.

L. FRAENKEL[1] hat die Ansicht ausgesprochen, daß die unter der Wirkung des Vorderlappenhormons im infantilen Ovarium sich bildenden Corpora lutea nur Pseudo-Corpora lutea wären, Gebilde, die mit der Blutbahn in keiner besonders engen Beziehung stehen, so daß sie nicht als endokrin funktionierende Körper anzusehen seien. Daß es sich bei den von uns als Corpora lutea atretica bezeichneten Gebilden um wirklich endokrin funktionierende, d. h. Hormon produzierende Gebilde handelt, geht aus folgenden Untersuchungen hervor:

1. TEEL, ein Schüler von EVANS, erzeugte durch intraperitoneale Vorderlappenzufuhr im Ovarium Corpora lutea. In die Uteri wurden Fäden eingebracht und unter der Wirkung der Corpora lutea entwickelten sich im Uterus Placentome (Deciduazellwucherung). Durch die Untersuchungen von L. LOEB und ROBERT MEYER wissen wir, daß derartige Placentome sich nur bilden können, wenn funktionierende Corpora lutea vorhanden sind. Daraus ergibt sich, daß die durch Vorderlappenzufuhr im Ovarium gebildeten Corpora lutea nicht Pseudo-Corpora lutea, sondern funktionierende gelbe Körper sein müssen[2].

2. Ich injizierte (1928—1929)[3] infantilen Kaninchen 14 Tage Prolan A u. B (1500—2100 RE.) und erzielte dadurch in den Ovarien eine Massenbildung von Corpora lutea. Die Uteri zeigten typische *prägravide* Umwandlung sowohl im makroskopischen wie im mikroskopischen Bild (s. Abb. 63 u. 65). Die fadendünnen Uterushörner sind in fingerdicke Gebilde von livider Farbe umgewandelt, so daß sie im Aussehen von einer jungen Gravidität kaum zu unterscheiden sind. Die Uterusschleimhaut ist mächtig gewuchert, polypös, zeigt zahlreiche Mitosen im Epithel und starke Hyperämie der Schleimhaut, kurz das Bild der prägraviden Schleimhaut. Wir wissen, daß die prägravide Umwandlung der Uterusschleimhaut beim Kaninchen (s. S. 222) erst nach dem Coitus bzw. Befruchtung einsetzt, daß sie abhängig ist von funktionierenden Corpora lutea. Da in meinen Versuchen die Ovarien angefüllt waren mit gelben Körpern, muß man annehmen, daß in diesen das Hormon produziert wird, das den prägraviden Umbau der Scheidenschleimhaut auslöst, daß die durch HVH erzeugten gelben Körper also funktionieren.

3. Die mittels Vorderlappenhormon erzeugten Corpora lut. atretica enthalten Gefäße, allerdings in sehr wechselnder Zahl und nach Tierart verschieden. So fand ich im allgemeinen bei der Ratte eine viel bessere Gefäßentwicklung als bei der Maus. Man sieht bei der Ratte die Zellen des gelben Körpers häufig von einem Gefäßnetz umsponnen (Abb. 55 u. 56), so daß der oben erwähnte Einwand von FRAENKEL damit widerlegt sein dürfte.

Ein besonders charakteristisches Gebilde sind die durch Vorderlappenhormon im Ovarium gebildeten Blutpunkte, die makroskopisch durch ihre scharfe Umgrenzung, die braunrote bzw. blauschwarze Farbe

---

[1] L. FRAENKEL: Archiv f. Gyn. **132**, 223 (1927).
[2] ASCHHEIM u. B. ZONDEK: Klin. Wschr. **1928**, Nr 31, 1453.
[3] ZONDEK, B.: Vortrag auf dem 2. Dahlemer Abend im Kaiser-Wilhelm-Institut für Biologie, 23. XI. 1928. Zbl. Gynäk. **1929**, Nr 14, 836/838.

und das Überragen der Oberfläche so imponierend ins Auge fallen. Es sei gleich betont, daß man durch Vorderlappenhormon diese Gebilde bei der infantilen Maus viel exakter, regelmäßiger und schöner auslösen

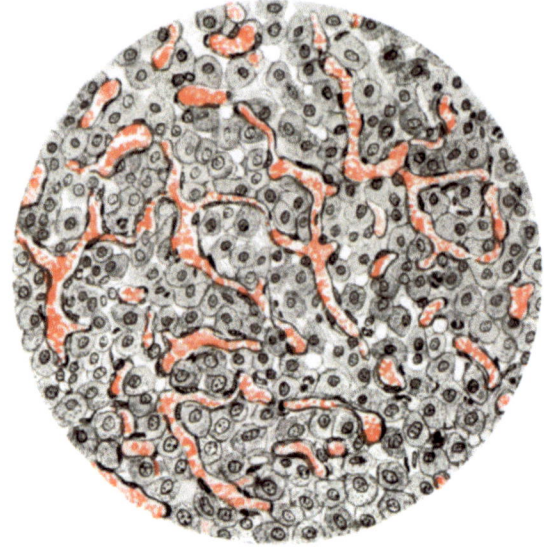

Abb. 55.

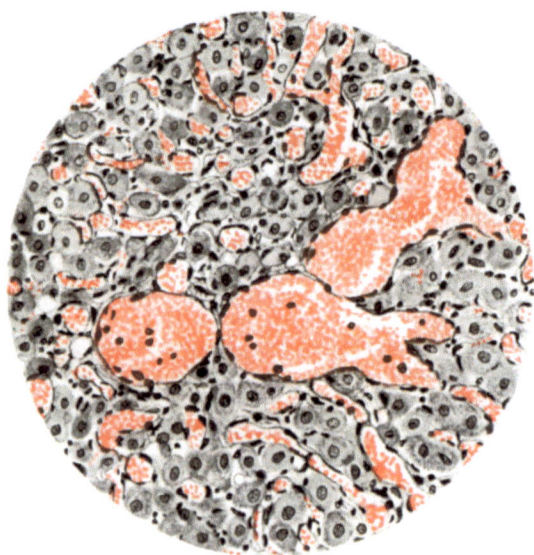

Abb. 56.

Abb. 55 und 56. Ovar der infantilen, 4 Wochen alten Ratte, nach Zuführung von Hypophysenvorderlappenhormon (Prolan B). Vascularisierte Corpora lutea.

kann als bei der infantilen Ratte. Beim infantilen und geschlechtsreifen Kaninchen kann man durch Injektion von Prolan ebenfalls prachtvolle Blutpunkte erzeugen. (S. 140.) Die Blutpunkte entstehen durch Massenblutung in große Follikel, bei denen zuweilen die Eier eingeschlossen sind. Diese charakteristische Vorderlappenreaktion kommt scheinbar nur im Ovarium des Nagetieres vor. Allerdings haben wir bei anderen Tierarten die Prolanwirkung nach dieser Richtung hin noch nicht genügend geprüft, um darüber abschließend urteilen zu können. Ich würde begrüßen, wenn von anderer Seite derartige Untersuchungen ausgeführt würden. Beim *nicht geschlechtsreifen* Nagetier kommen Blutpunkte niemals vor. SOBOTTA hat die Blutpunkte bisweilen bei erwachsenen Mäusen, HAMMOND auch bei erwachsenen Kaninchen[1], besonders nach der Kohabitation und in der Gravidität gesehen.

Wichtig ist, daß der vollendete, makroskopisch sichtbare Blutpunkt im Ovarium der infantilen Maus und Ratte nur durch Vorderlappenhormon ausgelöst wird (durch chronische Alkoholzufuhr konnte ich geringe Follikelblutungen [s. S. 69] erzeugen), so daß *der Blutpunkt für den Nachweis von Vorderlappenhormon und die sich daraus ergebenden diagnostischen Methoden von großer Bedeutung ist* (s. Schwangerschaftsreaktion S. 301 u. 308).

Wir haben gesehen, daß die Vorderlappenhormone nur auf dem Wege über die Sexualdrüsen wirken, so daß sie im *kastrierten* Organismus keine spezifische Reaktion entfalten können. In Bestätigung unserer Ergebnisse hat FELS[2] die Frage untersucht, wie lange Zeit nach der HVH-Zufuhr die Ovarien im Organismus vorhanden sein müssen, damit die Brunstwirkung zustande kommt. Hierbei fand er, daß man bereits etwa 30 Stunden nach der Hormonzuführung die Eierstöcke ohne Schaden für den Ablauf der nach 100 Stunden auftretenden Brunstreaktion entfernen kann. Exstirpiert man die Ovarien früher als 30 Stunden nach der Zufuhr von HVH, so ist in den Ovarien noch nicht genügend Folliculin gebildet, um den Oestrus herbeizuführen. Interessant ist ferner die Feststellung, daß 30—50 Stunden nach Zufuhr von HVH die Ovarien morphologisch noch nicht verändert sind, während das im Ovarium gebildete Folliculin bereits im Organismus kreist. Daraus ergibt sich, daß die Hormonproduktion, d. h. die Funktion der Follikelzellen früher einsetzt als die Follikelreifung, ferner daß man die beginnende Funktion der Follikelzellen anatomisch nicht feststellen kann, ein Beweis für die Überlegenheit der funktionellen Methodik gegenüber der morphologischen.

---

[1] Beim geschlechtsreifen Kaninchen treten, worauf schon HEAPE hingewiesen hat und ich bestätigen kann, Blutpunkte = Blutfollikel spontan auch ohne Kopulation auf.

[2] FELS, Arch. f. Gyn. **141**, H. 1, 3 (1930).

17. Kapitel.

Die Produktion mehrerer Hormone im Hypophysenvorderlappen.

Wachstumshormon, Follikelreifungshormon (HVH-A), Luteinisierungshormon (HVH-B), Stoffwechselhormon?

Wir haben gesehen, daß man durch Zuführung von Hypophysenvorderlappenhormon beim infantilen Tier die sexuelle Frühreife auslösen kann, d. h. daß der Follikel reift, daß sich in den Follikelzellen Folliculin bildet und daß unter der Wirkung des Folliculins das infantile Tier brünstig wird (HVR I). Wir haben ferner gesehen, daß unter der Wirkung des Hypophysenvorderlappenhormons Corpora lutea atretica entstehen, d. h. gelbe Körper mit eingeschlossenem Ei (s. Abb. 53 u. 110), mit anderen Worten, daß durch das Vorderlappenhormon die Eireifung verhindert wird (HVR III). Die beiden Reaktionen I und III stellen also funktionell gesehen einen ausgesprochenen Gegensatz dar.

Wir haben die Hypophysenvorderlappenreaktionen I—III zu einem Testobjekt für den Nachweis des Hypophysenvorderlappenhormons ausgearbeitet. Der Beweis für das Vorhandensein von Hypophysenvorderlappenhormon wird dann als geliefert angesehen, wenn man am Genitalapparat der infantilen Maus nicht nur Follikelreifung und Brunstauslösung, sondern auch Blutpunkte und Corpora lutea atretica erzeugen kann. Es genügt die Feststellung von *einem* Blutpunkt oder *einem* Corpus luteum atreticum. Wir schrieben seinerzeit: „Es kann vorkommen, daß die unter HVR I genannten, durch das Vorderlappenhormon ausgelösten Wirkungen schnell ablaufen, so daß sie übersehen werden. Bei der individuellen Reaktionsempfindlichkeit der Tiere können sie zuweilen auch fehlen."

Die weiteren Untersuchungen haben gezeigt, daß unsere Anschauung einer Revision bedarf. Wir wissen jetzt, daß Ovulation und Verhinderung der Ovulation durch Luteinisierung zwar durch den Hypophysenvorderlappen ausgelöst werden, daß diese beiden Reaktionen aber nicht durch denselben Stoff, nicht durch dasselbe Vorderlappenhormon hervorgerufen werden, sondern *daß im Hypophysenvorderlappen zwei auf den Sexualapparat wirkende Hormone gebildet werden:*

1. das Follikelreifungshormon = HVH-A, das die Follikelreifung und die Brunstauslösung bewirkt (HVR I) und

2. das Luteinisierungshormon = HVH-B, das den Follikel in den gelben Körper umwandelt (HVR III).

Bei der Untersuchung von Harnen auf Hypophysenvorderlappenhormon (s. S. 298) fanden wir bei direkter Harninjektion in etwa 10% der Fälle (besonders bei endokrinen Krankheiten und Tumoren) nur die HVR I. Wenn man annahm, daß das Hypophysenvorderlappenhormon beide Wirkungen, Follikelreifung und Luteinisierung, auslöst, mußte es auffallen, daß es Harne gibt, mit denen man nur Follikelreifung, nicht aber Luteinisierung erzeugen konnte. In einem Falle gewann ASCHHEIM aus Schwangerenharn ein Extrakt, das Follikelwachstum und Follikelsprung ohne Luteinisierung erzeugte, in einem anderen Versuch erhielt er aus dem Vorderlappen einen Wirkstoff, der nur Corpora lutea atretica ohne Follikelreifung auslöste. Diese verschiedenartige Wirkung konnte durch histologische Untersuchung begründet werden. In diesen Versuchen sieht ASCHHEIM den Beweis, daß das luteinisierende Hormon und das Follikelreifungshormon zwei verschiedene Stoffe sind. Auch EHRHARDT und BRÜHL kamen bei vergleichenden Harnuntersuchungen zu derselben Auffassung. Die Schlüsse, die ASCHHEIM aus seinen Versuchen gezogen hat, sind zweifellos richtig gewesen, trotzdem die Versuche meines Erachtens noch nicht beweisend waren. Injizieren wir Tieren Hypophysenvorderlappenhormon (Prolan) oder auch Schwangerenharn, so sehen wir bei der individuellen Reaktionsfähigkeit der Tiere verschiedene Ergebnisse. Mit demselben Harn und derselben Prolanlösung können wir bei dem einen Tier vielleicht überhaupt keine Reaktion erzielen, bei der zweiten Maus sehen wir Follikelreifung und Brunstauslösung, bei der dritten Maus finden wir nur Blutpunkte, bei der vierten starke Luteinisierung mit Verhinderung der Brunst. Die Versuche werden natürlich nicht immer so regelmäßig gehen, aber die isolierte Auslösung der HVR I *oder* III mit *demselben* Extrakt an verschiedenen Tieren kommt sehr häufig vor, so daß solche Versuche noch nicht beweisend sind. Die Trennung der beiden Hormone im Schwangerenharn ist deshalb schwierig, weil Hormon A und B, wie wir Kap. 19 sehen werden, sich chemisch wahrscheinlich nahe stehen. Die Auffassung von der Verschiedenartigkeit beider Hormone ist aber dadurch gefördert worden, daß es mir gelungen ist (s. S. 145), das Follikelreifungshormon[1] (HVH-A) isoliert aus dem Harn Nichtschwangerer darzustellen.

Hierbei möchte ich mir selbst folgenden Einwand machen: In jedem Organismus kreist Hormon A und B, infolgedessen können in jedem Harn beide Stoffe ausgeschieden werden. Wenn ich z. B. Hormon A aus Carcinomharn darstelle, so kann bei starker Fällungskonzentration in der gewonnenen Lösung auch HVH-B in geringer Menge vorhanden sein. Ich habe mit einem bestimmten Carcinomharn nach 5facher Konzentration (Fällung) nur Follikelreifung und Brunst (HVR I), nach 50facher Konzentration aber auch Corpora lutea (HVR III) ausgelöst[1] (s. S. 266). Auf Grund dieser Tatsache kann der Einwand gemacht

---

[1] ZONDEK, B.: Klin. Wschr. 1930 Nr 26, 1207.

werden, daß die HVR I und III durch denselben Stoff bei verschiedenen Quantitäten bedingt sind, daß es sich also hierbei um ein quantitatives, nicht um ein qualitatives Problem handelt. Wenn nun beide Reaktionen, HVR I und III, wirklich durch denselben Stoff ausgelöst werden, so müßte die Relation der Quantität, mit der man die HVR I auslöst, zu der Menge, welche die HVR III bewirkt, stets die gleiche sein. Dies ist aber in Wirklichkeit nicht der Fall. Ich konnte nachweisen, daß im Harn nach Kastration und beim Genitalcarcinom der Frau das HVH-A in erhöhtem Maße ausgeschieden wird (s. Kap. 31), wobei das Verhältnis von A zu B zugunsten von A weit verschoben ist. Für unsere Auffassung von der Verschiedenartigkeit der Stoffe sprechen auch die Untersuchungen von EVANS und SIMPSON[1], die durch alkalisch wäßrige Extraktion aus dem Hypophysenvorderlappen nur einen allgemeinen Wachstumsstoff, bei saurer Extraktion aber das Follikelreifungshormon (HVH-A) gewinnen konnten. Daraus muß man schließen, daß der EVANSsche Wachstumsstoff und unser HVA-A zwei verschiedene Stoffe sind, zumal die beiden Hormone sich durch Adsorption trennen lassen (der Wachstumsstoff wird im Gegensatz zum Follikelreifungshormon [HVH-A] im BERKEFELD-Filter retiniert, und an Kaolin adsorbiert). Aus Placenta konnte mehr Wachstumsstoff als Reifungshormon extrahiert werden, aus Schwangerenharn war der Wachstumsstoff nicht zu gewinnen. Wäre Hormon A und B derselbe Stoff, so wäre nicht einzusehen, warum EVANS und SIMPSON bei der sauren Extraktion nicht auch das Luteinisierungshormon (HVH-B) in Lösung erhalten hätten.

Zu ähnlichen Ergebnissen kann auch HEWITT[2], der durch alkalische, nicht filtrierte Extrakte aus Ochsenvorderlappen eine wachstumsfördernde und zugleich brunsthemmende Wirkung erzielen konnte (sein Extrakt enthielt demnach den EVANSschen Wachstumsstoff und HVH-B). Bei saurer Extraktion und Dialyse oder Ultrafiltration des mit Kaolin geschüttelten Extraktes erzielte er nur eine Follikelreifung, also die HVR I-Reaktion (= HVH-A). Demnach war unter gewissen Versuchsbedingungen Hormon A und B aus dem Vorderlappen getrennt zu gewinnen.

Die Frage (HVH-A und B) wird erst endgültig entschieden werden können, wenn die Reindarstellung beider Stoffe gelungen ist. Hormon A und B stehen sich chemisch wahrscheinlich nahe, weil alle bisher bekannten Eigenschaften die gleichen sind. Nun wissen wir, daß schon geringste Unterschiede bei Hormonen biologisch ganz verschiedene Wirkungen auslösen können. Ich erinnere daran, daß das linksdrehende Thyroxin biologisch viel wirksamer ist als das rechtsdrehende.

---

[1] EVANS a. SIMPSON: J. amer. med. Assoc. **91**, Nr 18, 1337 (1928).
[2] HEWITT: Biochemic. J. **23**, 718—725 (1929).

Mit diesen beiden Stoffen (A und B) ist die Sekretion im Hypophysenvorderlappen nicht erschöpft. Vor uns konnte, wie oben ausgeführt, EVANS in seinen ausgezeichneten Arbeiten zeigen, daß man durch wochenlange Injektion von Vorderlappensaft bei Ratten Riesenwachstum erzeugen kann.

Kann man mit Prolan als Vorderlappenhormon die gleiche Wirkung wie EVANS auslösen? Diese Frage können wir heute verneinen. *Auch durch wochenlange Injektion von Prolan gelang es uns nicht, das Längenwachstum bei infantilen Nagetieren zu beschleunigen.* EVANS hat uns persönlich bei seinem Besuch im Sommer 1929 mitgeteilt, daß er mit seinem Wachstumsstoff die von uns beschriebenen Wirkungen auf den Sexualapparat nicht auslösen konnte. Daraus ergibt sich, daß der Wachstumsstoff von EVANS und unser Prolan zwei verschiedene Stoffe sein müssen, d. h. daß der Hypophysenvorderlappen sowohl den Wachstumsstoff wie die übergeordneten Sexualhormone produziert. Die Ansicht von EVANS ist bestechend, daß ein gewisser Antagonismus zwischen diesen beiden Stoffen besteht, d. h. daß das Sexualhormon erst zur vollen Wirkung kommen kann, wenn der Wachstumsstoff im Organismus seine Funktion (Pubertät, s. S. 117) im wesentlichen beendet hat.

KESTNER, PLAUT-LIEBESCHÜTZ u. a. fanden, daß die spezifisch-dynamische Wirkung der Nahrungsstoffe unter dem regulierenden Einfluß des Hypophysenvorderlappens steht (s. S. 277). Mit einem in der Darstellung und seinen chemischen Eigenschaften nicht näher definierten Extrakt aus dem Hypophysenvorderlappen (Präphyson) konnten die Autoren eine Herabsetzung des Gesamtumsatzes und eine Erhöhung der spezifisch-dynamischen Wirkung erzielen. Eine gleichartige Wirkung sahen H. ZONDEK und KÖHLER nach Anwendung unseres Prolans. Wir konnten nun feststellen, daß das Präphyson[1], mit unserer Methode geprüft, keinerlei Wirkung auf den Sexualapparat infantiler Tiere ausübt. Aus diesen Tatsachen muß ich schließen, daß der die spezifisch-dynamische Wirkung beeinflussende Stoffwechselstoff nicht identisch ist mit dem Sexualhormon des Hypophysenvorderlappens. Ob diese Stoffwechselwirkung überhaupt eine spezifische ist, wage ich nicht zu entscheiden. Jedenfalls enthält das Präphyson nur den Stoffwechselstoff, das Prolan hingegen sowohl das übergeordnete Sexualhormon wie den Stoffwechsel beeinflussenden Stoff.

---

[1] Mit unserem Testobjekt haben wir auch andere im Handel befindliche Vorderlappenextrakte (Anteglandol, Antephysan) untersucht (Med. Klinik 1927, Nr 13; Arch. f. Gyn. 1927, Bd. 130, 40). Sie erwiesen sich als hormonfrei, was bei der schematischen Herstellung der Extrakte (s. Kap. 1) nicht anders zu erwarten war. Neuerdings hat JANSSEN (Klin. Wschr. 1930, Nr 40, 1853) unsere Befunde bestätigt.

136 Die Produktion mehrerer Hormone im Hypophysenvorderlappen.

Wir sehen, daß im Hypophysen*vorderlappen* verschiedene Substanzen produziert werden, was auf die zentrale Bedeutung der Hypophyse hinweist. Durch die neueren Untersuchungen der Amerikaner (KAMM und Mitarbeiter) wissen wir, daß auch im *Hinterlappen* mindestens zwei Stoffe produziert werden, ein Uterotonikum und ein Vasotonikum (das den Blutdruck steigert und antidiuretisch wirkt), die beide gemischt in den klinisch gebräuchlichen Hinterlappenextrakten (z. B. Piturin, Pituigan, Hypophysin) vorhanden sind. Diese beiden Stoffe können jetzt getrennt dargestellt werden.

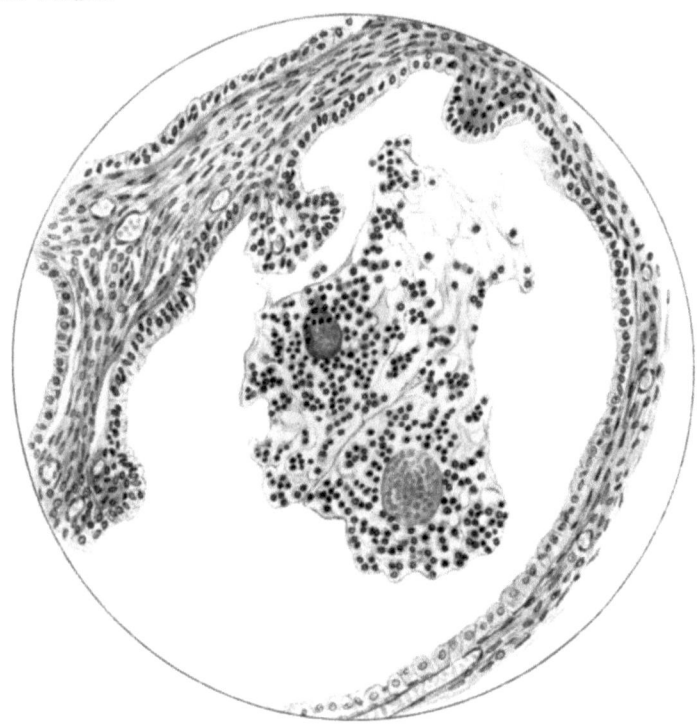

Abb. 57. Infantile, 4 Wochen alte Ratte. Sexuelle Frühreife durch Prolan A. 2 Eier in der Tube.

Im Hypophysenvorderlappen werden also drei Hormone produziert:
1. das Wachstumshormon,
2. HVH-A = Follikelreifungshormon,
3. HVH-B = Luteinisierungshormon.

Ob der im Hypophysenvorderlappen vorkommende Stoffwechselstoff ein besonderes Hormon ist, möchte ich nicht mit Sicherheit entscheiden, weshalb ich das Stoffwechselhormon mit einem Fragezeichen versehe.

In dem von uns dargestellten Vorderlappenhormon = Prolan ist das Wachstumshormon nicht vorhanden, hingegen enthält das Prolan, wie aus dem folgenden Schema hervorgeht, das Follikelreifungshormon, das Luteinisierungshormon und den Stoffwechselstoff.

Prolan {
1. Wachstumshormon,
2. Follikelreifungshormon = HVH-A } = übergeordnetes
3. Luteinisierungshormon = HVH-B } Sexualhormon,
4. ein den Stoffwechsel beeinflussenden Stoff (Stoffwechselhormon?).

Noch nicht geklärt ist die Frage, wie der Follikelsprung ausgelöst wird. Es bestände die Möglichkeit, daß das in den folliculären Zellen durch die HVH-A-Wirkung sekundär erzeugte Folliculin — d. h. das eigentliche weibliche Sexualhormon — den Sprung auslöst, nachdem der hormonhaltige Follikelsaft eine gewisse Folliculinkonzentration erhalten hat. Dagegen spricht aber die beim Menschen beobachtete Persistenz der Follikel, wo es zu einer Ansammlung von reichlichen Mengen hormonhaltiger Flüssigkeit kommt, ohne daß der Sprung einsetzt. Wir[1] konnten durch Implantation von Hypophysenvorderlappen Follikelreifung und Follikelsprung bei der infantilen Maus auslösen, wobei reifende Eier in die Tuben austraten (s. Abb. 50). Aber dieser Befund ist nicht sicher und regelmäßig zu erzielen. Auch die Injektion von Prolan löst scheinbar nur in besonderen Verhältnissen den Follikelsprung aus. Ich bilde Versuche[2] ab (Abb. 57, 58), wo ich bei infantilen Ratten durch Prolan A Follikelsprung mit Austreten von 2 bzw. 3 Eiern in die Tuben erzielen konnte. Während die Hypophysenvorderlappenstoffe die von uns beschriebenen Reaktionen am Ovarium (Follikelreifung, Blutpunkt, Corpus luteum) mit einer fast mathematischen Exaktheit bewirken, ist dies beim Follikelsprung nicht der Fall. Daher bin ich nicht sicher, ob und wie weit der Follikelsprung durch Hormonwirkung allein ausgelöst wird. Dies um so mehr, als wir wissen, daß bei einigen Tieren der Follikel nur durch den Reiz des Coitus springt, so daß z. B. der Follikelsprung

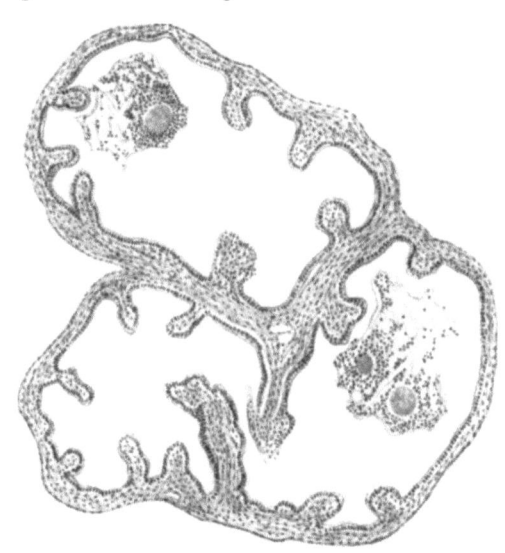

Abb. 58. Follikelsprung und Eiwanderung (3 Eier in der Tube) bei der infantilen Ratte — ausgelöst durch Prolan A.

---

[1] ZONDEK, B. u. ASCHHEIM: Arch. Gynäk. **130**, H. 1, 27—30 (1927).
[2] Noch nicht veröffentlicht.

beim Kaninchen 10 Stunden, bei der Katze erst 1—2 Tage post coitum erfolgt (s. S. 219).

Das HVH-A löst die Follikelreifung und Folliculinbildung im Follikelapparat aus. Durch Folliculin wird beim Tier die Brunst, beim Menschen der Aufbau der Uterusschleimhaut bis zum Beginn der prägraviden Phase hervorgerufen. Auch im Corpus luteum des Menschen wird Folliculin produziert, so daß wir daraus schließen müssen, daß die dem Folliculin übergeordnete HVH-A-Produktion in der Hypophyse des Menschen *kontinuierlich* verläuft. Nach dem Follikelsprung setzt beim Menschen die Bildung des HVH-B ein, wobei es möglich ist, daß dem Follikelsprung die wichtige Bedeutung zukommt, einen Reiz auf die Hypophyse auszuüben, so daß die Produktion des HVH-B in Gang kommt. Im Tierreich liegen die Verhältnisse wohl anders. Hier werden meines Erachtens Hormon A und B *nacheinander* produziert, da das tierische Corpus luteum nicht Folliculin, sondern nur Lutin s. Progestin enthält.

Wir hätten demnach bei Mensch und Tier folgende Unterschiede: Beim Menschen wird während des ganzen Sexualzyklus im Hypophysenvorderlappen Hormon A, nach dem Follikelsprung auch Hormon B produziert. Im Follikelapparat *und* im Corpus luteum wird bis zum Einsetzen der Menstruation Folliculin, im Corpus luteum außerdem noch Lutin s. Progestin gebildet.

Im Vorderlappen des Tieres wird bis zum Follikelsprung HVH-A, nachher nur B produziert. Im Follikelapparat des Tieres entsteht Folliculin, im Corpus luteum nur Lutin s. Progestin.

Das Follikelreifungshormon (HVH-A) ist das übergeordnete Sexualhormon, das die Proliferationsphase, das Luteinisierungshormon (HVH-B) ist das übergeordnete Sexualhormon, das die Sekretionsphase (Funktion) im weiblichen Sexualapparat auslöst. (Bezüglich des männlichen Sexualapparates sei auf Kapitel 20 verwiesen.)

Wir dürfen jetzt nicht mehr sagen: „*Das* Hypophysenvorderlappenhormon", sondern „*die* Hypophysenvorderlappenhormone" *sind die übergeordneten, allgemeinen, geschlechtsunspezifischen Sexualhormone* (s. S. 118.)

Der Rhythmus im Hypophysenvorderlappen in Quantität und Qualität, das rechtzeitige Einsetzen des Luteinisierungshormones (HVH-B) bedingt den Rhythmus der Geschlechtsfunktion, bedingt Proliferation und Funktion der Uterusschleimhaut und schafft damit die optimalen Bedingungen für die Nidation des befruchteten Eies.

Die geschilderten Verhältnisse werden in Abb. 59 schematisch dargestellt.

In der Abbildung ist absichtlich der Follikelsprung nicht eingezeichnet, um damit auszudrücken, daß die Ursache des Follikelsprunges noch nicht restlos erforscht ist.

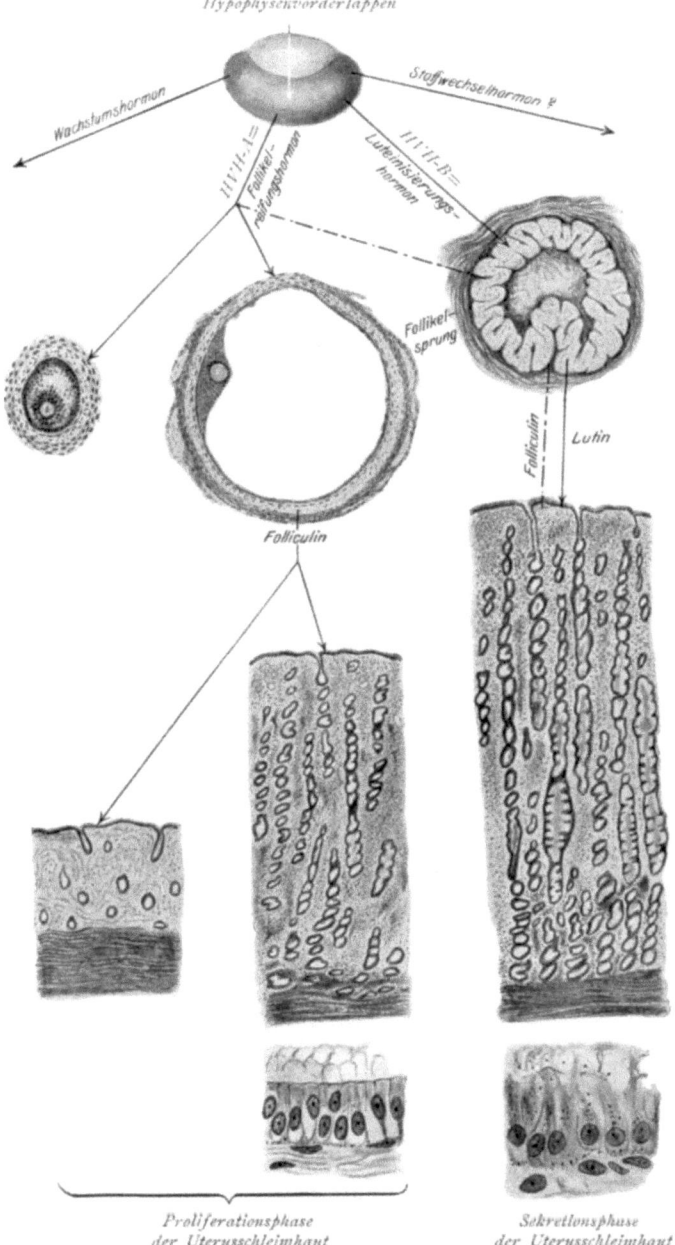

Abb. 59. Hypophysenvorderlappen und weibliche Genitalfunktion.

18. Kapitel.

Testobjekt zum Nachweis der Hypophysenvorderlappenhormone.

Die geschilderten, mittels des Implantationsverfahrens gefundenen charakteristischen Wirkungen des Hypophysenvorderlappens auf das Ovarium des infantilen Nagetiers (HVR I/III) benutzten wir als Testobjekt zum Nachweis der Hypophysenvorderlappenhormone. Da wir zunächst in der Reaktion I/III die Wirkung *eines* Stoffes erblickten, bauten wir das Testobjekt auf den drei Reaktionen auf. Wir sahen das Vorhandensein des Hormons als bewiesen an, wenn 100 Stunden nach Zufuhr des zu untersuchenden Stoffes *ein* Blutpunkt oder *ein* Corpus luteum im Ovarium der 6—8 g schweren, 3—4 Wochen alten infantilen Maus nachweisbar war. Daneben verlangten wir, daß die Uterushörner vergrößert und mit Sekret gefüllt sind, daß die Scheidenschleimhaut bis zur Verhornung aufgebaut und im Scheidensekret das reine Schollenstadium nachweisbar ist (HVR I). Wir bemerkten, daß diese HVR I-Reaktion schnell abläuft, so daß sie übersehen werden, ferner daß sie bei der individuellen Reaktionsempfindlichkeit des Tieres zuweilen auch fehlen kann.

Wir haben im vorigen Kapitel gesehen, daß die drei HVR-Reaktionen nicht durch denselben Stoff ausgelöst werden, sondern daß die HVR I durch das Follikelreifungshormon (HVH-A), die HVR III durch das Luteinisierungshormon (HVH-B) bedingt ist. Welches Hormon die Follikelblutung (HVR II) auslöst, ist noch nicht sicher bewiesen (s. S. 131). Ich konnte in einigen Versuchen[1] bei infantilen Ratten durch plötzliche Überschüttung mit Prolan A verschiedenartig starke Follikelblutungen bis zum vollendeten Blutpunkt auslösen. Will man das Hormongemisch A und B prüfen, so muß man verlangen, daß im Ovarium sowohl Follikelreifung, wie Luteinisierung hervorgerufen wird. Diese Prüfung ist deswegen leicht möglich, weil, wie ich feststellen konnte[2], unter den Nagetieren eine verschiedenartige Empfindlichkeit gegenüber Hormon A und B besteht. Es konnte gezeigt werden, daß die infantile Maus empfindlicher für HVH-B, die infantile Ratte hingegen empfindlicher für Hormon A ist. Wenn die 6 g schwere, infantile Maus Dosis 1 Hormon A braucht, so ist bei der fünfmal so schweren Ratte (30 g) nicht die Dosis 5, sondern nur die Dosis 1/5 nötig. Zum Nachweis des HVH-A ist also die Ratte an sich geeigneter, nur muß bemerkt werden, daß man zur Prüfung eine größere Tierzahl gebraucht,

---

[1] Noch nicht veröffentlicht.
[2] ZONDEK, B.: Zbl. Gynäk. **1929**, Nr 14, 842.

da die Ratten zuweilen ungleichmäßiger reagieren als die Mäuse. Ich halte es daher für notwendig, die Prüfung auf Follikelreifungshormon sowohl an infantilen Ratten wie Mäusen auszuführen. Der Nachweis des Luteinisierungshormons geschieht besser an der infantilen Maus als an der Ratte.

Untersuchungen am Kaninchen haben mir gezeigt, daß das Kaninchen für Prolan noch empfindlicher ist als Ratte und Maus. Allerdings ist hierbei nur die Wirkung von Prolan A und B zusammen geprüft worden. Untersucht man das Prolan an der 6 g schweren Maus, der 30 g schweren Ratte und dem 1200 g schweren Kaninchen, so müßten die Dosen pro Tier nach der Gewichtsproportion sich wie $1 : 5 : 200$ verhalten. In Wirklichkeit fand ich aber ein Verhältnis von $1 : \frac{1}{5} - \frac{1}{8} : 5$. Das 200mal so schwere Kaninchen (als die Maus) braucht also nicht 200, sondern nur 5 Einheiten Prolan. Die verschiedenen Verhältnisse bei den Nagetieren gehen aus folgender Tabelle hervor, wobei die Empfindlichkeit auf Prolan A und B zusammen geprüft ist.

Tabelle 14. Wirksamkeit des Prolans (A und B) bei Nagetieren.

	Gewicht des Tieres in g	Gewichts-proportion	Hormon-proportion pro Tier	Hormon-proportion pro g Tier
Maus	6	1	1	$1/6$
Ratte	30	5	$1/5 - 1/8$	$1/150 - 1/240$
Kaninchen	1200	200	5	$1/240$

Testobjekt für das Follikelreifungshormon.

Follikelreifungshormon bezeichne ich als Reaktion mit HVR I, als Hormon mit HVH-A, als Hormonpräparat mit Prolan A.

Die Reaktion wird an der 4—5 Wochen alten, 30—35 g[1] schweren, infantilen, weiblichen Ratte oder 3—4 Wochen alten, infantilen Maus ausgeführt.

Nehmen wir an, daß die Prüfung am Montag beginnt, so erhält das Tier am Montag im Abstand von je 5 Stunden drei Injektionen, am Dienstag die gleichen Einspritzungen. Der Scheidenabstrich wird von Mittwoch ab täglich zweimal (vor- und nachmittags) untersucht. Das Tier wird am Freitag Vormittag getötet.

Folgende Reaktionen treten auf:

1. *Ovarien.* Das Ovar ist vergrößert, hyperämisch, die Oberfläche überragt von hirsekorngroßen, blasigen Erhebungen = vergrößerte Follikel, gefüllt mit Follikelflüssigkeit. Der große Follikel ist nur bei

---

[1] Die Ratten dürfen nicht älter und schwerer sein, da bei einem Alter von etwa 6 Wochen und einem Gewicht von 45 g die Ovulation spontan auftreten kann.

der Maus, nicht bei der Ratte beweisend, da man bei der infantilen Ratte an sich nicht selten vergrößerte Follikel mit Follikelhöhle findet.

2. *Uterus.* Die Uterinschläuche sind glasig aufgetrieben, hyperämisch, zum Teil strotzend mit Sekret gefüllt.

3. *Scheidenschleimhaut.* Die Schleimhaut zeigt den typischen Brunstaufbau, d. h. 10—12 Reihen polygonaler Zellen mit Verhornung der obersten Zellagen und Abstoßung derselben ins Scheidenlumen.

4. *Scheidensekret.* Das Sekret zeigt die Brunstreaktion, d. h. das typische reine Schollenstadium.

5. Am *kastrierten* Tier darf keine Wirkung an Uterus und Scheide auftreten.

Für die praktische Prüfung ist der Scheidenausstrich am wichtigsten. Beweisend für HVH-A ist der Schollennachweis im Vaginalsekret. Das Folliculin (weibliches Sexualhormon) löst bekanntlich ebenfalls die Brunstreaktion (Schollenstadium) aus. Die Differentialdiagnose zwischen HVH-A und Folliculin wird dadurch gestellt, daß HVH-A am kastrierten Tier *nicht* wirkt, Folliculin aber wirksam ist.

Ferner ist Folliculin kochbeständig, während HVH-A durch Kochen zerstört wird. Will man Folliculin und HVH-A am nichtkastrierten, infantilen Tier prüfen, so muß die zu untersuchende Flüssigkeit vor und nach dem Kochen geprüft werden. Wird die Brunstreaktion (Schollenstadium) auch mit der gekochten Flüssigkeit am infantilen, nichtkastrierten Tier ausgelöst, so ergibt sich daraus, daß in der untersuchten Flüssigkeit nicht HVH-A, sondern Folliculin vorhanden ist.

Einheit: 1 Mäuse- bzw. Ratteneinheit Follikelreifungshormon ist diejenige kleinste Menge, die, auf sechs Portionen verteilt, im Verlauf von 36 Stunden injiziert, 100 Stunden nach Beginn der Injektion bei der infantilen Maus bzw. Ratte Follikelreifung und sekundär Brunstreaktion auslöst (Schollenstadium im Vaginalsekret).

Testobjekt für das Luteinisierungshormon.

Luteinisierungshormon bezeichne ich als Reaktion mit HVR III, als Hormon mit HVH-B, als Hormonpräparat mit Prolan B.

Die Reaktion wird an der 3—4 Wochen alten, 6—8 g schweren infantilen, weiblichen Maus ausgeführt.

Injektionstermin wie bei Prolan A. Scheinabstrich kann, braucht aber nicht geprüft zu werden. Tötung des Tieres 100 Stunden nach Beginn des Versuches.

Folgende Reaktionen treten auf:

1. *Ovarien.* Das Ovar ist vergrößert, hyperämisch, die Oberfläche überragt von hirsekorngroßen, gelblichen Vorwölbungen, die sich histologisch als *Luteinkörper* erweisen. Die luteinisierten Zellen umschließen

meist das Ei (Corpus luteum atreticum), ohne daß der Follikel vergrößert zu sein braucht.

2. *Uterus.* Die Uterinschläuche sind dünn, nicht verändert.

3. *Scheidenschleimhaut.* Die Scheidenschleimhaut zeigt keine Veränderungen; bzw. hohes Schleimepithel (ähnlich wie bei Gravidität) (s. S. 175).

4. *Scheidensekret.* Das Sekret besteht aus Schleim, Leukocyten und großen Epithelien.

5. Am kastrierten Tier darf keine Wirkung am Genitalapparat auftreten.

Einheit: 1 Einheit Luteinisierungshormon ist diejenige kleinste Hormonmenge, die, auf sechs Portionen verteilt, im Verlauf von 36 Stunden injiziert, 100 Stunden nach Beginn der Injektion im Ovarium der infantilen Maus einen Follikel in einen Luteinkörper umwandelt.

Testobjekt für HVH-A und B.

Die Reaktion wird an der 3—4 Wochen alten, 6—8 g schweren, infantilen, weiblichen Maus ausgeführt. Injektionstermin wie vorher beschrieben. Der Scheidenabstrich muß geprüft werden (zur Feststellung von HVH-A), die Tiere werden 100 Stunden nach Beginn des Versuches getötet und an den Ovarien die Wirkung des HVH-B festgestellt.

Folgende Reaktionen treten auf:

1. *Ovarien.* Das Ovar ist vergrößert, hyperämisch, die Oberfläche überragt von hirsekorngroßen, farblosen, blasigen Erhebungen = vergrößerte Follikel, gefüllt mit Follikelflüssigkeit. Ferner treten am Ovarium die vorher beschriebenen Blutpunkte (HVR II) und Corpora lutea auf, die als gelbliche, scharf umschriebene Vorwölbungen erkenntlich sind.

2. *Uterus.* Die Uterinschläuche sind glasig aufgetrieben, hyperämisch, zum Teil mit Sekret gefüllt.

3. *Scheidenschleimhaut.* Die Schleimhaut zeigt den typischen östralen Aufbau mit Verhornung der obersten Zellagen.

4. *Scheidensekret.* Das Sekret zeigt die Brunstreaktion, d. h. das typische reine Schollenstadium.

5. Am *kastrierten* Tier darf keine Wirkung an Uterus und Scheide auftreten.

Da die Luteinisierung eine Hemmung der Follikelreifung und der Folliculinproduktion zur Folge haben kann, und diese Reaktion an allen Tieren und allen Follikeln nicht gleichmäßig abläuft, kann es vorkommen, daß man bei Injektion des Hormongemisches (A und B) an manchen Tieren nicht die Brunstreaktion, sondern nur die Luteinisierung findet, an anderen wieder Luteinisierung *und* Brunstreaktion. So ist es zu verstehen, daß wir früher schrieben, daß bei der Prüfung auf Vorderlappenhormon die Brunstreaktion bei der Reaktionsempfindlichkeit der Tiere zuweilen fehlen kann.

Es ist nicht nötig, daß an den Ovarien Blutpunkte *und* Corpora lutea nachweisbar sind, sondern es genügt, wenn *eine* von beiden Reaktionen vorhanden ist. Bei der Feststellung *eines* Corpus luteum oder *eines* Blutpunktes an *einem* Tier ist der Beweis für die Hypophysenvorderlappenwirkung erbracht.

19. Kapitel.

Darstellung der Hypophysenvorderlappenhormone (Prolan A und B).

Mit Hilfe des beschriebenen Testobjektes war es möglich, die Bedeutung der Hypophysenvorderlappenhormone für den tierischen Organismus zu studieren. Wollte man ein Gewebe auf das Vorhandensein an HVH prüfen, so wurde es der infantilen Maus oder Ratte implantiert und nach 100 Stunden die Reaktion am Sexualapparat abgelesen. Flüssigkeiten wurden den Tieren direkt injiziert. Das Testobjekt hat der Hypophysenforschung neuen Impuls gegeben, da es nunmehr möglich war, in exakter Weise, in kurzer Zeit den Beweis für das Vorhandensein der Vorderlappenhormone zu erbringen. Die Forschungsergebnisse der letzten Jahre beruhen auf unserem Testobjekt.

Aus den weiteren Untersuchungen möchte ich zunächst das wichtigste Ergebnis nennen, die Darstellung der Vorderlappenhormone.

Die Darstellung der Hormone aus dem Hypophysenvorderlappen selbst gaben wir auf, als wir in dem Schwangerenharn[1] ein gutes Ausgangsmaterial gefunden hatten. Während in einer Kuhhypophyse (s. S. 116) — an Eiweiß gebunden — etwa 100 Einheiten Hormon vorhanden sind, enthält der Schwangerenharn in gelöster Form pro Liter viele tausende Einheiten (Näheres im Kapitel „Hormon und Schwangerschaft"). Die erste Darstellung des Prolans aus Schwangerenharn mittels Dialyse gab ich bald zugunsten des Alkoholfällungsverfahrens[2] auf. Durch Alkohol wird aus dem Schwangerenharn Hormon A und B gleichzeitig gefällt. Auch der Stoffwechselstoff geht in die Alkoholfällung über, so daß sich in unserem aus Schwangerenharn hergestellten Prolan die Stoffe A und B sowie der Stoffwechselstoff befinden (s. S. 137). Bemerkenswert war die Feststellung, daß die Vorderlappenhormone in organischen, mit Wasser nicht löslichen Lösungsmitteln unlöslich sind,

---

[1] ASCHHEIM u. B. ZONDEK: Klin. Wschr. **1927**, Nr 28.
[2] ZONDEK, B.: Zbl. Gynäk. **1929**, Nr 14, 835.

so daß man diese (am geeignetsten ist Äther) zur Reinigung verwenden kann. Gleichzeitig geht das im Schwangerenharn vorhandene Folliculin in den Äther über, so daß dadurch gleichzeitig eine Trennung zwischen weiblichem Sexualhormon (Folliculin) und Vorderlappenhormon möglich ist.

Darstellung des Prolans aus dem Schwangerenharn.

Das Prolan wird aus dem Schwangerenharn folgendermaßen dargestellt. (Beispiel):

1 Liter Schwangerenharn wird, falls er alkalisch reagiert, mit Essigsäure bis zur schwach lackmussauren Reaktion angesäuert und durch ein weites Filter filtriert. Es werden 4 Liter 96%igen Alkohols hinzugefügt, wobei ein feinflockiger Niederschlag auftritt. Nach mehrmaligem Schütteln läßt man die Lösung 24 Stunden stehen. Das Prolan befindet sich in der Fällung, die durch Zentrifugieren gewonnen wird. Die Fällung wird mit Äther geschüttelt, gereinigt, der Äther abzentrifugiert und verworfen. Nunmehr wird die Fällung in Aqua destillata aufgenommen, tüchtig geschüttelt und wieder zentrifugiert. Jetzt wird nur der wasserlösliche Teil verwandt, da das Hormon im Wasser gelöst ist. Der Bodensatz wird also verworfen. Die Hormonlösung kann jetzt weiter gereinigt werden durch erneute Alkoholfällung, Behandlung der Fällung mit Äther und Aufnahme der Fällung in Wasser, wobei nur der wasserlösliche Teil verwandt wird. Auf diese Weise erhält man ein feines, weißlich-gelbes Pulver, das sich in Wasser mit leicht gelblicher Farbe glatt löst.

Die Trennung des HVH-A und B im Schwangerenharn ist mir durch verschiedene Fällungsverfahren einigemal gelungen. Die Trennung gelingt aber nicht regelmäßig und vollständig, so daß ich die Verhältnisse nach dieser Richtung hin noch nicht überschaue.

Darstellung des Prolan A aus dem Harn Nichtschwangerer.

Ich habe Prolan A aus dem Harn von Nichtschwangeren isoliert dargestellt, nachdem ich festgestellt hatte, daß das Follikelreifungshormon (s. Kap. 31) im Harn zur Ausscheidung kommt[1]:

a) bei Frauen mit Genitalcarcinom,

b) bei kastrierten Frauen und zuweilen im Klimakterium,

c) bei kastrierten Tieren (aber hier nur bei einzelnen Tierarten und in einem bestimmten Zeitraum, S. 257).

Bezüglich der Bedenken, die ich über die Darstellung von Prolan A aus dem Harn Nichtschwangerer geäußert habe, verweise ich auf S. 133 u. 266.

Prolan A wird ebenfalls durch Alkohol gefällt und ist in organischen Lösungsmitteln (Äther) unlöslich.

Beispiel: 1 Liter Carcinomharn (Genitalcarcinom der Frau) wird mit 4 Litern 96% Alkohol versetzt, die Fällung 24 Stunden stehengelassen. Die

---

[1] ZONDEK, B.: Klin. Wschr. 1930, Nr 9, 15 u. 26.

Fällung wird mit Äther gereinigt, der Äther verworfen. Dann wird die Fällung in Wasser gelöst und nur der wasserlösliche Teil verwandt. Die weitere Reinigung erfolgt ebenfalls durch erneute Alkoholfällung, Ätherreinigung und Verwendung des wasserlöslichen Teils.

Chemische Eigenschaften der Vorderlappenhormone.

Die bisher festgestellten chemischen Eigenschaften sind bei Hormon A und B gleichartig, so daß ich daraus schließe, daß beide Stoffe sich chemisch vielleicht nahe stehen (verschiedene Isomerie?). Die zu beschreibenden Eigenschaften gelten also für A und B.

Im Gegensatz zu dem sehr widerstandsfähigen Folliculin (s. S. 90) sind die Vorderlappenhormone sehr empfindlich. Sie werden durch Erwärmung auf 60° bereits geschädigt, durch Kochen zerstört. Behandlung mit starker Säure und Alkali vernichtet die HVH.

Im Gegensatz zum Folliculin ist das Hormon A und B in organischen mit Wasser löslichen Lösungsmitteln nicht löslich, so daß dadurch eine Trennung des weiblichen Sexualhormons von den Vorderlappenhormonen möglich ist.

Das HVH-A u. B ist leicht dialysabel, in Wasser leicht löslich.

Während Folliculin in Alkohol und Aceton löslich ist, wird HVH-A u. B. durch Alkohol, Aceton usw. gefällt.

Sehr eingehend habe ich mich in letzter Zeit mit der Adsorption[1] der Vorderlappenhormone beschäftigt. Wie H. ZONDEK und BANSI[2] festgestellt haben, sind Hormone im allgemeinen leicht adsorbierbar. Das gilt, wie ich feststellen konnte, auch für das Folliculin und das HVH-A u. B. Aber ich fand einige Unterschiede, die ich kurz angeben möchte:

Durch Behandlung des schwachsauren Harns schwangerer Frauen mit Kieselgur wird nicht das Folliculin, wohl aber die Vorderlappenhormone an Kieselgur adsorbiert, so daß auch auf diese Weise eine Trennung der Hormone möglich ist. (Ich kann also auf zwei verschiedene Arten Folliculin und Prolan im menschlichen Schwangerenharn trennen, 1. durch Behandlung mit Äther, wobei nur Folliculin in den Äther übergeht, 2. durch Behandlung mit Kieselgur, wobei nur Prolan durch Kieselgur adsorbiert wird.)

Bei Behandlung des Schwangerenharns mit Knochen- oder Tierkohle wird sowohl Folliculin (S. 86) wie Prolan durch die Kohle völlig adsorbiert.

Werden reine Prolanlösungen mit Kieselgur oder Kohle behandelt, so erfolgt ebenfalls eine völlige Hormonadsorption.

---

[1] Noch nicht veröffentlicht.
[2] ZONDEK, H. u. BANSI: Biochem. Z. **95**, 376 (1928).

Hingegen werden die HVH. nicht adsorbiert durch das BERKEFELD-Filter, während bei Behandlung mit SEITZ-Filter etwas Hormon verloren geht.

Prolanlösungen (500 RE. pro Kubikzentimeter) geben mit Sulfosalicylsäure keine Trübung, hingegen ist bei konzentrierteren Lösungen die Biuretreaktion zuweilen noch positiv. (Eiweißabbausteine?)

Was die Reinheit des Prolans anbetrifft, so verfügen wir über Trockenpulver, die pro Gramm 60 000 RE. enthalten.

1 RE. also = 0,016 mg.

In weiter gereinigten Lösungen erhielt ich pro Ratteneinheit eine Trockensubstanz von 0,007 mg.

Die Stickstoffuntersuchung ergab pro RE. einen Rest-N-Gehalt von 0,0001—0,0003 mg.

Die Untersuchung auf Purinderivate und Kohlehydrate fiel negativ aus.

Das Hormon enthält kein Cholesterin, kein Lecithin.

Die Untersuchung auf einige biogene Amine (PAULYsche Reaktion) fiel negativ aus.

Ich bin mir bewußt, daß die Reindarstellung des Hormons mit den oben genannten Werten noch keineswegs erreicht ist, daß wir aber auf dem Wege sind.

Für klinische Zwecke genügt die jetzige Darstellung völlig, denn wir können konzentrierte Lösungen darstellen, die vom Menschen bei Injektion gut vertragen werden. Allerdings hat sich gezeigt, daß die Prolanlösungen im Laufe der Zeit sich abschwächen, so daß sie nur eine begrenzte Wirkungsdauer haben. Deshalb wird das Prolan für klinische Zwecke in Trockenampullen dargestellt,

Es muß noch die Frage erörtert werden, ob das im Harn (Schwangeren-Carcinom-Kastratenharn) ausgeschiedene Hormon mit den im Hypophysenvorderlappen produzierten Stoffen identisch ist. Man kann mit dem aus Harn dargestellten Prolan genau dieselben biologischen Reaktionen am Sexualapparat der infantilen Tiere auslösen wie durch Implantation von Hypophysenvorderlappen. Aber es kann der Einwand gemacht werden — in der Literatur wiederholt erhoben —, daß diese gleichartige biologische Reaktion noch nicht zur Identifizierung genügt. Nun sind die Wirkungen des Hypophysenvorderlappens am Sexualapparat so charakteristisch und nur durch den Vorderlappen auslösbar, daß es schon sonderbar wäre, wenn im Harn gleichwirkende Stoffe ausgeschieden würden, die mit der Hypophyse nichts zu tun haben. Aber selbst wenn die Stoffe nicht mit dem Vorderlappenhormon chemisch identisch sein sollten, so ist es für uns vom biologischen und klinischen Standpunkt aus entscheidend, daß die im Harn vorhandenen und im Prolan dargestellten Stoffe dieselbe Wirkung haben wie die spezifische Zuführung des Vorderlappens durch Implantation der Drüse. Aber wir haben bereits weitere Beweise, die uns zur Identifizierung berechtigen. Die physikalischen und chemischen Eigenschaften der im Vorderlappen produzierten Hormone sind genau die gleichen wie die Eigenschaften der im Harn vorhandenen Stoffe. Sie werden in gleicher Weise durch Hitze bei 60—70° geschädigt, durch Kochen zerstört. Die im Vorderlappen und Harn vorhandenen Stoffe werden in gleicher Weise durch Säuren und Alkali zerstört, durch Alkohol gefällt, durch Äther, Chloroform usw. nicht gelöst und, wie REISS festgestellt hat, in gleicher Weise adsorbiert. Die chemische Identität wird sich erst erweisen lassen, wenn die Konstitution des Prolans erforscht ist. Aber ich meine, daß wir heute schon berechtigt sind von einer *biologischen* Identität zu sprechen, da die Wirkungen im tierischen Organismus genau die gleichen sind.

20. Kapitel.
Die biologischen Wirkungen der Hypophysenvorderlappenhormone.

Die folgenden Ergebnisse sind entweder durch Implantation von menschlichem oder tierischem Hypophysenvorderlappen oder durch Injektion von Prolan erzielt worden. Die Untersuchungen wurden an Nagetieren ausgeführt und zwar an Mäusen, Ratten und Kaninchen. Wie aus Kapitel 14 u. 27 ersichtlich, ist der Sexualzyklus bei den verschiedenen Tieren different. Während bei Maus und Ratte die Ovulation und Corpus luteum-Bildung spontan rhythmisch abläuft, die prägravide Umwandlung der Uterusschleimhaut durch das Corpus luteum aber nur nach einem sterilen oder befruchtenden Coitus einsetzt, tritt beim Kaninchen die Ovulation und Corpus luteum-Bildung niemals spontan, sondern nur durch den Coitus auf. Die Uterusschleimhaut befindet sich beim Kaninchen im Gegensatz zu Maus und Ratte stets in einem gewissen Proliferationsstadium. Der Sexualzyklus ist hier kontinuierlich, im Gegensatz zu dem ausgesprochen diskontinuierlichen Zyklus bei Maus und Ratte.

Der Vorgang der Ovulation läßt sich am besten an der Maus und Ratte, die prägravide Umwandlung der Uterusschleimhaut am besten am Kaninchen studieren.

Im folgenden beschreibe ich die Wirkung der einmaligen und chronischen Zufuhr von Prolan A und einer Mischung von Prolan A und B.

1. Wirkung von Prolan A am infantilen Tier[1].

a) Einmalige Zufuhr.

Injiziert man einer infantilen Maus oder Ratte 1 Einheit Prolan A, so wird das infantile Tier nach 100 Stunden brünstig. Die Genitalorgane zeigen charakteristische Veränderungen. Das Ovarium ist vergrößert, hyperämisch, die fast farblosen, mit Follikelsaft strotzend gefüllten Follikel ragen über die Oberfläche hinaus. Die Uteri sind vergrößert, livide, mit Sekret gefüllt. Die Scheide ist verdickt, das Scheidenepithel zeigt den typischen östralen Aufbau mit Verhornung der obersten Zellagen, im Scheidensekret finden wir das reine Schollenstadium. Die voll entwickelten Genitalorgane machen den Eindruck, als ob sie in den kleinen infantilen Organismus garnicht hineinpassen. Die Tiere

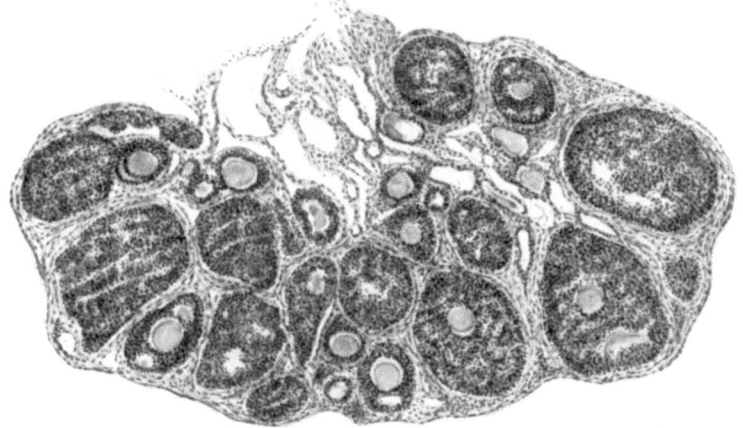

Abb. 60. Ovarium einer infantilen Maus bei Dauerbrunst durch Folliculin (vgl. Abb. 61 und 62).

werden als sexuell reif vom Bock erkannt und gejagt. Injiziert man einem infantilen Tier 1 Einheit Folliculin, so haben Uterus und Scheide das gleiche Aussehen wie bei Prolan A. Der Unterschied liegt in der Wirkung auf das Ovarium. Beim Folliculintier ist das Ovarium gar nicht verändert, klein und blaß, ohne Vergrößerung der Follikel. Das mit Prolan behandelte Tier aber zeigt die eben beschriebenen Reaktionen am Eierstock. Das Prolan wirkt nur auf dem Wege über den Eierstock, deshalb ist Prolan A am kastrierten infantilen Tier wirkungslos.

Auch beim Kaninchen löst Prolan A eine spezifische Wirkung am Genitalapparat aus. Ich injizierte infantilen 1200 g schweren Kaninchen im Verlauf von 4 bis 10 Tagen Prolan A (100—300 RE.). Am fünften Tage zeigten Vulva und Uteri bereits blau-livide Verfärbung. Die fadendünnen

---

[1] ZONDEK, B.: Klin. Wschr. 1930, Nr 26 (IV. Mitt.), 1207.

150 Die biologischen Wirkungen der Hypophysenvorderlappenhormone.

Uterushörner sind in bleistiftdicke Gebilde umgewandelt, die Scheide ist erheblich gewachsen. Die Ovarien sind farblich nicht wesentlich verändert, hingegen sind sie deutlich vergrößert und ihre Oberfläche wird von mehreren, fast erbsengroßen, glasigen, sprungreifen Follikeln über-

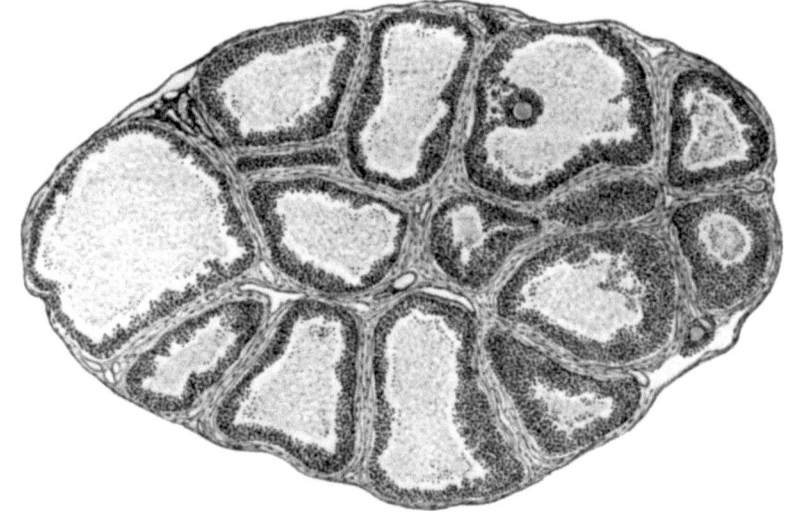

Abb. 61. Ovarium einer infantilen Maus bei Dauerbrunst durch Prolan A.

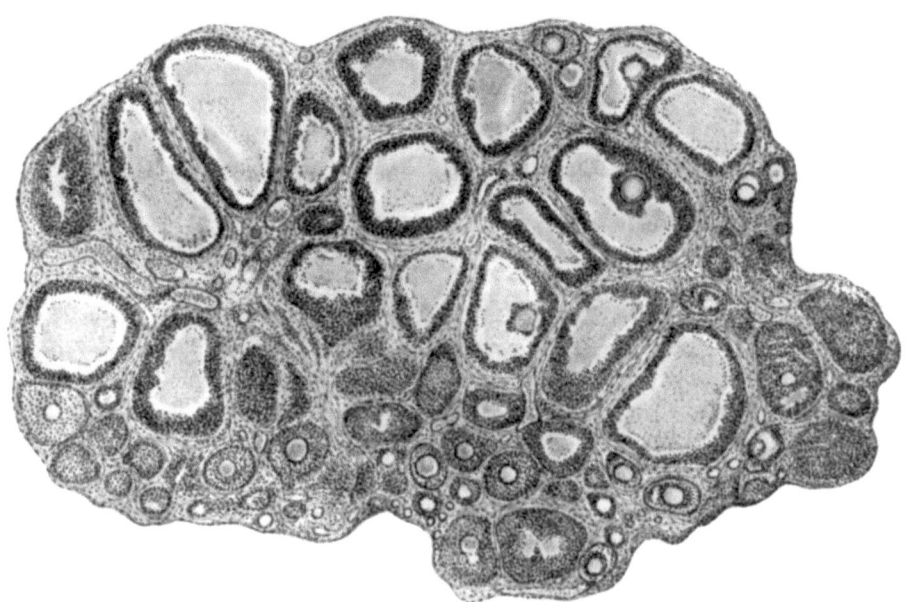

Abb. 62. Ovarium einer infantilen, 5 Wochen alten Ratte bei Dauerbrunst mit Prolan A.

ragt. Die morphologische Untersuchung der Uterushörner ergibt nach 8—10 tägiger Prolanzufuhr eine Dickenzunahme der Muskulatur um etwa das Zehnfache, der Uterusschleimhaut um das Fünffache. Die Schleimhaut zeigt fast die gleichen Veränderungen wie nach Folliculinzufuhr (S. 99). Man sieht eine Reihe von neugebildeten runden Drüsen mit einzelliger Auskleidung (hyperplastische Uterusschleimhaut). Die Schleimhaut hat sich aber nicht in Falten gelegt, von der polypösen prägraviden Umwandlung ist noch nichts zu erkennen. Durch die Prolan A-Zufuhr wird im Ovarium das Folliculin mobilisiert, das den Aufbau der Uterusschleimhaut im Sinne der Pf-Phase (s. S. 220) stürmisch vorwärts treibt, ohne daß die prägravide Umwandlung einsetzt.

b) Dauerzufuhr von Prolan A.

Prolan A löst im Ovarium des infantilen Tieres die Follikelreifung aus, in den Follikeln wird das Folliculin mobilisiert, das seinerseits die Brunst auslöst. Ohne HVH-A kein Folliculin. Je mehr HVH-A, um so mehr Folliculin. Dauerzufuhr von Prolan A bewirkt Dauerproduktion von Folliculin. Dauerproduktion von Folliculin erzeugt Dauerbrunst. Dies können wir experimentell dadurch beweisen, daß durch tägliche Injektion (14 Tage lang) von Prolan A am infantilen Tier ein dauerndes reines Schollenstadium des Scheidensekretes herbeigeführt wird (s. Tab. 15).

Tabelle 15.
Dauerinjektion von Prolan A bei der infantilen Maus oder Ratte.

Datum	Gewicht g	Leukocyten	Schleim	Epithelien	Schollen	Zuführung
18. XI.	6,3	+ +	+ +	−	−	
19. XI.		+ +	+ +	−	−	
20. XI.		+ +	+ +	−	−	
21. XI.		+ +	+ +	−	−	
22. XI.		+ +	+	+ +	+	
23. XI.		−	−	+ +	+ + +	
24. XI.		−	−	−	+ + +	
25. XI.		−	−	−	+ + +	
26. XI.		+	−	−	+ + +	2 ME. Prolan A
27. XI.		−	−	−	+ + +	
28. XI.		−	−	−	+ + +	
28. XI.		−	..	−	+ + +	
29. XI.		−	−	−	+ + +	
30. XI.		−	−	−	+ + +	
1. XII.		−	−	−	+ + +	
2. XII.		−	−	−	+ + +	
3. XII.	9,1	−	−	..	+ + +	

Wir lösen also die gleiche biologische Wirkung, d. h. Dauerbrunst sowohl durch chronische Zuführung von Folliculin wie von Prolan A aus. Der

152 Die biologischen Wirkungen der Hypophysenvorderlappenhormone.

charakteristische Unterschied zeigt sich wieder im Ovarium (Abb. 60, bis 62). Das Folliculintier zeigt trotz der Dauerbrunst keine Veränderungen am Ovarium. Bei den mit Prolan A behandelten Tieren aber sehen wir den Eierstock umgewandelt in ein traubenförmiges Gebilde, das aus sekretgefüllten Follikeln besteht. Beim kastrierten Tier bleibt auch die chronische Zufuhr großer Prolan A Dosen ohne jede Wirkung, weil das Prolan nur auf dem Wege über das Ovarium wirkt.

2. Wirkung von Prolan A und B am infantilen Tier.

a) Einmalige Zufuhr.

Injiziert man einer infantilen, 3—4 Wochen alten, 6—8 g schweren Maus oder einer 4—5 Wochen alten, 25—30 g schweren Ratte 1 Mäusebzw. Ratteneinheit unseres Prolans (das A und B enthält), so erzielt man sämtliche drei Vorderlappenreaktionen. Im einzelnen folgendes:

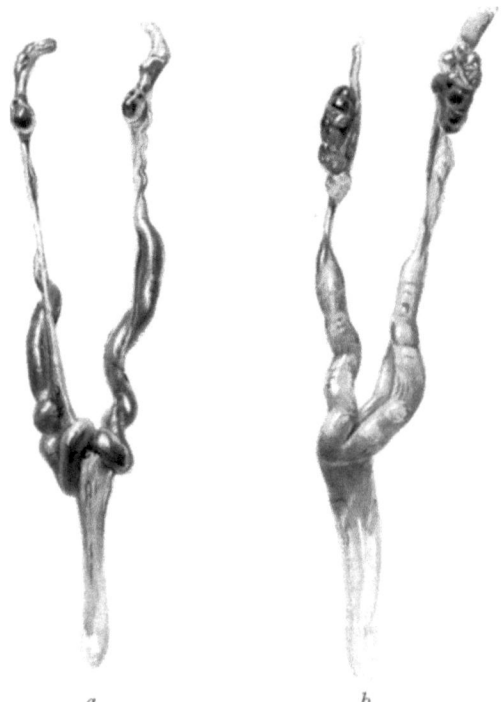

Abb. 63. Prolanwirkung am infantilen Kaninchen. Nach 5 tägiger Prolanbehandlung (a), nach 14 tägiger Behandlung (b).

Das Ovarium ist hyperämisch, die blaßgelbe Farbe ist in eine rosarote umgewandelt. Die Oberfläche des vergrößerten Eierstocks wird über-

Wirkung von Prolan A und B am infantilen Tier. 153

ragt von ein oder mehreren Blutpunkten und gelben Körpern. Die Serienuntersuchung der Ovarien zeigt große Follikel mit Cumulus oophorus, Vergrößerung (Luteinisierung) der Thecazellen, partielle Luteinisierung der Granulosazellen des Follikels, Blutungen in die vergrößerten Follikel und Corpora lutea atretica. Die Vascularisation der Corpora ist bei der Ratte viel deutlicher als bei der Maus (s. Abb. 55 u. 56). Follikelsprung mit Eiaustritt und anschließender Corpus luteum-Bildung in den geplatzten Follikeln, wie wir sie bei Implantation von frischer

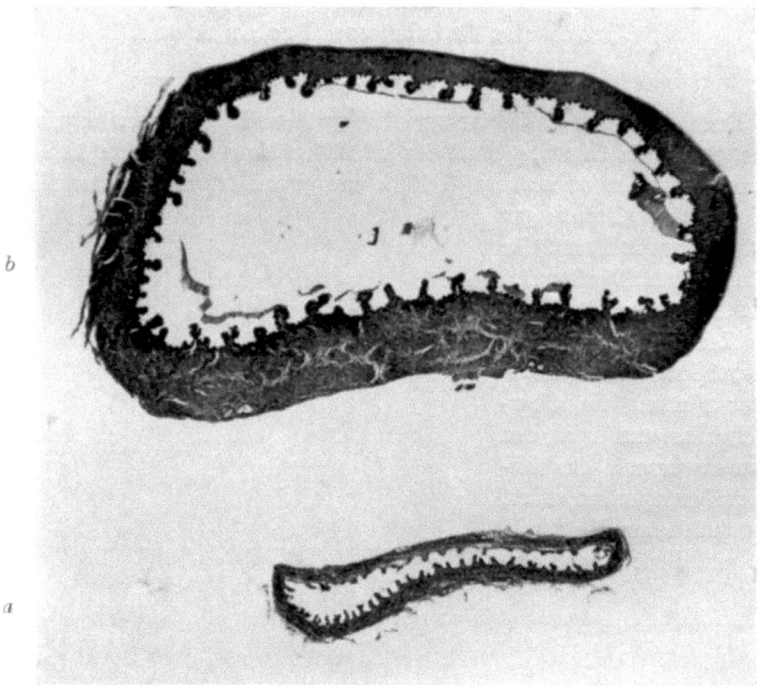

Abb. 64. Wirkung des Prolans auf die Scheide des infantilen Kaninchens. *a* Scheide des Kontrolltieres, *b* Scheide des Prolantieres.

Hypophyse beschrieben haben, konnte bei Prolaninjektion nicht so häufig beobachtet werden (s. S. 137). Die eben beschriebenen Veränderungen sieht man nicht immer an demselben Ovarium. So sieht man an einem Eierstock vielleicht nur Follikelblutung, an einem anderen nur die Thecaluteinisierung, an einem dritten vielleicht das Corpus luteum atreticum. Häufig aber sehen wir alle Reaktionen auch an demselben Eierstock. Die Fettfärbung der Ovarien ergibt mäßige Ansammlung von sudanophilen Substanzen in den Theca- und Granulosazellen des vergrößerten Follikels, reichlicheres Vorkommen in den

Zellen der Corpora lutea. Auch in den interstitiellen Zellen finden sich Fettsubstanzen.

Der Uterus ist vergrößert, mit Sekret gefüllt und zeigt die Brunstreaktion. Im Scheidensekret finden wir das Schollenstadium, in der Scheidenschleimhaut den Zellenaufbau mit Verhornung der obersten Zellagen.

Am kastrierten infantilen Tier wirkt Prolan A und B selbstverständlich nicht.

b) Chronische Zufuhr von Prolan A und B.

α) Bei Maus und Ratte.

Durch chronische Zufuhr von Prolan A und B löst man ungeheure Wirkungen am Sexualapparat der infantilen Maus und Ratte aus. Die Ovarien werden in massige Gebilde umgewandelt, so daß der Nichtkenner diese Organe gar nicht mehr für Eierstöcke halten würde. Die Ovarien sind häufig auf das Fünf- bis Zehnfache an Masse gewachsen, von dunkelroter Farbe, die Oberfläche besetzt mit den blauschwarzen, das Niveau überragenden, scharf umschriebenen Blutpunkten und diese wieder um-

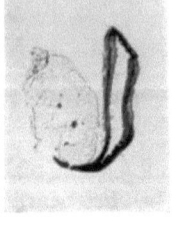
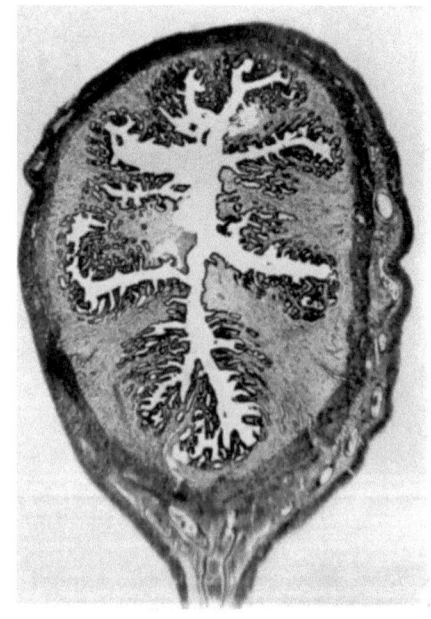

a   b

Abb. 65. Wirkung des Prolans auf den Uterus infantiler Kaninchen. *a* Kontrolltier, *b* Prolantier.

säumt von gelben Körpern. Die Ovarien machen den Eindruck von kleinen Walderdbeeren (s. Abb. 83b)! Die Uteri sind stark vergrößert und so livide verfärbt, wie bei einer jungen Gravidität.

Wirkung von Prolan A und B am infantilen Tier.

β) Beim Kaninchen.

Die Wirkung des Prolans läßt sich noch besser als an Maus und Ratte am infantilen Kaninchen[1] studieren, wo die Verhältnisse größer sind, wo vor allem gezeigt werden kann, daß das Prolan imstande ist, hochgradige Veränderungen am Genitalapparat auszulösen, die selbst beim geschlechtsreifen Kaninchen niemals spontan, sondern nur im Anschluß an die Kohabitation auftreten (Kap. 27).

Infantile, 1200 g schwere Kaninchen erhielten 10—14 Tage lang täglich 150 RE., im ganzen also 1500—2000 RE. Prolan A u. B subcutan. Die Wirkung ist äußerst frappant. Beim Öffnen des Bauches hat man den Eindruck, als ob bei den infantilen Tieren eine junge Gravidität vorliege. Die fadendünnen Uterushörner sind in fingerdicke

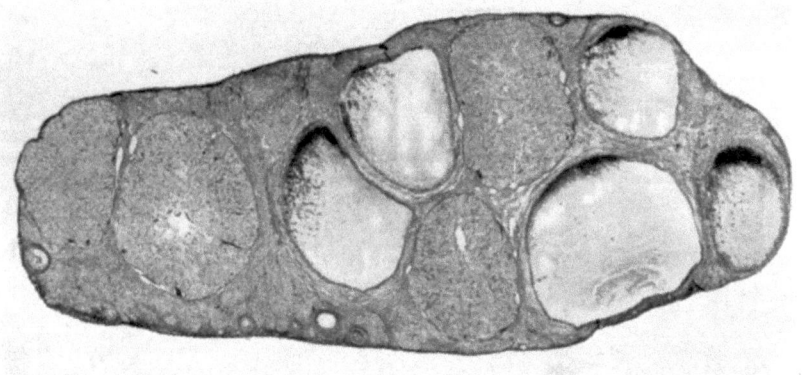

Abb. 66. Wirkung des Prolans auf das Ovarium des infantilen Kaninchens. Der Schnitt enthält 5 große, z. T. sprungreife Follikel (Prolan A) und 4 Corpora lutea (Prolan B).

Gebilde umgewandelt, blaurot-livide verfärbt und kontrahieren sich auf den Reiz der Bauchöffnung sofort. Die zuführenden Gefäße sind strotzend mit Blut gefüllt. Die Ovarien sind auf etwa das Sechs- bis Achtfache gewachsen und zeigen ein farbenprächtiges Bild. Die unregelmäßige Oberfläche von weißlichgelber Farbe ist überragt von kleinerbsengroßen, dunklen, blau-schwarzen Blutpunkten, die wieder umrahmt sind von goldgelben Corpora lutea (Abb. 63).

Schnitte durch die Scheide (Abb. 64) zeigen bei den mit Prolan behandelten Tieren eine starke Zunahme der Muskulatur und des Bindegewebes, also ein echtes Wachstum der Scheide. Noch imposanter sind die Unterschiede am Uterus (Abb. 65). Man möchte gar nicht glauben, daß derartige Wirkungen an infantilen Uteri überhaupt möglich sind. Besonders sei auf die mächtig gewucherte, polypöse

---

[1] ZONDEK, B.: Zbl. Gynäk. **1929**, Nr 14, 834—847.

156 Die biologischen Wirkungen der Hypophysenvorderlappenhormone.

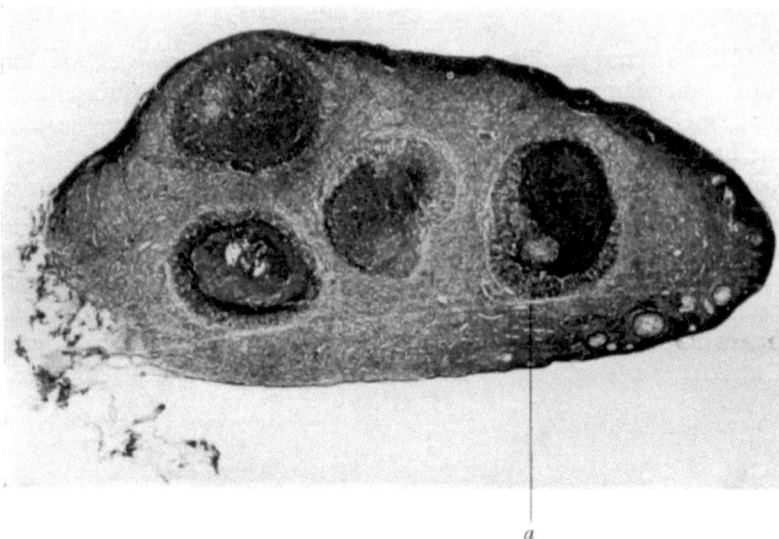

Abb. 67. Wirkung des Prolans auf das Ovarium des infantilen Kaninchens. (10 tägige Behandlung mit 1500 RE). Die Primordialfollikel sind in die Randzonen verdrängt. Man sieht 4 luteinisierte Follikel mit Blutung in die Follikelhöhlen (= Blutpunkt). Abb. 68. stellt a in starker Vergrößerung dar.

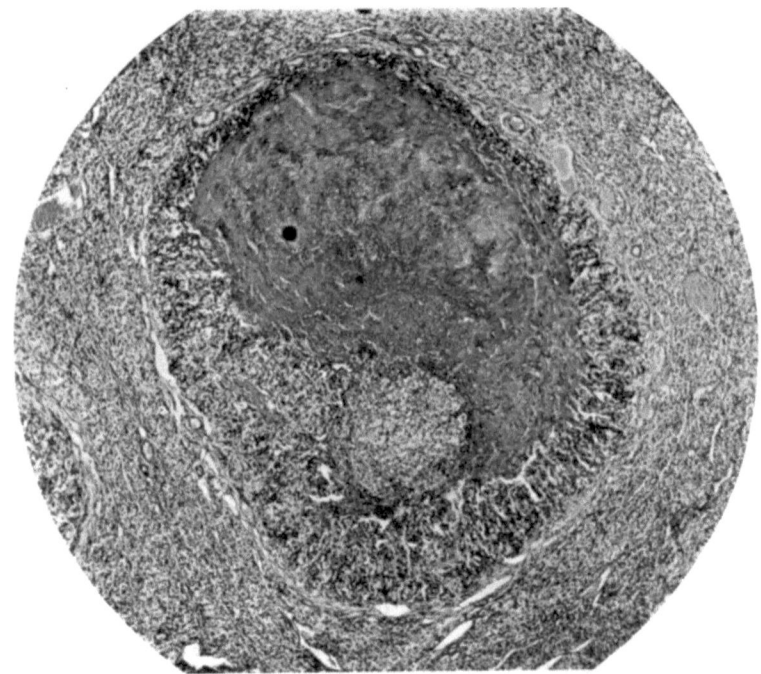

Abb. 68. Großer luteinisierter Follikel blutgefüllter Follikel (Abb. 67a stark vergrößert) als spezifische Wirkung des Prolans.

Uterusschleimhaut hingewiesen, auf die zahlreichen Mitosen im Epithel und die starke Blutfüllung der Schleimhaut, *das Bild der prägraviden Schleimhaut!* Im Ovarium des Kontrolltieres sieht man eine Fülle kleiner Follikel. Durch das Prolan sind diese Primordialfollikel in sprungreife Follikel umgewandelt (s. Abb. 66), oder die Primordialfollikel sind verschwunden bzw. in die Randzonen verdrängt, und die Ovarien enthalten zahlreiche Blutpunkte, d. h. blutgefüllte, z. T. luteinisierte, große Follikel, sowie Corpora lutea (HVR II u. III) (Abb. 67 und 68). Diese experimentell ausgelösten Veränderungen finden wir sonst beim infan-

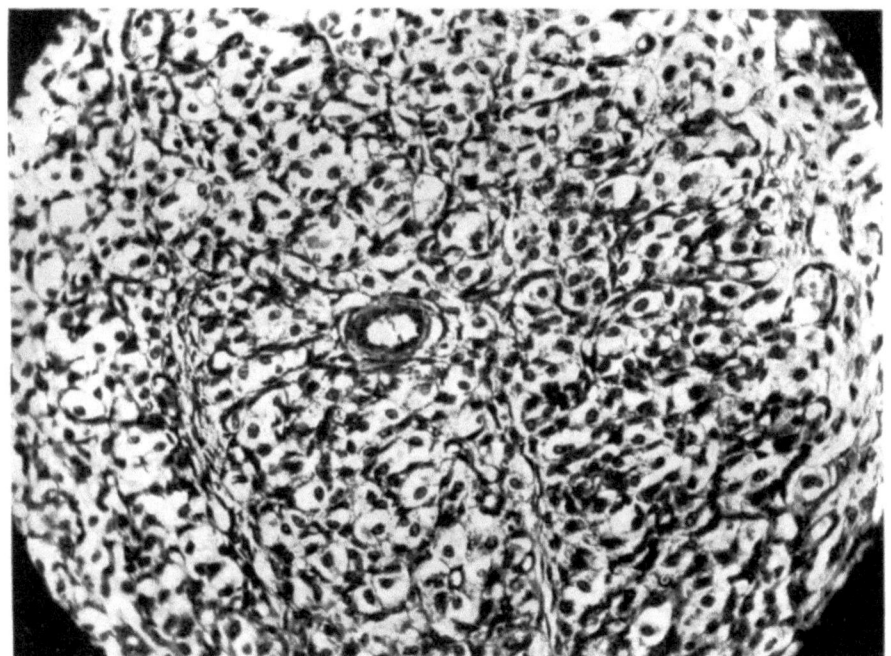

Abb. 69. Teil von Abb. 68 bei starker Vergrößerung. Thecawucherung nach Prolanzufuhr.

tilen Kaninchen[1] niemals! Bei starker Vergrößerung der luteinisierten Follikel sieht man, daß Granulosa- und Thecazellen stark gewuchert sind, daß aber die Thecazellen besonders schön entwickelt sind (Abb. 69). Die Wirkungen des Prolans sind am Kaninchen, das spontan nicht ovuliert, besonders beweisend. Die Reaktionen sind im Prinzip die gleichen wie bei Maus und Ratte, nur sind sie noch drastischer und makroskopisch leichter darstellbar.

Ich möchte bei den Kaninchenuntersuchungen besonders die Wirkung

---

[1] Blutpunkte treten beim *geschlechtreifen* Kaninchen zuweilen spontan auf (s. S. 131).

158 Die biologischen Wirkungen der Hypophysenvorderlappenhormone.

auf die Uterusschleimhaut hervorheben (s. S. 151). *Prolan A bewirkt durch Mobilisierung des Folliculins den Aufbau der Proliferationsphase, bei Dauerzufuhr entsteht eine hyperplastische Schleimhaut. Prolan B löst durch Mobilisierung des Lutin s. Progestin die prägravide Umwandlung der Uterusschleimhaut aus.* ALLEN und CORNER haben ihre Versuche mit Progestin (s. S. 105), am *geschlechtsreifen* Kaninchen gemacht. Wenn es mir durch Prolan gelungen ist, auch beim *infantilen* Kaninchen die prägravide Umwandlung der Uterusschleimhaut auszulösen, so scheint mir das ein exakter Beweis, daß das Prolan die Corpus luteum-Bildung auslöst, ferner daß es sich um funktionierende, das Hormon produzierende Corpora lutea handelt, unter deren Wirkung der prägravide Umbau der Uterusschleimhaut sich vollzieht. Ich betone dies, weil FRAENKEL (S. 129) die unter Prolan sich bildenden Corpora lutea als Gebilde nicht endokrinen Charakters bezeichnet hat.

3. Wirkung von Prolan A und B am geschlechtsreifen Tier bei chronischer Zuführung.

Die Untersuchungen wurden an geschlechtsreifen Ratten ausgeführt, bei denen durch täglichen Scheidenabstrich festgestellt war, daß sie einen regelmäßigen Sexualzyklus hatten. Dann wurden täglich 10 bis 50 RE. unseres Prolans injiziert, das eine Mischung von A und B darstellt. Führte man die Versuche 3 bis 4 Wochen durch, so fand ich folgende drei Reaktionstypen[1]:

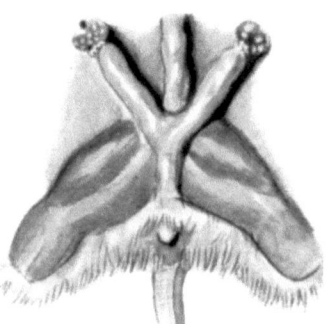

Abb. 70. Chronische Zufuhr von Prolan A u. B bei der geschlechtsreifen Maus. Trotz Hemmung des Ovarialzyklus große Uteri. Ovarien enthalten zahlreiche Corpora lutea und einige Blutpunkte.

a) Daueroestrus mit dauerndem Schollenstadium; große, glasige Uteri, hyperämische Ovarien mit Massenbildung großer Follikel, wobei vereinzelte Corpora lutea vorhanden sein können.

b) Unregelmäßiger Zyklus mit wechselndem Scheidensekret, große Uteri mit prägravider Schleimhaut, große Ovarien mit Blutpunkten und gelben Körpern (Abb. 70).

c) Sistieren des Brunstzyklus, Uteri in Größe wechselnd (s. S. 177), prägravide Uterusschleimhaut, dioestrisches Scheidensekret, große Ovarien mit Massenbildung von gelben Körpern und Blutpunkten.

Ich glaube, daß diese verschiedenartigen Reaktionen auf den verschiedenen Gehalt von Prolan A und B in der Lösung zurückzuführen

---
[1] Noch nicht veröffentlicht.

sind, so daß Follikelreifung und Luteinisierung miteinander in Konkurrenz treten. Besonders bemerkenswert ist die Tatsache, daß trotz der verschiedenartigen Wirkung auf den Oestrus die Uteri bei allen Versuchen zuweilen groß und livide verfärbt sein können.

In einigen Versuchen habe ich geschlechtsreifen Ratten im Verlauf von 6 Wochen große Prolanmengen (bis 25000 RE. A und B) eingeführt. Die Uteri waren hierbei *klein*, die Eierstöcke zeigten zahlreichste Corpora lutea. Die Ovarien waren aber nicht so groß wie bei den Versuchstieren, die nur 2 Wochen Prolan erhalten hatten. Hier haben wir die Anlehnung an die EVANSschen Befunde, d. h. kleine Uteri und Umwandlung der Ovarien in Luteinkörper.

Der scheinbare Gegensatz zwischen den Ergebnissen von LONG und EVANS (s. S. 110) und unseren Befunden fügt sich jetzt zum Ganzen. EVANS arbeitete im Dauerversuch (mehrere Monate) mit einem Vorderlappenextrakt, das den allgemeinen Wachstumsstoff und das Luteinisierungshormon enthielt. So erhielt er Riesentiere mit luteinösen Ovarien und kleinen Uteri. Hätten wir den EVANSschen Befund gekannt, d. h. den hemmenden Einfluß des Vorderlappens auf die Ovarialfunktion, so hätten wir unsere Versuche vielleicht gar nicht ausgeführt, da uns das Problem der Anregung der Ovarialfunktion beschäftigte. Wir konnten im *Kurzversuch* auch die fördernde Wirkung des Vorderlappens nachweisen. Da wir uns der Implantationsmethode bedienten, führten wir beide Hormone (A und B) in chemisch unveränderter Form infantilen Mäusen zu und konnten so die Trias der biologischen Wirkungen (HVR I—III) im Kurzversuch sehen (Kap. 15 u. 16).

4. Wirkung von Prolan auf die männlichen Sexualorgane.

Wenn die Hypophysenvorderlappenhormone die übergeordneten allgemeinen Sexualhormone sind, so mußte man annehmen, daß das Prolan auch einen stimulierenden Einfluß auf die männlichen Genitalorgane ausübt. So haben wir seit Beginn unserer Hypophysenstudien — zum Teil in Gemeinschaft mit H. ZONDEK und UCKO — gleichartige Versuche wie an infantilen weiblichen Mäusen auch an infantilen Böcken ausgeführt, wobei wir[1] Hypophysenvorderlappen in die Oberschenkelmuskulatur implantierten. Obwohl wir die Hodenuntersuchungen an einer großen Reihe von Tieren seinerzeit ausgeführt haben, kamen wir nicht zu einem abschließenden Urteil über die Einwirkung einer *einmaligen* Vorderlappenimplantation. Man löst jedenfalls am Hoden keine dem Ovarium entsprechenden, so in die Augen fallenden morphologischen Veränderungen bei einmaliger Vorderlappenzufuhr aus. SMITH und ENGLE[2] hingegen sahen nach 3tägiger Vorderlappen-

---

[1] ZONDEK, B. u. ASCHHEIM: Klin. Wschr. **1928**, Nr 18, 831—835.
[2] SMITH a. ENGLE: Amer. J. Anat. **40** (1927).

implantation eine fördernde Wirkung am männlichen Genitalapparat, und zwar Vergrößerung der Nebenorgane (Samenblase, Prostata), während sie am Hoden keine besonderen Veränderungen fanden. Auch STEINACH und KUN[1] beobachteten nach 12tägiger Behandlung infantiler Ratten mit Vorderlappenextrakten eine sexuelle Frühreife, wobei aber nicht nur die Nebenorgane, sondern auch Hoden und Penis vergrößert waren. FELS[2] fußte bei seinen Versuchen auf dem von uns erhobenen Befund, daß das Serum der schwangeren Frau Vorderlappenhormone enthält (s. S. 198). Nach wiederholter Injektion von Schwangerenserum fand er bei infantilen Tieren Verkleinerung des Hodens, dabei aber Zunahme des interstitiellen Gewebes. Die Nebenorgane waren deutlich vergrößert. Die Verkleinerung des Hodens führt FELS auf das im Serum auch vorhandene weibliche Sexualhormon zurück. Zur Klärung der vorliegenden Frage ist es unzweckmäßig, mit einem Gemisch von Hormonen zu arbeiten, die sich außerdem im Serum befinden, das eine Fülle unspezifischer Substanzen enthält. Die Eindeutigkeit der Ergebnisse wird dadurch in Frage gestellt. Die Auffassung BIEDLS[3], daß der Hypophysenvorderlappen am männlichen Organismus einen hemmenden Einfluß ausübt (Zurückbleiben des Hodenwachstums), dürfte nicht zutreffend sein, da diese Beobachtungen allen anderen widersprechen.

Durch einmalige Vorderlappenimplantation sahen wir, wie oben auseinandergesetzt, keine Wirkung am männlichen Sexualapparat. Auch durch Zuführung von 1 Einheit Prolan war eine Wirkung nicht zu erzielen. Injizierten wir aber infantilen Ratten mehrere Tage lang mehrere Einheiten Prolan, so ergab sich eine einwandfreie Wirkung. *Während die Hoden an Größe und Gewicht nur etwas zunehmen, sind die Nebenorgane ganz auffallend vergrößert.* Dies gilt für die Prostata und besonders für Samenblasen, die nach 6tägiger Injektion eine Zunahme an Breite und Länge um das Zwei- bis Dreifache, nach 10—14tägiger Injektion eine Zunahme um etwa das Fünffache erfahren. *Die Samenblasen erhalten ein hahnenkammähnliches Aussehen* (Abb. 71). Von prinzipieller Wichtigkeit ist die Tatsache, daß der Einfluß des Prolans auf die Hoden und die Nebenorgane beim kastrierten Bock ausbleibt, daß also auch beim männlichen Tier die Wirkung nur auf dem Wege über die Sexualdrüse zustande kommt. *Dies scheint mir ein Beweis, daß die Hypophysenvorderlappenhormone auch beim männlichen Tier als die übergeordneten Sexualhormone anzusehen sind.*

Wir versuchten weiterhin, den Wirkungsmechanismus des Prolans am männlichen Sexualapparat zu klären, gaben aber die Untersuchungen

---

[1] STEINACH u. KUN: Med. Klin. **1928**, Nr 14.
[2] FELS: Arch. Gynäk. **132** (1927).
[3] BIEDL: Ebenda **132** (1927).

Wirkung von Prolan auf die männlichen Sexualorgane. 161

auf, weil die Beurteilung am Hoden (Spermatogenese, Wirkung auf die Zwischenzellen usw.) uns zu schwierig erschien, so daß hier eine spezialistische Untersuchung notwendig war. Ich wandte mich deshalb an Herrn Professor EUGEN FISCHER, Direktor des Kaiser Wilhelm-Instituts für Anthropologie in Dahlem, mit der Bitte, diese speziellen Untersuchungen in seinem Institut ausführen zu lassen. Herr BOETERS, ein Schüler von FISCHER, ist dabei zu folgenden Resultaten[1] gekommen:

Die Untersuchungen wurden an infantilen Ratten eigener Zucht ausgeführt, wobei sich zeigte, daß die männlichen Sexualorgane der Ratte für Prolan empfindlicher sind als die der Maus, was bezüglich der Prolan A-Wirkung mit meinen Untersuchungen am Ovarium übereinstimmt.

Kontrolltier   *Prolantier*

Abb. 71. Wirkung des Prolans auf die männlichen Sexualorgane, insbesondere Vergrößerung der Prostata und Samenblasen.

BORST, DÖDERLEIN u. GOSTIMIROVIC[2], die ihre Prolanuntersuchungen am Hoden vor BOETERS publizierten, hatten ihre Versuche an infantilen Mäusen ausgeführt, wobei sie im wesentlichen zu gleichen Ergebnissen gekommen waren wie BOETERS.

Die Prolanuntersuchungen (BOETERS) wurden an rund 200 Versuchstieren vorgenommen. Um Schwankungen im Reifungsgrad der Keimdrüse nach Möglichkeit zu vermeiden, wurden Versuchs- und Kontrolltiere aus dem gleichen Wurf genommen.

1. *Prolanwirkung am infantilen undifferenzierten Hoden* (12 bis 20 Tage alte Tiere, 1—300 RE. Prolan A u. B).

---

[1] BOETERS, H.: Deutsche Med. Wschr. **33**, 1382—1385 (1930). Die ausführliche Arbeit erscheint in Virchows Archiv.

[2] BORST, DÖDERLEIN u. GOSTIMIROVIC: Münch. med. Wschr. **1930**, Nr 12, 473.

162 Die biologischen Wirkungen der Hypophysenvorderlappenhormone.

Nach Prolanbehandlung zeigen 12 Tage alte Rattenböcke ein unregelmäßiges histologisches Hodenbild: In der Basalschicht zahlreicher Kanälchen treten Übergangsformen zu Spermiogonien und Sertolizellen, auch definitive Spermiogonien auf, die an ihrem dunklen Kern mit staubförmig verteiltem Chromatin kenntlich sind. Kernteilungsfiguren sind häufig sichtbar. Eine Reihe von Kanälchen lassen gar keine Veränderungen erkennen.

Deutlicher werden die Unterschiede bei 20 Tage alten Tieren. Hier zeigen die Kontrolltiere den Umbau zur definitiven Spermiogenese.

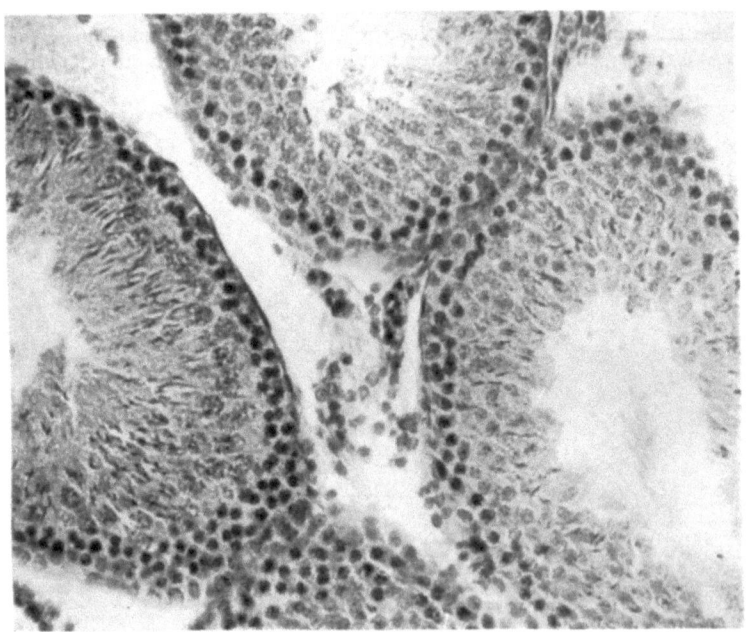

Abb. 72. Infantiler Hoden einer 7wöchigen Ratte. Epithel in Ruhe, beginnende Spermienbildung.

Nebeneinander findet man die infantilen Zelltypen und Übergangsformen zu Sertolizellen und Spermiogonien. Der zentrale Teil der Kanälchen ist erfüllt von degenerierenden primären Urgeschlechtszellen (abortiven Spermiogonien). Die mit Prolan behandelten Tiere zeigten etwa in der Hälfte der Kanälchen das gleiche Bild, mitten hineingestreut aber völlig andere Verhältnisse. Die abortiven Spermiogonien sind verschwunden. Zwei oder drei Schichten indifferenter Samenzellen, auf kürzere oder längere Strecken von Spermiogonien- und Sertolizellen unterbrochen, umsäumen die Kanälchen, deren Mitte zellfrei ist und die gelegentlich ein deutliches Lumen aufweisen. Diese Versuche zeigen deutlich den Entwicklungsimpuls, den Prolan dem infantilen Hoden erteilt.

2. *Prolanwirkung am infantilen reifenden Hoden* (vom 12. bis 40. Lebenstag behandelt, bis zu 150 RE. A u. B).

Die Kontrollen zeigen eine normale Spermiogenese, alle Stadien von Spermiogonien bis Präspermiden, aber noch keine Spermien. Die Versuchstiere geben ein gänzlich anderes Bild. Ein Teil der Kanälchen zeigt einen gelockerten Grundbelag mit Spermiogonien, darauf folgen ein bis zwei Reihen Spermiocyten in Synapsis, dann nach innen zu, oft das

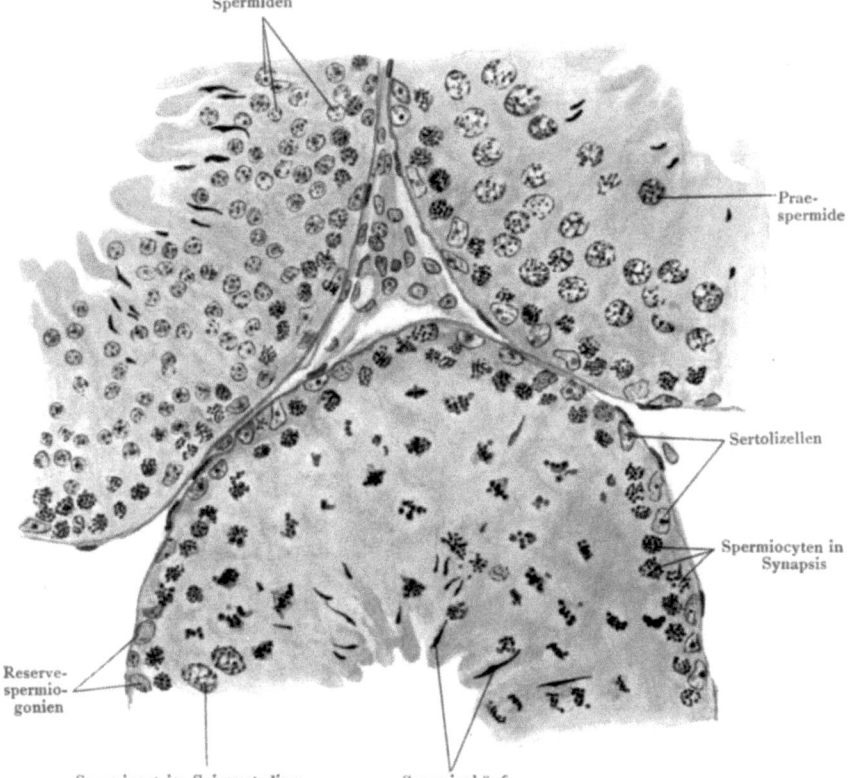

Abb. 73. Anregung der Mitosenbildung im infantilen Rattenhoden durch Prolan (200 RE.). Geringe Spermienbildung. Versuch 18, Tier F, 6 Wochen alt (nach BOETERS).

Lumen völlig auskleidend, Spermiocyten in sehr gelockerten Spiremstadium, zum Teil vermischt mit Präspermiden.

Ebenso zeigten Tiere, die nach Einsetzen der definitiven Spermiogenese vom 24. Tag an mit kleinen Dosen behandelt und im Alter von 30 Tagen untersucht wurden, vermehrte Zellproduktion und zahlreiche Mitosen, nicht aber prämature Spermienbildung.

Derselbe Versuch, bei 1 Woche älteren Tieren (6 Wochen alt) wiederholt, ergab wiederum vermehrte Zellproduktion und Zellteilung (Mito-

164 Die biologischen Wirkungen der Hypophysenvorderlappenhormone.

sen), aber keinen Einfluß auf die inzwischen bei Kontroll- und Versuchstieren eingesetzte Spermiohistogenese (s. Abb. 72 u. 73). In einer Reihe von Fällen wurde eine deutliche Hemmung der Spermiohistogenese, d. h. also der Umwandlung der in Überzahl produzierten Spermiden in Spermien, festgestellt (s. Abb. 74).

Eine Verstärkung der Gesamtdosis auf 500—10000 RE. Prolan (verteilt auf zehn Injektionen) führt zu einer Überstürzung dieser Vorgänge, aus der die schweren Schädigungsbilder resultieren, die BORST bereits bei der Maus beschrieben hat: wilde ungeordnete Zellproduktion, Ab-

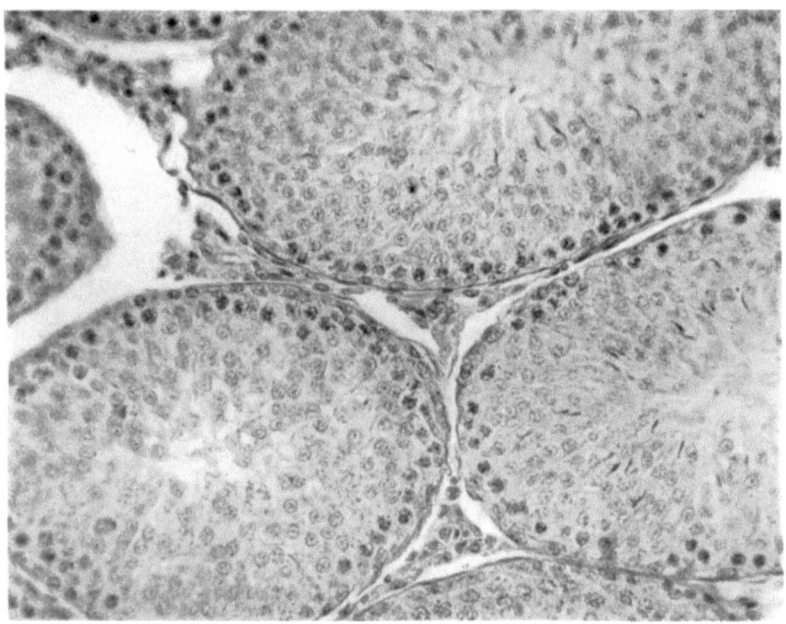

Abb. 74. Anregung der Spermidenbildung, Hemmung der Spermienproduktion durch Prolan (200 RE.) beim infantilen Hoden der 7 Wochen alten Ratte (nach BOETERS).

stoßung einzelner Zellen und ganzer Partien des Samenepithels, vielkernige Riesenzellbildung (als Folge der überstürzten Kernteilung). Gelegentlich findet sich das ganze Lumen erfüllt von untergehenden Zellmassen, in anderen Tubuli ist der Zellbesatz der Membrana propria unterbrochen oder es zeigen sich regressive Bildungen (s. Abb. 76). Ein Teil der Kanälchen bildet immer noch ein normales Bild.

3. *Prolanwirkung auf das Zwischengewebe.*

Die Ratte hat ein außerordentlich gering entwickeltes Zwischengewebe, vor allem im infantilen und jung erwachsenen Hoden. Es finden

Wirkung von Prolan auf die männlichen Sexualorgane. 165

sich nur wenige Zellen zwischen den Kanälchen und längs der Blutgefäße.

Während BOETERS bei den Tieren mit undifferenziertem Hoden (12—20 Tage alt) nach Prolanbehandlung keine Veränderungen des interstitiellen Gewebes feststellen konnte, zeigte sich bei den Tieren mit reifender Keimdrüse (21—35 Tage alt) nach 10tägiger Behandlung mit kleinen Prolandosen eine geringe Vermehrung der interstitiellen Zellen.

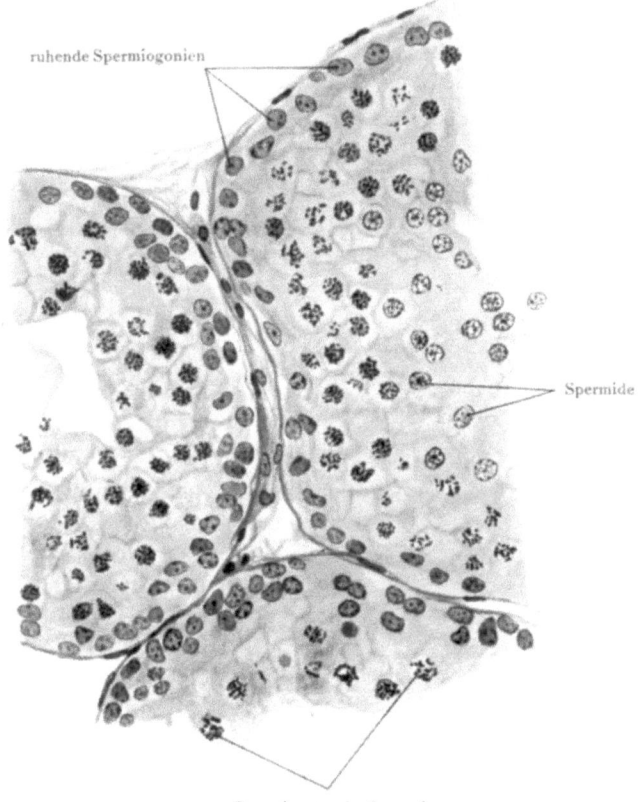

Abb. 75. Infantiler Hoden einer 4 Wochen alten Ratte. Gering entwickeltes Zwischengewebe. Kontrolltier zu Abb. 76.

Wurden hohe Prolandosen angewendet (100—10000 RE. A u. B), so zeigte sich ein enormer Einfluß auf das interstitielle Gewebe. Die sonst dicht aneinanderliegenden Hodenkanälchen sind weit auseinandergedrängt durch ein großes Maschenwerk von Zügen interstitiellen Gewebes, das die Dicke von Kanälchendurchmessern erreichen kann (Abb. 75—78). Da auch FELS. STEINACH und KUN, sowie BORST nach Injektion von Gravidenserum, Vorderlappenextrakten sowie Prolan eine Wirkung auf das inter-

166 Die biologischen Wirkungen der Hypophysenvorderlappenhormone.

stitielle Gewebe beobachtet haben, muß als feststehend angenommen werden, daß *nicht nur das generative, sondern auch das interstitielle Hodengewebe durch den Hypophysenvorderlappen beeinflußt wird.*

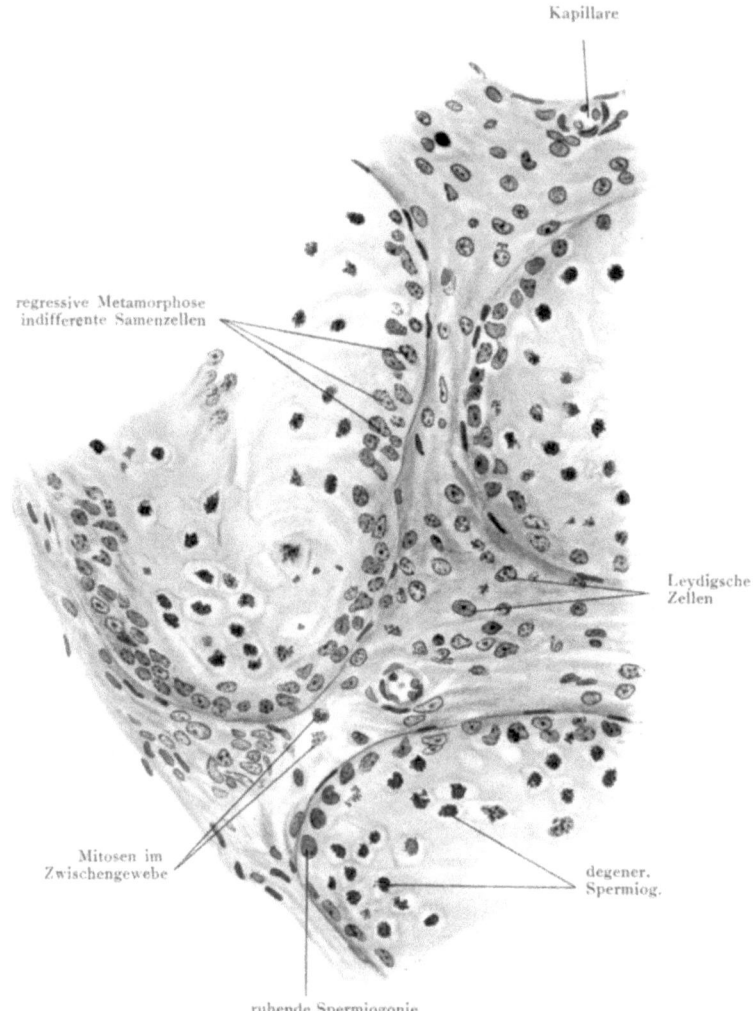

Abb. 76. Starke Wucherung des interstitiellen Gewebes mit schwerer Schädigung der germinativen Zellen im infantilen, 4 Wochen alten Hoden nach hohen Prolandosen (10000 RE.) (vgl. Kontrolltier Abb. 75) (nach BOETERS).

Die beiden schematischen Abbildungen zeigen beim **infantilen Kontrolltier** (Abb. 77) minimale, bei dem mit Prolan (10000 RE.) behandelten Bock (Abb. 78) maximale Zwischengewebswucherung.

4. *Wirkung des Prolans auf die Größe des Hodens und der Nebenorgane.*

Während man schon durch 8—14 tägige Behandlung mit kleineren Prolandosen (je 2—5 RE. A u. B) eine ausgesprochene Wirkung auf die Nebenorgane, insbesondere auf die Prostata und vor allem die Samenbläschen (B. ZONDEK und ASCHHEIM, S. 160) ausüben kann, sieht man keine irgendwie in die Augen springende Wirkung auf den Hoden selbst. Bei Feststellung des Gewichts fand ich wechselnde Ergebnisse, manchmal geringeres, manchmal höheres Gewicht als bei den Kontrolltieren. Wendet man aber hohe Prolandosen (10 mal 100 bzw. 10 mal 1000 RE.) an, so sieht man eine starke Wachstumssteigerung der Hoden, die sich nach 10 tägiger Behandlung bereits in einer Gewichtserhöhung von 70% ausdrückt. Die Verhältnisse gehen aus folgender Tabelle hervor (BOETERS):

Tabelle 15.

Infantile Ratten	Hodengewicht			Gewicht der Nebenorgane (Nebenhoden, Samenblase, Prostata, Fettkörper, entleerte Harnblase) g
	rechts g	links g	zusammen g	
A (Kontrolle	0,175	0,180	0,355	0,470
B (10 × 100 RE. Prolan)	0,190	0,200	0,390	0,840
C (10 × 1000 RE. Prolan)	0,300	0,305	0,605	1,170

Bei Anwendung der großen Prolandosen war die Vergrößerung der Sexualorgane schon intravital sichtbar. Die Hoden lagen im stark vorgewölbten und gespannten Scrotalsack, die Penisanlage und die Dammlänge, sowie Nebenhoden und Fettkörper waren deutlich vergrößert. Die Gewichtsvermehrung der Hoden ist bedingt durch das starke Wachstum des Zwischengewebes, weniger oder kaum durch Zunahme des germinativen Apparates.

Die vorliegenden Untersuchungen zeigen in Übereinstimmung mit den BORSTschen Arbeiten, daß das Prolan eine Reifewirkung auf die männlichen Sexualorgane ausübt. Zuerst wird (BORST) der generative Hodenanteil angeregt, bei hohen Dosen kommt es zu einer Wucherung des interstitiellen Gewebes. Der Hoden ist zweifellos viel resistenter gegenüber dem Vorderlappenhormon als das Ovarium. Um deutliche Wirkungen an dem männlichen Sexualapparat zu erzielen, muß man sehr viel höhere Dosen anwenden als beim Weibchen.

Vor allem muß betont werden, daß es nicht gelingt, die definitive Spermienbildung am infantilen Tier durch Vorderlappenhormon zu erzeugen. Vielleicht wird hier die getrennte Untersuchung von Prolan A und B uns vorwärts bringen, da mit der Möglichkeit zu rechnen ist, daß das Prolan B eine hemmende Wirkung ausübt. Ich stellte ein

168 Die biologischen Wirkungen der Hypophysenvorderlappenhormone.

Prolanpräparat dar, das im wesentlichen Prolan A und nur Spuren von B enthielt. Trotz Zuführung von 2000 RE. dieses Prolan A-Präparates konnte am Hoden eine Zunahme des interstitiellen Gewebes nicht nachgewiesen werden! Prolan A wirkt also nicht auf das interstitielle Gewebe. Somit möchte ich als wahrscheinlich annehmen:

1. *daß Prolan A den generativen Apparat*,
2. *daß Prolan B den interstitiellen Apparat und die Nebenorgane beeinflußt*.

Für diese Auffassung spricht auch die Beobachtung von ASCHHEIM, der durch Zuführung von Prolan A (Dosierung nicht angegeben), eine Wirkung auf die Nebenorgane nicht feststellen konnte. Im Gegensatz dazu vermutet KRAUS (Klin. Wschr. 1930 Nr 32), daß Hormon A der Stoff sei, der Vergrößerung der Nebenorgane und Vermehrung der Zwischenzellen bewirke.

Erwähnt sei noch, daß BOETERS an den Hoden von *geschlechtsreifen* Ratten auch nach Zuführung hoher Prolandosen (bis 2000 RE.) eine Veränderung des morphologischen Bildes (Keim- und Zwischengewebe) nicht gesehen hat. Die Zeugungsfähigkeit derartiger Tiere war nicht beeinträchtigt.

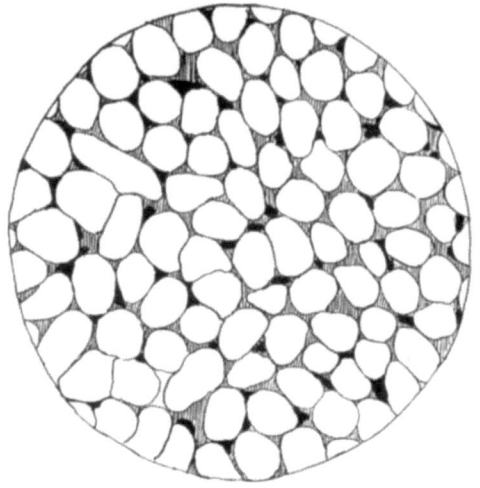

Abb. 77. Schematische Querschnittszeichnung des normalen infantilen Hodens (4 Wochen alt); weiß = Kanälchen, schwarz = Zwischengewebe schraffiert = Restraum.

Abb. 78. Schematische Querschnittszeichnung des infantilen Hodens (4 Wochen alt) nach Behandlung mit hohen Prolandosen (10000 RE.).

Bezüglich der Wirkung des Prolans auf die Sexualorgane des *senilen* Bockes sei auf S. 173 verwiesen.

5. Wirkung von Prolan bei Vögeln und Kaltblütern[1].

Die bisherigen Untersuchungen über den Einfluß der HVH auf die Sexualfunktion waren am Menschen und an Säugetieren ausgeführt. Es schien mir wichtig festzustellen, ob diese Beziehungen bei allen Organismen bestehen, bzw. ob die Hormone überall identisch sind. Ich injizierte infantilen Tauben und Hühnern große Prolanmengen, ohne daß ich an den Ovarien irgendeine Reifewirkung[2] feststellen konnte. Auch große Mengen von Prolan A (bis 2500 RE.) waren wirkungslos. Ich befinde mich hierbei in Übereinstimmung mit RIDDLE und FLEMION[3], die nach intraperitonealer Zuführung von Vorderlappenextrakten des Rindes bei infantilen Tauben eine Gewichtszunahme des Eierstockes nicht feststellen konnten, während durch Transplantation von Vorderlappen erwachsener Tauben auf infantile Tiere ein gewisser Wachstumseffekt auslösbar war.

Aus diesen Untersuchungen geht hervor, *daß die HVH des Menschen und der Säugetiere mit den entsprechenden Hormonen der Vögel nicht identisch sind.* Es gelingt weder durch Prolan noch durch Vorderlappenextrakte von Säugetieren am Sexualapparat der Vögel spezifische Reaktionen auszulösen. Hingegen scheint im Hypophysenvorderlappen der Vögel ein übergeordnetes Sexualhormon enthalten zu sein, das auf den Sexualapparat gleichartiger Tiere wirkt.

Die gleichen Verhältnisse fand ich am Kaltblüter. Ich implantierte[4] Hypophysen von erwachsenen weiblichen 50—60 g schweren Wasserfröschen (Rana esculenta) infantilen Mäusen und Ratten, wobei jedes Tier ein bis drei Froschhypophysen erhielt. Am Sexualapparat der Mäuse und Ratten war keinerlei Wirkung im Sinne der HVR I—III zu erzielen. Daraus geht hervor, daß *die in der Hypophyse des Kaltblüters gebildeten Hormone beim Warmblüter unwirksam sind.* Daß in der Hypophyse des Kaltblüters auch ein Geschlechtshormon produziert wird, ergibt sich aus den Untersuchungen von O. M. WOLF, der im November bei Fröschen (Rana pipiens) durch Zufuhr von Vorderlappen derselben Tierart in den Lymphsack die Ovulation in Gang bringen konnte, so daß die Uteri mit Eiern vollgepfropft waren. Beim männlichen Tier wurde der Umklammerungsreflex ausgelöst.

---

[1] Noch nicht veröffentlicht.

[2] Durch Extrakte aus dem Hypophysenvorderlappen (EVANS-Extrakt) konnte NOETHER die Legetätigkeit von erwachsenen Hühnern hemmend beeinflussen, während dies durch Prolan nicht gelang. NOETHER verwandte zu diesen Versuchen eine Mischung von Prolan A und B. Es wäre möglich, daß Prolan B allein die Legetätigkeit der Hühner hemmt, obwohl mir dies zweifelhaft erscheint in Anbetracht der Tatsache, daß man durch Prolan A bei Vögeln eine prämature Reifewirkung wie beim Säugetier nicht auslösen kann.

[3] RIDDLE u. FLEMION: Americ. Journ. of Physiol. 87, 97—109 (1928).

[4] Bei diesen Untersuchungen hat mich mein Assistent, Herr Dr. GRUNSFELD, unterstützt. Noch nicht veröffentlicht.

Ebenso wirkungslos wie die Froschhypophyse beim infantilen Nagetier war unser Prolan[1] beim Frosch. In Gemeinschaft mit F. LEVY wurden Moorfrösche (Rana fusca) und grüne Wasserfrösche (Rana esculenta) mit Prolan (A sowie A und B) behandelt, ohne daß es gelang irgendwelche Brunsterscheinungen auszulösen. Die Eier traten auch nach mehrtägiger Prolanbehandlung nicht in den unteren Teil des MÜLLERschen Ganges, den sogenannten Uterus, ein. Die Männchen zeigten keinen Klammerreflex. Die gleichen negativen Ergebnisse mit Prolan erhielten wir auch beim infantilen Axolotl.

21. Kapitel.
Reaktivierende Wirkung des Hypophysenvorderlappens auf den Genitalapparat seniler Tiere.

Der Hypophysenvorderlappen ist der Motor der Sexualfunktion. Das im Hypophysenvorderlappen gebildete Follikelreifungshormon (HVH-A) vermag beim infantilen Tier die *erste* Ovulation auszulösen, es wandelt das infantile Tier in ein geschlechtsreifes um. Wie ist nun die Wirkung beim alten, sexuell degenerierten Organismus, bei dem die Geschlechtsfunktion, d. h. der Rhythmus der Ovulation schon aufgehört hat? Die Versuche sind eindeutig. Implantiert man, wie ich in Gemeinschaft mit ASCHHEIM[2] bereits 1927 berichtet habe, senilen, monatelang nicht brünstigen Mäusen ein kleines Stückchen Hypophysenvorderlappen, so werden die Tiere nach 100 Stunden oestrisch, und die Brunst tritt jetzt in normalem Rhythmus wieder auf. Wenn man von einer Verjüngung sprechen will, ein Begriff, der jetzt schon zu einem Schlagwort geworden ist, so kann man das von diesen Versuchen sagen. Das Vorderlappenhormon hat durch Neubelebung der Ovarien die erloschene Sexualfunktion wieder in Gang gebracht und in Gang erhalten. Die senilen, geschrumpften Ovarien vergrößern sich durch den starken Impuls und werden wieder normal funktionierende Sexualdrüsen. Im folgenden seien die Versuche wiedergegeben.

Erwachsene, 20—24 g schwere weibliche Mäuse wurden 5 Monate täglich untersucht und waren niemals brünstig. Der Scheidenabstrich enthielt also stets Schleim und Leukocyten, niemals kam es zum Schollenstadium. Um den Versuch möglichst exakt auszuführen, wurde zur Kontrolle vor dem Versuch das rechte Ovarium entfernt. Dann wurde ein Stückchen Hypophysenvorderlappen (Kuh) implantiert. Nach 4 Tagen zeigte das Scheidensekret das reine Schollenstadium.

---
[1] Noch nicht veröffentlicht.
[2] ZONDEK, B. u. ASCHHEIM: Arch. Gynäk. 130, H. 1, 35—37 (1927).

Das vor der Vorderlappenzufuhr entnommene rechte Kontrollovarium zeigt (Abb. 79) Primordialfollikel, kleine und mittlere Follikel mit kleiner Höhle, viele Hohlräume, die zum Teil Reste der Eizellen enthalten und reichlich interstitielle Zellzüge. Diese Zellen sind ganz klein.

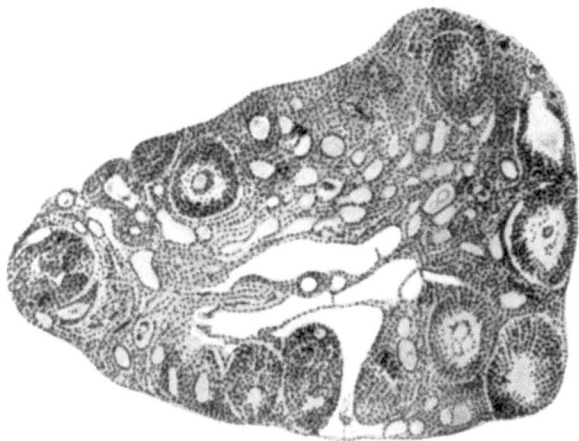

Abb. 79. Rechtes Ovarium einer alten sexuell degenerierten Maus. Nur kleine Follikel, zahlreiche degenerierte Eizellen.

Ein ganz anderes Bild bietet das linke Ovarium, das 4 Tage nach der Vorderlappenzufuhr von derselben Maus entnommen ist (Abb. 80). Dieses Ovarium ist etwa viermal so groß wie das rechte. Es finden sich große

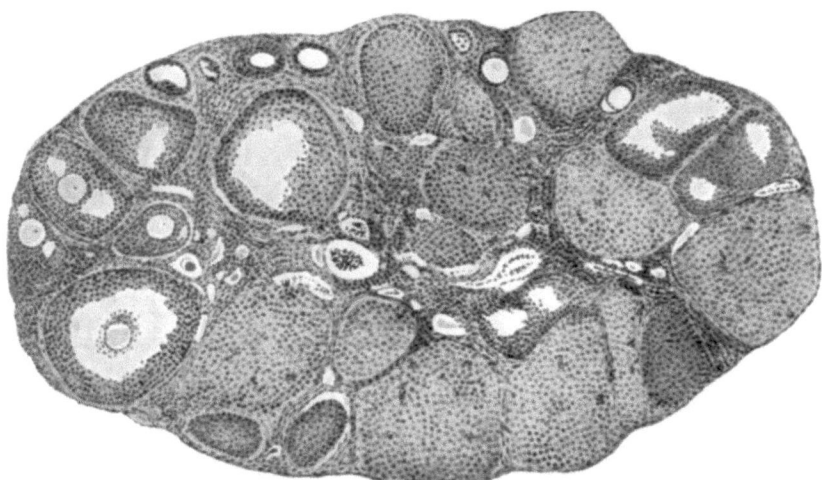

Abb. 80. Linkes Ovarium derselben Maus nach Reaktivierung durch Vorderlappenimplantation Große Follikel, zahlreiche Corpora lutea.

Follikel mit deutlicher Theca, ferner mittlere und kleine Follikel und einige Hohlräume mit degenerierten Eizellen. Auch interstitielle Zellen sind vorhanden. Das Ovarium ist ausgezeichnet durch einen besonderen

Reichtum an Corpora lutea mit und ohne eingeschlossenen Eizellen. Es konnten 16 gelbe Körper nachgewiesen werden.

Dieselbe Wirkung wie durch Implantation des Hypophysenvorderlappens konnte ich beim alten Tier durch Injektion von Prolan[1] erzielen. Eine einmalige Behandlung mit Prolan genügt, um den senilen Eierstock wieder zur Funktion zu bringen und in Funktion zu halten. In Abb. 81 ist ein derartiger Versuch wiedergegeben. Man sieht den

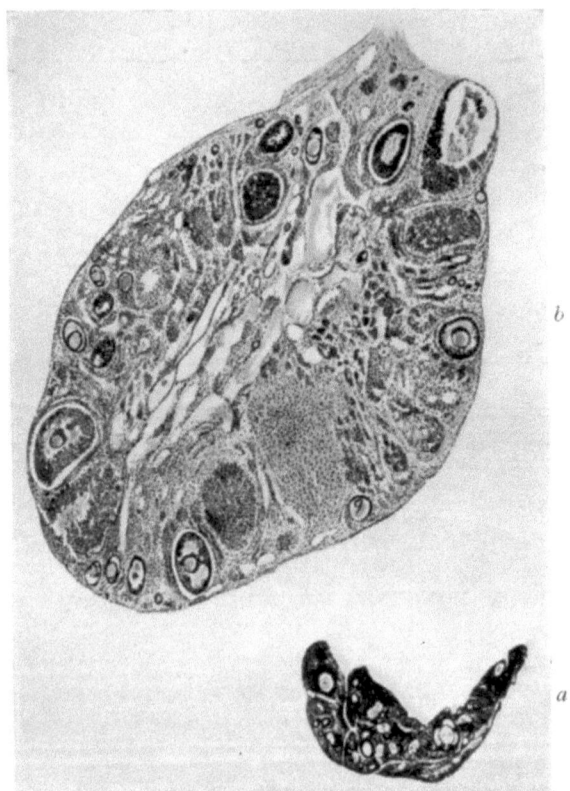

Abb. 81. *a* Rechtes Ovar einer alten sexuell degenerierten Maus. *b* Linkes Ovar derselben Maus nach Prolanbehandlung.

starken Einfluß auf die Größe des Ovariums bei demselben Tier. Das rechte senile Ovar (*a*) ist vor der Behandlung entfernt, der durch Prolan neubelebte linke Eierstock (*b*) ist etwa sechs- bis achtmal so groß geworden, und dies in 100 Stunden!

Es kann also kein Zweifel sein, daß die Hypophysenvorderlappenhormone eine reaktivierende Wirkung auf die Sexualorgane des senilen weiblichen Tieres ausüben. Ob diese Wirkung (d. h. anhaltender Ovarial-

---

[1] ZONDEK, B.: Zbl. Gynäk. **1929**, Nr 14, 839.

zyklus beim senilen, sexuell degenerierten Tier) durch Prolan A allein ausgelöst werden kann, oder ob beide Stoffe, d. h. Follikelreifungshormon (A) und Luteinisierungshormon (B) dazu nötig sind, vermag ich noch nicht zu sagen, da ich derartige Versuche bisher nicht ausgeführt habe. Wir haben gesehen (s. S. 101), daß man auch durch Folliculin beim alten Tier die Brunst auslösen kann, so daß der senile Organismus wieder im Rhythmus oestrisch wird. Ich möchte dies so erklären, daß das Folliculin auch eine Reizwirkung auf den Hypophysenvorderlappen ausüben kann, so daß das Ovarium unter Umständen auch den Hypophysenvorderlappen steuert (s. S. 232). Auch von anderen endokrinen Drüsen ist bekannt, daß sie von ihren Erfolgsdrüsen bzw. Erfolgsorganen beeinflußt werden können. Das exogen zugeführte Folliculin übt also einen Reiz auf den Vorderlappen aus, so daß dieser in Funktion gesetzt wird und — einmal aufgerüttelt — wieder in Betrieb bleibt.

Während wir beim senilen weiblichen Tier eine so in die Augen springende morphologische und funktionelle Reaktivierung durch die Vorderlappenhormone sehen, liegen die Verhältnisse beim senilen Bock anders. Hier konnte BOETERS durch Prolan (A und B) weder im generativen Apparat noch im Zwischengewebe des Hodens wesentliche Veränderungen nachweisen, während die Nebenorgane (Prostata, Samenblasen) erheblich vergrößert waren. Die mit Prolan behandelten alten Böcke wurden nicht befruchtungsfähig. Der morphologische Unterschied ist möglicherweise darauf zurückzuführen, daß im senilen Hoden auch normalerweise spermiogenetisch tätige Kanälchen vorhanden sind, während die Eireifung im Ovarium des senilen Weibchens völlig sistiert. Bemerkt sei, daß die Versuche am senilen Bock mit einer Mischung von Prolan A und B (Follikelreifungs- und Luteinisierungshormon) ausgeführt wurden. Vielleicht wird die Behandlung mit Prolan A, insbesondere in funktioneller Beziehung, erfolgreich sein. Derartige Versuche sind im Gang.

22. Kapitel.
Das Luteinisierungshormon des Hypophysenvorderlappens (HVH-B) als Hemmungsstoff der Ovarialfunktion.
Schwangerschaftsveränderungen durch Hypophysenvorderlappenhormone.
Hormonale Sterilisierung.

Der Hypophysenvorderlappen löst zwei entgegengesetzte funktionelle Wirkungen aus, einerseits die Follikelreifung mit Follikelsprung und andererseits die Luteinisierung mit eingeschlossenem Ei (Corpus luteum atreticum). Wir haben früher geglaubt, daß diese verschiedenartige Wirkung nur auf quantitative Unterschiede bei Zuführung des Hypophysenvorderlappenhormons beruht, jetzt sind wir der Meinung (Kap. 17), daß es sich hierbei um zwei chemisch vielleicht nahestehende, aber doch voneinander verschiedene Stoffe handelt, von denen das Hormon B nur die Luteinisierung bewirkt. Führt man einem Tier häufig Hypophysenvorderlappen zu (mehrmalige Implantation), so kann man die luteinisierende Wirkung im Ovarium sehr weit treiben. Dasselbe gelingt — die Versuche sind viel bequemer — durch tägliche Injektion von Prolan. Es ist mir mehrmals gelungen, Hormonlösungen zu gewinnen, die nur Prolan B enthielten, so daß ich die folgenden Versuche mit diesem Stoff habe ausführen können.

Bei geschlechtsreifen Mäusen wurde der ovarielle Zyklus durch täglichen Scheidenabstrich bestimmt und nur diejenigen Tiere verwandt, die im regelmäßigen Intervall oestrisch waren. Nach Abklingen der Brunst wurden täglich 2—5 Einheiten Prolan B injiziert. Die Versuchs-

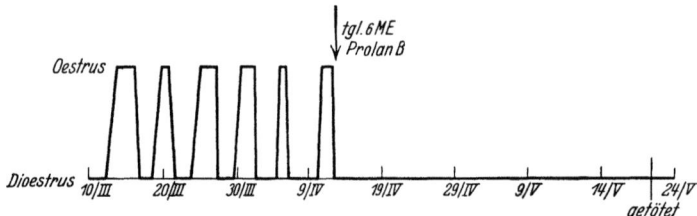

Abb. 82. Hemmung des Brunstzyklus der geschlechtsreifen Maus durch Prolan B.

ergebnisse [1] sind eindeutig. *Mit der Injektion des Prolan B hört der vorher normale Zyklus schlagartig auf* (Abb. 82). Die Tiere wurden nach 2 bis 4 wöchiger Prolan B-Behandlung getötet. Die Veränderungen an den Genitalorganen sind ganz ungeheure (Abb. 83 a, b). *Die Ovarien sind in geradezu monströse Gebilde umgewandelt!* Wer die Versuche zum erstenmal sieht, würde die Gebilde gar nicht für Ovarien halten. Gewachsen bis auf das Zehnfache, haben sie die Größe einer gequollenen Bohne. Ein farbenprächtiges Bild! Die ziegel- bis braunrote Oberfläche des Ovariums hebt sich scharf von der blassen Farbe der Tuben ab. Das Ovar ist besetzt von massenhaften, eng aneinanderstehenden gelben Knötchen (Corpora lutea), deren Zahl man in beiden Ovarien auf vielleicht 60—80 schätzen kann (normaliter zwei bis acht Corpora lutea). Die Abb. 83 b zeigt ein derartiges Ovarium, das ein Massengebilde von Luteinkörpern darstellt (*Erdbeerovarium*).

Durch die unter der Wirkung des Prolan B in den gelben Körpern erzeugte Massenproduktion des Corpus luteum-Hormons (Lutin s. Pro-

---

[1] Noch nicht veröffentlicht.

gestin) geht in der Scheide der Maus die prägravide Phase (s. Kap. 14 u. 27) vor sich, d. h. jene Veränderung der Scheidenschleimhaut, die nach Ablauf der Brunst bei erfolgter Befruchtung auftritt. Auf den Basalzellen findet man ein hohes Schleimepithel, das sich — als Zeichen der Funktion — mit Mucicarmin prachtvoll rot färbt, lebhaft an das Schleimhautbild des trächtigen Tieres erinnernd (Abb. 84—86).

Auch diese Versuche stehen in einem scheinbaren Widerspruch zu den Ergebnissen von LONG u. EVANS (s. S. 110 u. 159), die nach monatelanger Zufuhr von Vorderlappensubstanz bei Ratten in den Ovarien reichlich Luteinkörper fanden, während die Uteri klein und atrophisch waren. Ich finde nach 2—4wöchiger Behandlung mit Prolan die Ovarien umgewandelt in Massen von Luteinkörpern, die sich in höchster Funktion befinden, wobei aber Uterus- und Scheiden-Schleimhaut nicht atrophisch sind,

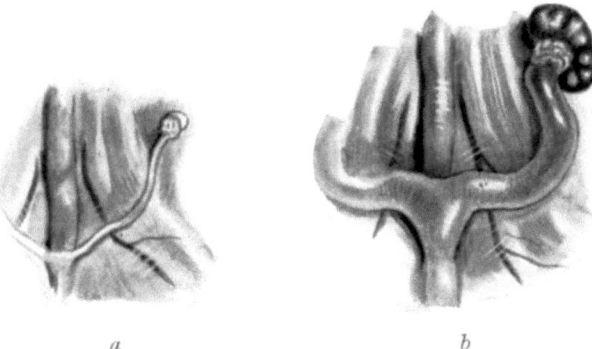

Abb. 83. Genitalorgane der geschlechtsreifen Maus nach chronischer Behandlung mit Prolan B. *a* Kontrolltier, *b* Prolantier. (Erdbeerovarium).

sondern im Gegenteil die prägraviden Umwandlungen zeigen. Ich kann mir denken, daß man durch übertriebene monatelange Zuführung des Prolans die Luteinkörper schließlich außer Funktion setzen kann, so daß die gelben Körper zwar anatomisch noch vorhanden sind, aber nicht mehr hormonal funktionieren, d. h. nicht mehr das Lutin s. Progestin produzieren. Hört die hormonale Wirkung auf Uterusschleimhaut und Scheide auf, dann atrophieren diese Organe, und wir finden, wie EVANS, kleine Uteri. Das ist allerdings nur eine Annahme von mir, die erst bewiesen werden muß. Diesbezügliche Versuche sind im Gange.

Bei dieser Gelegenheit möchte ich aber auf einen anderen Punkt hinweisen. Wir haben bisher angenommen, daß nur das Folliculin das Wachstum des Uterus beeinflußt (Kap. 13). Das Folliculin bewirkt — darüber kann kein Zweifel sein — die Vergrößerung des Uterus in der Brunstzeit, Dauerzufuhr von Folliculin macht Daueroestrus mit starker Wachstumssteigerung des Uterus. Die vorliegenden Untersuchungen

176   Das Luteinisierungshormon als Hemmungsstoff.

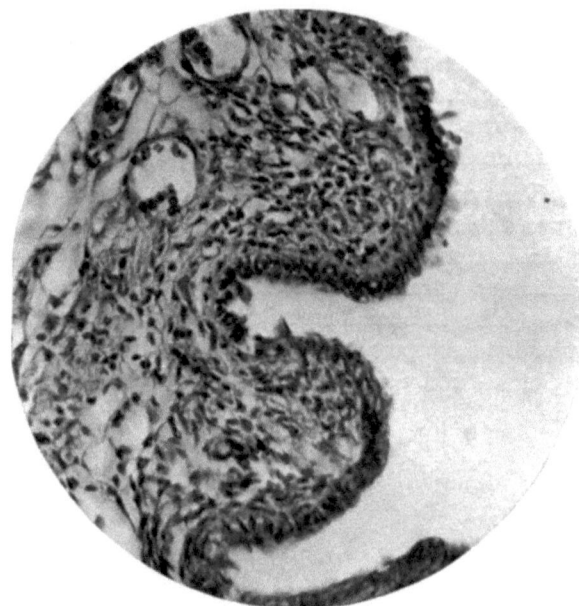

Abb. 84. Scheidenschleimhaut einer Maus (Kontrolltier).

Abb. 85. Scheidenschleimhaut einer geschlechtsreifen Maus nach 14 tägiger Prolanbehandlung. Schleimhaut ähnlich wie bei der Gravidität. Hohes sezernierendes Schleimepithel.

zeigen nun, daß man beim geschlechtsreifen Tier, dessen Oestrus durch Prolan B verhindert wird (s. auch S. 158), große Uteri finden kann, die über die Größenverhältnisse der Brunst manchmal sogar hinausgehen.

Aus diesen Untersuchungen müßte man eigentlich schließen, daß das unter dem Einfluß von Prolan B[1] im Corpus luteum gebildete Corpus luteum-Hormon nicht nur die prägravide polypöse Umwandlung der Uterusschleimhaut bedingt, sondern auch einen stimulierenden Einfluß

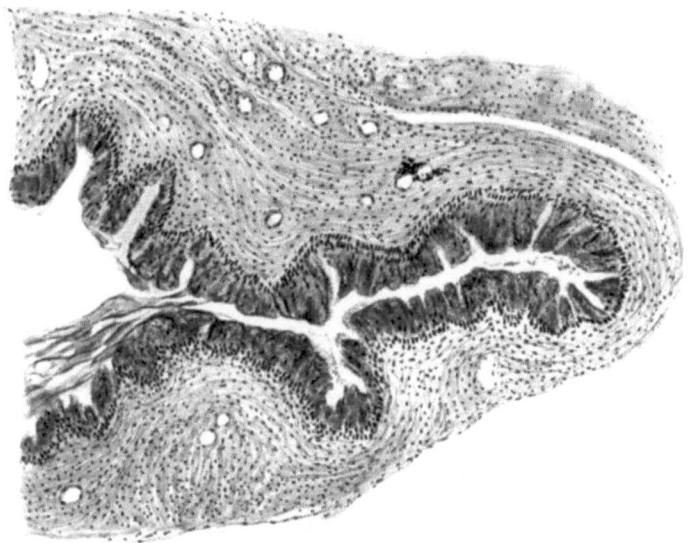

Abb. 86. Vaginalschleimhaut einer erwachsenen Maus nach 14 tägiger Prolanzufuhr. Hohes Schleimepithel, das sich bei Mucikarminfärbung in Funktion befindlich zeigt.

auf das Wachstum des Uterus selbst ausübt. Gegen diese Annahme sprechen die Beobachtungen von CLAUBERG[2], der in Bestätigung der Untersuchungen von CORNER und ALLEN mit dem Corpus luteum-Hormon allein keine Wachstumswirkung am Kaninchenuterus feststellen konnte. Die Uterusmuskulatur war nicht gewachsen, hingegen zeigte die Schleimhaut einen decidual umgewandelten Charakter, d. h. die spezifische prägravide Reaktion. Zwischen meinen Untersuchungen mit Prolan B und den eben genannten Befunden von CORNER und ALLEN sowie CLAUBERG besteht ein Widerspruch, da man durch 14tägige Prolanzufuhr (B) in den Ovarien eine Fülle von Corpora lutea erzeugen

---

[1] Prolan (A u. B) selbst hat auf das Wachstum des Uterus, wie ich durch Versuche an kastrierten Tieren festgestellt habe, keinerlei Einfluß.

[2] CLAUBERG: Zbl. Gynäk. **1930**, Nr 1.

kann (reifende Follikel und Oestrus fehlen), die zu einer Vergrößerung und Durchtränkung des Uterus mit livider Färbung und, wie die Versuche am Kaninchen gezeigt haben, auch zu prägravider Umwandlung der Uterusschleimhaut führen. Wie kommt nun die Wachstumssteigerung durch Prolan B zustande, wie ist der Widerspruch zu erklären? Es wäre möglich, daß in den Ovarien Folliculin gebildet wird, da in den Prolan B-Präparaten noch Spuren von Prolan A vorhanden sein können. Werden kleine Prolan A-Dosen zugeführt, so kann dadurch ein Reiz auf die Follikelzellen ausgeübt werden, so daß sie minimale Folli-

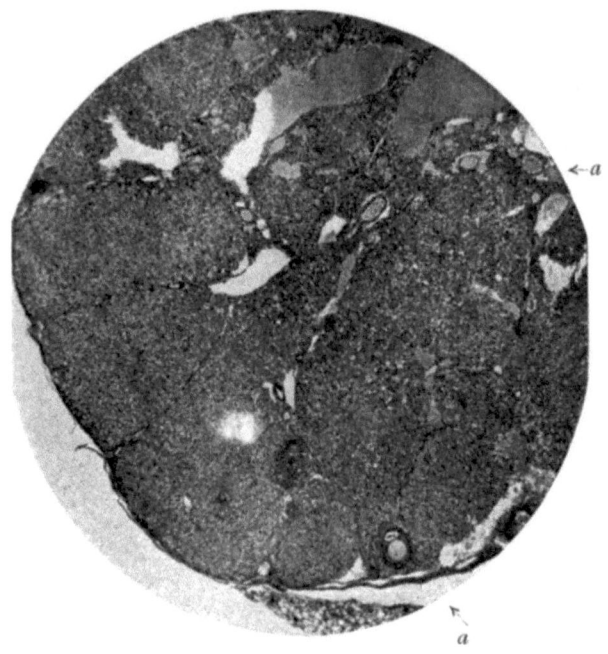

Abb. 87. Maximale Luteinisierung im Ovarium einer geschlechtsreifen Maus nach chronischer (2—3wöchiger) Prolanbehandlung. Nur noch vereinzelte kleine zugrunde gehende Follikel (*a*).

culinmengen produzieren, die zwar nicht zur Auslösung der Brunst, aber zur Wachstumssteigerung des Uterus genügen. Wir wissen aus den Untersuchungen von LAQUEUR, daß das weibliche Sexualhormon die Wachstumssteigerung des Uterus mit einem Bruchteil der Hormonmenge bewirken kann, die zur Auslösung der Brunst notwendig ist (S. 26). So erkläre ich mir auch die großen Uteri, die ich bei den SCHUBERTschen Versuchen mit Röntgenbestrahlung gesehen habe (s. Kap. 10). Erhalten die geschlechtsreifen Tiere hohe Röntgendosen, so gehen die Follikel zugrunde, man findet keine reifenden Eier, keine Corpora lutea, sondern das Ovarium besteht aus einer Masse von sogenannten epitheloiden Zellen. Hierbei kann es zu einem Daueroestrus kommen, oder aber der Oestrus erlischt. Bei Tieren, die nach der Bestrahlung schon 3—4 Wochen nicht mehr östrisch waren, wurden bei der Sektion große Uteri gefunden. In der Scheide zeigte sich bei diesen Tieren häufig eine Polymorphie des Epithels zum Zeichen dafür, daß noch eine geringe Folliculinwirkung vorhanden ist, die an manchen Stellen, aber nicht mehr in der ganzen Scheide einen Aufbau bis zum Proestrus zustande bringt. Diese kleinen Folliculinmengen genügten, um die starke Vergrößerung der Uteri auszulösen.

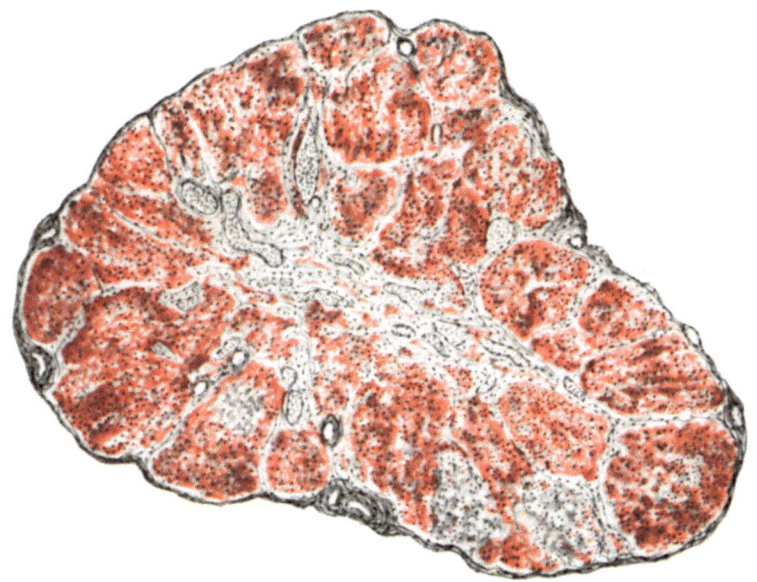

Abb. 88. Maximal luteinisiertes Ovar nach chronischer Prolanzufuhr. Sudanfärbung.

Hormonale Sterilisierung.

Wir können durch Prolan B, wie eben gezeigt, den prägraviden Aufbau experimentell erzeugen, d. h. jene Veränderungen an Uterus und Scheide auslösen, wie sie im Organismus als Schwangerschaftsvorbereitung vor sich gehen. In gleicher Weise können wir durch das Prolan B auch die Schwangerschaft verhindern. Treiben wir die Luteinisierung so weit, daß *alle Follikel in Luteinkörper umgewandelt sind*, so verhindern wir jede Eireifung und führen damit die hormonale Sterilisierung herbei (Abb. 87). Hier sehen wir, wie ein Ovarium einer geschlechtsreifen Maus nach 3 wöchiger Zufuhr von hohen Prolandosen fast in einen einzigen Luteinkörper umgewandelt ist, so daß die Grenzen der einzelnen Corpora lutea nicht mehr deutlich sind. Wir sehen nur noch einige zugrunde gehende Follikel, in den Serienschnitten ist kein einziges gesundes Ei zu erkennen. Ein derartiges Tier ist durch Prolan hormonal sterilisiert. Bei Fettfärbung zeigen die Ovarien (Abb. 88) eine ungeheure Anhäufung von sudanophilen Substanzen, wobei die neu luteinisierten Zellen sich intensiv rot färben, während die älteren Corpora lutea matter gefärbt sind. Bei schwacher Vergrößerung sehen die Präparate fast wie eine rote Fläche aus. Über die Wirkung und den biologischen Wert dieser Fettsubstanzen möchte ich nichts aussagen, da, wie in Kapitel IX auseinandergesetzt, die Frage der funktionellen Bedeutung der Fettsubstanzen im Ovarium noch immer ungeklärt ist.

Ich fasse das Ergebnis dieser Untersuchungen dahin zusammen:

Das Luteinisierungshormon (HVH-B) wandelt den Follikel in einen Luteinkörper um, wobei das Ei retiniert werden kann. Die Corpora lutea bilden das Gelbkörperhormon (Lutin s. Progestin).

Führt man HVH-B chronisch in großen Dosen zu, so wird die Wirkung des HVH-A bei der geschlechtsreifen Maus verhindert, der vorher regelmäßige Oestrus hört auf. Die Ovarien werden in Massengebilde von Luteinkörpern umgewandelt, die durch ihr Hormon (Lutin s. Progestin) die prägravide Umwandlung der Uterus- und Vaginalschleimhaut auslösen. Diese Wirkung kann, wie die Versuche beim Kaninchen gezeigt haben (S. 155), auch im infantilen Organismus ausgelöst werden.

Dauerbehandlung mit Prolan B kann schließlich das Ovarium in einen Luteinkörper umwandeln, jede Follikelreifung verhüten und damit die hormonale Sterilisierung herbeiführen. Der Organismus, der also durch HVH-B in den Zustand der prägraviden Umwandlung versetzt wird, kann durch chronische Wirkung desselben Hormons sterilisiert werden, womit die prägravide Umwandlung zwecklos wird.

Diese experimentell auf die Spitze getriebenen Verhältnisse kommen physiologischerweise im Organismus nicht vor. Aber in der Pathologie des Menschen ist eine Beobachtung bekannt, die das Analogon zu diesen Versuchen darstellt. G. A. WAGNER[1] sah bei einer Frau mit einem Hypophysentumor Ovarialtumoren, die sich histologisch als Luteincysten erwiesen und in ihrem Bau analog unseren durch Prolan beim Nagetier erzeugten Ovarialveränderungen waren. Der Uterus war in diesem Fall vergrößert, weich und livide verfärbt, wie bei einer jungen Gravidität. Die Uterusschleimhaut zeigte den vollendeten prägraviden Aufbau.

---

[1] WAGNER, G. A.: Zbl. Gynäk. 1929, Nr 1.

23. Kapitel.
Ovulation in der Gravidität, Schwangerschaftsunterbrechung durch Hypophysenvorderlappenhormone.

Wir haben gesehen, wie man durch HVH-B die Corpus luteum-Bildung im Ovarium anregen kann, so daß der gelbe Körper sein Hormon produziert (Lutin s. Progestin), welches die Uterusschleimhaut für das befruchtete Ei, d. h. für die Schwangerschaft vorbereitet. Ist das Ei befruchtet, so findet es in der aufgebauten Schleimhaut die zweckmäßigsten Bedingungen für die Einbettung und Ernährung vor. Jetzt ist der Gesamtorganismus auf die Weiterentwicklung des befruchteten Eies eingestellt und trifft alle Vorsichtsmaßregeln, um das Weiterleben des neuen Organismus zu erleichtern. Damit nicht neue Eier reifen und befruchtet werden und so den physiologischen Ernährungsaufbau im Uterus stören, hört nach der Befruchtung jede Eireifung auf. *Während der Schwangerschaft also keine Ovulation, keine Eireifung!* Dieses biologische Gesetz gilt im allgemeinen beim Mensch und Säugetier in gleicher Weise. Man nimmt an, daß das befruchtete Ei und das zu ihm gehörige Corpus luteum graviditatis Follikelwachstum und -reifung während der Schwangerschaft hemmen. Im folgenden soll gezeigt werden, *wie man das Gesetz der ruhenden Ovarialfunktion in der Schwangerschaft durchbrechen kann, wie man durch Überlastung des graviden Organismus mit Hypophysenvorderlappensubstanz die Ovulation in der Gravidität erzwingen kann.*

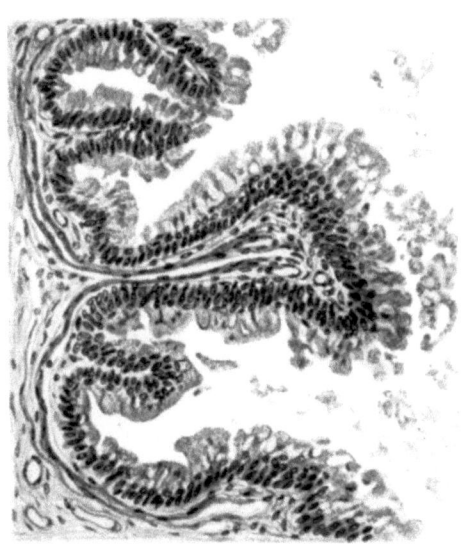

Abb. 89. Trächtige Maus, 72 Stunden nach Implantation von Hypophysenvorderlappen getötet. Schwangerschaftsscheide. Hohes Schleimepithel auf 2—3 Lagen geschichtetem Plattenepithel.

Diese Versuche mußten bei einer Tiergattung ausgeführt werden, bei der nicht wie beim Menschen in der Gravidität große Mengen von Hypophysenvorderlappenhormon produziert werden. Wenn man eine Wirkung erzielen wollte, so konnte sie nur durch Überlastung des Organismus mit Vorderlappenhormon erreicht werden. In ausgezeichneter

Weise ist als Versuchstier die Maus geeignet, in deren Blut Vorderlappenhormon während der Trächtigkeit nicht in erhöhter Menge nachweisbar ist.

Wir[1] führten also Vorderlappenhormon trächtigen Mäusen zu, wobei wir uns unserer Implantationsmethode bedienten. Hierbei kommt alles auf die Dosierung an. Geringe Hormonmengen sind ohne Wirkung, zu große Hormonmengen wirken toxisch oder können zum Abort führen. Die besten Resultate erzielten wir bei Implantation von 0,05—0,1 g ganz frischen Hypophysenvorderlappens der Kuh. Nach Zuführung des Hormons wurden die trächtigen Tiere nach 36, 48, 72 bzw.

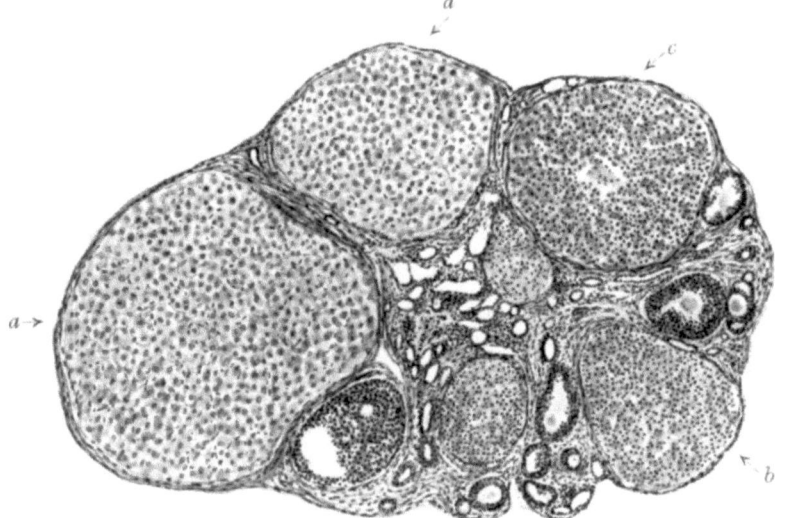

Abb. 90. Ovulation in der Gravidität. Ovarium einer trächtigen Maus 72 Stunden nach Implantation von Hypophysenvorderlappen. *a* Corpora lutea graviditatis, *b* junges Corpus luteum, *c* luteinisierter Follikel (Corpus luteum atreticum).

100 Stunden getötet und Ovarien, Uterus und Scheide untersucht. So konnten die verschiedenen Phasen der Hormonwirkung studiert werden. Das Ergebnis:

Unter der Wirkung des Hypophysenvorderlappenhormons wird das Ovarium der trächtigen Maus zu neuer Funktion angeregt. Follikel reifen, springen und die Eier gelangen in die Tube. Einzelne Tubeneier zeigen einen gut erhaltenen, andere wieder einen in Chromatinfäden aufgelösten Kern, die Mehrzahl der Eier ist allerdings fragmentiert und degeneriert. Im Ovarium finden wir neben den Corpora lutea graviditatis junge aus geplatzten Follikeln hervorgegangene Corpora lutea. Im Uterus finden wir lebende Feten, die Placenten noch fest an der Wand haftend, im Ovarium

---

[1] ZONDEK, B. u. ASCHHEIM: Endokrinologie 1, H. 1 (1928).

aber gehen unter der Wirkung des Vorderlappenhormons neue Lebenserscheinungen vor sich!

Durch Hypophysenvorderlappenhormon kann man also in der Schwangerschaft eine Ovulation[1] auslösen (s. Abb. 89—93).

Abb. 91. Corpus luteum graviditatis (Abb. 90a) bei starker Vergrößerung.

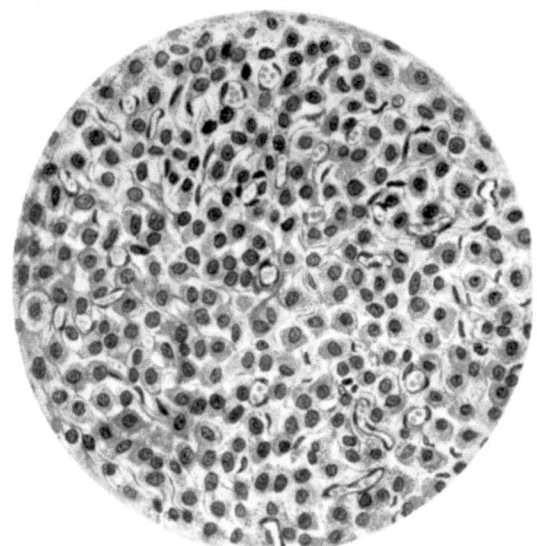

Abb. 92. Ovulation in der Gravidität. Junges Corpus luteum (Abb. 90b) bei starker Vergrößerung.

[1] Unsere Versuche sind jüngst von A. LOESER (Klin. Wschr. **1930**, Nr 40, 1855) bestätigt worden.

Ovulation in der Gravidität.

Sobottas grundlegende Untersuchungen haben gezeigt, daß die Ovulation bei der Maus und anderen Nagetieren nach dem Werfen sofort in Gang kommt. Um in der Deutung unserer Befunde sicher zu gehen, haben wir Herrn Prof. Sobotta, den besten Kenner dieser Fragen, um Auskunft gebeten, ob in der Gravidität vielleicht in den letzten Stadien bei der Maus eine Ovulation stattfinden könnte. Sobottas Auskunft lautete: ,,Davon, daß bei Maus, Ratte und Kaninchen in den letzten Stadien der Gravidität sich etwa Tubeneier finden, ist keine Rede, nicht

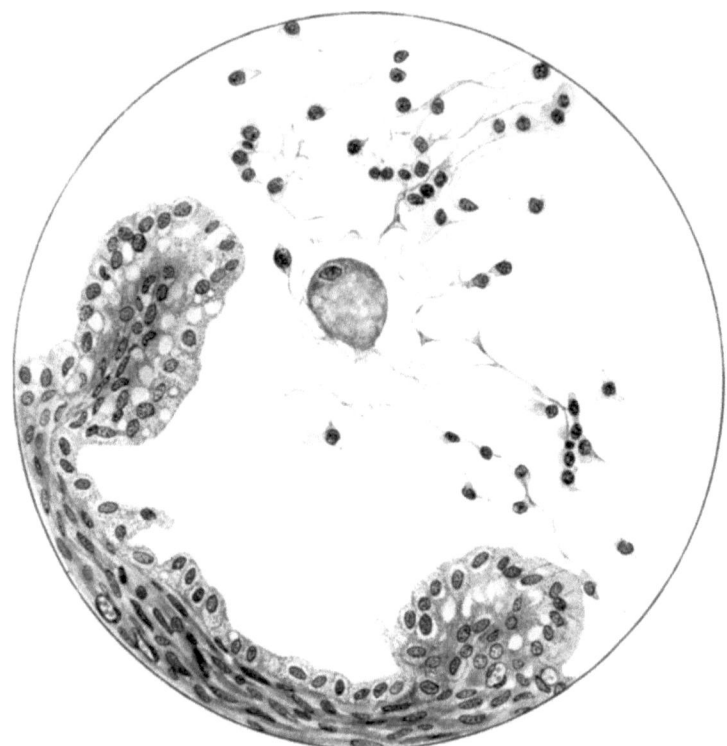

Abb. 93. Ovulation in der Gravidität. Ei in der Tube der trächtigen Maus. Chromatinfäden des Kernes. Ei noch von Granulosazellen umgeben.

einmal die Ovulation erfolgt vor der Geburt, selbst sprungreife Follikel sind um diese Zeit nicht zu sehen, wie überhaupt die Follikelreifung in der Gravidität sistiert."

Ich gebe unsere Originalversuche wieder:

Versuch 1.

Maus G 13, hochträchtig. Am 18. III. Hypophysenvorderlappen implantiert. Am 19. III. wird das schwache Tier getötet. In den Uteri finden sich die lebenden Feten, die Placenten haften der Uteruswand fest an. *Scheidenabstrich* vor dem Töten: Epithelien. *Scheidenschnitt*: Einer Schicht von vier bis sechs Reihen Plattenepithelien sitzen an einem Teil des Schnitts noch hohe Schleimepithelien auf, an einem Teil jedoch werden die obersten Lagen von verhornten, kernlosen Zellen (Schollen) gebildet. In der Basalis finden sich Kernteilungsfiguren. Im Lumen der Scheide liegen kernhaltige Epithelien und einige Schollen.

Ovarien: Das eine Ovarium enthält gut erhaltene Corpora lutea graviditatis, einige ganz alte Corpora lutea mit degenerierten Zellen, kleine und mittlere, zum Teil atresierende Follikel und wenig große Follikel. Interstitielles Gewebe tritt sehr deutlich hervor.

Das zweite Ovarium zeigt große Follikel, Corpora lutea graviditatis und *fünf ganz junge Corpora lutea*. *In der zugehörigen Tube werden fünf Eier getroffen*. Dem einen Tubenei liegt ein als ausgestoßenes Polkörperchen vielleicht anzusehendes kugeliges Gebilde an, ein zweites Tubenei zeigt Auflösung des Kernes in Chromatinfäden. Die anderen Tubeneier zeigen keine deutlichen Kerne.

Versuch 2.

Maus G 18, trächtig in der zweiten Hälfte der Tragzeit. 7. IV. Hypophysenvorderlappen-Implantation. 11. IV. getötet.

In dem Uterus finden sich noch die Feten, die Placenten haften der Uteruswand noch fest an.

Die Scheide zeigt auf zwei bis drei Reihen geschichteten Plattenepithels hohe Schleimzellen nach dem Lumen zu.

Ovarien und *Tuben*: Das eine Ovarium enthält kleine und mittlere Follikel. Es finden sich zwei große Follikel, deren Granulosazellen in Luteinzellen umgewandelt sind, die aber auf der Serie noch das Ei zeigen. Weiter finden sich *junge Corpora lutea*. Sie sind gut vascularisiert und ihre Zellen luteinös. Von den Corpora lutea graviditatis sind sie deutlich zu unterscheiden dadurch, daß sie im ganzen kleiner sind, ihre Zellen und ihre Kerne ebenfalls an Größe denen der Graviditätskörper nachstehen. Im Hämatoxylin-Eosinschnitt kann man den Unterschied zwischen den Corpora graviditatis und diesen jungen neugebildeten schon daran bei schwacher Vergrößerung erkennen, daß die ersten durch Eosin mehr rot gefärbt sind, während die Färbung der jungen Körper leicht blau erscheint.

In der Tube finden sich zwei Eier. Das eine ist in mehrere Fragmente zerfallen, das andere zeigt einen gut erhaltenen Kern.

Da im zweiten Ovarium nur ein kleiner Teil der Tube ohne Eier getroffen ist, erübrigt sich die genaue Beschreibung.

Versuch 3.

Maus G 19, hochträchtig. 7. IV. Hypophyse implantiert. 10. IV. getötet.

Die Jungen befinden sich noch in den Uteri, denen die Placenta fest anhaftet. Die Scheide zeigt überall die hohen Schleimepithelien, die auf drei bis vier Reihen Plattenepithelien aufsitzen.

Ovarien und *Tube*: Auf der einen Seite finden sich im Ovarium außer den kleinen und mittleren Follikeln, dem deutlich hervortretenden interstitiellen Gewebe und den Corpora lutea graviditatis *drei junge Corpora lutea*. Sie sind kleiner als die Schwangerschaftskörper, sowohl was die Gesamtgröße wie die einzelnen Zellen anlangt. Feine Bindegewebsfasern ziehen von der Peripherie in sie hinein, etwas Blut liegt hier und da zwischen den Zellen. Sichere Gefäße sind noch nicht zu sehen. In einem findet man eine deutliche Höhle, ein Ei liegt nicht in dieser Höhle. *In der Tube werden vier Eier zum Teil in Zerfall angetroffen.*

Im zweiten Ovarium sind drei junge Corpora lutea nachweisbar und in der zugehörigen Tube werden zwei Eier gefunden.

Wir haben also bei Mäusen am Ende der Trächtigkeit durch Implantation von Hypophysenvorderlappen (und zwar Rinderhypophyse) den Follikelsprung mit Ausstoßung der Eier und Wanderung der Eier in die Tube erzielt. An den Follikelsprung schloß sich, wie die Präparate beweisen, die Umwandlung der Follikel in Corpora lutea an. Zu gleicher Zeit fanden wir noch lebende Junge in den Uteri, deren Placenten von der Wand noch nicht gelöst waren.

Wenn auch die Mehrzahl der Eier Zeichen von Degeneration, Fragmentierung, Abhebung der Zona pellucida und Kernzerfall aufwiesen, so fand sich doch wenigstens ein Ei mit gut erhaltenem Kern, ein zweites mit Umwandlung des Kerns in Chromatinfäden, so daß sie nicht als degeneriert angesehen werden konnten. Ob diese Eier hätten befruchtet werden können, ist eine Frage, die sich nicht entscheiden läßt.

Wenn wir in einem Ovarium mehr Corpora lutea fanden als Eier in der Tube, so ist dies vielleicht darauf zurückzuführen, daß ein ausgetretenes Ei, das noch innerhalb der Eierstockskapsel lag, bei der Präparation verloren ging.

Im einzelnen ist noch folgendes zu bemerken: Im Versuch 1 fanden sich schon 30 Stunden nach der Implantation Eier in der Tube. Der Scheidenschnitt zeigte durch beginnende Schollenbildung, daß Ovarialhormon auf die Scheide bereits eingewirkt hatte. Dieses Tier ist offenbar am Tage vor dem spontanen Partus implantiert worden, und der normalerweise nach der Geburt einsetzende Follikelsprung ist durch die Zuführung von Vorderlappenhormon so beschleunigt worden, daß der Follikelsprung vor dem Partus eintrat. Das von den reifenden Follikeln produzierte Ovarialhormon hat hier die durch die Schwangerschaft bestehende Hemmung der Ovarialhormonwirkung (vgl. S. 209) zum Teil überwinden können, so daß der östrale Aufbau der Scheidenschleimhaut einsetzte. Die Corpora lutea dieses Falles sind im ersten Beginn der Entwicklung, sodaß man sie eher noch als frisch geplatzte Follikel bezeichnen könnte. — In den beiden anderen Fällen (Versuch 2 und 3) ist die Implantation mehrere Tage vor dem Ende der Gravidität erfolgt. Die hemmende Wirkung der Schwangerschaft gegen das Ovarialhormon ist hier noch so stark gewesen, daß das im reifenden Follikel produzierte Ovarialhormon am Erfolgsorgan (Scheide) nicht zur Auswirkung kam. Infolgedessen finden sich keine Veränderungen an den

Scheiden, die in beiden Fällen noch den für die Schwangerschaft charakteristischen Bau zeigen.

Die Versuche wurden durch Implantation von 0,05—1 g Hypophysenvorderlappengewebe ausgeführt, so daß etwa 3—7 Mäuseeinheiten HVH-A und 1,5—3 ME. Hormon B zugeführt wurden. Ich habe diese Versuche bisher mit Prolan nicht wiederholt, so daß nicht entschieden werden kann, auf welche der beiden Hypophysenstoffe die Ovulationsauslösung in der Gravidität zurückzuführen ist. Wahrscheinlich ist diese Wirkung durch das Follikelreifungshormon (HVH-A) bedingt.

Hierbei sei erwähnt, daß TEEL, ein Schüler von EVANS, bei trächtigen Ratten während der ganzen Dauer der Gravidität intraperitoneal Hypophysenvorderlappenextrakte injizierte. Er fand, daß die Implantation der Eier einige Tage verspätet erfolgte, und daß die Schwangerschaft 2—6 Tage nach dem normalen Geburtstermin mit Totgeburt der Feten endete. In den stark vergrößerten Ovarien sah er zahlreiche gelbe Körper und zwar neben den Corpora lutea graviditatis auch solche, die das Ei einschlossen. Diese interessanten Resultate wurden also durch tägliche Zuführung des Vorderlappenextraktes vom Beginn bis zum Ende der Schwangerschaft erzielt, während unsere hier mitgeteilten Befunde durch *einmalige* Zufuhr von Hypophysenvorderlappenhormon (Implantation) in der zweiten Hälfte der Schwangerschaft erhoben wurden. Wir haben Ovarien und Tuben 2—4 Tage nach der einmaligen Vorderlappenzufuhr untersucht.

Schwangerschaftsunterbrechung durch Hypophysenvorderlappenhormon.

Durch Hypophysenvorderlappenhormon können wir Neureifung von Eiern in der Schwangerschaft erreichen und damit den physiologischen Ablauf der Schwangerschaft stören. Aus dieser Tatsache ergab sich von selbst, daß es gelingen müßte, durch Verstärkung der Wirkung, d. h. durch hohe Prolandosen, das befruchtete Ei zu vernichten. *Erhöht man die physiologische Hormonkonzentration des Blutes in der Gravidität durch chronische Prolanzufuhr, so kommt es zu einem katastrophalen Effekt, zum Abortus.* Während TEEL den Tod der Feten trotz dauernder Hormonzufuhr erst am Ende der Schwangerschaft sah, konnte ich den Fruchttod schon nach einigen Tagen herbeiführen[1]. Hierbei stellte ich fest, daß Mäuse und Ratten die toten Feten ausstoßen, während beim Kaninchen die macerierten Feten im Uterus liegen bleiben. Es ist mir nach langen Versuchen gelungen, den Augenblick bei einer trächtigen Maus zu erfassen, in dem der Abort unter der Wirkung des Prolans eben einsetzte. Hierbei sah man (Abb. 94) in den verschiedenen

---

[1] ZONDEK, B.: Endokrinologie 5, 432 (1929).

Eikammern teils noch lebende, teils im Absterben begriffene, teils bereits tote Feten. Durch die Eihöhle schimmern Blutungen hindurch, die zur Placentaablösung führen. Ob das Hormon diese Ablösung primär bedingt, oder ob der Vorgang auf dem Wege über das Ovarium geht, möchte ich noch nicht entscheiden. Jedenfalls zeigen die Ovarien dieser Tiere hochgradige Veränderungen. Sie sind auf das 3—5fache vergrößert und durchsetzt von Massenblutungen und neugebildeten Corpora lutea. Besonders schön sieht man dies, wie aus Abb. 95 ersichtlich, beim trächtigen Kaninchen. Der Fruchttod durch Prolan scheint mir deswegen spezifischer Art zu sein, weil wir hierbei primär intensiv auf die Ovarien wirken. Die Erzeugung des Abortes beim Versuchstier muß kritisch bewertet werden, da man auch durch unspezifische Mittel den Fruchttod herbeiführen kann. Aber niemals kommt es hierbei zu neuen Lebensvorgängen im Ovarium des trächtigen Tieres!

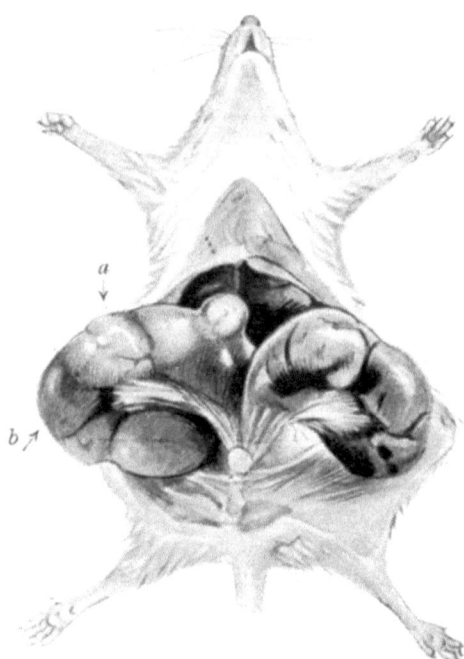

Abb. 94. Trächtige Maus unter Prolanwirkung. *a* noch lebende Frucht, *b* abgestorbene Frucht, Blutungen in die Fruchthöhle.

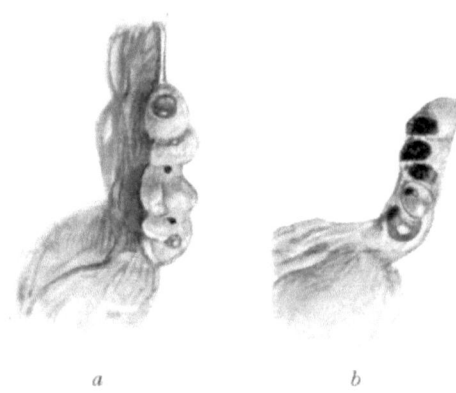

Abb. 95. Ovarium eines trächtigen Kaninchens. *a* Kontrolltier, *b* nach Prolanbehandlung.

Ob auch beim Menschen durch Prolan Fruchttod und damit Abortus ausgelöst werden kann, ist noch nicht entschieden. Der menschliche Organismus ist im Gegensatz zum Tier in der Schwangerschaft mit HVH überschwemmt (s. Kap. 25), und trotzdem kommt es nicht zur Neureifung von Eiern.

Möglicherweise werden die vom Organismus für die Schwangerschaft nicht verwerteten HVH im Körper inaktiviert, so daß parenteral zugeführtes Prolan doch wirksam sein könnte. Ich habe in meinem Krankenhaus bei einigen Fällen, wo die Schwangerschaft wegen Lungentuberkulose unterbrochen werden mußte, durch Prolan — im Verlauf mehrerer Tage wurden bis 8000 RE. injiziert —, eine Einwirkung auf die Schwangerschaft[1] nicht gesehen. Vielleicht wird man mit sehr hohen Dosen (Zehntausende von Einheiten) eine Wirkung erzielen können, so daß wir damit Schwerkranken, bei denen die Unterbrechung der Gravidität notwendig ist, eine Operation ersparen könnten.

24. Kapitel.
Ei und Hormon.

Wir haben gesehen, daß man durch Einpflanzung von Hypophysenvorderlappen beim infantilen Tier die sexuelle Frühreife auslösen und damit die erste Eireifung in Gang bringen kann, daß man beim alten, sexuell degenerierten Tier den ovariellen Rhythmus wiederherstellen, daß man in der Schwangerschaft das Gesetz der ruhenden Ovarialfunktion durchbrechen kann. Damit kommen wir zur Frage: Welche Beziehungen bestehen zwischen dem Ei und dem Hypophysenvorderlappen, zwischen dem Ei und dem im Ovarium gebildeten Folliculin? Nach ROBERT MEYER beherrscht das Ei das Ovarium, vom Ei gehe der Impuls zum gesamten Generationsvorgang aus. Auch R. SCHRÖDER steht auf diesem Standpunkt, der für die Biologie der weiblichen Genitalfunktion bisher von wesentlicher Bedeutung gewesen ist. SEITZ, HOFBAUER, C. RUGE II u. a. haben bereits gewichtige Einwände gegen diese Ansicht vom Primat der Eizelle erhoben.

Die eigenen Untersuchungen zu dieser Frage sind am Ovarium der Nagetiere ausgeführt. Wir sind uns wohl bewußt, daß man die Verhältnisse von der Maus nicht ohne weiteres auf den Menschen übertragen kann. Aber die Maus ist ein ausgezeichnetes Studienobjekt zur Analyse dieser Fragen, da wir die Follikelreifung in so ausgezeichneter Weise an der Brunstreaktion erkennen können, die durch das im reifenden Follikel gebildete weibliche Sexualhormon ausgelöst wird.

Um die Beziehungen zwischen Ei und Hormon zu analysieren, schien es uns[2] notwendig, erstens das Ei und zweitens das Hormon isoliert außer Funktion zu setzen.

I. Was geschieht, wenn man das Ei außer Funktion setzt?

Wir können das Ei durch den Röntgenstrahl außer Funktion setzen.

---
[1] Noch nicht veröffentlicht.
[2] ZONDEK, B. u. ASCHHEIM: Klin. Wschr. 1927, Nr 28, S. 1321.

Die in unserem Laboratorium durch v. SCHUBERT ausgeführten Untersuchungen (näheres s. Kap. X, 1) hatten folgendes Ergebnis: Auch nach Bestrahlung mit der zehnfachen Kastrationsdosis (bis 500 R.) kann der hormonale Brunstzyklus der Maus in normalem Rhythmus wochen-, ja monatelang weitergehen, wobei es häufig zum Daueroestrus kommt. Tötet man die Tiere auf der Höhe der Brunst, so finden wir in der Scheide den typisch östralen Aufbau mit Verhornung der obersten Zelllagen, wir finden große sekretgefüllte Uteri. Der Eierstock zeigt hochgradige Veränderungen, in den Serien läßt sich aber — und das ist das Entscheidende — kein einziger Follikel mit größerer Follikelhöhle nachweisen. Man findet nur Reste degenerierter Eier! Ein lebendes Ei ist nicht vorhanden!

Es ergibt sich also: *Kein lebendes Ei und trotzdem Aufbau der Scheidenschleimhaut, kein lebendes Ei und trotzdem der typische Brunstvorgang, wobei Uterus und Scheide in charakteristischer Weise vergrößert sind.*

Das Ei kann also die Produktion des Ovarialhormons (Folliculin) nicht anregen, da bei den Röntgenovarien kein lebendes Ei vorhanden ist.

Zu dem gleichen Ergebnis kam ich bei Reizbestrahlung infantiler Ovarien (S. 63). Durch kleine Röntgendosen (5—25 R.) gelingt es, die kleinen Follikel der infantilen Maus zum Wachstum anzuregen, so daß man sprungreife Follikel mit großer Follikelhöhle und Cumulus oophorus findet. Diese Follikel sind von den beim geschlechtsreifen Tier im Oestrus auftretenden morphologisch kaum zu unterscheiden, sie sind aber funktionslos. In den durch Röntgenreiz gewachsenen Follikeln wird also nicht das weibliche Sexualhormon (Folliculin) produziert. Trotz der großen Follikel keine Brunst! *Der morphologisch reife Follikel, das reife Ei, bewirkt also nicht die Produktion des Folliculins.*

Nun wird man einwenden, daß beim Menschen die Verhältnisse anders liegen. Nach Kastrationsbestrahlung hört bei der Frau der Aufbau der Uterusschleimhaut auf. Hierzu ist folgendes zu sagen. Das Mäuseovarium ist gegen Röntgenstrahlen wesentlich resistenter als der menschliche Eierstock. Wir können auch die Hormonproduktion im Eierstock der Maus zum Versiegen bringen, wenn wir die hormonproduzierenden Zellen durch Bestrahlung so stark schädigen, daß sie auf den zentralen hypophysären Reiz nicht mehr ansprechen (S. 62).

---

[1] Die Einwände, die SIEGMUND (Arch. Gynäk. **139**, H. 3, 521—529) gegen uns erhoben hat, sind meines Erachtens nicht stichhaltig. Nach täglicher Zuführung von 1 ME. Folliculin trete beim geschlechtsreifen Tier kein Daueroestrus auf, sondern es komme wieder zu diöstrischen Perioden, während beim infantilen oder kastrierten Tier durch Folliculin ein Daueroestrus herbeigeführt werde. SIEGMUND schließt daraus, daß der Oestrus trotz Folliculinzufuhr unterbrochen wird, wenn reife Eier vorhanden sind. Durch diese Beobachtung ist aber nicht bewiesen, daß das Ei dabei der ausschlag-

II. Das Ei regt nicht die Produktion des Ovarialhormons an. Umgekehrt regt das Ovarialhormon die Eireifung an?

Auch diese Frage können wir verneinen auf Grund unserer Untersuchungen am noch nicht funktionierenden Ovarium des infantilen Tieres. Man kann jedes infantile Tier durch Injektion des Ovarialhormons (Folliculin) in die Brunst bringen, wobei der Uterus in typischer Weise vergrößert und mit Sekret gefüllt ist. Die Scheide zeigt den östralen Aufbau, im Abstrich sind nur Schollen vorhanden. *Das Ovarium* (s. S. 96) *ist aber nicht verändert, niemals findet man* — und das ist für unsere Frage das Entscheidende — *bei der ersten künstlichen Brunst einen reifen Follikel, niemals findet man ein Corpus luteum.*

Es ergibt sich also: *Das weibliche Sexualhormon (Folliculin) bringt das Ei nicht zur Reife.*

III. Was geschieht, wenn wir die Hormonproduktion hemmen?

Wir können dies erreichen, wenn wir die Tiere (s. S. 70) mit Thallium füttern. Tötet man die Tiere, bei denen nach dreiwöchiger Behandlung mit Thallium die Brunstreaktion nicht mehr aufgetreten ist, *so findet man in der Scheide keinen Aufbau. Im Ovarium hingegen sehen wir große Follikel mit Cumulus oophorus und darin Eier mit Kernteilungsfiguren. Das Ei macht also den Eindruck eines reifenden Eies, und trotzdem ist es nicht imstande, die Produktion des Ovarialhormons auszulösen.* Führt man aber einem derartigen Tier während der Thalliumfütterung Hypophysenvorderlappenhormon zu, dreht man also den Motor an, so kommt

---

gebende Faktor ist, sondern die Versuche zeigen nur, daß der hypophysär bedingte Zyklus durch 1 ME. Folliculin nicht geändert wird. Hätte SIEGMUND, wie ich es getan habe (S. 98), größere Folliculindosen angewandt (täglich 20 ME.), so hätte er sich davon überzeugen können, daß chronische Folliculinzufuhr auch am geschlechtsreifen Tier einen Daueroestrus auslösen kann. Auch die Versuche, die MAHNERT und SIEGMUND mit Implantation von Hypophysenvorderlappen beim geschlechtsreifen Tier gemacht haben, sind nicht beweisend, da der Vorderlappen durch seinen Gehalt an Follikelreifungs- und Luteinisierungshormon Förderung und Hemmung des Brunstzyklus gleichzeitig auslösen kann. Durch wiederholte Implantation von Hypophysenvorderlappen kann der Brunstzyklus des geschlechtsreifen Tieres fördernd oder hemmend beeinflußt werden, je nachdem das im Implantat vorhandene Hormon A oder B überwiegen. Nur durch isolierte Zufuhr von Follikelreifungshormon (A) beim geschlechtsreifen Tier mit normalem Zyklus könnte man, wenn überhaupt, feststellen, ob HVH-A die vermeintliche Wirkung des Eies auf den Zyklus ausschalten kann. Aber hierbei muß die Eigenwirkung der Hypophyse des Versuchstieres berücksichtigt werden, die von sich aus durch das in ihr gebildete Luteinisierungshormon den Oestrus unterbrechen kann, so daß auch diese Versuche nicht absolut beweisend wären. Für die Auffassung, daß das Ei den Rhythmus nicht bestimmt, spricht vor allem die Tatsache, daß beim geschlechtsreifen Tier nach Entfernung des Hypophysenvorderlappens der ovarielle Zyklus aufhört, obwohl lebende Eier vorhanden sind!

das Ovarium sofort in Gang, die Produktion des Ovarialhormons wird ausgelöst, und das Tier kommt nach 100 Stunden in die Brunst.

Ergebnis: *Das Ei beherrscht nicht das Ovarialhormon, das Ovarialhormon beherrscht nicht das Ei. Ei und Ovarialhormon stehen nebeneinander, sind funktionell koordiniert, sind nicht voneinander abhängig, werden aber beide vom Hypophysenvorderlappen beherrscht.*

Hypophysenvorderlappenhormone, Ei und Ovarialhormon bilden eine Einheit im funktionellen Sinne. Sie dienen gemeinsam der wichtigsten *Funktion des weiblichen Organismus, der Fortpflanzung.* Dies geht daraus hervor, daß nach Befruchtung des Eies, d. h. in der Schwangerschaft, die Hormonverhältnisse wesentlich verändert sind.

25. Kapitel.

Schwangerschaft und Hormone.

Die durch die Sexualhormone (Vorderlappen, Ovarium) im weiblichen Genitalapparat bedingten Aufbauvorgänge dienen der Nidation des befruchteten Eies. Das nicht befruchtete Ei steht, wie wir gesehen haben, unter der Herrschaft des Hypophysenvorderlappens. *Die Verhältnisse ändern sich aber schlagartig, wenn das Ei befruchtet ist. Jetzt tritt das befruchtete Ei in den Mittelpunkt des Generationsvorganges, jetzt beherrscht das Ei den hormonalen Apparat.*

Daß wir der Schwangerschaft als dem Höhepunkt der weiblichen Sexualfunktion in ihren hormonalen Reaktionen besondere Beachtung geschenkt haben, ergab sich aus den vorliegenden Untersuchungen von selbst. Bevor ich über die Verhältnisse des weiblichen Sexualhormons und der Hypophysenvorderlappenhormone in der Gravidität berichte, sei kurz auf die bisher bekannten Veränderungen der endokrinen Drüsen in der Schwangerschaft eingegangen.

Im Ovarium hört nach der Befruchtung die Follikelreifung auf. Das Corpus luteum graviditatis unterscheidet sich vom gelben Körper der prämenstruellen Phase durch den Mangel an sudanophilen Substanzen und durch das Vorhandensein von Kolloidtröpfchen zwischen den Zellen. In der Ovarialrinde geht eine große Anzahl Follikel atretisch zugrunde, wobei es zu einer starken Wucherung und Hypertrophie der Theca interna-Zellen kommt (Theca-lutein-Zellen nach SEITZ).

Die Schilddrüse schwillt während der Schwangerschaft fast regelmäßig an (H. FREUND), wobei die Volumenzunahme nicht auf erhöhter Blutzufuhr, sondern auf einer durch die Gravidität bedingten typischen Hyperplasie und Hypertrophie des Organs beruht (ENGELHORN). Die Kolloidabsonderung ist erhöht, die Follikel sind stark erweitert.

In den letzten Schwangerschaftsmonaten fand MAURER (Arch. Gynäk. 1927, Bd. 130) einen höheren Jodgehalt des Blutes (bis zum dreifachen der Norm), während die Jodwerte in den ersten Graviditätsmonaten normal sind. In den ersten Wochenbetttagen sinkt der Blutjodspiegel unter die Norm ab, von durchschnittlich $14{,}9\gamma\%$ ante partum auf $6{,}5\gamma\%$ post partum.

Endokrine Drüsen und Gravidität.

Diese Erhöhung des Blutspiegels am Ende der Schwangerschaft dürfte wohl auf eine Erhöhung der Schilddrüsenfunktion und eine Ausschüttung von Thyroxin zurückzuführen sein. Es wäre wünschenswert, wenn nach dieser Richtung weitere Untersuchungen ausgeführt würden, insbesondere auch über den Jodgehalt des Schwangerenharns, worüber Beobachtungen bisher nicht vorliegen.

Daß in der Schwangerschaft häufig ein latent-tetanischer Zustand beobachtet wird, läßt auf eine Labilität der Epithelkörperchenfunktion schließen.

In der Nebennierenrinde läßt sich in der Gravidität eine Hyperplasie des fasciculären und reticulären Teiles feststellen (STOERK und v. HABERER), wobei das Auftreten von Vacuolen und das reichliche Pigment in den reticulären Zellen nach SEITZ als Zeichen einer erhöhten sekretorischen Funktion anzusehen sind.

Die Epiphyse zeigt nach ASCHNER in der Schwangerschaft eine Formveränderung, die sich in deutlicher Verdickung, Verkürzung und kugeliger Abplattung äußert. Mikroskopisch findet man zuweilen eine Vermehrung der lipoidhaltigen Vacuolen in den Zellen und in der Zwischensubstanz. Besonders hebt ASCHNER die Kalkablagerung in der Zirbeldrüse während der Gravidität hervor.

Wichtig und für unsere Fragestellung von besonderer Bedeutung sind die in der Schwangerschaft an der Hypophyse beobachteten Veränderungen. COMTE beobachtete zuerst (1898) bei sechs schwangeren Frauen eine Gewichts- und Größenzunahme des Hypophysenvorderlappens, eine Tatsache, die von LAUNOIS und MOULON bestätigt wurde (1908). Klarheit haben erst die grundlegenden Untersuchungen von ERDHEIM und STUMME (1909) gebracht. In der Gravidität hypertrophiere nur der Vorderlappen, während der Hinterlappen sogar komprimiert werden kann. Histologisch finden sich im Vorderlappen folgende typische Veränderungen: Die Hauptzellen vermehren sich progressiv, rücken weiter auseinander, ordnen sich in Haufen und Strängen und lassen sich jetzt durch Eosin leicht färben. Diese „Schwangerschaftszellen" überwiegen am Ende der Gravidität (bis zu 80%), so daß die eosinophilen und basophilen Zellen nur noch in spärlichen Resten übrigbleiben. Daß die Schwangerschaft diese Umwandlung auslöst, geht daraus hervor, daß nach der Gravidität die Hypophyse allmählich wieder das normale histologische Bild zeigt. Die Untersuchungen an verschiedenen trächtigen Säugetieren (Nagetiere, Katze, Hund) ergaben übereinstimmend, daß der Hypophysenvorderlappen an Größe zunimmt, und daß Zellveränderungen auftreten, die denen beim Menschen im Prinzip entsprechen (NAEGELI, BERBLINGER, LEHMANN, PENDE, GUERRINI, MORANDI, KOLDE u. a.) (s. S. 225).

TANDLER und GROSS wiesen auf die acromegalieähnlichen Veränderungen im Gesicht, auf die Vergrößerung und Verdickung der Extremitäten und Rauheit der Stimme bei jeder Schwangeren hin. Besonders müssen die Untersuchungen von ASCHNER hervorgehoben werden, der gezeigt hat, daß hypophysektomierte Tiere nicht konzipieren, und daß die Hypophysenexstirpation in der Gravidität zur Unterbrechung der Schwangerschaft führt.

Am Hypophysenhinterlappen sind histologische Veränderungen in der Schwangerschaft nicht beobachtet worden. L. SEITZ fand jedoch, daß der Hinterlappen ein wirksameres Hormon in der Schwangerschaft enthalte, denn er konnte mit einem Extrakt des Hinterlappens trächtiger Tiere in einigen Fällen die Geburt einleiten, was mit den gewöhnlichen Hinterlappenextrakten nicht gelang.

Über das Verhalten der Sekretionsprodukte der inneren Drüsen, d. h. der Hormone selbst, in der Schwangerschaft war bisher wenig bekannt.

1. Weibliches Sexualhormon und Vorderlappenhormone in der Schwangerschaft.

Wir haben mit den uns zur Verfügung stehenden Testobjekten (ALLEN-DOISY- und ZONDEK-ASCHHEIM-Test) die Bedeutung des weiblichen Sexualhormons und der Hypophysenvorderlappenhormone für die Schwangerschaft[1] untersucht, wobei sämtliche Organe und Körperflüssigkeiten des nicht schwangeren und schwangeren Organismus auf ihren Hormongehalt untersucht wurden. Hierbei kamen wir zu folgenden Ergebnissen:

a) Folliculin und HVH im Ovarium bei Gravidität.

In der I. Mitteilung[2] (Januar 1926) konnte bereits berichtet werden, daß in der Schwangerschaft besondere Hormonverhältnisse vorliegen müssen, da in der Decidua graviditatis sich Hypophysenvorderlappenhormone nachweisen ließen. Durch Implantation von Decidua wurde bei der infantilen Maus die HVR I und III ausgelöst, so daß damit das Vorhandensein von Follikelreifungs- und Luteinisierungshormon bewiesen war. Hingegen wurde Folliculin in der Decidua nicht gefunden.

Ebenso zeigte die Untersuchung des Corpus luteum graviditatis besondere Verhältnisse. Während im Corpus luteum der Blüte (s. S. 46), also vor der Menstruation, sich nur Folliculin nachweisen läßt, fanden wir im gelben Körper der Schwangerschaft beide Hormone, d. h. Folliculin und Vorderlappenhormon. Hierbei sei erwähnt, daß der Nachweis von Folliculin im Corpus luteum graviditatis nur in den ersten 4 Monaten sichere Resultate liefert, während nachher die Ergebnisse schwankend sind. Allerdings konnten wir in einem Falle in einem Corpus luteum, das am Ende der Schwangerschaft bei einem Kaiserschnitt gewonnen wurde, noch Folliculin nachweisen. Diese Untersuchungen berechtigen uns zu dem Schluß, daß das Corpus luteum verum beim Menschen sicher in den ersten, vielleicht auch in den späteren Schwangerschaftsmonaten eine besondere hormonale Bedeutung hat.

Während die Ovarialrinde (s. S. 45) außerhalb der Schwangerschaft sich stets als folliculinfrei erwies, erhielten wir bei Einpflanzung der Eierstocksrinde von Schwangeren in einigen Fällen positive Ergebnisse. Auf Grund der histologischen Untersuchung der Implantate konnten wir feststellen, daß die Ergebnisse positiv waren, wenn die eingepflanzte Ovarialrinde atretische Follikel mit gut entwickelter Theca enthielt, deren Zellen groß und deren Gefäßnetz gut entwickelt

---

[1] ZONDEK, B. u. ASCHHEIM: Klin. Wschr. 1925, Nr 29. Arch. Gynäk. 127, H. 1, 280—286 (1925). — ASCHHEIM: Med. Klin. 1926, Nr 53. — ZONDEK, B.: Med. Klin. 1927, Nr 13. — ZONDEK, B.: Naturwiss. 1928, H. 45—47, 946—951.

[2] Ausführung von ASCHHEIM zu meinem Vortrag in der Berl. Gynäk. Ges. Z. Geburtsh. u. Gynäk. 90, 387 (1926).

war. Negativ war das Resultat meist dann, wenn die implantierte Rinde überhaupt keine Follikel enthielt oder die vorhandenen nur eine mäßige Thecaentwicklung aufwiesen. Die Thecazellen waren dann klein, befanden sich offenbar in Rückbildung. Daraus schlossen wir, daß die in der Schwangerschaft vorhandene hormonale Funktion der Ovarialrinde auf die besonderen Verhältnisse der Gravidität, und zwar auf die gehäufte Follikelatresie und dadurch bedingte Thecazellwucherung zurückzuführen sei.

Während wir also im Corpus luteum verum des Menschen weibliches Sexual- und Vorderlappenhormon finden, ist dies beim Tier nicht der Fall. Ich untersuchte[1] ein Corpus luteum der Kuh aus dem ersten Schwangerschaftsmonat. Bei einem Gewicht des gelben Körpers von 5,3 g implantierte ich kastrierten weiblichen Mäusen steigende Gewebsmengen von 0,005—0,5 g, ohne daß eine Folliculinwirkung zu erzielen war. Das Corpus luteum der Kuh enthält also nicht weibliches Sexualhormon, jedenfalls weniger als 10 ME. Folliculin. Zur Untersuchung auf Vorderlappenhormone pflanzte ich infantilen Mäusen und Ratten 0,005—0,5 g Gelbkörpergewebe ein, das ich zur eventuellen Extraktion des Folliculins 24 Stunden in Äther gelegt hatte. Auch bei infantilen Tieren war keinerlei Reaktion im Sinne der HVR I—III zu erzielen, so daß das Corpus luteum verum der Kuh Vorderlappenhormone überhaupt nicht oder in weniger als 10 ME. bzw. RE. enthält. Demnach ein charakteristischer Unterschied in den Hormonverhältnissen des Ovariums in der Gravidität bei Mensch und Tier!

b) Folliculin und HVH in der Placenta.

Daß die Hypophysenvorderlappenhormone als die übergeordneten und Folliculin als das eigentliche weibliche Sexualhormon für die Schwangerschaft eine besondere Bedeutung haben müssen, war aus den vorangehenden Untersuchungen klar, da beide Stoffe Aufbauhormone für die Schwangerschaft sind, da beide Hormone die optimalen Bedingungen für die Nidation des befruchteten Eies schaffen. Die Bedeutung des Folliculins für die Schwangerschaft geht schon aus den früheren Untersuchungen von Iscovesco, Fellner, Herrmann, Aschner, Adler und Schröder vor, die das weibliche Sexualhormon in der menschlichen Placenta und hier sogar in wesentlich größeren Mengen als in den Eierstöcken gefunden hatten. Auf Grund dieser Tatsache haben Brahn und ich unsere erste Darstellung des Folliculins aus der Placenta ausgeführt (s. S. 83). Das weibliche Sexualhormon kommt sowohl in der menschlichen wie tierischen Placenta vor, wobei allerdings in den quantitativen Verhältnissen Unterschiede bestehen.

In der menschlichen Placenta kann man das Folliculin durch direkte

---

[1] Zondek, B.: Noch nicht veröffentlicht.

Implantation nachweisen, was bei der tierischen Placenta meist nicht gelingt, weil in der implantierten Gewebsmenge (maximal 0,5—1 g einpflanzbar) nicht genügend Hormon vorhanden ist, um die Brunstreaktion auszulösen. In einer frischen, reifen menschlichen Placenta (s. S. 81) fand ich mittels Implantation und Extraktion einen Mittelwert von rund 5000 ME. Folliculin ALLEN und DOISY geben Werte zwischen 236 bis 702 RE. an. Da die Ratten- zur Mäuseeinheit sich beim Folliculin wie 5 : 1 verhält, würden nach ALLEN und DOISY in der menschlichen Placenta 1180—3510 ME. Folliculin vorhanden sein. Die tierische Placenta (Kuh, Schwein, Nagetiere) enthält pro Gramm Gewebe erheblich weniger Folliculin als die menschliche Placenta (durchschnittlich nur 25%). Hingegen fand ich neuerdings in der reifen Pferdeplacenta[1] die gleichen Folliculinmengen — 10000 ME. pro kg Zottengewebe — wie beim Menschen.

Anders liegen die Verhältnisse beim Hypophysenvorderlappenhormon. *Hier konnten wir bisher nur in der menschlichen Placenta HVH finden, während z. B. Versuche bei Kuh und Schwein[2] negativ ausfielen!*

Ich habe im letzten Jahr die quantitativen[1] HVH-Verhältnisse geprüft, indem ich frisches menschliches Placentamaterial in steigenden Mengen von 0,005—0,5 g einpflanzte und die geringste Gewebsmenge (1 Einheit) feststellte, nach deren Implantation bei der infantilen Maus die HVR I—III auftrat. Ich wiege das Placentagewebe frisch (d. h. Stückchen von 0,005—0,5 g) und lege es für 24 Stunden in Narkoseäther. *Durch die Ätherbehandlung wird das Placentagewebe entgiftet* und gleichzeitig Folliculin extrahiert (vgl. S. 308). Die Resultate (Nachweis von HVH-A) werden durch Implantation der mit Äther behandelten Placenta exakter. Anbei einige Ergebnisse:

1. Placenta der 7. Woche, 8 g schwer (Fetuslänge 3,5 cm) HVR I bis III auslösbar durch Implantation von 7 mg Placenta, d. h. 0,007 g Placenta enthält 1 ME. HVH-A und B. Die Gesamtplacenta (8 g) enthält demnach 1144 ME. Follikelreifungs- und Luteinisierungshormon.

2. Placenta der 11. Woche, 34 g schwer (Fetuslänge 7,5 cm). In 30 mg = 1 ME. HVH-A und B. Die Gesamtplacenta enthält 1132 ME. A und B.

---

[1] Noch nicht veröffentlicht.

[2] Leider hatte ich bisher noch nicht Gelegenheit, Placenten der frühen Schwangerschaftsmonate des Pferdes auf ihren HVH-Gehalt zu untersuchen. In der reifen Placenta konnte ich mittels des Implantationsverfahrens HVH bisher nicht nachweisen. Vielleicht waren die eingepflanzten Gewebsstückchen zu klein (die Haftplacenta des Pferdes ist sehr groß). Mit Extraktionsversuchen bin ich beschäftigt. Die genaue Untersuchung der Pferdeplacenta wird besonders wichtig sein, weil beim Pferd in der Gravidität — im Gegensatz zum Menschen und anderen Säugetieren — eine periodische Überproduktion der HVH auftritt (s. S. 199).

3. Reife Placenta, Gewicht 580 g. In 0,1 g = 1 Einheit HVH-A und B. Die Gesamtplacenta enthält 5800 ME. A und B.

Wir finden also in der menschlichen Placenta relativ große Mengen Folliculin und HVH, wobei sich die Frage erhebt, ob das Hormon in der Placenta produziert oder nur gestapelt wird. Darüber werde ich im nächsten Kapitel berichten.

Die Tatsache, daß ASCHHEIM und ich nur beim Menschen und Affen in der Gravidität die starke Hormonvermehrung im Blut und Harn fanden, führte uns zu der Auffassung, daß die besonderen homonalen Verhältnisse auf die besondere hämochoriale Placentation bei den Primaten zurückzuführen seien. Diese Auffassung erweist sich durch meine neuesten Untersuchungen als nicht haltbar. Wir finden im zirkulierenden Blut der trächtigen Stute in den ersten Graviditätsmonaten fast dieselben HVH-Mengen wie bei der graviden Frau. Im Harn des trächtigen Pferdes werden viel größere Folliculinmengen ausgeschieden als im Urin der Frau! Beim Pferd sind die hormonalen Verhältnisse besonders interessant, da die im Blute vorhandenen Vorderlappenhormone im Harn nicht (bzw. unvollkommen) zur Ausscheidung gelangen (s. S. 205). Das Pferd hat dieselbe (epithelio-choriale) Placentation wie das Schwein. Beim Schwein finden wir aber keine Vermehrung der Vorderlappenhormone im Blut und nur geringe Folliculinvermehrung im Harn. *Trotz gleichartiger Placentation also ganz verschiedene hormonale Verhältnisse!* Warum in der Gravidität die Überproduktion der Vorderlappenhormone gerade beim Menschen, Affen und Pferd, nicht aber bei anderen Säugetieren (Kuh, Schwein, Elefant, Nagetiere) einsetzt, läßt sich nicht erklären. Wir können diese Tatsache nur zur Kenntnis nehmen. Die Untersuchungen zeigen uns, daß man gar nicht vorsichtig genug sein kann in der Verallgemeinerung biologischer Befunde. Es war so verlockend, die besonderen hormonalen Verhältnisse bei den Primaten auf die besondere Placentation zurückzuführen. Die Versuche beim Pferd werfen aber das Gebäude um.

c) Folliculin und HVH im Blut bei Gravidität.

Die nächste Frage war, ob bei den großen, in der Placenta vorhandenen Hormonmengen auch das mütterliche und kindliche Blut hormonreich sind. Mit der Untersuchung des Blutes auf seinen Gehalt an weiblichem Sexualhormon hatten sich vor uns schon R. T. FRANK[1] und seine Mitarbeiter eingehend beschäftigt. Im Blut brünstiger Schweine konnte mittels des Extraktionsverfahrens weibliches Sexualhormon

---

[1] FRANK, R. T., c. s.: J. amer. med. Assoc. 85, 510 (1925); 86, 686 (1926); 87, 1719 (1926).

nachgewiesen werden, während das Blut außerhalb der Brunst hormonfrei war. Auch im Frauenblut konnten FRANK und GOLDBERGER zyklisches Auftreten des Hormons mit zunehmender Steigerung bis zum Eintritt der Menstruation nachweisen. Im Blut der schwangeren Frau fanden sie von der 5. Woche an einen erhöhten Hormongehalt, und zwar ungefähr zweimal so viel (50—100 ME.) pro Liter wie in der menstruellen Phase. Die von FRANK angegebenen Werte sind zweifellos etwas zu niedrig. Wir selbst konnten durch direkte Injektion von 3 ccm Serum vom Ende des 4. Schwangerschaftsmonats an stets bei der kastrierten Maus die positive Brunstreaktion (ALLEN-Test) auslösen. FELS[1] kam zu fast gleichen Ergebnissen bei Injektion von 2 ccm Serum. Nach diesen Untersuchungen müssen wir — die Serumwerte auf Gesamtblut umgerechnet — im Schwangerenblut der ersten Monate einen Wert von mindestens 200—300 ME. Folliculin pro Liter annehmen. In den letzten Schwangerschaftsmonaten ist der Folliculingehalt des Blutes wesentlich höher. Da die Hormonwerte bei Serumuntersuchungen durch eventuelles Haftenbleiben des Hormons im Blutkuchen beeinträchtigt werden können, untersuchte ich Citratblut[2]. Hierbei fand ich im letzten Schwangerschaftsmonat pro Liter Gesamtblut = 800—1000 ME. Folliculin.

Der Durchschnittswert der verschiedenen Graviditätsmonate beträgt 600 ME. Folliculin pro Liter. Wie hoch der Folliculingehalt im Blut trächtiger Tiere ist, ist noch nicht genügend untersucht. Unsere eigenen Prüfungen mit dem Serum von trächtigen Kühen, Schweinen und Kaninchen fielen negativ aus, wobei wir allerdings nur je 3 ccm Serum prüften. Zur Klärung der Frage ist aber die Extraktion des Blutes notwendig. Erwähnt sei, daß FELLNER im Blute trächtiger Kaninchen geringe Mengen eines Stoffes finden konnte, der auf das Uteruswachstum infantiler Kaninchen einwirkte.

Im Gegensatz zu anderen Säugetieren fand ich neuerdings im Blut des trächtigen Pferdes[3] Folliculin. Durch Injektion von 0,25—2 ccm Serum (geringere Mengen waren unwirksam) konnte ich die Brunstreaktion an der kastrierten Maus auslösen. *Das Blut der trächtigen Stute enthält also* (s. Tabelle 17, S. 205) *500—4000 ME. d. h. etwa die gleichen Folliculinmengen wie das Blut der graviden Frau.*

Mit Hilfe unseres Testobjektes wurde das Schwangerenblut auch auf Vorderlappenhormone untersucht, wobei sich interessanterweise zeigte[4], daß bei der Frau *die HVH im Blut schon in den ersten Schwangerschafts-*

---

[1] FELS: Klin. Wschr. 1926, Nr 50, 2349. Arch. Gynäk. 130, 606 (1927).
[2] Noch nicht veröffentlicht. Die Unterschiede zwischen Citratblut und Serum erwiesen sich als unbedeutend.
[3] Noch nicht veröffentlicht.
[4] ASCHHEIM u. B. ZONDEK: Klin. Wschr. 1928, Nr 30, 1405.

wochen und in einer viel stärkeren Konzentration nachweisbar sind als das Folliculin. Während Folliculin in den ersten Wochen erst durch Injektion von 2 ccm Serum nachweisbar ist, gelingt dies bei den Vorderlappenhormonen schon mit 0,1 ccm Serum.

Den genauen Hormonwert kann man im Gesamtblut ermitteln (im Blutkuchen kann Hormon eventuell festgehalten werden). Ich verwandte Citratblut, das zur Entgiftung (s. S. 308) mit Äther ausgeschüttelt war. Ich fand im 3. Monat 18300 RE. HVH-A und 11000 HVH-B, im letzten Schwangerschaftsmonat 19000 RE. A und 8000 ME. B pro Liter Blut (durchschnittlich 15000 RE. HVH-A und 10000 ME. HVH-B). Das menschliche Blut enthält also während der ganzen Schwangerschaft wesentlich mehr HVH als Folliculin (rund zehnfache Menge), wobei die Konzentration des Folliculins im Blut im Laufe der Schwangerschaft stetig ansteigt, während die HVH-Konzentration in den ersten Schwangerschaftsmonaten am stärksten ist, um dann etwas abzunehmen. Der HVH-Gehalt des Blutes ist vor der Entbindung etwa 20% niedriger als im Beginn der Gravidität.

Im Blut trächtiger Tiere (Kuh, Schwein, Kaninchen, Maus, Ratte) konnten wir HVH in erhöhter Konzentration nicht nachweisen.

Hingegen findet man im Blut des trächtigen Pferdes Vorderlappenhormone. Die Befunde sind allerdings nicht so regelmäßig wie beim Menschen. So konnte ich z. B. durch 6 ccm Serum eines trächtigen Pferdes am 84. Tag nach der Deckung im Ovarium der infantilen Ratte eine Massenbildung von gelben Körpern auslösen. Während das Ovarium des Kontrolltieres 0,005 g wog, betrug das Gewicht des mit Serum behandelten Tieres infolge der Neubildung der Corpora lutea 0,045 g, demnach eine Gewichtszunahme um das Neunfache! Mit Serum anderer gravider Stuten waren wesentlich geringere Reaktionen zu erzielen, bisweilen blieben sie (Blut von späteren Schwangerschaftsmonaten) ganz aus. In anderen Versuchen konnte ich durch 0,25 ccm Serum (106. Tag nach der Deckung) bei der infantilen Maus zahlreiche große Follikel, Blutpunkte und Corpora lutea, also HVR I—III, auslösen. *Im Gegensatz zur Frau treten die HVH bei der graviden Stute nur in den ersten Graviditätsmonaten in erhöhter Konzentration auf.* Je älter die Gravidität, um so geringer ist der HVH-Gehalt des Pferdeblutes. Als Durchschnittswert aus einer Reihe von Analysen fand ich pro Liter Serum gravider Stuten 2000 RE. HVH-A und 1000 ME. HVH-B. Die Tatsache, daß wir die HVH im kreisenden Blut des trächtigen Pferdes nicht so regelmäßig und in so großen Mengen wie bei der graviden Frau finden (Vergleichswerte s. S. 205), scheint mir dafür zu sprechen, daß das trächtige Pferd die HVH für die Gravidität in höherem Maße verwertet als die Frau. Dadurch wird es auch erklärlich, daß das HVH-B beim Pferd im Gegensatz zum Menschen im Harn überhaupt nicht, das

HVH-A nur in geringen Mengen ausgeschieden wird. Hierbei sei erwähnt, daß COLE u. HART mit dem Serum von trächtigen Stuten des 43.—100. Tages Wachstumserscheinungen an Ovarien infantiler Ratten mit Bildung von gelben Körpern ausgelöst haben. Es ist kein Zweifel, daß die Autoren damit die HVH im Blut der trächtigen Stute vor mir nachgewiesen haben. Harn trächtiger Pferde haben COLE u. HART aber nicht untersucht.

d) Folliculin und HVH im Fetus.

Wir sehen also, daß menschliches Schwangerenblut reich an Folliculin und HVH ist. Die Hormone gehen auf den Fetus über, so daß man im Fruchtwasser und im Nabelschnurblut beide Hormone nachweisen kann. Das Fruchtwasser enthält 150—200 ME. Folliculin pro Liter und sehr wechselnde Mengen von HVH. Im Nabelschnurblut fand LOEWE 30 ME., ich selbst neuerdings bis 400 ME. Folliculin pro Liter. Auch HVH ist im Nabelschnurblut vorhanden, und zwar fanden ASCHHEIM und ich etwa 150 Mäuseeinheiten pro Liter. Im Harn des Neugeborenen konnten wir, wenn auch nicht regelmäßig, bis zum 4. Lebenstage sowohl Folliculin wie HVH nachweisen. Bei seinen Nachprüfungen kam BRÜHL[1] zu gleichem Ergebnis, wobei er Folliculin ohne Unterschied des Geschlechts bis zum 4. Tage, HVH-A (HVR I) nur bis zum 2. Tage und nur in der Hälfte der Fälle feststellen konnte.

e) Folliculin und HVH im Harn

Das Hauptergebnis dieser Untersuchungen ist also die Tatsache, daß in der Schwangerschaft eine starke Anreicherung des Blutes mit den beiden Sexualhormonen stattfindet, daß der Organismus vor allem mit HVH überschüttet wird. Es erhob sich die Frage, wie sich der Körper nach der Geburt der Hormone entledigt. Der Blutverlust bei der Geburt kam als Ausscheidungsmöglichkeit nicht in Frage, weil in den ersten 3 Wochenbettstagen das Blut noch große Mengen Folliculin und HVH enthält. Auch die Milch spielt bei den geringen von uns nachgewiesenen Hormonmengen keine Rolle. So kam als Ausscheidungsort nur der Harn in Frage. In der Tat ergab die Untersuchung des Wochenbettsharns (ASCHHEIM u. B. ZONDEK[2]) bei direkter Harninjektion am kastrierten Tier die Brunstreaktion, am infantilen Tier hingegen die Brunstreaktion sowie Blutpunkte und Corpora lutea (HVR I—III). *Damit war bewiesen, daß im Wochenbettsharn sowohl das weibliche Sexualhormon wie die Hypophysenvorderlappenhormone zur Ausscheidung kommen. Die weitere syste-*

---

[1] BRÜHL, Klin. Wschr. 1929, Nr 38, 1766.
[2] ASCHHEIM u. B. ZONDEK: Klin. Wschr. 1927, Nr 28; 1928, Nr 30 u. 31.

matische Prüfung (ASCHHEIM u. B. ZONDEK) führte zu dem interessanten Ergebnis, daß die Hormonausscheidung nicht nur im Wochenbett stattfindet, sondern daß Folliculin und die HVH während der ganzen Schwangerschaft[1] in großen Mengen vom Körper produziert und im Harn ausgeschieden werden. Unabhängig von uns hat MARGARET SMITH[2] fast zu gleicher Zeit Folliculin im Harn vor und nach der Entbindung gefunden. Mit dem Nachweis der HVH hat sich SMITH nicht beschäftigt, da ihr unser Testobjekt für die Vorderlappenhormone damals wohl noch nicht bekannt war.

Wir verfolgten die quantitative Ausscheidung der beiden Hormone im Harn in den einzelnen Schwangerschaftsmonaten und fanden, daß *schon in den ersten Schwangerschaftstagen, gleich nach der Eieinnistung, eine explosivartige Überschüttung des gesamten Organismus mit den Vorderlappenhormonen stattfindet*, so daß

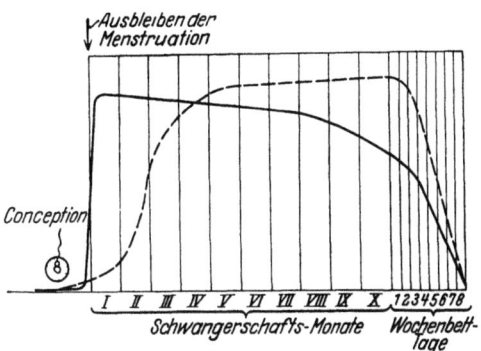

Ahb. 96. — Hypophysenvorderlappenhormone, - - - weibl. Sexualhormon. Ausscheidung der Hypophysenvorderlappenhormone und des weiblichen Sexualhormons (Folliculin) im Harn während Schwangerschaft und Wochenbett (Mensch).

man schon in den ersten Schwangerschaftswochen viele Tausend Einheiten HVH pro Liter nachweisen kann. Die HVH-Ausscheidung ist in den ersten beiden Schwangerschaftsmonaten am größten. Im 3. bis 10. Schwangerschaftsmonat finden wir etwas geringere Hormonmengen. Nach der Entbindung fällt die Kurve steil ab, so daß am 8. Wochentag der Urin bereits frei von HVH ist. Anders liegen die Verhältnisse beim Folliculin. Hier steigt die Ausscheidung in den ersten 8 Schwangerschaftswochen erheblich an, wobei die Werte bei verschiedenen Frauen nicht unerheblich differieren können. Von der 8. Woche an geht die Ausscheidungskurve ziemlich steil in die Höhe, um in den beiden letzten Schwangerschaftsmonaten den Höhepunkt zu erreichen. Im Wochenbett fällt die Kurve jäh ab, so daß der Harn am 8. Wochenbettstage auch frei von Folliculin ist. In Kurve Abb. 96 ist die Ausscheidung der Hypophysenvorderlappenhormone und des Sexualhormons (Folliculin) in der menschlichen Schwangerschaft dargestellt.

---

[1] Im normalen Frauenharn werden, wie zuerst LOEWE gezeigt hat, geringe Mengen (einige ME. pro Liter) ausgeschieden. Ich konnte — noch nicht veröffentlicht — außerhalb der Schwangerschaft durchschnittlich 15 RE. Hypophysenvorderlappenhormon pro Liter Frauenharn nachweisen (s. S. 250).
[2] SMITH, MARGARET G.: Bull. Hopkins Hosp. 41 (1), 62—66 (1927).

Die Hormonwerte des Harns sind in den einzelnen Schwangerschaftsperioden als Mittelwerte[1] folgende (die Einheit für Folliculin wird an der kastrierten 20 g schweren Maus [ALLEN-DOISY], die Einheit für die Hypophysenvorderlappenhormone an der infantilen, 6—8 g schweren Maus [ZONDEK-ASCHHEIM] bestimmt):

Tabelle 16.

Schwangerschaft	Weibliches Sexualhormon pro Liter Harn in Mäuseeinheiten	Hypophysenvorderlappenhormone pro Liter Harn in Mäuseeinheiten
1.—8. Woche	etwa 300— 600	etwa 5000—30000
3.—7. „	„ 5000— 7000	„ 5000—16000
7.—10. Monat	„ 6000—20000	„ 4000—20000

Untersucht man das Schwangerenblut quantitativ, so findet man sowohl für Folliculin wie für die HVH geringere Werte als im Harn, mit anderen Worten: *Der Körper ist bestrebt, die für die Schwangerschaft im Übermaß produzierten, aber nicht verwerteten Hormone möglichst bald durch den Harn auszuscheiden.*

Obwohl die Vorderlappenhormone in der Schwangerschaft in so großen Mengen produziert werden und im Blute kreisen, sind sie nicht in allen Organen und Körperflüssigkeiten in derselben Konzentration nachweisbar. Selbstverständlich wird in jedem Organ infolge des Blutaustausches HVH vorhanden sein, aber in den meisten Organen nur in ganz geringen Quantitäten, so daß man weder mit unserer Implantationsmethode von Gewebsstücken, noch durch direkte Injektion der Körperflüssigkeiten die Hormone finden kann. So konnte ich die Vorderlappenhormone in der Lumbalflüssigkeit und im Magensaft der Schwangeren nicht nachweisen, im Speichel nur in ganz geringen Mengen[2]. Auch EHRHARDT[3], der die Untersuchungen nachprüfte, fand im Liquor bei Schwangeren in der Mehrzahl eine negative Reaktion, hingegen bei drei Eklamptischen eine HVR I, niemals aber II und III, mit anderen Worten, er konnte in der Lumbalflüssigkeit Eklamptischer Follikelreifungshormon (HVH-A), nicht aber Luteinisierungshormon (HVH-B) nachweisen. Ebenso bestehen Unterschiede in der Hormonkonzentration der menschlichen Organe. Während ASCHHEIM und ich die HVH in der Wand des

---

[1] Die oben angegebenen Werte habe ich auf Grund neuer Untersuchungen zusammengestellt. In unserer Originalarbeit (Klin. Wschr. 1928, Nr 30) waren folgende Werte angegeben:

Schwangerschaft	Ovarialhormon pro Liter Harn Einheiten	Hypophysenvorderlappenhormon pro Liter Harn Einheiten
1.—8. Woche	etwa 300— 600	etwa 3000— 5000
3.—7. „	„ 5000— 7000	„ 3000—6000
7.—10. Monat	„ 6000—10000	„ 2000—3000

[2] ZONDEK, B.: Endokrinologie 5, 427 (1929).
[3] EHRHARDT: Klin. Wschr. 1929, Nr 50, 2330.

schwangeren Uterus (Muskulatur) nicht nachweisen konnten, fanden wir das Hormon in der Decidua parietalis, ebenso bisweilen in der Tubenschleimhaut der graviden Frau.

Zu welchem Zeitpunkt tritt nun diese Massenproduktion der Vorderlappenhormone im schwangeren Organismus auf? Wir hatten Gelegenheit, Harn von zwei jungen Mädchen zu prüfen, die noch vor Ausbleiben der Menstruation zu uns kamen, weil sie fürchteten, schwanger zu sein. Beide waren in der Tat gravide. Die HVR-Reaktion II und III war vor dem Ausbleiben der Menstruation negativ. In dem einen Fall fanden wir zwar nach dem Einspritzen des Harns große Follikel im Ovarium und die Schollenreaktion im Scheidensekret, nicht aber Blutpunkte und Corpora lutea, d. h. vor dem Ausbleiben der Menses erschien nur HVH-A, nicht B im Harn. Die fortlaufenden Urinuntersuchungen ergaben, daß am 4. und 5. Tage nach Beginn der erwarteten Menstruation auch die HVR II und III positiv wird. Daraus müssen wir schließen, daß *erst mit der Eieinbettung in der Decidua, d. h. nach Kontakt des Eies mit der mütterlichen Zirkulation die Massenproduktion der Vorderlappenhormone einsetzt.*

Auf Grund der bisherigen Untersuchungen an jungen Graviditäten glaube ich, daß der Organismus zunächst das Follikelreifungshormon (HVH-A) und erst einige Tage später das Luteinisierungshormon (HVH-B) im Übermaß produziert und im Harn ausscheidet.

Ich möchte unsere bisherigen Ergebnisse beim Menschen in folgenden Leitsätzen zusammenfassen:

1. *Das weibliche Sexualhormon und die Hypophysenvorderlappenhormone schaffen dem Ei nach der Befruchtung die optimalen Lebensbedingungen zur Fortentwicklung im Uterus.*

2. *Ist das Ei befruchtet, so setzt eine Massenproduktion der Hormone ein, die als Aufbauhormone für die Schwangerschaft verwendet werden.*

3. *Für die menschliche Schwangerschaft geradezu charakteristisch ist die explosivartige Überschüttung des Organismus mit Follikelreifungs- und Luteinisierungshormon (HVH-A und B) und die allmählich zunehmende Produktion von Folliculin.*

4. *Der Körper entledigt sich der im Übermaß produzierten, für den Aufbau der Schwangerschaft nicht verwendeten Hormone durch den Harn, so daß die Hormonkonzentration im Harn größer ist als im Blut.*

Die Ausscheidung der Hormone ist für die Schwangerschaft so charakteristisch, daß ASCHHEIM *und ich auf dem Nachweis von Vorderlappenhormon (HVR II und III) unsere hormonale Schwangerschaftsreaktion bei der Frau gegründet haben. Neuerdings habe ich eine Graviditätsreaktion beim Pferd angegeben, die auf dem Nachweis des weiblichen Sexualhormons (Folliculin) und des Follikelreifungshormons (HVH-A) basiert* (Näheres im Anhang).

Untersuchungen an Tieren.

Die vergleichenden Harnuntersuchungen bei Mensch und Tier haben zu sehr interessanten Ergebnissen geführt. Im Harn von trächtigen Affenweibchen (Menschenaffen und niedere Affen) fanden wir ebenso wie bei der Frau sowohl weibliches Sexualhormon wie Vorderlappenhormone. Durch den Nachweis der HVR II und III konnten wir im November 1927 die Diagnose „Gravidität" beim Orang-Utanweibchen des Berliner Zoologischen Gartens stellen. Unsere Mitteilung wurde mit großer Skepsis aufgenommen, da das Tier keinerlei äußere Schwangerschaftsveränderungen erkennen ließ. Mitte Januar 1928 bestätigte das Orang-Utanweibchen selbst diese Diagnose. Es brachte ein lebendes Junges zur Welt, das leider nachher gestorben ist. Wir erhielten ferner eine Harnprobe aus dem Zoologischen Garten in Dresden, wo ein Orang-Utanweibchen wegen seines dicken Leibes der Gravidität verdächtigt wurde. Unsere Reaktion fiel negativ aus. Die weitere Beobachtung ergab, daß das Tier nur einen Fettleib hatte.

Wir haben den Urin von trächtigen Mäusen, Ratten, Kaninchen, Hund, Kuh, Schwein, Elefant untersucht und niemals HVH bei direkter Harneinspritzung nachweisen können. Nun besteht die Möglichkeit, daß die Vorderlappenhormone im Harn trächtiger Tiere nicht so konzentriert wie beim Menschen ausgeschieden werden, so daß sie bei der direkten Harninjektionan der infantilen Maus (im ganzen können nur maximal 3 ccm injiziert werden) nicht nachweisbar sind. Ich habe deshalb im letzten Jahr das Hormon aus dem Harn von trächtigen Kühen und Schweinen mittels der Alkoholfällungsmethode (s. S. 145 u. 238) gefällt, wodurch ich eine zehnfache Konzentration [1] erreichte. Somit wurde jeder Maus die fraglichen Vorderlappenhormone aus 25 bis 30 ccm Harn injiziert. Sämtliche Versuche verliefen negativ!

Hingegen konnten wir Folliculin außer beim Affen auch im Harn der trächtigen Kuh finden [2]. Bei der Kuh sind die Hormonwerte [3] nur wenig erhöht und wesentlich geringer als bei der Frau (nur 5%), ein Befund, der neuerdings durch LIPSCHÜTZ und VESHNJAKOV [4] bestätigt wurde (300—800 ME. pro Liter).

Sehr interessant sind die Hormonuntersuchungen beim Pferd [5]. Hier ist der Körper besonders bestrebt, das für die Schwangerschaft nicht verwendete weibliche Sexualhormon (Folliculin) möglichst rasch aus dem

---

[1] ZONDEK, B.: Dtsch. med. Wschr. **1930**, Nr 8.
[2] ASCHHEIM u. B. ZONDEK: Klin. Wschr. **1927**, Nr 28.
[3] Die Folliculinwerte schwanken im Harn trächtiger Kühe beträchtlich. Der Durchschnittsgehalt beträgt 500 ME. pro Liter. In einem Fall fand ich 2500 ME. (noch nicht veröffentlicht).
[4] LIPSCHÜTZ u. VESHNJAKOV: Biochem. Z. **220**, H. 4—6 (1930).
[5] ZONDEK, B.: Noch nicht veröffentlicht.

Körper auszuscheiden, so daß wir im Blut durchschnittlich nur 800 ME., im Harn aber 100 000 ME. und mehr pro Liter (also eine Konzentration um über das Hundertfache) finden. Im Blut der trächtigen Stute kreisen die Vorderlappenhormone (A und B) in erhöhtem Maße (S. 199). *Im Harn hingegen wird nur das Follikelreifungshormon (HVH-A), und dies auch nur in geringen Mengen in den ersten Graviditätsmonaten ausgeschieden, während das Luteinisierungshormon (HVH-B) aus dem Blut in den Harn nicht übertritt.* Warum bei der schwangeren Frau die drei im Blut in erhöhtem Maße kreisenden Hormone (Folliculin, HVH-A, HVH-B) in den Harn übertreten, bei der trächtigen Stute aber im wesentlichen nur das Folliculin (HVH-A in sehr geringen Mengen), entzieht sich unserer Kenntnis. Man kann vermuten, daß das trächtige Pferd die HVH besser verwertet als der Mensch. Wichtiger als derartige Theorien scheinen mir die festgestellten Tatsachen zu sein (s. S. 316—323).

Die Ausscheidung großer Folliculin- und kleiner HVH-A-Mengen im Harn trächtiger Stuten läßt sich biologisch besonders schön am infantilen Kaninchen demonstrieren. Ich injizierte infantilen Kaninchen 10 Tage lang Harn einer trächtigen Stute (86. Tag). Die Vulva der Kaninchen zeigte äußerlich livide Verfärbung, die Scheide war stark verdickt, die Uteri waren von fadendünnen in bleistiftdicke Gebilde umgewandelt, stark livide verfärbt und sahen wie bei einer jungen Gravidität aus. Dieses Bild kennen wir als Veränderungen des infantilen Genitalapparates durch große Folliculinmengen. Während wir aber durch Folliculin im Gegensatz zu den Veränderungen an Scheide und Uterus keine Reaktionen im Ovarium des infantilen Tieres auslösen können, waren nach Einspritzung des Pferdeharns schon makroskopisch einige bläschenförmige, stark vergrößerte Follikel nachweisbar. Die Follikelreifung im infantilen Ovarium wird bekanntlich durch das Follikelreifungshormon des Hypophysenvorderlappens (HVH-A) ausgelöst. Die Versuche zeigen also das Vorhandensein beider Hormone (Folliculin und HVH-A) im Harn trächtiger Stuten.

Mensch und Pferd sind also, was das Folliculin betrifft, *während der Gravidität konstant polyhormonal. Im Gegensatz zum Menschen ist das Pferd aber bezüglich der HVH nur periodisch polyhormonal.*

In der folgenden Tabelle sind die Hormonwerte im Blut und Harn bei Frau und Pferd in der Gravidität zusammengestellt.

Tabelle 17. Hormongehalt des Blutes und Harns bei Mensch und Pferd in der Gravidität (Durchschnittswert pro Liter).

	Blut			Harn		
	Folliculin ME.	HVH-A RE.	HVH-B ME.	Folliculin ME.	HVH-A RE.	HVH-B ME.
Frau	600	15 000	10 000	12 000	20 000	10 000
Pferd	800	2 000	1 000	100 000	800	—

Die Blutuntersuchungen sind mit Serum bzw. mit Citratblut ausgeführt, wobei sich wesentliche Unterschiede nicht ergeben haben. Die Folliculin- und HVH-B-Werte sind in Mäuseeinheiten, die HVH-A-Werte in Ratteneinheiten angegeben.

2. Blasenmole, Chorionepitheliom und HVH.

Die großen in der Placenta vorhandenen HVH-Mengen sprechen dafür (Näheres siehe im folgenden Kapitel), daß die Placenta nicht nur eine Resorptionsstätte der Vorderlappenhormone ist, sondern daß sie vielleicht auch aktiv an der Hormonproduktion beteiligt ist. Bei dieser Selbstproduktion des Eies spielt aber der Fetus selbst sicher keine Rolle; denn auch bei der Blasenmole[1] findet man im Harn HVH. Sowohl die Molenwand wie die Blasenflüssigkeit enthalten HVH, wobei die Hormonkontration im Molensaft größer ist als in der Molenwand. In meinem Vortrag[2] in der Wiener Biologischen Gesellschaft wies ich bereits darauf hin, daß die HVH-Konzentration im Harn bei Blasenmole zwei- bis dreimal so groß ist wie bei normaler Gravidität! In Verfolg unserer Untersuchungen konnte ROBERT MEYER[3] die theoretisch und praktisch wichtige Tatsache feststellen, daß auch beim Chorionepitheliom die HVH — und zwar in besonders großen Mengen — im Harn auftreten. Bei einem Chorionepitheliom der Niere war die HV-Reaktion II bzw. III schon mit $^1/_{70}$ ccm Harn positiv! Weitere Untersuchungen haben gezeigt, daß bei pathologischer Schwangerschaft noch eine viel stärkere Überproduktion von HVH einsetzen kann, so daß EHRHARDT[4] in zwei Fällen von Blasenmole pro Liter Harn 260—520000 ME. HVH nachweisen konnte. Diese so starke Vermehrung der Hypophysenvorderlappenhormone kann man diagnostisch bei der Blasenmole bzw. beim Chorionepitheliom verwerten, aber nur dann, wenn in 1 ccm Frühurin 200 ME. (pro Liter = 200000 ME.) nachweisbar sind, d. h. wenn die HVR-Reaktion II bzw. III durch 0,005 ccm Harn auslösbar ist. Der Verdacht einer pathologisch veränderten Schwangerschaft muß schon geäußert werden, wenn in 1 ccm Frühurin mehr als 50 Mäuseeinheiten HVH ausgeschieden werden. In solchen Fällen ist mehrmalige Harntitration im Abstand von je 1 Woche erforderlich. Vermehrt sich der HVH-Gehalt des Harns schnell, so wird die Diagnose um so sicherer, je höher der Hormongehalt über 100 Einheiten pro Kubikzentimeter steigt. (Näheres Anhang, S. 311.)

Ist die Blasenmole ausgestoßen, so kann die Schwangerschaftsreaktion (HVR II/III) noch wochenlang positiv bleiben. Wir müssen derartige Fälle besonders eingehend untersuchen und den Verdacht eines sich entwickelnden Chorionepithelioms erst dann ausschließen, wenn die Schwangerschaftsreaktion wieder negativ geworden ist. Ist bei einer Frau, die eine Blasenmole gehabt hat, die Schwangerschaftsreaktion im Harn negativ geworden, und wird sie dann wieder positiv, so

---

[1] ASCHHEIM: Zbl. Gynäk. 1928, Nr 10, 602—608.
[2] ZONDEK, B.: Endokrinologie 1, 428—430 (1929).
[3] MEYER, ROBERT: Z. f. Gyn. 1930. S. 431.
[4] EHRHARDT: Dtsch. med. Wschr. 1930 Nr 22.

kann man daraus — falls nicht eine neue Gravidität vorliegt — ein Chorionepitheliom diagnostizieren. Hierbei sei erwähnt, daß ROBERT MEYER und RÖSSLER[1] auf Grund der HVH-Ausscheidung im Harn bei einer Frau, der vor 2 Jahren der Uterus wegen Chorionepitheliom exstirpiert war, ein Spätrezidiv entgegen der Ansicht der Kliniker diagnostiziert haben. Organisch war ein Nierentumor nachweisbar, der im Mai 1928 durch STOECKEL[2] entfernt wurde. Die histologische Untersuchung des Tumors ergab ein Chorionepitheliom. 3 Wochen nach der Nierenexstirpation starb die Patientin, wobei ausgedehnte Chorionepitheliommetastasen in Leber und Lunge gefunden wurden. Die Implantation von Gewebsstücken der Lebermetastasen ergab am infantilen Tier einwandfrei HVR I—III. Die Hormonmenge wird in den Metastasen um das Dreifache größer geschätzt als in normaler Placenta. Hingegen war die Implantation der Hypophyse ohne Wirkung! Die histologische Untersuchung der Hypophyse durch BERBLINGER (Jena) ergab bezüglich des Vorderlappens folgendes:

„Im hinteren Teil des Vorderlappens in der Mitte ist ein Schwund von Hypophysengewebe vorhanden, wie man ihn nach meinen Erfahrungen in höherem Alter antrifft, vor allem bei Sklerose der Arterien. Man trifft auch hier zwischen erweiterten Capillaren atrophisches Vorderlappengewebe. Einen ähnlichen Befund kann man übrigens feststellen, wenn sich in der Hypophyse vielfache Schwangerschaftshyperplasien abgespielt haben. Im übrigen enthält der Vorderlappen auffallend wenige ausgereifte basophile Epithelien, daneben typische eosinophile Epithelien im ungefähr normalen Mengenverhältnis. Außerdem findet man hypertrophische Hauptzellen in vermehrter Zahl. Die Zellen zeigen aber nicht etwa die Gestalt der hypertrophischen Hauptzellen wie bei Hyperthyreose und Athyreose, sondern sie entsprechen der Anordnung nach Schwangerschaftszellen, allerdings nicht auf dem Höhezustande der Schwangerschaftshyperplasie des Organs. Eine ähnliche Vermehrung der Hauptzellen, freilich mit meist besser ausgeprägtem Protoplasma, fand ich häufig bei Krebsen, vor allem bei solchen, die ausgedehnte Metastasen in die Leber gesetzt hatten" (BERBLINGER).

Das Interessante an diesem Fall ist die Tatsache, daß *aus dem Harn einer Nichtschwangeren mittels der Schwangerschaftsreaktion (s. Anhang), entgegen der Ansicht des Klinikers die Diagnose eines rezidivierenden Chorionepithelioms gestellt wurde*, daß die Implantation der Epitheliommetastasen eine starke, die Einpflanzung des Hypophysenvorderlappens selbst aber überhaupt keine biologische Reaktion im Sinne der HVR I—III am Ovar der infantilen Maus auslöste.

Das reichliche Vorhandensein von Vorderlappenhormonen im Gewebe des Chorionepithelioms ermöglicht eine biologische Diagnose derartiger Tumoren mittels des quantitativen Implantationsverfahrens (s. S. 312).

---

[1] MEYER, ROBERT: Handbuch der Gynäk. von STOECKEL. 3. Aufl., 6, 1. Hälfte, ferner: Z. Geburtsh. u. Gynäk. 96.

[2] STOECKEL: Demonstration in d. Berl. Gynäk. Gesellschaft. am 25. X. 1929. Z. Geburtsh. u. Gynäk. 96 (1929).

In meiner Arbeit (Endokrinologie 5, 430 (1929)) schrieb ich: „Es wird sehr interessant sein, den Harn von Männern zu prüfen, die an einem Chorionepitheliom erkrankt sind, um so die biologische Identität dieser Epitheliome nachweisen zu können." Dies ist inzwischen durch HEIDRICH, FELS und MATHIAS[1] geschehen. Bei einem 36jährigen Mann mit einem Chorionepitheliom des Hodens wiesen die Autoren HVH im Harn in großen Mengen nach, so daß die HVR III schon durch 0,03 ccm Urin auszulösen war. Die Implantation von Gewebsstücken des Epithelioms ergab ebenfalls eine positive Vorderlappenreaktion. Der Patient ging an generalisierten Metastasen zugrunde. Die Hypophyse zeigt das ausgesprochene Bild der Schwangerschaftshypophyse! Durch diese Beobachtung ist die biologische Identität des Chorionepithelioms bei Mann und Frau bezüglich der HV-Reaktion bewiesen. Es muß hierbei erwähnt werden, daß ich auch bei einem Hodensarkom (s. S. 265) sowohl durch Injektion des Harns wie durch Implantation des Tumors die HVR-Reaktion II/III auslösen konnte. *Die erhöhte HVH-Produktion ist also nicht nur für das Chorionepitheliom, sondern auch für maligne Hodentumoren charakteristisch, was wieder auf die Beziehung des Hypophysenvorderlappens zum Sexualapparat hinweist.*

Die pathologisch gesteigerte HVH-Produktion bei der Blasenmole erklärt uns eine andere Erscheinung, auf die zuerst ASCHHEIM[2] hingewiesen hat. Wir finden bei manchen Fällen von Blasenmole hochgradige Veränderungen der Ovarien, die sich bis zu kindskopfgroßen Tumoren steigern können. Hierbei handelte es sich um eine pathologische Wucherung des Luteingewebes, vor allem des Granulosagewebes. Diese von STOECKEL, POTEN-VASSMER, SCHRÖDER, LAHM u. a. genau studierten Luteincysten erinnern in ihrem histologischen Aufbau so an die von uns als Prolanwirkung beschriebenen Reaktionen im Ovarium, daß ASCHHEIM der Ansicht ist, daß die Luteincysten als Wirkung der pathologisch gesteigerten Hormonproduktion des Hypophysenvorderlappens bei Blasenmole aufzufassen sind. Derartige Luteincysten sind bisher nur im Zusammenhang mit der Schwangerschaft beobachtet worden. G. A. WAGNER[3] sah bei einer nichtschwangeren Frau mit einem Hypophysentumor derartige Ovarialtumoren (Luteincysten), die histologisch unseren unter Prolanwirkung erzeugten Reaktionen äußerst ähnlich sahen, so daß diese auf die erhöhte Produktion des pathologisch veränderten Hypophysenvorderlappens zurückgeführt wurden. Allerdings muß es sich in diesem WAGNERschen Fall um eine besondere Art

---

[1] HEIDRICH, FELS u. MATHIAS: Bruns' Beitr. z. klin. Chir. 150, 349 (1930).
[2] ASCHHEIM: Zbl. Gynäk. 1928, Nr 10, 602—609.
[3] WAGNER, G. A.: Ebenda 1928, Nr 1.

von Hypophysentumor gehandelt haben. Ich untersuchte fünf Frauen mit sicher nachgewiesenem Hypophysentumor, wobei ich palpatorisch Veränderungen an den Ovarien nicht feststellen konnte.

3. Ablenkungsmechanismus der Hormone in der Schwangerschaft.

Bei der schwangeren Frau setzt, wie wir gesehen haben, gleich nach der Eieinbettung eine Massenproduktion von HVH ein, und zwar sowohl des Follikelreifungshormons wie des Luteinisierungshormons. Trotz der reichlichen Produktion des Follikelreifungshormons ruht aber bei der Frau die Ovulation in der Schwangerschaft. Das Luteinisierungshormon bewirkt vielleicht die vermehrte Bildung der Thecazellen, denn in der Schwangerschaft kommt es bekanntlich zur Bildung vieler thecazellreicher atretischer Follikel.

Wir müssen in der menschlichen Schwangerschaft einen besonderen Ablenkungsmechanismus annehmen, der dafür sorgt, daß die beiden im Hypophysenvorderlappen und im Ovarium produzierten Sexualhormone nicht so sehr den Erfolgsorganen der Mutter, als vor allem dem Aufbau der Schwangerschaft dienen. Diese Annahme wird durch die folgenden von uns ausgeführten experimentellen Untersuchungen[1] gestützt. In Übereinstimmung mit ALLEN, BROUHA und SIMMONET, WIESNER, PARKES u. a. stellten wir fest, daß man durch Folliculin am trächtigen Tier die Brunstreaktion der Scheide, d. h. den Aufbau mit Verhornung der obersten Zellagen nicht auslösen kann. Gibt man große Folliculindosen, so kommt es nicht zur Brunst, hingegen regelmäßig zum Abort. Man könnte annehmen, daß die brunsthemmende Wirkung des Folliculins in der Schwangerschaft durch das Ovarium, insbesondere das Corpus luteum graviditatis bedingt ist. Dies ist, wie ich zeigen konnte, nicht der Fall. Ich kastrierte trächtige Mäuse, wobei meist im Anschluß an die Kastration Abort eintrat. In einer großen Versuchsserie ist es mir aber in zwei Fällen gelungen, die Schwangerschaft beim kastrierten Tier zu erhalten. Diesen kastrierten trächtigen Tieren wurden 5 Einheiten Folliculin eingespritzt, ohne daß diese fünffache Hormondosis die Brunstreaktion auslösen konnte. Da die Ovarien entfernt waren, kann die Folliculinwirkung in diesem Fall nicht durch das Corpus luteum unterdrückt worden sein. Ich möchte vielmehr annehmen, daß *in der Schwangerschaft ein besonderer Ablenkungsmechanismus besteht, der die Hormonwirkung nur in beschränkter Weise im mütterlichen Organismus zur Entfaltung kommen läßt, der die Hormone zunächst dem Fetus zu seinem Aufbau zuführt, um die nicht verwendeten Hormone sofort aus dem mütterlichen Körper zu eliminieren.*

---

[1] ZONDEK, B.: Endokrinologie 5, 431 (1929).

26. Kapitel.
Die Placenta als endokrines Organ.
Farbstoffe (Vitamin) in der Placenta.

Bei der sehr starken Hormonvermehrung in der Schwangerschaft finden wir in der Placenta, dem besonderen für die Schwangerschaft gebildeten Organ, nicht unerhebliche Hormonmengen. Die menschliche Placenta enthält Folliculin und HVH (A und B), die tierische nur Folliculin (S. 195—97), hingegen keine HVH[1]. Diese Befunde führen zu der Frage, ob die Placenta aktiv an der Hormonproduktion beteiligt ist, oder ob sie nur eine Resorptionsstätte der in der Hypophyse und im Ovarium gebildeten Hormone ist. Dann wäre die Placenta nur ein Hormondepot zum Verbrauch für den Fetus. Daß die Placenta in der Schwangerschaft hormonale Funktionen übernimmt, hat HALBAN[2] bereits 1905 in seiner ausgezeichneten Arbeit gezeigt. Die placentaren Substanzen üben ganz analoge Wirkungen aus wie die ovariellen, nur daß der Effekt der placentaren Stoffe ein wesentlich intensiverer sei. Die aktiven Schwangerschaftssubstanzen seien ein Effekt der Placenta bzw. des Trophoblastes und Chorionepithels. Die Placenta sei als Produkt von Spermatozoon und Ovulum besonders geeignet, die Funktion der inneren Sekretion der Stammorgane dieser Zellen, der Keimdrüse, zu übernehmen. Im Gegensatz zum Fruchtkörper, der auch ein Produkt der Samenzellen ist, mache die Placenta nicht die weitere Differenzierung mit wie der Fetus. Das Chorionepithel gehe aus dem Trophoblast bzw. Ektoderm hervor und mache im Laufe seiner Entwicklung relativ geringe Veränderungen durch. Es stelle bis zum Ende eigentlich immer noch das gewucherte, relativ gering differenzierte Epithel des befruchteten Eies dar, an welches die spezifische Sekretion gebunden zu sein scheint.

Das reichliche Vorkommen von Folliculin und HVH in der Placenta beweist noch nicht die Produktion dieser Hormone in der Placenta. Man könnte sich sehr gut vorstellen, daß die beiden Drüsen, d. h. Ovarium und Hypophyse, das Hormon während der Schwangerschaft für den großen Verbrauch in sehr großen Mengen produzieren, das fertige Produkt schnell abgeben, wobei die Placenta das Hormon sammelt und für den Fetus je nach Bedarf zum Verbrauch bereithält. Der Beweis, daß die Placenta aktiv die Hormone produziert, ist erst

---

[1] Im Blut des trächtigen Pferdes (s. S. 205) sind ebenso wie bei der graviden Frau die Hormone stark vermehrt. In der Pferdeplacenta habe ich Folliculin nachgewiesen, die Untersuchungen auf HVH sind noch nicht abgeschlossen.

[2] HALBAN, J.: Arch. Gynäk. 75, 353—441 (1905).

dann gegeben, wenn wir in der Schwangerschaft nach Exstirpation der Ovarien den Folliculinhaushalt nicht gestört finden, und wenn der HVH-Gehalt des Blutes und Harns nach Entfernung des Hypophysenvorderlappens der gleiche ist wie vor der Entfernung der Hypophyse.

Daß das Folliculin in der Placenta produziert wird, ist durch die Beobachtung von WALDSTEIN[1] sichergestellt. Am 34. Tag der Gravidität wurde eine Frau wegen doppelseitiger Ovarialtumoren operiert. Bei der Operation — es handelte sich um Dermoide — konnte Ovarialgewebe nicht erhalten werden, es wurde also eine Kastration ausgeführt. Trotz der Entfernung der Eierstöcke war während der ganzen Schwangerschaft Folliculin im Blut und Harn nachweisbar! Auch in der Placenta des reifen Kindes war Folliculin in normaler Menge vorhanden. In diesem Fall kommt als Produktionsstätte für die nach der Kastration ungestört verlaufende Schwangerschaft nur die Placenta in Frage.

Werden in der Placenta auch die Vorderlappenhormone produziert? In meinem Vortrag[2] in der Wiener Biologischen Gesellschaft (15. IV. 1929) habe ich mich dahin ausgesprochen, daß der erste Impuls für die erhöhte HVH-Produktion vom befruchteten Ei ausgeht, daß die Überschwemmung des Organismus mit HVH zunächst vom Vorderlappen im wesentlichen bestritten wird, daß dann aber die Placenta selbst als Mitproduzentin des Hormons für das Ei auftritt. Der exakte Versuch zum Nachweis der HVH-Produktion in der Placenta nach Exstirpation der Hypophyse läßt sich nur am Affenweibchen und bei der Stute ausführen, da nur bei diesen Tieren HVH im Blut und Harn in der Schwangerschaft vermehrt auftritt. Ein derartiger Versuch würde aber, wie ASCHHEIM mit Recht betont, wenig aussichtsreich sein, da bei trächtigen Tieren nach Entfernung der Hypophyse die Schwangerschaft sofort unterbrochen wird (ASCHNER, CUSHING, BIEDL).

Aus der Tatsache, daß das Folliculin in der menschlichen Placenta produziert wird, darf man nicht ohne weiteres schließen, daß dies auch für die HVH zutrifft. Es ist durchaus nicht gesagt, daß die Placenta sich bei allen Hormonen gleichartig verhält. Ein Analogieschluß ist zwar sehr bequem, aber nicht beweisend. ROBERT MEYER[3] fand bei einem Fall von ursprünglicher Blasenmole noch monatelang große HVH-Mengen im Harn, ohne daß die Auskratzung des Uterus etwas Positives ergab. Solche Fälle scheinen ROBERT MEYER besonders beweisend, daß hier der Hypophysenvorderlappen die großen HVH-Mengen liefert, da choriale Elemente in diesen Fällen gar nicht vorhanden sind. Im

---

[1] WALDSTEIN: Zbl. Gynäk. 1929, Nr 21.
[2] ZONDEK, B.: Endokrinologie 5, 429/30 (1929).
[3] MEYER, ROBERT: Zbl. Gynäk. 1930, Nr 7, 430.

Gegensatz dazu betont PHILIPP[1], daß die Überschwemmung des schwangeren Organismus mit Vorderlappenhormon vom Schwangerschaftsprodukt und nicht vom Hypophysenvorderlappen ausgeht. Diese Ansicht begründet PHILIPP durch folgende Befunde: Mit zunehmendem Alter verliere die Placenta im Implantationsversuch die ausgesprochen starke Wirkung auf das Ovar der infantilen Maus. Die jugendliche Placenta enthalte vorwiegend Vorderlappenhormon, das dann langsam dem brunstauslösenden Stoff, Folliculin, weiche, ohne ganz zu verschwinden. Im Vorderlappen von 14 schwangeren Frauen konnte PHILIPP bei Implantation kein Hormon nachweisen. Es ist in der Tat auffallend, daß im Hypophysenvorderlappen der schwangeren Frau, worin ich mit PHILIPP übereinstimme[2], HVH überhaupt nicht oder nur in ganz geringen Mengen nachweisbar ist. Die Schlußfolgerungen, die man aus diesem Befund ziehen kann, werde ich später erörtern. Nicht zutreffend ist die Ansicht von PHILIPP, daß die jugendliche Placenta besonders viel HVH enthalte. Man darf nicht aus der Tatsache, daß man bei Implantation von Placenta einmal starke Reaktionen, zahlreiche Blutpunkte bzw. viel Corpora lutea erhält und einmal geringe derartige Reaktionen auf die Quantität der in der Placenta vorhandenen HVH schließen. Hier liegt ein methodischer Fehler vor. Man kann z. B. mit derselben Prolanmenge an einem Ovarium der infantilen Maus ein Corpus luteum, am anderen aber vier gelbe Körper auslösen, bei einem zweiten Tier eventuell gar keine Reaktion erhalten. Will man eine derartige Frage quantitativ entscheiden, so muß man die minimalste Gewebsmenge bestimmen, bei der die Vorderlappenreaktion auftritt, d. h. bei der der Oestrus ausgelöst wird (HVR I), bei der ein Blutpunkt auftritt (HVR II), bei der ein Corpus luteum nachweisbar ist (HVR III). Meine quantitativen Untersuchungen des letzten Jahres haben ergeben (s. S. 196 und 197), daß 1 Einheit HVH in einer jungen Placenta in einer wesentlich kleineren Gewebsmenge als in einer reifen Placenta enthalten ist, daß aber bei dem viel höheren Gesamtgewicht die reife Placenta trotzdem mehr als das Doppelte an HVH enthält als die junge Placenta. So beträgt der Gesamtgehalt an HVH in der 7. Schwangerschaftswoche 1144 Einheiten (A u. B), in der 11. Woche 1133, am Ende der Schwangerschaft aber 2900 Mäuseeinheiten.

Wir sehen also, daß im *Verlauf der ganzen Schwangerschaft HVH in der Placenta vorhanden* ist. Da die Hypophyse der schwangeren

---

[1] PHILIPP: Ztbl. f. Gynäk. **1930**, Nr 8, 450 u. Nr 30, 1858.

[2] Ich habe 5 Hypophysen untersucht (4 im Frühwochenbett, 1 bei Ertrauteringravidität (tubarer Abort des II. Monats)! Die quantitative Untersuchung des Vorderlappens ergab bei Implantation bis 50 mg ein negatives Resultat in Bezug auf HVH-A u. B, bei 100 mg nur 1 mal positive (HVR I) Reaktion.

Frau die Hormone nicht enthält, liegt natürlich der Schluß sehr nahe, daß die Placenta die Produzentin der HVH ist. Und doch kann dies ein Trugschluß sein.

Da die Hypophyse in der Schwangerschaft überhaupt kein HVH enthält, müßte man annehmen, daß die Drüse trotz der enormen Überschwemmung des Organismus mit Vorderlappenhormonen funktionell stillgelegt ist. Die Tatsache, daß der Vorderlappen der Schwangeren im Implantationsversuch sich hormonfrei erweist, kann uns ebenso zu der Annahme führen, daß die Abgabe der im Vorderlappen im Übermaß produzierten Hormone eine sehr schnelle ist, so daß die im Vorderlappen gelagerten Vorräte minimale sind. Es gibt ein anderes charakteristisches Beispiel in der Endokrinologie, das die eben erwähnte Annahme berechtigt erscheinen läßt. Die BASEDOWsche Krankheit beruht bekanntlich auf einer Hyperfunktion der Schilddrüse. Die Überproduktion des in der Schilddrüse gebildeten Thyroxins führt zu einer Vermehrung des Thyroxins und dementsprechend des Jods im Blut. Vergleicht man aber die normale Schilddrüse mit der Basedowschilddrüse, so findet man in der letzteren weniger Thyroxin, weniger Jod als in der gesunden Schilddrüse. Trotz vermehrter Produktion von Thyroxin ist also die endokrine Drüse arm an Thyroxin und Jod, mit anderen Worten, die Basedowschilddrüse stapelt nicht das Hormon, sondern gibt es bei dem erhöhten Bedarf schneller an den Kreislauf ab als die gesunde Drüse. Dasselbe könnte man für den Hypophysenvorderlappen in der Schwangerschaft annehmen, so daß man nicht einfach aus der Tatsache des mangelnden Hormongehalts auf die Funktionslosigkeit der Drüse schließen darf. Noch ein anderes Beispiel sei angeführt. Beim Genitalcarcinom der Frau fand ich (siehe S. 259) eine erhöhte Ausscheidung von Follikelreifungshormon im Harn. Die quantitative Analyse der bei Sektion gewonnenen menschlichen Hypophysen (s. S. 115) hat aber auffallenderweise gerade bei Hypophysen von Frauen mit Genitalcarcinom geringere HVH-Werte ergeben als bei anderen Krankheiten!

Man muß überhaupt vorsichtig sein, aus quantitativen Untersuchungen von bestimmten Organen (z. B. Placenta oder Hypophyse) auf ihre Funktion zu schließen, da wir nur den jeweiligen Funktionszuzustand erfassen können, nicht die Hormonabgabe kennen, so daß wir einen Schluß auf die Größe der Produktion nicht wagen dürfen. Sehen wir uns einmal die quantitativen HVH-Verhältnisse in den ersten Wochen der Schwangerschaft an. Bei einer Patientin, bei der ich die Schwangerschaft in der 8. Woche wegen aktiver Lungentuberkulose unterbrechen mußte, fand ich pro Liter Blut 12500 ME. HVH-A und B pro Liter. Bei einem Gesamtblutgehalt von 6 Litern kreisten also im Blut 75000 Einheiten. Der während der Operation in der Blase vorhandene Harn,

300 ccm, enthielt im ganzen 4800 ME. HVH. In der Placenta waren 680 Einheiten HVH vorhanden. In der Hypophyse dieser Frau hätte sich im Implantationsversuch sicher gar kein oder nur sehr wenig Hormon nachweisen lassen. Der Hormongehalt der Placenta — 680 Einheiten — ist im Vergleich zu dem im Blut und Harn im Augenblick der Placentaentnahme vorhandenen 79800 Einheiten ein so geringer, daß man aus der Tatsache, daß in der Hypophyse kaum nachweisbare Mengen, in der Placenta aber 680 Einheiten nachweisbar sind, nicht schließen darf, daß die Placenta die Produzentin, oder besser gesagt, die alleinige Produzentin der HVH ist. *Die in der Placenta vorhandenen Vorderlappenhormone betragen nur 0,85% der im Blut und Harn nachweisbaren Hormonmengen*[1]. Die Vergleichswerte werden für die Placenta noch geringer, wenn man auch die im Gewebe, insbesondere im Kot des schwangeren Organismus vorhandenen HVH berücksichtigen würde. Wie leicht man zu einem Trugschluß kommen kann, geht aus einer besonderen Beobachtung hervor, die ich bei diesem Fall machen konnte. Die Unterbrechung der Schwangerschaft mußte wegen der Tuberkulose mit einer Sterilisierung verbunden werden, die ich auf abdominalem Wege ausführte, weil daneben noch ein Ovarialtumor bestand. Es handelte sich um ein zweifaustgroßes Pseudomucincystom mit zum Teil schokoladenfarbenem Inhalt. Ich implantierte die Wand der Cyste[1], die ich von mehreren Stellen entnahm, einer Reihe von infantilen Mäusen und konnte bei allen mit 0,2 g Gewebe die HVR I—III auslösen. Da die Cystenwand 50 g wog, waren hier 250 ME. HVH enthalten. Aber auch die Cystenflüssigkeit enthielt pro Kubikzentimeter = 1 ME. HVH. Der Inhalt betrug 500 ccm = 500 ME. In der Cystenwand und Flüssigkeit waren zusammen also 750 ME. HVH vorhanden, d. h. 70 ME. mehr als in der gesamten Placenta dieses Falles. Beim Vergleich des Hypophysenvorderlappens, der Placenta und des Pseudomucincystoms finden wir die größten HVH-Werte in der Ovarialcyste, woraus man nach PHILIPP schließen könnte, daß in der Ovarialcyste die Produktionsstätte der HVH sitzt. Daß dieser Schluß ein Fehlschluß ist, braucht wohl nicht besonders betont zu werden. Man lernt aus diesem Fall[2], wie vorsichtig man mit seinem Urteil sein muß!

Wie liegen nun die Verhältnisse bei den Tieren, bei denen wir weder in der Placenta, noch im Blut oder Harn eine HVH-Vermehrung finden?

---

[1] Noch nicht veröffentlicht.

[2] In einem zweiten Fall fand ich in der Wand und in 65 ccm Inhalt einer faustgroßen Ovarialcyste 80 ME. HVH-A und 130 ME. HVH-B (6. Woche der Gravidität).

Meine vergleichenden quantitativen Hormonuntersuchungen[1] des Vorderlappens von nicht trächtigen und trächtigen Kühen und Schweinen ergaben, daß die HVH-Werte in der Gravidität nicht wesentlich verändert sind. So kann man durch 10—30 mg Vorderlappengewebe der Kuh in und außerhalb der Gravidität in gleicher Weise die HVR I bis III auslösen.

Bei der Kuh und dem Schwein finden wir im Blut und Harn keine HVH-Vermehrung, die Placenta enthält kein Hormon. Hier braucht also der Vorderlappen nicht wie beim Menschen, Affen und Pferd die starke Hormonproduktion in der Gravidität zu entfalten. Hier finden wir infolgedessen im Vorderlappen in der Schwangerschaft fast die gleichen Hormonwerte wie außerhalb der Gravidität.

Wir können also die Frage, ob die menschliche Placenta die Hypophysenvorderlappenhormone produziert oder stapelt, vorläufig nicht absolut sicher entscheiden. Für das Folliculin ist die Frage dahin geklärt, daß nach dem 34. Tage der Schwangerschaft der Frau die Placenta das Folliculin aktiv produziert. Damit ist aber die Frage nicht beantwortet — und das scheint mir das Wichtigste zu sein —, wo die Hormone in den ersten Tagen der menschlichen Schwangerschaft gebildet werden. Ich glaube, daß man — wie ich oben (S. 211) ausgeführt habe — annehmen muß, daß der erste Impuls sowohl für erhöhte Folliculin- wie HVH-Bildung vom Ovarium bzw. Hypophysenvorderlappen ausgeht, daß aber später die Placenta als Mitproduzentin, vielleicht auch als alleinige Produzentin der Hormone in Frage kommt. Für die HVH ließe sich die Frage nur dadurch entscheiden, daß man den Hormongehalt des Blutes bzw. des Harnes bei der hypophysektomierten Äffin oder Stute prüft. Derartige Untersuchungen liegen bisher nicht vor. Sie werden auch schwer durchführbar sein, da die in der Gravidität hypophysektomierten Tiere regelmäßig abortieren. Vielleicht werden uns Untersuchungen am Pferd weiterbringen. *Das Pferd ist im Gegensatz zum Menschen bezüglich der HVH nur periodisch polyhormonal,* denn die HVH sind nur in den ersten Graviditätsmonaten im Blut der trächtigen Stute vermehrt (s. S. 205). Vergleichende quantitative HVH-Untersuchungen des Vorderlappens und der Placenta in der poly- und oligohormonalen Periode des Pferdes könnten uns wahrscheinlich über die Produktionsstätte der HVH in der Gravidität Auskunft geben.

Daß der Hypophysenvorderlappen für die Schwangerschaft von größter Bedeutung ist, geht daraus hervor, daß Tiere ohne Hypophyse nicht konzipieren. Es ist auch kein klinischer Fall bekannt, wo bei nachweisbarer Atrophie des Vorderlappens Schwangerschaft ein-

---

[1] Noch nicht veröffentlicht.

getreten ist, vielmehr wissen wir, daß Frauen mit hypophysären Störungen gar nicht oder nur sehr selten konzipieren. *Diese Tatsachen zeigen, daß die Hypophyse, speziell die Vorderlappenhormone, sowohl für die Befruchtung wie für die Fortdauer der Schwangerschaft von entscheidender Bedeutung sind.*

Aus den vorliegenden Tatsachen erkennen wir aber auch die funktionelle Bedeutung der Placenta, die von sich aus befähigt ist, chemisch so hochwertige und biologisch so wirksame Körper, wie es Hormone sind (z. B. Folliculin) zu produzieren. *Die Placenta ist also ein endokrines Organ.* Da die LANGHANSsche Zellschicht mit fortschreitender Schwangerschaft schwindet, die Folliculinbildung aber stetig ansteigt, müssen wir den syncytialen Zellen die hormonale Produktionskraft zuschreiben. *Die syncytiale, morphologisch so wenig differenzierte Zelle lenkt den gesamten Stoffhaushalt für den Fetus und wird auch zu seiner Hormonproduzentin.* Es spricht Vieles dafür, daß die Placenta auch die Produktion der Vorderlappenhormone in der Gravidität übernimmt, der exakte Beweis dafür ist aber bisher noch nicht erbracht.

Farbstoffe (Vitamin) in der Placenta.

Bei den Hormonuntersuchungen der Placenta machte ich in Gemeinschaft mit BRAHN[1] folgende Beobachtung. Zur Darstellung des Folliculins stellten wir alkoholische Extrakte des menschlichen Placentargewebes dar. Als wir die in absolutem Alkohol löslichen Placentarsubstanzen mit Wasser und Petroläther mischten, sahen wir, daß der Petroläther eine prachtvoll rote, der Alkohol eine goldgelbe Farbe annahm. Die regelmäßige Bestätigung dieses Befundes führte uns zur näheren Erforschung dieses Farbproblems. Wir fanden folgendes:

1. Auch nach völliger Entblutung der Placenta kann man aus dem getrockneten weißlichen Placentapulver die Farbstoffe gewinnen.

2. Es ist uns gelungen, zwei Farbstoffe aus der Placenta darzustellen und zwar: einen in Petroläther und einen in Alkohol und Aceton löslichen Farbstoff.

3. Auf Grund des chemischen, physikalischen und spektroskopischen Verhaltens der Farbstoffe konnten wir diese identifizieren.

4. Es handelt sich um zwei Farbstoffe, die nach WILLSTÄTTER als lipochrome Farben bezeichnet werden.

Farbstoff I, der petrolätherlösliche, erwies sich als Carotin. Wir wissen, daß dieser schöne rote Farbstoff außerhalb des Körpers in Pflanzen vorkommt, insbesondere in der Mohrrübe.

---

[1] ZONDEK, B. u. BRAHN: Arch. Gynäk. **137**, 732 (Kongreßbericht).

Farbstoff II, der alkohol-acetonlösliche gelbe Farbstoff erwies sich als Lutein. Diesen Farbstoff hat WILLSTÄTTER in seinen bekannten Arbeiten aus dem Eigelb dargestellt. Wir Gynäkologen kennen diese Farbe aus dem Corpus luteum.

Wir finden also in der Placenta zwei Farbstoffe, die auch im gelben Körper und in Pflanzen vorkommen, wobei auch wieder die Frage offen steht, ob die Farbstoffe in der Placenta produziert oder nur retiniert werden. Es kann meines Erachtens kein Zufall sein, daß wir in der Hochfunktion des Corpus luteum und in der Placenta den gleichen gelben Farbstoff, das Lutein, finden. Über die biologische Bedeutung der Farbstoffe haben die Forschungen der letzten Jahre uns weitergebracht. So hat BRAHN zeigen können, daß das gewöhnlichste Pigment, das Melanin, eine wichtige entgiftende Funktion hat, und zwar bei der Bildung der Brenzcatechinverbindungen des Blutes zu Adrenalin. Eine entgiftende Eigenschaft der Farbstoffe in der Placenta würde sehr nahe liegen, da wir wissen, daß die Placenta ein Organ ist, in dem die intensivsten Stoffwechselumänderungen vor sich gehen, in dem auch die zum Teil giftigen Stoffwechselendprodukte gebildet werden.

Besonders interessant sind die neuesten Arbeiten von D. und H. v. EULER[1], CARRER[2], MOORE[3] u. a., die gezeigt haben, daß das Carotin als A-Vitamin, d. h. als Wachstumsvitamin wirksam ist. Das Vorkommen von Carotin, also einem Wachstumsstoff, in der Placenta wäre für die Frage der Wachstumsbedingungen des Fetus von besonderer Bedeutung. *Damit ergibt sich, daß in der Placenta nicht nur Hormone, sondern auch ein Wachstumsvitamin*[4] *(Carotin) vorhanden ist.* Es scheint mir allerdings zweifelhaft, ob die Placenta als Vitaminproduzentin in Frage kommt, da wir das Carotin auch außerhalb der Schwangerschaft im Blut finden. So konnten B. und H. EULER zeigen, daß man durch Schütteln von Ochsenblutserum mit Äther einen stark gelb-orange gefärbten, fetthaltigen Rückstand erhält, der neben Fetten ein Gemisch von Carotin und Xanthophyll enthält.

---

[1] v. EULER, D. u. H.: Sv. kem. Tidskr. 40 (1928, Sept. u. Okt.). Klin. Wschr. 1930, Nr 20, 916.

[2] KARRER: Helvet. chim. Acta 12, 278.

[3] MOORE: Biochemic. J. 23, 1267 (1929).

[4] Hormone und Vitamine stehen sich biologisch zweifellos nahe. Auf die Bedeutung der Vitamine für die Schwangerschaft hat besonders VOGT hingewiesen.

27. Kapitel.
Sexualzyklus und Sexualhormone bei Mensch und Tier. Vergleichende Untersuchungen.

In der Schwangerschaft sind, wie wir gesehen haben, die Hormonverhältnisse bei Mensch und Tier grundlegend verschieden.

Für das Verständnis der vorliegenden Untersuchungen, vor allem aber für die Forschung ist es notwendig, den Generationsvorgang der Tiere genau zu kennen, da wir die biologischen Grundlagen unseres Wissens nur im Tierexperiment erwerben können. Im Kapitel 11 habe ich bereits auseinandergesetzt, daß wir die Brunst (Oestrus) mit der Menstruation der Frau nicht vergleichen können, ein Fehler, der häufig in wissenschaftlichen Arbeiten gemacht wird, und der zeigt, daß die Verhältnisse bei Mensch und Tier nicht gekannt werden. Die folgenden Ausführungen über den Vergleich des Sexualzyklus und die damit verbundenen Hormonverhältnisse bei Mensch und Tier gründen sich auf die bekannten Arbeiten von ALLEN, BISCHOFF, BOUIN u. ANCEL, BREHM, BUCURA, CORNER, L. FRAENKEL, GROSSER, HAMMOND, HARTMANN, HEAPE, KELLER, MARSHALL, NOVAK, SOBOTTA, WEBER, WIESNER, ZIETSCHMANN u. a. und die von uns selbst ausgeführten Untersuchungen.

Die im Sexualapparat des Menschen und der Säugetiere stattfindenden periodischen Auf- und Abbauvorgänge dienen dem Endziel der Sexualfunktion, der Fortpflanzung. Der Sexualtrieb ist beim Menschen zeitlich nicht begrenzt, während dies beim Tier der Fall ist. Nur in der Brunst wird das Weibchen vom Bock gejagt, nur in der Brunst (Oestrus) findet beim Tier die Kohabitation statt. Der Oestrus, der mit Veränderungen im äußeren Genitalapparat vor sich geht, wird hormonal vom Ovarium dirigiert, er tritt im allgemeinen zu der Zeit auf, wo ein sprungfertiger Follikel mit einem zur Befruchtung vorbereiteten reifen Ei vorhanden ist. Die Tiere unterscheiden sich dadurch untereinander, daß die einen nur einmal im Jahr (monöstrisch), die anderen 2—4mal, andere wieder in dauerndem Rhythmus brünstig werden (polyöstrisch). Einige Beispiele: Bei den Beuteltieren tritt nur einmal im Jahr die Brunst auf, bei Hund und Katze 2—4mal, beim Schwein und Rind 14—17mal, beim Meerschweinchen 22mal, bei der Maus 30—36mal. Die Dauer der Brunst ist verschieden. Beim Nagetier (Maus und Ratte) dauert sie 1 bis 3 Tage, beim Schwein 3 Tage, beim Pferd ist die Zeitdauer wechselnd. Die Brunst ist von exogenen Faktoren, insbesondere dem Klima, der Jahreszeit sowie der Domestikation abhängig. So richten sich in den Tropen Paarung und Geburtszeit der Tiere nach der Regenperiode. Bei dem in England lebenden Eichhörnchen tritt nur einmal im Jahr die Brunst auf, während sie bei derselben Tierart in Südeuropa und Nordafrika während des ganzen

Jahres vorhanden ist. Als Beispiel für die Anpassung der Zeugung an die Jahreszeit führt KELLER das Wildschwein an, das seine Paarungszeit nicht im Frühjahr, sondern im Beginn des Winters hat. Die Jungen kommen Anfang April zur Welt, zu einer Zeit, die für ihr Fortkommen klimatisch günstig ist. Noch interessanter sind die Verhältnisse beim Reh, das wie Schaf und Ziege eine Tragzeit von etwa 5 Monaten hat. Da die Brunst und Befruchtung in unserem Klima Mitte August stattfindet, würde der Wurf im Januar, also im Hochwinter erfolgen. Nun tritt in der fetalen Entwicklung eine Ruhepause ein, die Tragzeit wird auf 9 Monate verlängert, so daß der Wurf im Mai erfolgt, also in einer günstigen Zeit zur Aufzucht der im Walde lebenden Jungen. Nicht immer findet im Anschluß an die Kohabitation die Befruchtung statt. So erfolgt z. B. bei der Fledermaus die Kohabitation im Herbst, vor Antritt des Winterschlafes. Der Samen wird während der ganzen Zeit des Schlafes als koagulierte Masse im Uterus aufbewahrt, und erst im Beginn des Frühlings findet die Befruchtung mit dem monatelang deponierten Sperma statt. Bei der Biene, die nur einmal in ihrem Leben befruchtet wird, bleibt der Samen sogar 4 Jahre befruchtungsfähig.

Bei den meisten Tieren erfolgt der Follikelsprung im Oestrus spontan. Eine Ausnahme macht nur das Kaninchen und vielleicht auch die Katze. Beim Kaninchen erfolgt der Follikelsprung erst 10 Stunden nach der Kohabitation, bei der Katze nach LONGLEY meist innerhalb der folgenden 2 Tage.

Der Paarungstrieb, der höchste Grad der geschlechtlichen Erregung, fällt mit der Ovulation zusammen. An den äußeren Genitalorganen ist die Brunst durch Schwellung und Absonderung von Geruchsstoffen bemerkbar, durch welche die männlichen Tiere angelockt werden. Bei einigen Tieren, z. B. beim Hund, kommt es zu einer blutigen Sekretion aus den äußeren Genitalien, bedingt durch die starke Hyperämie des gesamten Geschlechtsapparates und Blutaustritt aus der Uterusschleimhaut (die blutige Sekretion tritt vor dem Follikelsprung auf!). Die Absonderung der schleimigen Sekrete in der Brunst erleichtert die Kohabitation. Bei den Nagetieren (Maus, Ratte, Meerschweinchen) haben wir zur Zeit des Oestrus die Verhornung der obersten Zelllagen mit Massenabstoßung der Schollen in das Scheidenlumen kennengelernt, wobei die verhornten Massen mit dem Sperma einen die Scheide verschließenden Pfropf bilden, damit das Tier vor weiteren Kohabitationen bewahrt bleibt. So sehen wir, wie im Tierreich der Sexualzyklus von äußeren Faktoren wie Jahreszeit und Klima abhängig ist, wie aber andererseits überall die optimalen Bedingungen für die Befruchtung und für die Jungen geschaffen werden.

Im Ovarium wird das zur Befruchtung reife Ei geboren, für das Ei bereitet sich der Genitalapparat vor, damit das junge befruchtete Ei in der Gebärmutterschleimhaut die besten Bedingungen zur Einnistung und zum Weiterleben findet. Bei diesen für das befruchtete Ei im Uterus geschaffenen Aufbauvorgängen müssen wir bei Mensch und Tier zwei Phasen unterscheiden:

1. Die *Proliferationsphase*, in der die dünne Uterusschleimhaut sich aufbaut und mit Drüsen versehen wird, im folgenden *Pf-Phase* genannt, und
2. die *Sekretions- bzw. Funktionsphase*, in der die Uterindrüsen zu funktionieren beginnen (Schleim, Glykogen). Die Uterusschleimhaut ist auf der Höhe dieser Phase zum Empfange des befruchteten Eies vorbereitet, so daß ROBERT MEYER diese Phase treffend als prägravide Phase bezeichnet hat (im folgenden als *Pg-Phase* bezeichnet).

Die Aufbauvorgänge im Genitalapparat gehen unter Leitung der übergeordneten Sexualdrüse, des Hypophysenvorderlappens, vor sich. Das Follikelreifungshormon (A) bewirkt die Follikelreifung und läßt im Follikelapparat das Folliculin entstehen, das seinerseits im Genitalapparat die Pf-Phase auslöst. Das Luteinisierungshormon (B) bewirkt die Umwandlung des Follikels in den gelben Körper und die Bildung des Lutins s. Progestins im Corpus luteum, das seinerseits die Pg-Phase auslöst.

Beim Menschen geht die Pf-Phase kontinuierlich in die Pg-Phase über. Dies ist im Tierreich nur selten der Fall und trifft fast nur beim Affen und Beuteltier zu. Bei allen anderen Tieren finden wir einen mehr oder minder diskontinuierlichen Verlauf[1]. Am ausgesprochensten sehen wir den diskontinuierlichen Verlauf beim Nagetier, d. h. der Maus und Ratte. Hier kommt es nur nach der Kohabitation zur Pg-Phase. Sonst läuft nur die Pf-Phase ab. Die Höhe der Pf-Phase ist durch die Brunst charakterisiert, hier kommt es zur Ovulation, zu einem gewissen Aufbau der Uterusschleimhaut, zum Aufbau der Scheidenschleimhaut mit Verhornung der obersten Zellagen, zur Abstoßung der Schollen ins Scheidenlumen. Findet im Oestrus keine Kohabitation statt, so tritt wieder ein Abbau dieser Lebensvorgänge ein. Kommt es aber während der Brunst zur Kohabitation, so läuft die Pf-Phase zunächst genau so ab, als ob eine Kohabitation nicht stattgefunden hätte, d. h. es kommt zum Abbau im Uterus und Scheide. Dann aber setzt als neuer Impuls im Generationsapparat die Pg-Phase ein (hohes Schleimepithel der Scheide, polypöse Wucherung der Uterusschleimhaut). Wenn wir also den Sexualzyklus einer vom Bock entfernt gehaltenen Maus oder Ratte studieren, lernen wir im Dioestrus, Prooestrus, Oestrus und Met-

---

[1] WIESNER spricht hierbei von ein- bzw. zweiphasigem Zyklus. Ich möchte als die beiden biologischen Phasen die Pf- und Pg-Phase bezeichnen, weil diese 1. den Aufbau und 2. die Funktion der Uterusschleimhaut bewirken. Die von WIESNER gemachten Unterschiede äußern sich in der *kontinuierlichen bzw. diskontinuierlichen Aufeinanderfolge* der Pf- und Pg-Phase.

oestrus nur die Pf-Phase kennen, d. h. den Auf- und Abbauvorgang in der für die Kohabitation geschaffenen Periode. Die Pg-Phase läuft in diesem Zyklus überhaupt nicht ab. Wir können die Pg-Phase experimentell nur auslösen, wenn wir in der Brunst einen sterilen Coitus veranlassen und damit die sogenannte Scheinschwangerschaft auslösen, d. h. die Vorbereitung in der Scheide und im Uterus, als ob ein befruchtetes Ei vorhanden wäre. Wir sehen also, daß bei Maus und Ratte die Pf- und Pg-Phase voneinander völlig getrennt sind, daß die beiden Phasen also diskontinuierlich verlaufen, daß die Pf-Phase nur für den Sexualakt geschaffen ist, und daß nur nach erfolgter Kohabitation eine neue Phase, d. h. die Pg-Phase abläuft. (Zweiphasiger Zyklus nach WIESNER.)

Den Übergang zwischen dem kontinuierlichen Verlauf beim Menschen und dem diskontinuierlichen Verlauf bei Maus und Ratte sehen wir bei der Hündin und der Kuh, wo die Aufbauvorgänge, d. h. die Hyperämie und Drüsenbildung nach der Befruchtung erst etwas rückwärts laufen, um dann neu zur Pg-Phase anzusetzen.

Die Lebensäußerung, die für den Sexualzyklus der Frau so charakteristisch ist, die Menstruation, finden wir im Tierreich nur bei der Äffin. Die Menstruation der Frau setzt auf der Höhe der Pg-Phase ein. Sie ist bedingt durch den Zusammenbruch der zwecklos für den Empfang des Eies aufgebauten Schleimhaut, wobei der Uterus durch die Blutung sich bemüht, die aufgebaute Schleimhaut wieder auszustoßen. Ungefähr dieselben anatomischen und biologischen Vorgänge haben wir auch bei der Menstruation der Äffin, wo die Schleimhaut ebenfalls auf der Höhe der Pg-Phase abgebaut wird. Zwischen Mensch und Affen besteht aber ein charakteristischer Unterschied. Bei der Äffin macht sich die Brunst, d. h. die Zeit der Follikelreifung und des Follikelsprunges an den äußeren Genitalien in der durch Hyperämie bedingten roten Verfärbung kenntlich. Nach diesen Brunstveränderungen setzt die Pg-Phase ein, und 10—14 Tage später erfolgt auf dem Höhepunkt der Phase die Menstruation. Besonders interessant ist die Tatsache, daß die Menstruation beim Affenweibchen auch ohne vorhergehende Ovulation, ohne Corpus luteum-Bildung erfolgen kann (ALLEN, CORNER, HEAPE, EHRHARDT). VAN HERWERDEN und HARTMANN stellten fest, daß die Ovulation beim Affenweibchen fast nur im Winter erfolgt, und daß in dieser Zeit die Empfängnis stattfindet.

Auch bei der Hündin kommt es zur blutigen Sekretion aus den Genitalien. Das gemeinsame zwischen dieser blutigen Sekretion und der Menstruation ist lediglich die Abscheidung von Blut, während im biologischen Geschehen gar kein Zusammenhang besteht. Die blutige Sekretion setzt bei der Hündin im Verlauf der Pf-Phase ein und zwar noch vor dem Follikelsprung, also in der Vorbrunst, im Prooestrus. Die blutige Sekretion ist lediglich bedingt durch die starke Durchblutung des Genitaltraktus. Das Blut tritt ins Uteruslumen aus, ohne daß größere Epitheldefekte entstehen, ohne daß die Schleimhaut irgendwie abgebaut wird. Die Menstruation hingegen findet am Ende der Pg-Phase statt, d. h. 10 bis 14 Tage nach dem Follikelsprung, auf der Höhe der Corpus luteum-Bildung, sie ist durch den völligen Abbau der Uterusschleimhaut bedingt.

Beim Menschen und allen Tieren bildet sich auf dem Höhepunkt der Pf-Phase *nach* dem Follikelsprung das Corpus luteum, welches das für die Pg-Phase notwendige Hormon (Lutin s. Progestin) produziert. Auch bei Maus und Ratte finden wir nach dem Follikelsprung, im Beginn des Metoestrus, junge Corpora lutea. Diese Corpora lutea können aber die Pg-Phase bei der Maus und Ratte nur auslösen, wenn eine Kohabitation bzw. Befruchtung stattgefunden hat. Der gelbe Körper der Maus und Ratte wird demnach erst durch den Sexualakt zur Hormondrüse.

Noch anders liegen die Verhältnisse beim Kaninchen. Hier erfolgt der Follikelsprung nur unter dem Reiz der Kohabitation, und zwar erst 10—12 Stunden nach dem Belegakt. Beim Kaninchen muß man eine dauernde Pf-Phase annehmen, wodurch das Tier stets belegungsreif ist, so daß kurze Zeit nach dem Follikelsprung die Pg-Phase einsetzen kann. Wir müssen annehmen, daß beim Kaninchen dauernd gewisse Mengen von HVH-A im Blute kreisen, daß dann durch die Kohabitation ein besonders starker Reiz auf den Vorderlappen ausgeübt wird, der den Körper in den nächsten Tagen mit größeren HVH-A- und besonders B-Mengen überschüttet, wodurch Follikelsprung und Corpus luteum-Bildung und damit Übergang zur Pg-Phase ausgelöst wird.

Beim Menschen (s. S. 138) verläuft die HVH-A-Produktion im Vorderlappen kontinuierlich von Menstruation zu Menstruation. Erst nach dem Follikelsprung setzt die Produktion des HVH-B ein, vielleicht bedingt durch den Reiz des Follikelsprunges. Ich schließe dies aus der Tatsache, daß wir das unter dem Einfluß des HVH-A gebildete Folliculin beim Menschen sowohl im Follikelapparat wie im Corpus luteum gefunden haben. Beim Tier hingegen (z. B. Kuh, Schwein) finden wir im gelben Körper nicht Folliculin, woraus sich ergibt, daß die HVH-A-Produktion in der Tierhypophyse mit dem Follikelsprung beendet ist. Ob bei der Äffin dieselben Verhältnisse vorliegen wie beim Menschen, kann ich nicht sagen.

Zusammenfassend fanden wir folgende hormonalen Analogien bzw. Unterschiede (s. auch Kap. 14), im Sexualzyklus bei Mensch und Tier:

1. Im Corpus luteum der Blüte (s. S. 46 u. 80), d. h. in der prägraviden Phase, finden wir beim Menschen Folliculin, beim Tier nicht. Nach der Befruchtung enthält das menschliche Corpus luteum gravi-

ditatis Folliculin, das tierische hingegen nicht bzw. nur sehr wenig. Der gelbe Körper der Schwangerschaft enthält beim Menschen auch HVH, während dies beim Tier (Kuh) nicht der Fall ist (siehe S. 194).

2. In der menschlichen Placenta (s. S. 195) finden wir Folliculin und Vorderlappenhormone in relativ großen Mengen, in der tierischen[1] Placenta ist HVH nicht vorhanden, hingegen Folliculin. Die Pferdeplacenta enthält die gleichen Folliculinmengen wie die menschliche. Die Placenta anderer Säugetiere (z. B. Kuh) ist arm an Folliculin (etwa 25%).

3. Während der Schwangerschaft ist das Blut des Menschen, des Affen und des Pferdes reich an Folliculin und HVH. Im Blut anderer Tiere ist HVH nicht vorhanden, vielleicht Folliculin, allerdings in verschwindend kleiner Menge im Vergleich zum Menschen (s. S. 198).

4. Im Harn (s. S. 200) finden wir in der Schwangerschaft beim Menschen und Tier Folliculin. Die größten Hormonmengen enthält der Pferdeharn (100 000 ME. pro Liter). Dann kommt der Frauenharn (12 000 ME.) und schließlich der Kuhharn (800 ME.) (s. S. 81).

Hypophysenvorderlappenhormone (A und B) finden sich nur im Harn der schwangeren Frau und des trächtigen Affenweibchens (10 000 bis 20 000 ME. pro Liter). Der Pferdeharn enthält nur geringe Mengen Follikelreifungshormon (800 RE HVH-A pro Liter), hingegen ist er frei von Luteinisierungshormon (HVH-B). Der Harn von anderen trächtigen Säugetieren (Kuh, Schwein, Elefant, überhaupt Nagetiere) enthält keine HVH!

5. In der menschlichen Hypophyse wird das Follikelreifungshormon (HVH-A) während des ganzen Zyklus kontinuierlich produziert, die Bildung des Luteinisierungshormons (HVH-B) setzt erst nach dem Follikelsprung ein. Im Gegensatz dazu ist die Hormonproduktion in der tierischen Hypophyse (z. B. Kuh) diskontinuierlich. Bis zum Follikelsprung wird nur HVH-A, nach dem Follikelsprung nur HVH-B produziert (s. S. 138).

6. In der Hypophyse des trächtigen Tieres (Kuh, Sau) konnte mittels des Implantationsverfahrens HVH (A und B) nachgewiesen werden, während die menschliche Hypophyse in der Schwangerschaft Hormon nicht oder nur in sehr geringen Mengen enthält (s. Kap. 26).

Die vorliegenden Ausführungen zeigen, daß die zyklischen Vorgänge im Genitalapparat bei Mensch und Säugetier denselben Zweck verfolgen, d. h. die Schaffung der optimalen Bedingungen für die Schwangerschaft, daß aber im Mensch- und Tierreich doch erhebliche Unterschiede im Ablauf und in den hormonalen Verhältnissen des Sexualzyklus bestehen. Diese Unterschiede muß man kennen, wenn man vom Tierexperiment auf den Menschen schließen will.

---

[1] Mit Untersuchungen der Pferdeplacenta auf HVH bin ich beschäftigt.

28. Kapitel.

Hypophysenvorderlappenzellen und Vorderlappenhormone. Wechselwirkung zwischen Hypophysenvorderlappen und Ovarium.

Im Hypophysenvorderlappen werden, wie wir gesehen haben, sicher drei Hormone produziert: 1. das allgemeine Wachstumshormon (EVANS), 2. das Follikelreifungshormon (HVH-A) und 3. das Luteinisierungshormon (HVH-B).

Im Hypophysenvorderlappen kommen drei verschiedene Zellarten vor:
1. die Hauptzellen,
2. die basophilen und
3. die eosinophilen Zellen.

Bei dieser Sachlage ist es naheliegend, ja geradezu verlockend, die drei verschiedenen Zellarten mit den drei Hormonen in Verbindung zu bringen und jeden Zelltyp für die Produktion *eines* Hormons verantwortlich zu machen. Die Hormone müssen doch von den Vorderlappenzellen produziert werden, und es fragt sich, welche Zellen die verschiedenen Stoffe liefern. EVANS u. SIMPSON[1] glauben, daß der Wachstumsstoff von den eosinophilen und das Prolan (insbesondere Hormon A) von den basophilen Zellen produziert wird. Sie stützten sich auf die Beobachtung von BAILEY und DAVIDOFF[2], daß die Acromegalie meist auf eosinophilen Adenomen beruht, daß also in diesen eosinophilen Zellen die erhöhte Produktion der Wachstumsstoffe vor sich geht. P. E. SMITH[3], Schüler von EVANS, hatte darauf hingewiesen, daß im Vorderlappen der Rinderhypophyse eine teilweise Trennung der eosinophilen und basophilen Zellen besteht, wobei in den dunkelroten zentralen Streifen die basophilen, in den peripheren Zonen die eosinophilen Zellen liegen. SMITH konnte durch Extrakte aus der corticalen Vorderlappenzone (eosinophile Zellen) eine stärkere Wachstumswirkung an der hypophysektomierten Kaulquappe erzielen als mit Extrakten der zentralen Gewebspartie. Im Implantationsversuch ergaben die zentralen Partien (basophile Zellen) einen höheren Gehalt an Reifungshormon als die peripheren Partien. Diese Versuche würden beweisend sein, wenn man tatsächlich basophile und eosinophile Zellen voneinander exakt trennen könnte. Dies ist aber auch in der Rinderhypophyse keineswegs der Fall. Wenn auch in den zentralen Partien des Hypophysenvorderlappens die basophilen Zellen gehäuft auftreten, so

---

[1] EVANS u. SIMPSON: J. americ. med. Assoc. **91**, 1337 (1928).
[2] BAILAY u. DAVIDOFF: Amer. J. Path. **1**, 185 (1929).
[3] SMITH: Anat. Rec. **25**, 150 (1923).

Schwangerschaftszellen.

findet man jedoch genügend eosinophile Zellen, so daß man bei einer Zellextraktion bzw. Implantation niemals weiß, welche Zellen hier hormonal wirksam sind. Diese Untersuchungen geben uns einen interessanten Hinweis, sie sind aber meines Erachtens nicht beweiskräftig.

Wir haben gesehen, daß eine sehr starke Produktionssteigerung der Vorderlappenhormone mit Massenüberschwemmung des Körpers und Massenausscheidung im Harn auftritt:

1. in der Schwangerschaft. Hier ist die Ausscheidung der HVH im Harn gegenüber der Norm um das 1000—2000fache gesteigert,

2. bei der Kastration, wo ebenso wie beim

3. Genitalcarcinom die Harnausscheidung um das 10fache erhöht ist (s. Kapitel 31).

In der Schwangerschaft, nach Kastration und beim Carcinom finden wir auch anatomische Veränderungen im Hypophysenvorderlappen, charakterisiert durch Volumenzunahme und relative Zellverschiebung. Wenn man eine bestimmte Zellart mit der Hormonproduktion in Verbindung bringen will, so müßten bei den genannten mit Hormonsteigerung einhergehenden Zuständen die Zellveränderungen der Hypophyse die gleichartigen sein.

Welcher Art sind nun diese Zellveränderungen? Die Schwangerschaftshypophyse ist charakterisiert durch eine Volumen- und Gewichtszunahme des Vorderlappens mit Vermehrung der Hauptzellen und Umwandlung derselben in die sogenannten „Schwangerschaftszellen" (ERDHEIM u. STUMME)[1]. Die eosinophilen Zellen sind vermindert.

Bei der Erstgebärenden sind die Schwangerschaftszellen im zweiten Graviditätsmonat den basophilen an Zahl[2] gleich, im 4.—6. Monat rücken sie bereits an die zweite Stelle (jetzt häufiger als die basophilen), im 8.—9. Monat haben sie die Zahl der eosinophilen erreicht oder sogar überschritten, um bis jetzt bis ans Ende der Schwangerschaft zahlenmäßig an erster Stelle zu bleiben. Die Rückbildung der Zellen erfolgt etwa 2 Wochen post partum, so daß sie 3—4 Wochen nach der Geburt schon spärlicher sind als die eosinophilen. Bemerkenswert ist, daß noch nach 2 Jahren die zu Hauptzellen gewordenen Schwangerschaftszellen an Zahl vermehrt sind, und daß sie erst nach mehreren Jahren zahlenmäßig an die dritte Stelle rücken, wie dies

---

[1] Die Untersuchungen von ERDHEIM und STUMME (Beitr. path. Anat. 46 [1909]) sind wiederholt nachgeprüft und voll bestätigt worden, so von KRAUS, BERBLINGER, CREUTZFELD, NAEGELI u. a.

[2] Der Zahl nach stehen physiologisch die eosinophilen Zellen an erster, die basophilen an zweiter, die Hauptzellen an dritter Stelle.

ihnen physiologisch zukommt. Bei einer zweiten Schwangerschaft sind die Hauptzellen als Ausgangsmaterial für die Schwangerschaftszellen schon in weit größerer Menge vorhanden, so daß die Schwangerschaftsveränderung bei der zweiten Schwangerschaft einen höheren Grad erreicht als in der ersten. So konnte ERDHEIM zeigen, daß die typischen Zellvorgänge in der Hypophyse um so deutlicher sind, je häufiger Schwangerschaften wiederkehren.

Jetzt die hormonalen Verhältnisse in der Gravidität: Die erhöhte HVH-Produktion und Massenausscheidung im Harn tritt in dem Augenblick auf, wo das befruchtete Ei sich einnistet und Kontakt mit der mütterlichen Zirkulation erhält. 4—5 Tage nach dem Ausbleiben der erwarteten Menstruation, d. h. etwa 10—14 Tage nach der Befruchtung, sind die Vorderlappenhormone bereits zu Tausenden von Einheiten im Harn nachweisbar. Die erhöhte HVH-Produktion setzt also einige Wochen früher ein als man zelluläre Veränderungen im Vorderlappen nachweisen kann. Das wäre an sich nicht erstaunlich, da die Mittel unserer anatomischen Untersuchungen primitiv sind im Vergleich zur biologischen Methodik. Auffallend ist die Tatsache, daß die Zunahme und Umwandlung der Hauptzellen progressiv immer weiter geht, um erst gegen Ende der Schwangerschaft den Höhepunkt zu erreichen. Die Hormonproduktion ist aber während der ganzen Schwangerschaft ziemlich gleichmäßig, sie nimmt in den letzten Schwangerschaftsmonaten eher ab als zu. Wenn man die zellulären Veränderungen in der Schwangerschaft mit der erhöhten Hormonproduktion in Verbindung bringt, so mußte man als Produzenten der in *der Schwangerschaft im Übermaß produzierten HVH-A und B die Hauptzellen ansprechen*. Da die basophilen Vorderlappenepithelien nach ERDHEIM, KRAUS, BERBLINGER aus den Hauptzellen entstehen, könnte man folgenden Schluß ziehen: In der Schwangerschaft setzt eine sehr starke hormonale Produktionssteigerung in der Hypophyse ein, in der Schwangerschaft nehmen die Hauptzellen an Zahl zu. Da die basophilen Zellen aus den Hauptzellen hervorgehen, könnte man im Verein mit den EVANS-SIMPSONschen Versuchen die Zellgruppe Basophil-Hauptzelle als HVH-Produzenten ansehen.

Dieser Schluß ist nur berechtigt, wenn in der Schwangerschaft die erhöhte HVH-Produktion von der Hypophyse bestritten wird. Dies steht noch nicht fest, da als Mitproduzentin die Placenta in Frage kommt. Die Tatsache, daß man in der Hypophyse der schwangeren Frau mittels des Implantationsverfahrens Hormon nicht oder in nur geringer Menge findet, darf uns (Kap. 26) nicht zu der Auffassung führen, daß die Hormone in der Hypophyse nicht produziert werden. Wir können aber angesichts dieses Befundes und des Vorkommens der HVH in der Placenta vielleicht annehmen, daß in den ersten

Schwangerschaftstagen das Hormon von der Hypophyse, später von der Placenta produziert wird. Ist dies der Fall, dann haben die Schwangerschaftsveränderungen der Hypophyse mit der direkten HVH-Produktion überhaupt nichts zu tun. Für diese Auffassung sprechen auch folgende Befunde: Die starke Produktionssteigerung der Hormone tritt, wie wir gesehen haben, beim Menschen, beim Affen und beim Pferd auf, nicht aber bei der trächtigen Sau und der trächtigen Kuh. Die zellulären Hypophysenveränderungen sind aber bei der Kuh und der Sau in der Schwangerschaft im wesentlichen die gleichen wie beim Pferd und auch beim Menschen! Der Hormongehalt des Vorderlappens ist bei der trächtigen Kuh und Sau, wie meine quantitativen Untersuchungen ergeben haben (siehe S. 215), etwa der gleiche wie außerhalb der Schwangerschaft. Das gibt zu denken.

Veränderungen im Sinne der Schwangerschaftshypophyse konnten experimentell auf verschiedenartige Weise ausgelöst werden. BERBLINGER[1] beobachtete eine Zunahme der Hauptzellen nach Einspritzung von Pepton. BANIECKI[2] beschreibt eine Hypertrophie der Hauptzellen und Basophilen nach dreiwöchiger Injektion von Pferdeserum. Durch Dauerzufuhr von Folliculin konnte er bei weiblichen, nicht bei männlichen Meerschweinchen eine Schwangerschaftshypophyse experimentell erzeugen. Durch wäßrige und alkoholische Auszüge aus Kaninchenplacenta konnte BERBLINGER nicht nur eine Volumen- und Gewichtszunahme der Hypophyse, sondern auch eine Umwandlung der chromophoben Hauptzellen in Schwangerschaftszellen herbeiführen, wobei die Wirkung bei weiblichen Tieren ausgesprochener war als bei männlichen. LEHMANN[3], ein Schüler BERBLINGERS, stellte Extrakte aus nicht artgleicher Placenta nach der von mir angegebenen Verseifungs-(Folliculin-)Methode (s. S. 83) dar. Die Extrakte enthielten nicht Folliculin, hingegen konnte die Kastrationsatrophie des Uterus mit den Extrakten beeinflußt werden. (Dies ist nicht verwunderlich, da man, wie ich im Kapitel 2 gezeigt habe, das Wachstum des Uterus auch mit unspezifischen Mitteln anregen kann.) Mit diesen Extrakten konnte LEHMANN nicht nur die Kastrationsveränderungen der Hypophyse beseitigen, sondern sogar eine Veränderung im Sinne der Schwangerschaftshypophyse auslösen. Das gleiche gelang durch eine sehr reichliche und lange durchgeführte Placentaverfütterung bei kastrierten männlichen und weiblichen Ratten. Durch Novoprotin, einem kristallinischen Pflanzeneiweiß, konnte nicht derselbe Effekt ausgelöst werden, aber die Hypophysen der weiblichen kastrierten Ratten zeigten eine eindeutige Vermehrung der basophilen Zellen. Bei nichtkastrierten weiblichen Ratten waren die Hauptzellen etwas geschwollen, Veränderungen, die LEHMANN mit den Befunden von GUERRINI[4] vergleicht, der durch Zuführung endogener und exogener Gifte eine funktionelle Erregung in der Hypophyse nachweisen konnte.

Bei thyreopriven Tieren sah BERBLINGER ein der Schwangerschaft ähn-

---

[1] BERBLINGER: Verh. dtsch. path. Ges. München 1914 und Mitt. Grenzgeb. Med. u. Chir. **1921**, Nr 33.
[2] BANIECKI: Arch. Gyn. **134**, 693 (1928).
[3] LEHMANN: Virch. Arch. **268**, H. 2, 346 (1928).
[4] GUERRINI: Zbl. Path. **16** (1905).

228   Hypophysenvorderlappenzellen und Vorderlappenhormone.

liches Hypophysenbild. Entsprechende Veränderungen treten auch bei Thyreoplasie auf (ZUCKERMANN[1], SCHILDER[2], MACCALLUM u. a.).

Aus diesen Beobachtungen ergibt sich, daß man bei den verschiedensten Zuständen zelluläre Veränderungen im Hypophysenvorderlappen findet, die ein der Schwangerschaft ähnliches morphologisches Bild geben, ohne daß diese Vorgänge (parenterale Eiweißzufuhr, Schilddrüsenmangel usw.) mit der Schwangerschaft etwas zu tun hätten.

Nun zur Kastrationshypophyse. Diese ist, wie FISCHERAS[3] Untersuchungen an kastrierten Tieren gezeigt haben, *charakterisiert durch die Zunahme der eosinophilen*[4] *Zellen auf Kosten der Basophilen.*

KON, KOLDE und RÖSSLE (zitiert nach KRAUS) fanden auch bei kastrierten Frauen eine Vergrößerung der Hypophyse, Vermehrung der eosinophilen Zellen mit Heterotopie derselben und oft starker Verminderung der Basophilen. Bemerkenswert ist, daß RÖSSLE schon kurze Zeit nach der Kastration die typischen Veränderungen nachweisen konnte, während diese oft nicht vorhanden waren, wenn die Kastration schon mehrere Jahre zurücklag.

Jetzt die hormonalen Verhältnisse beim Kastraten. Ich konnte zeigen, daß bei der Frau nach der operativen und auch nach der Röntgenkastration eine Überproduktion von HVH einsetzt, wobei es im wesentlichen zu einer erhöhten Harnausscheidung von Follikelreifungshormon (HVH-A) kommt (S. 253). Daß tatsächlich eine Mehrproduktion in der Hypophyse stattfindet, geht aus den Untersuchungen von EVANS hervor, der in den Hypophysen kastrierter Tiere einen höheren Prolangehalt fand als im Vorderlappen nicht kastrierter Tiere. Für die Mehrproduktion der Hypophyse sprechen auch die Parabioseversuche (S. 258). Bei Vereinigung eines kastrierten Tieres mit einem Normaltier treten in letzterem Genitalveränderungen im Sinne der HVR I—III auf, ausgelöst durch die Überproduktion von HVH im Kastraten.

---

[1] ZUCKERMANN: Frankf. Z. Path. **14** (1913).
[2] SCHILDER: Virchows Arch. **203** (1911).
[3] FISCHERA: Arch. ital. de Biol. (Pisa) **43** (1904).
[4] Hier scheint nur die Ratte eine Ausnahme zu machen. Während ZACHERL, BIEDL und SCHLEIDT bei der Ratte eine Verminderung der eosinophilen Zellen fanden, wiesen BERBLINGER und LEHMANN eine Vermehrung derselben nach.
Die basophilen Zellen sind in der Kastrationshypophyse der Ratte im Gegensatz zu anderen Tieren vermehrt. Außerdem treten besondere, ungewöhnlich große, blasige Zellen mit Vacuolen auf, deren Kern häufig an die Wand gedrückt ist, so daß SCHLEIDT (Zbl. Physiol. **27**, 1914) diese als Siegelringform bezeichnet hat. Diese Angaben sind vielfach bestätigt worden (NUKARIYA, SCHENK, FELS).

Charakteristisch für die Vorderlappenveränderung nach Kastration bei Mensch und Tier ist die Vermehrung der eosinophilen Zellen. Wenn man einen ursächlichen Zusammenhang zwischen Zellproliferation und Hormonproduktion annehmen will, *so müßte man bei der Kastration die eosinophilen Zellen verantwortlich machen.* Bei der Schwangerschaft mußten wir die Hauptzellen, jetzt müssen wir die eosinophilen Zellen mit der erhöhten HVH-Produktion in Verbindung bringen. Wir sehen, daß auch hier ein Widerspruch vorliegt.

Interessant ist ferner folgendes: KÜHN[1] untersuchte 70 Hypophysen von Wallachen und konnte hierbei weder eine Größen- noch Gewichtszunahme feststellen, ebenso vermißt er jede Verschiebung in der histologischen Zusammensetzung des Vorderlappens. Bei Untersuchung von tierischem Kastratenharn[2] konnte ich z. B. nicht bei der Maus, häufiger aber gerade beim Wallach eine vermehrte HVH-A-Ausscheidung nachweisen. Hier also ein Widerspruch zwischen hormonaler und morphologischer Untersuchung!

Beim Carcinom, insbesondere beim Genitalcarcinom der Frau (siehe S. 260) fand ich eine erhöhte HVH-A-Ausscheidung im Harn, die in Qualität und Quantität (etwa 150 RE. pro Liter) gleich war der Überproduktion nach der Kastration. Wenn die zellulären Veränderungen des Vorderlappens in ursächlichem Zusammenhang mit der erhöhten Hormonproduktion stehen, dann müßten bei der Kastration und dem Genitalcarcinom die gleichen epithelialen Veränderungen des Vorderlappens vorhanden sein. Dies ist aber nicht der Fall. In der Kastrationshypophyse der Frau geht die Vergrößerung der Hypophyse einher mit Vermehrung der eosinophilen Zellen, Heterotopie derselben bei häufig starker Verminderung der Basophilen. Im Gegensatz dazu sehen wir im Hypophysenvorderlappen von Carcinomatösen (KARLEFORS, BERBLINGER, MUTH) Vermehrung der Hauptzellen. Also auch hier ein Widerspruch!

Es ist m. E. bisher noch garnicht bewiesen, daß die zellulären Veränderungen im Hypophysenvorderlappen bei Schwangeren, Kastraten und Carcinomatösen mit der erhöhten Hormonproduktion überhaupt im Zusammenhang stehen. Es wäre durchaus möglich, daß wir die erhöhte Funktion, d. h. die erhöhte sekretorisch-chemische Tätigkeit der Vorderlappenepithelien morphologisch an der Hypophyse gar nicht feststellen können. Ich erinnere daran, daß H. ZONDEK schwerste Fälle von Basedow beschrieben hat, bei denen die erhöhte Thyroxinproduktion zu toxischen Symptomen, sogar zum Exitus ge-

---

[1] KÜHN: Veterinär-medizinische Dissertation. Bern 1910.
[2] ZONDEK, B.: Noch nicht veröffentlicht.

führt hat, ohne daß an der Schilddrüse nennenswerte morphologische Veränderungen festgestellt werden konnten. Es besteht die Möglichkeit, daß der Hypophysenvorderlappen bei seiner zentralen Stellung und großen Bedeutung im endokrinen System auf die Veränderungen im innersekretorischen Apparat und auf Allgemeinveränderungen im Organismus mit zellulären Reaktionen und Verschiebung seiner Epithelien antwortet, ohne daß damit eine erhöhte Hormonproduktion verbunden ist. Für diese Auffassung sprechen die zellulären Hypophysenveränderungen, die man ebenso durch unspezifische Mittel (Serum, Novoprotin usw.) wie durch spezifische Hormone (Folliculin, Placenta) auslösen kann.

Ich bin mir wohl bewußt, daß man gegen diese Auffassung Bedenken haben kann. Es ist naheliegend, morphologisch in die Augen springende Veränderungen mit gleichzeitig beobachteten hormonalen Abweichungen in kausalen Zusammenhang zu bringen. Dies ist verlockend, weil wir doch bestimmte Zellen im Vorderlappen für die Hormonproduktion verantwortlich machen müssen. Ich glaube aber gezeigt zu haben, daß die bisherigen Beweise nicht genügen, daß Widersprüche bestehen, die uns in unserem Urteil zur Vorsicht mahnen sollen. Ich möchte durch diese Ausführungen nur verhüten, *daß wir voreilig, ohne exakte Beweise zu besitzen, eine zelluläre Lokalisation der im Vorderlappen gebildeten Hormone vornehmen.* Auf diesem Gebiete muß weiter gearbeitet werden.

Wechselwirkung zwischen Hypophysenvorderlappen und Ovarium.

Wir sind, wie eben auseinandergesetzt, bisher noch nicht in der Lage, bestimmte Vorderlappenzellen für die Produktion der Hormone (A und B) verantwortlich zu machen. Wir haben gesehen, welche große Bedeutung dem Hypophysenvorderlappen im endokrinen Apparat zukommt, wie er morphologisch auf die verschiedenartigsten peripheren Einflüsse im Körper reagiert, wie seine hormonale Überproduktion bei Schwangerschaft, Kastration und malignen Tumoren einsetzt.

Der Hypophysenvorderlappen ist die übergeordnete hormonale Sexualdrüse. Ohne Vorderlappen kein Folliculin, kein Lutin. Erschöpfen sich damit die Beziehungen zwischen Vorderlappen und Sexualdrüse? Hat diese (Ovarium, Hoden) ihrerseits auch einen Einfluß auf die Hypophyse? Es ist durchaus vorstellbar, daß das unter der Wirkung der HVH im folliculären Apparat produzierte Folliculin und im Corpus luteum gebildete Lutin s. Progestin, einmal entstanden, chemisch und biologisch auf die Vorderlappenhormone rückwirken können.

Bisher liegen folgende Untersuchungen vor:

1. Bei gleichzeitiger Zufuhr beider Hormone soll das Folliculin die Prolanwirkung hemmen (MAHNERT u. SIEGMUND, EHRHARDT, DAHL-

BERG)[1]. Von dieser direkten hemmenden Wirkung konnte ich mich in zahlreichen Untersuchungen[2] nicht überzeugen.

Ich injizierte infantilen Mäusen steigende Prolandosen (1—10 ME.) und gleichzeitig je 10 ME. Folliculin. Gegenüber Kontrolltieren, die nur Prolan erhalten hatten, war bei der kombinierten Prolan-Folliculinbehandlung keine Änderung eingetreten. So war z. B. an den Ovarien von Mäusen, die 2 ME. Prolan und 10 ME. Folliculin erhielten, die volle HVR I—III vorhanden. Eine Hemmung der Prolanwirkung war also keineswegs nachweisbar.

An 40 infantilen Mäusen machte ich folgende Versuche:
a) 20 Tiere erhielten 6mal 0,3 = 1,8 ccm Harn des vierten Schwangerschaftsmonats. Die HVR II und III trat in 50% der Fälle auf. (Wir wissen, daß nicht alle Tiere gleichmäßig reagieren.)
b) 20 Tiere erhielten ebenfalls 6mal 0,3 = 1,8 ccm desselben Schwangerenharns vermischt mit je 10—30 ME. Folliculin. Bei diesen Tieren trat die HVR II und III in 60% der Fälle auf. Von einer hemmenden Wirkung ist also keineswegs zu reden.

Den Schwangerenharn hatte ich mit Äther ausgeschüttelt, um das in ihm vorhandene Folliculin zu entfernen und so die Versuchsbedingungen gleichmäßiger zu gestalten.

Wenn man auch durch gleichzeitige Darreichung von Folliculin und Prolan eine Hemmung des Prolans nicht erreichen kann, so sprechen die Parabioseversuche von KALLAS[3] doch für eine hemmende Wirkung des Folliculins. Vereinigt man ein kastriertes weibliches oder männliches Tier mit einem nicht kastrierten, so treten nach wenigen Tagen am Genitalapparat des nicht kastrierten Tieres charakteristische Veränderungen am Uterus und den Ovarien im Sinne der HVR auf (S. 258). Injiziert man aber dem Kastraten Folliculin, so bleiben die Genitalveränderungen in seinem nicht kastrierten Partner aus. Da wir heute wissen, daß die Genitalveränderungen im nicht kastrierten Organismus auf die Vorderlappenhormonwirkung der beiden vereinigten Tiere, insbesondere auf die hormonale Überproduktion in der Hypophyse des Kastraten zurückzuführen ist, so muß man aus den KALLASschen Untersuchungen schließen, daß das Folliculin eine hemmende Wirkung auf die Vorderlappenhormone ausübt.

Interessant ist übrigens die von KALLAS gemachte Feststellung, daß bei Parabiose eines kastrierten Männchens mit einem nicht kastrierten Weibchen die Reaktionen an Uterus und Ovarien auftreten, auch wenn man dem Bock Folliculin injiziert. Nur die Hyperfunktion der weiblichen, nicht der männlichen Kastratenhypophyse wird also durch Folliculin gehemmt.

Auf Grund dieser Versuche wird man eine hemmende Wirkung des Folliculins auf die HVH nicht in Abrede stellen können.

---

[1] DAHLBERG: Klin. Wschr. 1930, Nr 28, 1298.
[2] Noch nicht veröffentlicht.
[3] KALLAS: Klin. Wschr. 1930, Nr 29, 1345.

232 Wechselwirkung zwischen Hypophysenvorderlappen und Ovarium.

2. Es ist (siehe S. 101) gezeigt worden, daß man durch Folliculin die ruhende Sexualfunktion des senilen Tieres nicht nur in Gang bringen, sondern auch in Gang erhalten kann. Da wir wissen, daß das Folliculin auf das Ovarium selbst nicht einwirkt, kann der Versuch nur so gedeutet werden, daß das Folliculin eine stimulierende Wirkung auf den Vorderlappen des senilen Tieres ausübt.

So zeigen die vorliegenden Untersuchungen, daß *das Folliculin auch als Treiber und Hemmer der Vorderlappenhormone wirken kann*, daß also das unter der Wirkung des Vorderlappens in der Sexualdrüse erzeugte Hormon regulatorisch auf seinen Produzenten einwirken kann. *Der Motor der Sexualfunktion kann demnach durch den selbst produzierten Stoff reguliert werden.*

Um das Bild der gegenseitigen funktionellen Beziehungen zu vervollständigen, muß erwähnt werden, daß ich durch Zuführung von Prolan B den normalen sexuellen Zyklus unterbrechen konnte. Diese hemmende Wirkung auf den Oestrus kann auf zweierlei Art hervorgerufen werden.

a) Durch dauernde Zufuhr von Prolan B wird das Ovar allmählich in einen Luteinkörper umgewandelt (S. 179). Dadurch kann es überhaupt nicht mehr zur Follikelreifung kommen. Sämtliche Follikelzellen des Ovariums sind zu Luteinzellen geworden, wodurch die Produktion des Folliculins nicht mehr möglich ist. Man kann hier nicht von einer direkten hemmenden hormonalen Wirkung sprechen, sondern mehr von einer Verdrängung, weil das HVH-B dem Follikel die Möglichkeit seiner Folliculinproduktion allmählich nimmt. Da diese unter der Wirkung von HVH-A zustande kommt, müssen wir schließen, daß bei chronischer Zuführung das Prolan B stärker wirkt als Prolan A, daß im Kampf zwischen A und B letzteres die Oberhand behält.

b) Durch Zuführung größerer Prolan B-Dosen konnte ich den vorher normalen Brunstzyklus sofort abbrechen (S. 174). Dabei finden wir in den Ovarien noch große Follikel, da nach so kurzer Zeit der Prolanzuführung (z. B. eine Woche) nur ein Teil der Follikel in Luteinkörper umgewandelt ist.

In diesen Versuchen muß ich eine hemmende Wirkung des Luteinisierungshormons (B) auf die Folliculinbildung annehmen, die folgendermaßen zustande kommen kann:

α) Das Luteinisierungshormon (HVH-B) kann vielleicht direkt das Follikelreifungshormon (HVH-A) hemmen, so daß dadurch sekundär die Entstehung des Folliculins unterbunden wird (bisher noch nicht sicher bewiesen).

β) Durch die erhöhte HVH-B-Zufuhr wird in erhöhtem Maße das Corpus luteum-Hormon produziert, das seinerseits eine hemmende Wirkung auf die Follikelreifung und den Oestrus ausüben soll (Kap. 14). Damit würde das HVH-B sich des ihm unterstellten gelben Körpers bedienen, um mittels dessen hormonaler Kraft das Folliculin in seinem Entstehen zu hemmen.

Wenn wir die hier skizzierten Beziehungen zwischen Hypophysenvorderlappen und Sexualdrüse zusammenfassen, so ergibt sich folgendes:

1. Das Follikelreifungshormon ist das übergeordnete Sexualhormon für Folliculin. Ohne HVH-A kein Folliculin.

2. Das Luteinisierungshormon ist das übergeordnete Sexualhormon für das oder die Gelbkörperhormone (Lutine). Ohne HVH-B kein Lutin.

3. Nach seiner Entstehung ist das Folliculin imstande, das Follikelreifungshormon (HVH-A) zu fördern und zu hemmen.

4. Das Gelbkörperhormon kann das Folliculin hemmen.

5. HVH-B kann die Folliculinbildung und damit den Brunstrhythmus verhindern. Dies kann auf dem Wege über den gelben Körper geschehen, vielleicht kann HVH-B aber direkt HVH-B hemmen.

Diese gegenseitigen Beziehungen sind in Abb. 97 dargestellt

Vielleicht sind die gezogenen Schlüsse schon zu weitgehend, da das Beweismaterial in allen Punkten noch nicht exakt genug durchgearbeitet ist. Hier sind weitere Untersuchungen erwünscht. Bei der gegenseitigen Abhängigkeit der endokrinen Drüsen, bei der feinen Abstimmung der von den Drüsen gelieferten chemischen Produkte, dürfen wir uns nicht wundern, daß die gegenseitigen Beziehungen sehr verschiedenartig und innig sind.

Die Versuche ändern aber nichts an der Tatsache, daß der Hypophysenvorderlappen einen überragenden Einfluß im Sexualgeschehen ausübt, daß die Vorderlappenhormone die übergeordneten Sexualhormone sind. *Der*

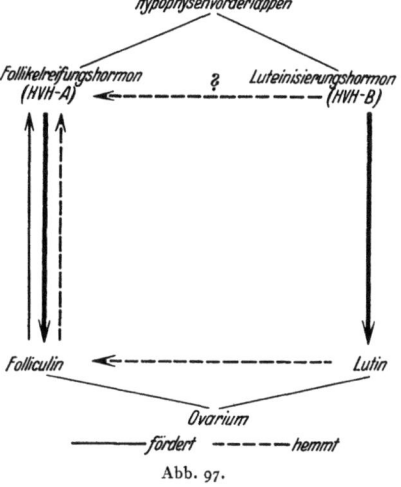

Abb. 97.

Vorderlappen dirigiert das Ovarium, nicht umgekehrt. Das geht aus folgenden fundamentalen Untersuchungen hervor: *Entfernt man den Hypophysenvorderlappen, so hört das funktionelle Leben der Sexualdrüse auf. Entfernt man aber die Sexualdrüse, so lebt der Hypophysenvorderlappen funktionell weiter, ja er produziert sogar noch mehr Hormon* (s. Kap. 31).

Würde die Sexualdrüse den bestimmenden Einfluß im Sexualgeschehen ausüben, dann müßte man verlangen, daß mit der Kastration die hormonale Funktion des Hypophysenvorderlappens aufhört. Das Gegenteil aber ist der Fall.

In diesem Zusammenhange sei darauf hingewiesen, daß HEAPE[1] schon 1905, später SAND[2], HAMMOND u. MARSHALL[3] sowie LIPSCHÜTZ[4] zu der Ansicht kamen, daß die Sexualdrüsen für ihre Entwicklung konstanter, im Blut kreisender Stoffe bedürfen, die den Eintritt der Pubertät bedingen sowie die gesamte spätere sexuelle Aktivität regeln. HEAPE spricht von einem „generative ferment", das die Bildung des Sexualhormons (Gonadin) veranlasse, LIPSCHÜTZ nennt den hypothetischen Stoff „X-Substanz". Diese hypothetischen Stoffe sind jetzt gefunden; denn es kann keinem Zweifel unterliegen, daß es sich hierbei um die Wirkung der im Hypophysenvorderlappen gebildeten Hormone handelt.

Das „generative ferment", die „X-Substanz" sind die Hormone des Hypophysenvorderlappens.

29. Kapitel.
Klinische Hormonanalyse zum Nachweis von Folliculin und HVH im Blut und Harn.

Wir haben gesehen, daß das weibliche Sexualhormon und die Hypophysenvorderlappenhormone gerade im menschlichen Organismus eine besondere Rolle spielen, daß in der menschlichen Schwangerschaft im Gegensatz zu den meisten Tieren eine Massenproduktion von Folliculin und HVH einsetzt, so daß beide Stoffe in reichlicher Menge im Blut und Harn nachweisbar sind. Wir werden später sehen (Kapitel 30 u. 31), daß beide Hormone auch außerhalb der Schwangerschaft bei funktionellen Störungen der Frau oder bei besonderen Erkrankungen in vermehrtem Maße in Blut und Harn auftreten, und daß der Nachweis der Hormonvermehrung sowohl diagnostisch wie prognostisch verwertbar ist. Bevor ich diese Befunde mitteile, möchte ich zunächst die von mir angewandte klinische Hormonanalyse im Blut und Harn beschreiben:

---

[1] HEAPE: Proc. roy. Soc. Lond. **76**, 260 (1905).
[2] SAND, K.: Pflügers Arch. **173**, 1 (1919).
[3] HAMMOND u. MARSHALL: Proc. XI. Internat. Congr. **1923**, 137.
[4] LIPSCHÜTZ: C. r. Soc. Biol. Paris **93**, 1066 (1925). — Pflügers Arch. **211**, 745 (1926); **208**, 272 (1925).

1. Nachweis von Folliculin.
a) Im Blut.
α) Direkte Injektion von Serum bzw. Citratblut.

Wenn im Liter Blut mehr als 150 Einheiten Folliculin vorhanden sind, kann man das Hormon dadurch nachweisen, daß man *das Serum kastrierten Mäusen* injiziert. 1 Liter Blut gibt etwa 450 ccm Serum, 3 ccm Serum enthalten dann — falls pro Liter Gesamtblut 150 E. vorhanden sind — 1 Einheit Folliculin. Man injiziert das Serum in sechs Portionen im Verlauf von 31 Stunden.

Beginnt der Versuch am Montag, so erhalten die Tiere am Montag um 9 Uhr, 12 Uhr und 16 Uhr, am Dienstag zu den gleichen Zeiten je 0,5 ccm Serum. Sind größere Hormonmengen enthalten, d. h. mehr als 150 Einheiten pro Liter, so injiziert man zur quantitativen Analyse steigende Dosen Serum von 6 mal 0,05 bis 6 mal 0,5 cm.

Diese Folliculindosen (150 Einheiten und mehr pro Liter) kommen nur in der Schwangerschaft und bei besonderen polyhormonalen Störungen vor (Kapitel 30). Normaliter enthält das Blut der Frau nach R. T. FRANK[1] in 35 ccm Blut = 14 ccm Serum 1 Einheit. Diese Mengen sind durch direkte Injektion von Serum bzw. Citratblut nicht nachweisbar. Hierzu muß man sich des Extraktionsverfahrens bedienen.

β) Extraktion und Verseifung.

Zur Extraktion des Folliculins aus dem Blut bediene ich mich der für den Follikelsaft (siehe S. 83) angegebenen Verseifungsmethode (B. ZONDEK u. BRAHN)[2], die ich für das Blut[3] modifiziert habe.

Beispiel: In einen Kolben mit 300 ccm absoluten Alkohols werden 100 ccm Armvenenblut direkt hineingelassen. Hierbei tritt sofort eine weißliche Fällung des Bluteiweißes auf. Die Lösung wird 24 Stunden im Wärmeschrank bei 60° stehen gelassen und filtriert. Das Filtrat wird fast bis zur Trockne eingeengt, und der Rückstand in 100 ccm absoluten Alkohols aufgenommen, d. h. nur der alkohollösliche Teil verwandt. Der im Filter bleibende Bodensatz (Bluteiweiß) wird mit 200—300 ccm Äther versetzt und 24 Stunden stehen gelassen. Der Äther wird abgedampft, der rückbleibende Rest in die obenerwähnten 100 ccm absoluten Alkohol aufgenommen, der Alkohol von den unlöslichen Teilen abfiltriert. Jetzt werden zum Alkohol 20 ccm 20%iger Natronlauge zugesetzt und die Lösung 24 Stunden im Wärmeschrank bei 60° verseift. Nach Zusatz von 70 ccm Wasser wird der Alkohol langsam abgedampft, so daß zum Schluß etwa 50 ccm wäßrige Seifenlösung zurückbleiben. Nach dem Abkühlen wird die Seifenlösung zweimal mit je 250 ccm Äther 5—10 Minuten tüchtig geschüttelt, wobei das Hormon in den Äther übergeht. Der Äther wird abgedampft unter

---
[1] FRANK, R. T.: J. amer. med. Assoc. **1926**, Nr 87, 1719.
[2] ZONDEK, B.: Klin. Wschr. **1926**, Nr 27, 1220.
[3] Noch nicht veröffentlicht.

Hinzufügung von 10 ccm n/20 Essigsäure. Das Hormon geht in die dünne Essigsäurelösung über, die nach Neutralisation mit Alkali gebrauchsfertig ist. Zum Schluß ist in den 10 ccm das Hormon aus 100 ccm Blut vorhanden. Man kann natürlich auch noch eine stärkere Hormonkonzentration herstellen, z. B. von 200 ccm Blut ausgehend, das Hormon zum Schluß in 10 ccm dünner Essigsäure aufnehmen und damit eine 20fache Konzentration erzielen. Natürlich muß die zur Verseifung notwendige Natronlauge entsprechend erhöht werden. Die wäßrige Hormonlösung wird dann, wie oben beschrieben, auf sechs Portionen verteilt kastrierten Mäusen injiziert.

b) Im Harn (Folliculin).

Man kann kastrierten Mäusen auf sechs Portionen verteilt je 1 ccm, im ganzen also 6 ccm Harn injizieren. Sind im Liter Harn mindestens 166 Einheiten Folliculin vorhanden, so kann man das Hormon durch direkte Harneinspritzung nachweisen, da in 6 ccm dann 1 Einheit vorhanden ist. Tritt z. B. nach Injektion von 6mal 0,02 das Schollenstadium auf, so enthält 1,2 ccm 1 Einheit, im Liter sind dann 833 Einheiten vorhanden.

Die direkte Harneinspritzung genügt zur Feststellung des Folliculingehaltes im Schwangerenharn, da die Werte hier zwischen 300 und 20000 Einheiten liegen. Auch zur Diagnose der polyhormonalen Störungen (Kap. 30) kann man sich der direkten Harneinspritzung bedienen, weil wir hier gewöhnlich in 6 ccm Harn 1 Einheit Folliculin finden.

Sind in 6 ccm weniger als 1 Einheit, im Liter also weniger als 166 Einheiten vorhanden, so muß man sich der Extraktionsmethode bedienen, wobei ich meine für den Harn modifizierte *Verseifungsmethode*[1] anwende.

Beispiel: 1 Liter Harn wird, falls er alkalisch reagiert, mit Essigsäure bis zur schwach lackmussauren Reaktion angesäuert. Man kann den Harn, um Extraktionsmittel zu sparen, durch Kochen auf die Hälfte seines Volumens einengen. Der Harn wird zwei- bis dreimal mit dem vierfachen Volumen Äther tüchtig geschüttelt und am besten anschließend extrahiert, wobei das Hormon in den Äther übergeht. Der Äther wird abgedampft, wobei in der Schale eine weißlich-gelbliche, am Boden anhaftende Masse zurückbleibt. Diese wird mit 50 ccm 2%iger Natronlauge NaOH behandelt. Die Verseifung dauert 24 Stunden bei einer Temperatur von 60° (Lösung muß auf Lackmus stark alkalisch reagieren). Diese wäßrige Seifenlösung wird nach dem Abkühlen mit großen Äthermengen ausgeschüttelt, wobei das Hormon in den Äther übergeht. Der Äther wird abgedampft, der Rückstand in n/10 Essigsäure (die Menge richtet sich nach der gewünschten Hormonkonzentration) aufgenommen und neutralisiert. Die Lösung ist häufig noch etwas trübe, braucht aber nicht weiter gereinigt zu werden, da dadurch Hormonverlust eintreten kann. Die nicht ganz reine Lösung kann ohne weiteres kastrierten Mäusen injiziert werden.

---

[1] ZONDEK, B.: Klin. Wschr. 1928, Nr 11, 485.

2. Nachweis von HVH.

a) Im Blut.

Der Nachweis der Vorderlappenhormone geschieht an der infantilen, 3 Wochen alten, 6—8 g schweren Maus bzw. an der 4 Wochen alten, 30 g schweren Ratte.

Das Follikelreifungshormon (HVH-A) läßt sich besser an der infantilen Ratte, das Luteinisierungshormon (HVH-B) besser an der infantilen Maus nachweisen (s. Kap. 18). Beim Vorhandensein großer HVH-Mengen (Schwangerschaft, Blasenmole, Chorionepitheliom) bedient man sich der direkten Injektion von reinem bzw. mit physiologischer NaCl-Lösung verdünntem Serum oder von Citratblut[1].

Man kann Tieren nur bestimmte Serummengen injizi ren, da sie sonst unter Vergiftungserscheinungen sterben. Ich konnte *diese Serummengen ganz erheblich erhöhen, nachdem ich festgestellt hatte*[2]*, daß man Serum — das gleiche gilt für Harn und Gewebe — durch Ausschütteln mit Äther entgiften kann. Hierbei geht der Giftstoff und das Folliculin, nicht aber die Vorderlappenhormone in den Harn über.*

Beispiel: Das Serum wird mit der drei- bis vierfachen Menge Narkoseäther 5—10 Minuten tüchtig geschüttelt. Man muß das Serum mehrere Stunden am offenen Fenster stehen lassen, damit der Äther verdampft. Das Serum ändert dabei, meist erst nach 24 Stunden, seine Farbe und bekommt einen leicht milchigen Charakter, was für die Versuche ohne Bedeutung ist. Es ist zweckmäßig, die Versuche erst 24 Stunden nach der Ätherbehandlung zu beginnen.

Erzielt man in dem mit Äther behandelten Serum bei der infantilen Ratte die Brunstreaktion, so kann daraus das Vorhandensein von HVH-A diagnostiziert werden, da das Folliculin durch den Äther entfernt ist. Da es vorkommen kann, daß die Ätherbehandlung das Folliculin nicht völlig aus dem Serum entfernt, ist zum Nachweis des Folliculins eine Kontrolluntersuchung des Serums an der kastrierten erwachsenen Maus bzw. an der kastrierten infantilen Ratte erforderlich. Man kann das entgiftete Serum in großen Mengen injizieren. So verträgt z. B. die 30 g schwere Ratte $6 \times 2 = 12$ ccm Serum. Da 12 ccm Serum ungefähr 30 ccm Blut entsprechen, so kann man durch die Injektion des entgifteten Serums in 30 ccm Blut 1 Einheit HVH-A, in einem Liter Blut also 33 RE. HVH-A nachweisen.

Die infantile Maus verträgt das entgiftete Serum auch nur in Mengen von 3 ccm, da das kleine, 6—8 g schwere Tier durch größere Flüssigkeitsmengen (auch durch Aqua dest.) getötet wird.

---

[1] Zu je 18 ccm Venenblut werden 2 ccm 5%iges Natrium citricum hinzugefügt und das Blut geschüttelt.

[2] ZONDEK, B.: Klin. Wschr. **1930**, Nr 21, 964/966.

Bei den Serumuntersuchungen muß allerdings noch der Einwand gemacht werden, daß möglicherweise nicht das ganze im Blut vorhandene Hormon ins Serum übergeht, sondern vielleicht bei der Gerinnung im Blutkuchen zum Teil festgehalten wird. Deshalb bin ich in der letzten Zeit dazu übergegangen, das Gesamtblut als Citratblut zu verwenden, nachdem dieses durch Schütteln mit Äther entgiftet ist.

Die infantile 30 g schwere Ratte verträgt $6 \times 1 = 6$ ccm entgiftetes Citratblut, so daß der Nachweis von 166 E. pro Liter möglich ist.

b) Im Harn (HVH).

α) **Direkte Harnuntersuchung.** Der Harn wird, falls er nicht sauer reagiert, mit Essigsäure bis zur schwach lackmussauren Reaktion angesäuert, durch ein großes Filter filtriert und direkt infantilen Mäusen bzw. Ratten injiziert. Hierbei habe ich mich ebenfalls mit gutem Erfolg der Äther-Entgiftungsmethode bedient. Der Harn wird mit dem drei- bis vierfachen Volumen Narkoseäther 5 Minuten tüchtig geschüttelt, sodann der im Schütteltrichter untenstehende Harn abgelassen. Man muß den Harn mehrere Stunden am offenen Fenster stehen lassen, damit der Äther verdampft. Der Harn darf allerdings noch etwas nach Äther riechen. Will man schnell vorgehen, so kann man den Harn auf einem Wasserbad vorsichtig bis 40^0 (nicht höher!) erwärmen. Zweckmäßiger ist es allerdings, den Äther am offenen Fenster verdampfen zu lassen. Der entgiftete Harn wird von infantilen Mäusen bis zu $6 \times 0,5 = 3$ ccm, von der infantilen Ratte bis $6 \times 2 = 12$ ccm gut vertragen. Genügen diese Harnmengen bei Maus und Ratte nicht zum Nachweis der HVH, d. h. ist in diesen Mengen weniger als eine Einheit vorhanden, so muß man sich unserer Fällungsmethode bedienen. In Kapitel 19 wurde gezeigt, daß das HVH-A und B durch Alkohol fällbar ist. Behandeln wir den Harn mit Alkohol, so können wir in der Fällung A und B[1] zugleich nachweisen.

β) **HVH-Fällung**[1] **aus dem Harn.** Beispiel: 200 ccm Harn werden, falls er nicht sauer reagiert, mit Essigsäure bis zur schwach lackmussauren Reaktion angesäuert. Nach Hinzufügung von 800 ccm 96%igen Alkohols bildet sich bald ein kleinflockiger, weißlich-gelblicher Niederschlag. Die Lösung wird mehrere Minuten geschüttelt und dann 24 Stunden stehengelassen. Jetzt wird die Lösung zentrifugiert, wobei das Hormon sich in dem Bodensatz befindet. Dieser wird mit 30 ccm Narkoseäther 2—3 Minuten geschüttelt und die Lösung wieder zentrifugiert. Der Äther wird weggegossen. Nunmehr wird der das Hormon enthaltende Bodensatz in Wasser aufgenommen (entsprechend der gewünschten Hormonkonzentration) und 5 Minuten geschüttelt. Das Hormon geht jetzt in das Wasser über. Die Lösung wird zentrifugiert, die wäßrige Hormonlösung ist gebrauchsfertig. Der Bodensatz wird verworfen. Beim Stehen bildet sich häufig noch eine Nachfällung, die für die Injektion verwendet wird, da es beim Tierversuch nicht darauf ankommt, mit einer besonders gereinigten Hormonlösung zu arbeiten.

Mit dieser Methode können wir jede gewünschte HVH-Konzentration aus dem Harn erzielen.

Zum Nachweis des Follikelreifungshormon (HVH-A) bei Kastration und Tumoren (Kapitel 31) bediente ich mich einer fünffachen Hormon-

---

[1] ZONDEK, B.: Zentralbl. f. Gyn. **1929**, Nr 14, 835; Klin. Wschr. **1930**, Nr 26, 1207—09.

konzentration. Das HVH wird aus 60 ccm Frühurin mittels 300 ccm 96%igem Alkohol gefällt und schließlich in 12 ccm Wasser aufgenommen. Die Untersuchungen werden an fünf infantilen Mäusen ausgeführt, wobei jedes Tier 6 × 0,3 ccm erhält. Bei positivem Ergebnis finden wir am Abend des 4. Versuchstages oder am 5. Versuchstag früh das reine Schollenstadium (Brunstreaktion). Die Tiere werden am 5. Versuchstag vormittags getötet. Wir finden jetzt große, glasige, mit Sekret gefüllte Uterushörner und hyperämische Ovarien, mit bläschenförmigen, großen Follikeln (HVH-A).

Ist im Ovar auch ein Corpus luteum (HVR III) nachweisbar, so beweist dies das gleichzeitige Vorhandensein von Luteinisierungshormon (HVH-B) im untersuchten Harn.

30. Kapitel.
Polyhormonale Krankheitsbilder.

Die Hormonanalysen im Blut und Harn haben mir gezeigt, daß bei funktionellen Störungen der Frau starke Hormonschwankungen bzw. Überproduktion von Hormon vorkommen kann. Hierbei gewann ich die Überzeugung, daß diese hormonalen Veränderungen nicht die Folge, sondern die Ursache funktioneller Störungen sein können. Dies führte mich zu einer besonderen Auffassung des Krankheitsgeschehens, wobei die funktionelle Betrachtung gynäkologischer Erkrankungen bewußt in den Mittelpunkt gestellt wurde. Ich glaube, daß es nicht nur reizvoll, sondern für die Klinik ersprießlich ist, unsere anatomischen Kenntnisse nach diesen fuktionell-hormonalen Gesichtspunkten zu überprüfen, wodurch wir nicht nur die morphologische Betrachtung vertiefen, sondern auch die klinische Erkenntnis erweitern können. Die bekannten Arbeiten von HITSCHMANN u. ADLER, ROBERT MEYER, SCHRÖDER, SEITZ, L. FRAENKEL, BUCURA u. a. haben die morphologischen Vorgänge im Uterus und in den Ovarien aufs genaueste geklärt und aus den anatomischen Tatsachen wichtige funktionelle Beziehungen zwischen Eierstock und Uterus hergeleitet. Beeindruckt durch die hervorragenden Ergebnisse dieser Forschung sind wir in der anatomische Analyse der Krankheitsbilder vielleicht schon etwas zu weit gegangen. Es will mir scheinen, daß wir, um den bisher festgelegten anatomischen Befunden gerecht zu werden, manchen Krankheitsbefund zwangsweise erklären.

Der Uterus verfügt über zwei Ausdrucksformen. Er spielt — wenn ich so sagen darf — im Drama des sexuellen Geschehens zwei verschiedene Rollen: 1. die Amenorrhöe und 2. die Blutung. Man könnte primär geneigt sein, in diesen beiden Ausdrucksformen etwas prinzipiell Gegensätzliches zu erblicken, und doch werden wir sehen, daß sowohl die

Amenorrhöe wie die Blutung durch denselben funktionellen Vorgang ausgelöst werden können. Wir beobachten, wie eine Amenorrhöe in eine Blutung übergehen kann, wie also der Uterus sich dieser beiden funktionellen Ausdrucksformen hintereinander bedient.

Bei den hormonalen Störungen hat man in der Gynäkologie bisher nur die mangelhafte bzw. fehlende Hormonwirkung berücksichtigt, die sich klinisch in der Oligo- bzw. Amenorrhöe äußert. Bei Harnuntersuchungen war uns aufgefallen, daß sich bei einigen amenorrhoischen Frauen nicht die erwartete Verminderung, sondern eine Vermehrung von Folliculin nachweisen ließ, daß also Frauen trotz Amenorrhöe das weibliche Sexualhormon in erhöhten Mengen ausschieden. Dies führte uns zu dem Begriff der „polyhormonalen Amenorrhöe". Bei der weiteren Beschäftigung mit diesen klinischen Fragen fand ich[1], daß nicht nur die Amenorrhöe, sondern auch das funktionell Gegensätzliche, die Blutung, durch eine Überproduktion von Folliculin bedingt sein kann, daß ferner auch im Klimakterium eine polyhormonale[2] Phase beobachtet werden kann.

1. Polyhormonale Amenorrhöe.

Als Beispiel der polyhormonalen Amenorrhöe möchte ich einen genau beobachteten Fall mitteilen, der schon vor der Operation diagnostisch als besondere funktionelle Störung erkannt wurde.

Frau Z., 29 Jahre alt, bisher regelmäßig menstruiert, seit dem 13. XI. 1927 amenorrhoisch. Klinische Aufnahme Anfang Februar 1928 (Charité-Frauenklinik).

Befund: Scheidenschleimhaut deutlich livide, aufgelockert, Uterus anteflektiert, vergrößert, Corpus weich. Rechts vom Uterus ein mandarinengroßer, cystischer Ovarialtumor. Brüste turgesciert, MONTGOMERYsche Drüsen hervorstehend, kein Colostrum.

Blutdruck: 110/80 mm Hg.

Senkungsgeschwindigkeit = 5 Stunden.

Differentialdiagnostisch kam eine stehende Extrauteringravidität in Frage. Mit Sicherheit konnte aber die Diagnose „polyhormonale Amenorrhöe" gestellt werden, weil die Schwangerschaftsreaktion im Harn negativ war. Hingegen war im Urin Folliculin nachweisbar und zwar in 4 ccm Frühurin 1 Einheit Folliculin.

Am 17. II. 1928 trat um 8 1/2 Uhr spontan eine Uterusblutung auf, wobei sich der cystische Tumor rechts neben dem Uterus vergrößert hatte. Die Patientin wird 3 Stunden nach Beginn der Blutung wegen des cystischen Ovarialtumors von mir operiert. *Der Uterus ist vergrößert, livide, kurz das Bild einer jungen Gravidität.* Das linke Ovarium zeigt keinerlei Besonder-

---

[1] ZONDEK, B.: Zbl. Gynäk. **1930**, Nr 1, 1.

[2] Der Frühurin wird kastrierten Mäusen injiziert (6 × 0,5—6 × 1,0 ccm). Können wir durch 6 ccm die Brunstreaktion (Schollenstadium) auslösen, sind also pro Liter Harn 166 ME. Folliculin vorhanden, so beweist dies eine polyhormonale Störung (s. Methodik, S. 236).

heiten, keine großen Follikel, kein Corpus luteum. Das rechte Ovarium zeigt Ovarialgewebe ohne Corpus luteum. Auf dem Ovarium aufsitzend ein fast hühnereigroßer cystischer Tumor. Durch Punktion werden aus dem Tumor 60 ccm klarer, seröser Flüssigkeit entleert, die eine schwache RIVALTAsche Reaktion gibt. Das cystische Tumor wird durch Resektion entfernt, der Ovarialrest vernäht. Gleichzeitig werden 100 ccm Venenblut aus der Cubitalvene entnommen.

Die Untersuchungen ergeben folgendes:

1. Aus dem Harn, der vom 15.—17. II., also 2 Tage vor Einsetzen der Blutung gesammelt wurde, wird nach der S. 236 angegebenen Verseifungsmethode das Folliculin dargestellt. Die Ausbeute beträgt 250 Einheiten pro Liter Harn.

2. Analyse des Blutes und Harns am Tage der Operation (17. II. 1928) ergeben, daß der Hormongehalt des Harnes fünfmal so groß ist wie der des Blutes.

3. Die Cystenflüssigkeit erweist sich als folliculinhaltig, und zwar sind in 1 ccm 3 Mäuseeinheiten vorhanden, d. h. dieselbe Menge wie beim sprungreifen Follikel.

4. Die Implantation der Cystenwand bei kastrierten und infantilen Tieren führt zum Tode[1] aller Tiere, so daß über den Hormongehalt der Cystenwand nichts ausgesagt werden kann.

5. Die Untersuchung der Uterusschleimhaut (Curettage vor der Operation) ergibt: Reichliche Schleimhautmengen. Die Stromazellen sind vergrößert und erinnern an Deciduazellen. Die Gefäße sind reichlich entwickelt, im Knäuel zusammenstehend. Ein Teil der Drüsen zeigt sekretorisches Stadium, jedoch nicht maximal entwickelt. Andere Drüsen wieder erscheinen stark zerknittert und erinnern an Drüsen der dysmenorrhoischen Membran. Blutextravasate im Stroma, desgleichen Leukocyten und kleine Rundzellen. Diagnose: Schleimhaut im Beginn der Menstruation bei noch nicht voll entwickelter prägravider Phase. (ASCHHEIM.)

6. Cyste: Cystenwand enthält Theca- und Granulosazellen.

7. Harnuntersuchung 8 Tage nach der Operation: Urin ist frei von Folliculin (bei direkter Harninjektion), geprüft an der kastrierten Maus.

8. Nachuntersuchung nach 4 Monaten ergibt normalen ovariellen Rhythmus, Harn frei von Folliculin (bei direkter Harninjektion).

Wir finden eine stark erhöhte Ausscheidung des Folliculins im Harn. Die Inspektion der Ovarien hat ergeben, daß rechts ein cystischer Tumor von Hühnereigröße vorhanden ist, der 60 ccm (physiologisch 3 ccm) hormonhaltigen Follikelsaft enthält. Die Folliculinmenge ist also gegenüber der Norm im Ovarium um das 20fache gesteigert. Aus diesem Follikel erfolgt die übermäßige Hormonproduktion, die nicht voll verwertet und infolgedessen im Harn ausgeschieden wird. Ein Corpus luteum ist in beiden Ovarien nicht vorhanden. Der Uterus sieht wie bei einer jungen Gravidität aus, er ist turgesciert, livide verfärbt, hyperämisch. Eine Gravidität liegt nicht vor, wie die Untersuchung der Uterusschleimhaut mit Sicherheit ergibt. Die Schwangerschafts-

---

[1] Damals bediente ich mich noch nicht der Entgiftungsmethode durch Äther (s. S. 312).

reaktion im Harn war negativ. Bemerkenswert ist der Befund der Uterusschleimhaut. Man findet ein Gemisch von gestreckten und geschlängelten, zum Teil auch sägeförmigen Drüsen. In einigen Drüsen deutliche Sekretion, in anderen wieder nicht, Glykogen nur in geringer Menge vorhanden. Blutextravasate im Stroma, die zum Teil an Deciduazellen erinnern. Die Schleimhaut befindet sich gewissermaßen im Beginn der Menstruation, ohne daß eine vollentwickelte prägravide Phase vorhanden ist.

Die Überproduktion des Folliculins kann also gewisse Graviditätserscheinungen hervorrufen, d. h. die bekannten Veränderungen an der Scheide, dem Uterus und den Brustdrüsen. Schon vor vielen Jahren hat HALBAN in ausgezeichneter Weise diese Verhältnisse erkannt, indem er auf eine besondere Form der Amenorrhöe hinwies, die mit dem Bild der Gravidität zu verwechseln ist. Hierbei ist das Ausbleiben der Menses durch eine Corpus-luteum-Cyste bedingt, so daß der weiche Tumor neben dem Uterus, die Amenorrhöe, die Auflockerung des Uterus usw. an eine Extrauteringravidität denken lassen. G. A. WAGNER konnte zeigen, daß bei einem durch eine Granulosaluteincyste bedingten Fall der gesamte Schwangerschaftsaufbau mit prägravider Umwandlung der Uterusschleimhaut vor sich ging, ohne daß eine Gravidität vorhanden war. Aus der FRAENKELschen Klinik hat PISCHCEK eine durch Luteincytse bedingte Amenorrhöe beschrieben, bei der die Uterusschleimhaut allerdings einen atypischen und hyperplastischen Aufbau zeigt. Durch Prolan B konnte ich (s. S. 157) experimentell durch Anregung der Ovarien sowohl im Uterus, wie besonders schön an der Scheide einen histologischen Schleimhautaufbau auslösen, den wir sonst nur in der Gravidität vorfinden.

Aus diesen Beobachtungen sehen wir, daß die Amenorrhöe sowohl durch Persistenz des Follikels wie des Corpus luteums bedingt sein kann, wir sehen — und das scheint mir wichtig — daß das Uterusschleimhautbild hierbei verschieden sein kann: hyperplastisch, beginnende Sekretion, echtes prägravides Stadium.

Wie soll man sich diese Unterschiede erklären? Das Folliculin ist nur imstande, den Aufbau der Uterusschleimhaut bis zum Beginn der prägraviden Phase auszulösen, die sekretorische Phase wird durch das Corpus luteum-Hormon (Lutin, s Progestin) herbeigeführt. Wird lediglich Folliculin im Übermaß produziert, so bleibt die Schleimhaut im Beginn der Sekretion stehen, wobei der Dauerreiz des Folliculins eine Verdickung der Uterusschleimhaut hervorrufen kann. Der physiologische Aufbau der Uterusschleimhaut bis zur Höhe der prägraviden Phase hängt von der physiologischen, d. h. der in der Proportion richtigen Produktion und Wirkung des Folliculins und Lutins s. Progestins ab. Ich kann mir denken, daß bei mangelhafter Produktion des

Lutins der prägravide Aufbau vor seiner Vollendung stehen bleibt, d. h. daß Drüsenumformung, Schleimsekretion und Glykogenbildung sich nicht regelrecht ausbilden können. Und ich zweifle nicht, daß es bei Persistenz des Corpus luteum beim Menschen zu einer Mehrbildung des Lutins s. Progestins kommen kann, und daß diese polyhormonale Störung ihre Ausdrucksform im morphologischen Bild der Uterusschleimhaut, d. h. in Überstürzung des prägraviden Aufbaues findet. *Zum regelrechten Aufbau der Uterusschleimhaut, d. h. zur Vorbereitung für die Nidation des befruchteten Eies, ist die physiologische — qualitativ und quantitativ aufeinander abgestimmte — Produktion des HVH-A und B nötig und die unter dieser Leitung vor sich gehende Produktion und Ausschüttung von Folliculin und Lutin s. Progestin.*

2. Polyhormonale Blutung.

Ich habe vorhin gesagt: Amenorrhöe und Blutung sind die beiden Rollen, die der Uterus spielt, sind seine beiden funktionellen Ausdrucksformen. Es ist zweifellos, daß eine polyhormonale Amenorrhöe in eine Dauerblutung übergehen kann, d. h. daß Amenorrhöe und Blutung genetisch gleichartig sein können. Ich habe mich gefreut, daß R. SCHRÖDER, ein so guter Kenner dieses Gebietes, das polyhormonale Krankheitsbild in unserem Sinne anerkannt hat, und daß er in der Metropathia haemorrhagica eine polyhormonale Störung sieht. Wiederholt beobachtete ich Fälle, bei denen ich im Ovarium einen persistenten Follikel fand, der in Größe und Hormongehalt um das 3—5fache gegenüber der Norm gesteigert war, bei dem ich im Frühurin die erhöhte Folliculinausscheidung im Sinne der polyhormonalen Störung feststellen konnte. Nach operativer Entfernung des Follikels stand die Blutung prompt, der ovarielle Zyklus wurde normal. In neun weiteren Fällen habe ich den vergrößerten palpablen Follikel im Chloräthylrausch bimanuell zerdrückt, nachdem die Diagnose der polyhormonalen Störung durch Harnuntersuchung gesichert war. Die wochenlangen bestehenden Blutungen, die mit allen der Klinik zur Verfügung stehenden Mitteln bisher erfolglos bekämpft waren, hörten sofort auf. Worauf der Erfolg beim Zerdrücken des persistenten Follikels zurückzuführen ist, kann ich nicht mit Sicherheit angeben. Ich vermute, daß durch das Zerquetschen des Follikels der Reiz der weiteren Hormonproduktion aufhört. Manchmal hat die Punktion des Follikels und Absaugen der Flüssigkeit vom Douglasschen Raum aus genügt. Die klinischen Beobachtungen sind jedenfalls so eindeutig und frappant, daß mir diese Mitteilung wertvoll erscheint. Wir sehen daraus, daß auf diesem Gebiete noch viel zu lernen und zu erforschen ist. So glaube ich auch, daß das als Metropathia haemorrhagica charakterisierte Krankheitsbild mit der typischen

Uterusschleimhaut (Hyperplasie mit Cystenbildung) nur *eine* Form der polyhormonalen Blutungen darstellt. Ich konnte mehrmals Blutungen polyhormonaler Natur mit atypischem Befund im Ovar und der Uterusschleimhaut beobachten. Auf diese Fälle werden wir in Zukunft besonders achten müssen.

3. Polyhormonales Kimakterium.

Sehr revisionsbedürftig scheinen mir unsere bisherigen Anschauungen über das Klimakterium zu sein. Das Unregelmäßigwerden der Menstruation, die typischen vasomotorischen und nervösen Ausfallserscheinungen, die Veränderungen an den Genitalien usw. werden unter dem Begriff des Klimakteriums zusammengefaßt. Wir hören von therapeutisch so widersprechenden Ergebnissen. Während der eine mit Ovarialhormon gute Erfolge im Klimakterium sieht, werden solche von anderen Autoren bestritten. Dies liegt meines Erachtens nicht an dem Therapeuticum, sondern an der Tatsache, daß wir die verschiedenen Stadien des Klimakteriums nicht auseinanderhalten und so den ganzen Symptomenkomplex, die ganze Zeit des Wechselns, im Krankheitsbild der Klimax zusammenfassen. Analysiert man das sich über viele Jahre hinziehende Krankheitsbild des Klimakteriums vom funktionellen, d. h. vom hormonalen Standpunkt, so kann man mehrere Stadien abgrenzen. Nach meinen bisherigen Untersuchungen möchte ich folgende drei — meist, aber nicht immer — zeitlich aufeinanderfolgende Phasen [1] der Klimax unterscheiden.

    a) Das polyfolliculine = polyhormonale Stadium,
    b) das oligofolliculine Stadium,
    c) das polyprolane Stadium.

Im ersten Stadium finden wir den Uterus etwas vergrößert, weicher als normal, myohyperplastisch. Folliculin wird im Übermaß produziert. Normaliter bewegt sich der Folliculinspiegel im Blut und Harn bei der Frau in ziemlich genauen Grenzen. Bei quantitativen Untersuchungen fand ich in der prämenstruellen Phase, d. h. im Zeitraum der höchsten Folliculinausscheidung — pro Liter Frühurin berechnet — 20—30 Einheiten Folliculin, in der intermenstruellen Phase rund 10 Einheiten. Der Rhythmus der Folliculinausscheidung erfährt im ersten Stadium des Klimakteriums eine jähe Änderung. Der Körper wird mit Folliculin überschüttet und es kommt zu einer Ausscheidung von 200 Einheiten Folliculin pro Liter Frühurin (häufig noch wesentlich mehr), also eine Erhöhung um das etwa 10—20fache gegenüber der prämenstruellen

---

[1] ZONDEK, B.: Klin. Wschr. 1930, Nr 9, 393.

Phase. Das polyhormonale Stadium der Klimax geht infolge der erhöhten Folliculinwirkung mit Vergrößerung und Weichheit des Uterus einher und kann sowohl zur polyhormonalen Amenorrhöe wie Blutung führen. Dieses Stadium kann Wochen oder Monate dauern.

Die zweite Phase der Klimax ist durch einen Hormonsturz charakterisiert. Folliculin wird überhaupt nicht mehr oder nur in geringen Mengen produziert. Jedenfalls ist es auch bei Konzentration des Urins kaum noch nachweisbar. In dieser oligohormonalen Phase treten die charakteristischen vasomotorischen Ausfallserscheinungen auf, über deren Analyse ich anschließend berichten werde.

Im dritten Stadium versiegt die Ovarialfunktion, weil die physiologische Lebensdauer des Eierstocks erreicht ist. Der Uterus wird senil, er trocknet gewissermaßen ein. Die ihn turgescierenden Reizstoffe, d. h. die Ovarialhormone, werden nicht mehr produziert, weil die absterbenden Generationszellen auf den Reiz der Vorderlappenhormone nicht mehr ansprechen. Folliculin ist im Harn nicht mehr nachweisbar. Die vasomotorischen Ausfallserscheinungen sind im Abklingen begriffen. In diesem Stadium konnte ich einen anderen wichtigen Hormonbefund erheben. Jetzt setzt eine erhöhte Funktion des Hypophysenvorderlappens ein, wobei es zu einer starken Ausschüttung von Follikelreifungshormon (HVH-A) kommt, so daß im Liter Frühurin 110 ME. bezw. 5—600 RE. nachweisbar sind (Polyprolanes Stadium). Daß die erhöhte Hormon A-Produktion auf das Versiegen der Ovarialfunktion zurückgeführt werden muß, wird dadurch bewiesen, daß ich denselben Befund auch nach operativer Kastration erheben konnte. Bei der Kastration setzt die Überschwemmung mit HVH-A akut ein, im Klimakterium gehen die Verhältnisse langsam vor sich, weil das Ovarium allmählich abstirbt. Näheres darüber werde ich im folgenden Kapitel (31) berichten.

4. Analyse der klimakterischen Wallungen.

Im zweiten Stadium des Klimakteriums, in der oligohormonalen Phase, treten jene eigenartigen, quälenden, als Wallungen bezeichneten vasomotorischen Störungen auf, die sich in plötzlich zum Kopf aufsteigender fliegender Hitze, Schweißausbruch, Herzklopfen, Opressionen, Lufthunger u. a. äußern. Dazu gesellen sich psychische Alterationen, rascher Stimmungswechsel, depressive Neigung, erhöhte Reizbarkeit, Triebhaftigkeit. Auch über Nachlassen des Gedächtnisses und leichte geistige Ermüdung wird geklagt. Ich habe versucht, diese Störungen durch plethysmographische Analyse[1] zu registrieren, worüber kurz be-

---

[1] ZONDEK, B.: Z. Geburtsh. u. Gyn. **82**, 559—576.

richtet sei[1]. Einige Frauen bekamen während der Untersuchung Wallungen, so daß es mir möglich war, die vasomotorischen Erscheinungen kurvenmäßig aufzuzeichnen. Man kann das Eintreten und Aufhören der Wallungen an den Kurven ablesen, was mit den Angaben der Versuchsperson genau übereinstimmt. Die Wallung beginnt gewöhnlich (siehe Kurve Abb. 98a, b) mit 1—2 verstärkten Inspirationen. Das Gesicht errötet, um bald wieder zu erblassen. Oft folgt leichter Schweißausbruch. Die einzelnen Volumenpulse erfahren in ihrer Höhe und Frequenz keine wesentliche Änderung. Die Kurve erhebt sich aber weit über die Anfangsordinate, um am Ende der Wallung wieder zur Norm zurückzukehren. Man sieht an der Kurve, daß die Tendenz zum normalen

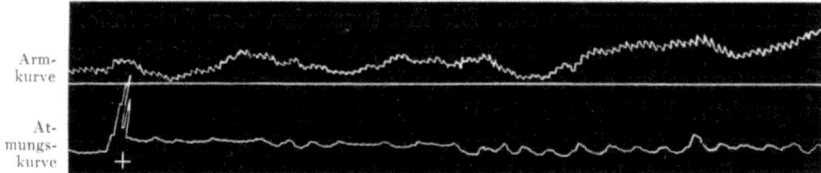

Abb. 98a. Wallung mit Wellenbewegung. Beim Zeichen + initiale Störung der Atemrhythmik.

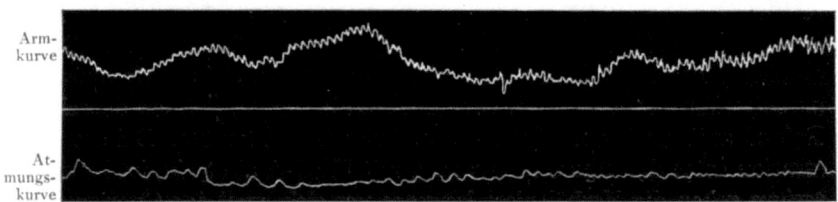

Abb. 98b. Wallung mit Wellenbewegung. Das Ende der Wallung mit dem Abfall der Kurve und der nachfolgenden Verkleinerung der Volumenpulse ist nicht mehr abgebildet.

Abfall wiederholt besteht, daß dann aber immer wieder ein neuer Gefäßimpuls auftritt, der zu immer stärker werdenden vasomotorischen Begleiterscheinungen führt. Diese Volumenerhöhungen (Erhöhung der Kurve über die Anfangsordinate) sind, da die Volumenpulse in Höhe und Frequenz keine wesentlichen Änderungen erfahren, von der Herztätigkeit unabhängig. Auch können sie durch die intitial verstärkten Inspirationen nicht bedingt sein, da einerseits die vasomotorischen Erscheinungen die Atmungsänderungen weit überdauern, andererseits eine verstärkte Inspiration zu einer negativen Armkurve (Volumenverminderung) führt, so daß eventuell der durch die Wallung bedingte vasomotorische

---

[1] Die Versuche wurden mit dem von LEHMANN verbesserten Mossoschen Armplethysmographen ausgeführt. Bezüglich der Technik sei auf meine Originalarbeit verwiesen.

Effekt in seiner vollen Wirkung graphisch gar nicht zum Ausdruck kommen konnte. Es bleibt als Erklärung nur eine vom Vasomotorenzentrum ausgehende Innervationsstörung übrig, die wohl so zu deuten ist, daß die Wallung durch eine vom Vasomotorenzentrum dem Splanchnicus mitgeteilten Reiz eingeleitet wird, wodurch das ganze Gefäßgebiet des Bauches sich kontrahiert und dadurch passiv große Blutmengen in die peripheren Gefäße hineingedrängt werden. Natürlich kann eine aktive Vasodilatation der letzteren als unterstützendes Moment dabei in Frage kommen. Wie aus Kurve Abb. 98a und b ersichtlich, können die Impulse sich in schneller Folge häufen, so daß die einzelnen vasomotorischen Wellen gar nicht zur vollen Entfaltung kommen. Ebenso plötzlich, wie sie entstanden, werden sie durch einen anders gerichteten Reiz abgelöst. Daß nach dem Aufhören der Wallung eine Verkleinerung der Volumpulse folgt (in der Kurve nicht abgebildet), dürfte so zu erklären sein, daß das Vasomotorenzentrum die Blutstauung in den peripheren Gefäßen dadurch zu steuern weiß, daß das Blut in die Bauchgefäße durch aktive Vasodilatation derselben gesaugt wird, wobei es durch Vasokonstriktion der peripheren Gefäße in wesentlicher Weise unterstützt werden kann. Daß bei derartigen Blutverschiebungen Ohnmachtsgefühl, Herzklopfen, Angstzustände, Schweißausbrüche usw. entstehen, ist physiologisch zu verstehen. Die geäußerten subjektiven Beschwerden erfahren damit eine objektive Erklärung.

Die Wallungen sind durch hormonale Reize des Vasomotorenzentrums bedingt. Sie sind charakterisiert durch ihr paroxysmales Auftreten, durch starke Blutverschiebungen aus dem Splanchnicusgebiet zu den peripheren Gefäßen und durch initiale Veränderung der Atemrhythmik. Der Puls erfährt in Frequenz und Höhe keine wesentliche Änderung.

Im Klimakterium besteht also eine Labilität des Gefäßnervenapparates. Auch bei psychischen und physikalischen Reizen treten abnorme Reaktionen auf.

Beim gesunden, nicht ermüdeten Menschen übt die geistige Arbeit einen spezifischen Reiz auf das Vasomotorenzentrum aus, das seine Impulse in der Art weitergibt, daß das Blutvolumen des Gehirns und des Bauches sich vermehrt auf Kosten der Blutfülle aller äußeren Körperteile (E. WEBER)[1]. Diese zentral bedingten vasomotorischen Blutverschiebungen haben ihre physiologische Zweckmäßigkeit. Die Gehirngefäße erweitern sich aktiv, wodurch eine bessere Durchblutung und Sauerstoffversorgung des Gehirns während der psychischen Arbeit gewährleistet wird. Die vasomotorischen Begleiterscheinungen erleichtern also die psychischen Vorgänge. Bei Klimakterischen sind, wie ich zeigen

---

[1] WEBER, E.: Der Einfluß psychischer Vorgänge auf den Körper, insbesondere auf die Blutverteilung. Berlin 1910.

konnte, die Verhältnisse oft verändert. Die Armkurve (siehe Abb. 99) wird positiv, d. h. das Blut strömt während der geistigen Arbeit häufig

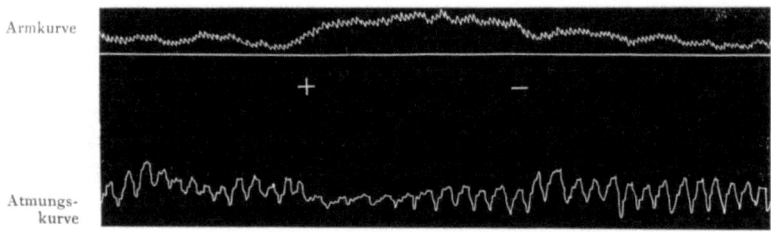

Abb. 99. Vom Zeichen + bis — wird geistige Arbeit geleistet.

nicht zum Gehirn, sondern zu den Extremitäten, wodurch das Gehirn schlechter ernährt wird. Derartige Umkehrungen finden sich auch bei Gesunden, aber nur nach starker körperlicher oder geistiger Ermüdung.

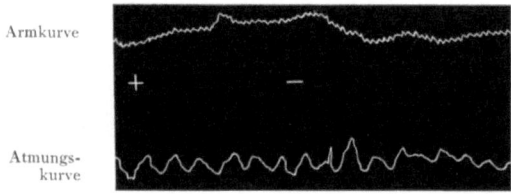

Abb. 100. Vom Zeichen + bis — Einwirkung von Hitze.

Während des Klimakteriums bestehen also vasomotorische Begleiterscheinungen, welche die geistige Aufnahmefähigkeit erschweren und den bei Ermüdeten beschriebenen Verhältnissen gleichkommen. So

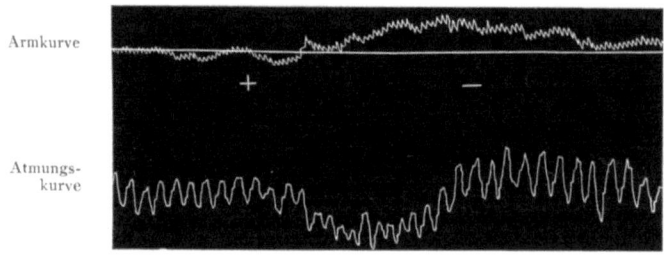

Abb. 101. Vom Zeichen + bis — Einwirkung von Kälte. Die Volumkurve steigt trotz der Kältewirkung durch Vasodilatation an. Paradoxe Kältewirkung

finden die subjektiven Klagen über Nachlassen des Gedächtnisses, schnelle geistige Ermüdung u. a. ihre Erklärung.

Während die Vasomotorenreaktion der Klimakterischen bei Bewegungsvorstellungen und aktiven Bewegungen normal ist, ist sie bei thermischen Reizen öfters verändert. Bei Einwirkung von Wärme steigt die Volumkurve an als Ausdruck der physiologischen Gefäßdilatation (Kurve Abb. 100), hingegen konnte ich bei Klimakterischen häufig eine *paradoxe Kältereaktion* — d. h. Vasodilatation bei peripherer Kälteeinwirkung — feststellen, ein Zeichen des abnormen Gleichgewichts zustandes des Gefäßnervenapparates (Kurve Abb. 101). *Das Vasomotoren zentrum der Klimakterischen ist also für Wärmeregulierung häufig unphysiologisch eingestellt.*

Wir haben in diesem Kapitel gesehen, daß die Überproduktion von Folliculin sowohl zur Amenorrhöe wie zur Blutung führen kann, daß das Hormon im Beginn des Klimakteriums eine Zeitlang in erhöhtem Maße produziert wird. Wir haben gelernt, daß eine Amenorrhöe sowohl durch Persistenz des Follikels wie des Corpus luteums bedingt sein kann, daß das Uterusschleimhautbild bei hormonalen Störungen ganz verschieden sein kann (beginnende Sekretion, prägravid, hyperplastisch) abhängig von der qualitativen und quantitativen Produktion der Ovarialhormone, ihrerseits gesteuert vom Hypophysenvorderlappen. Wir haben gesehen, wie dieser das Follikelreifungshormon (HVH-A) in besonders starkem Maße im Augenblick des endgültigen Versiegens der Sexualfunktion produziert. Wir haben ferner festgestellt, daß beim Übergang des poly- zum oligohormonalen Stadium des Klimakteriums ein erhöhter Reizzustand des Vasomotorenzentrums auftritt, der die subjektiv so unangenehmen Wallungen auslöst, deren Analyse beschrieben wurde.

31. Kapitel.

Die Bedeutung des Follikelreifungshormons (HVH-A) beim Menschen.

Der schwangere Organismus wird mit Hypophysenvorderlappenstoffen überschwemmt, so daß schon in den ersten Schwangerschaftstagen eine Massenausscheidung von Follikelreifungshormon (HVH-A) und Luteinisierungshormon (HVH-B) im Harn einsetzt. Für die Schwangerschaft charakteristisch ist nur die Ausscheidung des Luteinisierungshormons, während Hormon A auch außerhalb der Schwangerschaft im Harn auftritt, weshalb wir die HVH I für die Schwangerschaftsdiagnostik nicht verwerten konnten. So fand ich in Gemeinschaft mit ASCHHEIM das Follikelreifungshormon bei endokrin Erkrankten[1], — auf die Untersuchung derartiger Fälle hatten wir besonderes Gewicht gelegt, — und zwar bei einigen Fällen von Basedow, beim Myxödem,

---
[1] Das Material stammte aus der Abteilung von H. ZONDEK (Urban-Krankenhaus). (Klin. Wschr. 1928, Nr 30 u. 31).

während wir das Hormon seinerzeit im Harn kastrierter Frauen nicht nachweisen konnten. Ferner war HVH-A im Harn bei Frauen mit Myom bzw. Genitalcarcinom in 20% der Fälle vorhanden.

Im letzten Jahr habe ich mich sehr eingehend mit der Bedeutung des Follikelreifungshormons für den Organismus[1] beschäftigt. Das Hormon wird, wenn überhaupt, in relativ geringen Mengen ausgeschieden, so daß ich mit der früher von uns benutzten Methodik nicht weiter kam. Man kann einer infantilen Maus maximal $6 \times 0,5 = 3$ ccm Harn injizieren, bei höheren Dosen sterben die Tiere. Die Reaktion kann also nur positiv werden, wenn in 3 ccm 1 Einheit, d. h. im Liter mindestens 333 Einheiten HVH-A vorhanden sind. Dies ist aber nur selten der Fall. Wollte man weiter kommen, so mußte man das Hormon aus größeren Harnmengen darstellen, um es so konzentriert den Tieren einzuspritzen. Ich bediente mich dabei der Alkoholfällungsmethode (s. S. 238). Ging ich von 60 ccm Frühurin aus, so wurde die Hormonfällung nach Reinigung zum Schluß in 12 ccm Wasser aufgenommen und dadurch eine fünffache Hormonkonzentration erzielt. Von dieser Lösung erhielt jede Maus 6mal 0,3 ccm = 1,8 ccm, so daß damit das Hormon aus 9 ccm Harn zugeführt wurde. Ist die HVI-Reaktion positiv, so beweist dies, daß mindestens 110 Einheiten Follikelreifungshormon (HVH-A) pro Liter Frühurin vorhanden sind.

Die Hypophysenvorderlappenhormone kreisen im Blut jedes Menschen und bei jeder Frau werden geringe Hormonmengen ausgeschieden. Ich habe Harn von 30 gesunden bzw. in Rekonvaleszenz befindlichen Frauen ohne Rücksicht auf die menstruelle Phasen (mit Ausnahme Menstruierender) gesammelt und aus dem Sammelharn das HVH-A dargestellt. Hierbei fand[2] ich, daß der *Frauenharn pro Liter 15 RE. = 3 ME. Follikelreifungshormon* enthält. Untersuchungen über den quantitativen Hormongehalt des Harns in den einzelnen menstruellen Phasen sind zurzeit im Gang. Die im Frauenharn physiologischerweise vorhandenen HVH-A-Mengen sind demnach so gering, daß sie trotz fünffacher Harnkonzentration bei der infantilen Maus[3] noch nicht nachweisbar sind. Das haben mir des weiteren Kontrolluntersuchungen gezeigt, die ich an 41 gesunden und kranken Männern und Frauen vorgenommen habe. Weder bei gesunden noch kranken Männern (12 Fälle, Tabelle 18) fand ich mit der Konzentrationsmethode einen positiven

---

[1] ZONDEK, B.: Klin. Wschr. 1930, Nr 6, 9 u. 15.
[2] Noch nicht veröffentlicht.
[3] Man wird mir den Einwand machen, warum ich nicht den Harn bei direkter Injektion an der infantilen Ratte geprüft habe, da die Ratte, wie ich gezeigt habe, für HVH-A fünfmal empfindlicher ist als die Maus. Für die vorliegenden Untersuchungen war die Maus geeigneter, weil sie in der Reaktion etwas *konstanter* ist als die Ratte.

Follikelreifungshormon (HVH-A) im Harn. 251

HVH-A-Befund. Auch bei fieberhaften Infektionskrankheiten, wie Lungentuberkulose, Pyämie und einem Fall von Endokarditis mit Polyarthritis waren die Ergebnisse bei Männern negativ.

Tabelle 18. Untersuchungen bei Männern.

Lfd. Nr.	Name	Alter	Prot.-Nr.	Diagnose	Ergebnis
			Gesunde Männer.		
1	H.	32	68	—	neg.
2	M.	31	76	—	,,
			Kranke Männer.		
1	E.	36	78	Decompensatio cordis	,,
2	M.	27	79	Tbc. pulmonum	,,
3	I.	24	80	Tbc. pulmonum	,,
4	K.	56	104	Tbc. pulmonum	,,
5	Sch.	54	105	Icterus catarrhalis	,,
6	P.	23	111	Malaria, 2 Tage nach Anfall	,,
7	R.	50	113	Abgelaufene Pneumonie	,,
8	W.	46	114	Tabes dorsalis	,,
9	W.	39	120	Unterlappen-Pneumonie	,,
10	R.	20	121	Endokarditis und Polyarthritis (39⁰ Fieber)	,,

Zahlreicher sind die Untersuchungen, die ich bei Frauen gemacht habe, weil mich die Verhältnisse hier mehr interessierten (Tabelle 19). Insgesamt wurden 29 gesunde und kranke Frauen untersucht. Zunächst der Harn im mensuellen Zyklus, wobei im Intermenstruum, Prämenstruum und während der Menstruation HVH-A im Harn nicht nachweisbar war (Tabelle 19a). Ich betone nochmals, daß das Hormon bei fünffacher Konzentration nicht vorhanden war. Bei wesentlich höherer Konzentration habe ich es, wie auf der vorhergehenden Seite gezeigt, auch im Harn gesunder Frauen finden können.

Des weiteren wurde der Harn von 25 Patientinnen mit leichteren gynäkologischen Erkrankungen untersucht (Tabelle 19b). So wurde bei Adnexentzündungen, entzündlichen Adnextumoren mit pelveoperitonitischer Reizung, Gonorrhöe, Bartholinitis, Uterustuberkulose usw. niemals ein positiver Befund erhoben. Hierbei möchte ich aber bemerken, daß in zwei Fällen von schwerster eitriger Adnexentzündung (Douglas-

Tabelle 19. Untersuchungen bei Frauen.

Lfd. Nr.	Name	Alter	Prot.-Nr.	Diagnose	Ergebnis
			a) Mensueller Zyklus.		
1	R.	35	86	Beginn der Menses	neg.
2	M.	36	173	Intermenstruum	,,
3	B.	37	253	Prämenstruum	,,
4	W.	21	256	2. Tag der Menstruation	,,

Lfd. Nr.	Name	Alter	Prot.-Nr.	Diagnose	Ergebnis
		b) Frauen mit Genitalerkrankungen.			
1	W.	46	16	Tbc. uteri, normale Menses	neg.
2	N.	33	17	Bartholinitis. Go. pos.	,,
3	B.	25	24	Adnextumor	,,
4	K.	23	44	Adnextumoren ohne Go.	,,
5	V.	26	54	Kleine Cysten der Ovarien	,,
6	K.	22	58	Adnexentzündung, subakut	,,
7	G.	32	69	Kleiner Adnextumor, Go. pos.	,,
8	K.	32	70	Faustgroße Adnextumoren post abortum mit Fieber	,,
9	Sch.	31	74	Faustgroße entzündl. Adnextumoren	,,
10	W.	43	89	Descensus	,,
11	K.	32	90	Adnextumor	,,
12	G.	21	91	Peritoneale Reizung	,,
13	K.	21	95	Adnextumor	,,
14	W.	22	96	Adnextumoren. Go. pos.	,,
15	R.	20	98	Adnextumoren	,,
16	D.	22	99	Pelveoperitonitis. Go. pos.	,,
17	K.	21	101	Adnextumor. Ikterus	,,
18	P.	22	102	Adnextumoren. Go. pos.	,,
19	D.	29	137	Erosion	,,
20	K.	56	158	Descensus	,,
21	L.	38	159	R. Adnextumor, Blutungen Rö.-Reizbestrahlung	,,
22	M.	29	181	Doppelseit. Adnextumoren, subfebril	,,
23	L.	28	184	Go. Parametritis. Fieber	,,
24	K.	42	231	Hypertonie	,,
25	G.	51	349	Postklimakterium	,,

absceß) mit hohem Fieber Follikelreifungshormon im Harn nachweisbar war.

Nach diesen Voruntersuchungen konnte die Frage geprüft werden, ob und unter welchen Bedingungen das Hormon (A) in erhöhter Menge im Harn nachweisbar ist.

Ich möchte das Ergebnis vorwegnehmen. Bei zwei miteinander nicht zusammenhängenden, teils funktionellen, teils organischen Störungen des Organismus kommt es zu einer starken Produktionssteigerung im Hypophysenvorderlappen und erhöhter Ausscheidung des HVH-A im Harn.

Diese tritt auf:
a) *beim Ausfall der Sexualfunktion*,
b) *bei Tumorkranken*.

Zunächst soll über die Gruppe a berichtet werden.

1. Follikelreifungshormon (HVH-A) und Kastration[1].

Die Hypophyse schüttet HVH-A *in dem Augenblick aus, wo die Sexualdrüsen ihre Funktion einstellen*. Ich habe mich bei meinen Untersuchungen als Gynäkologe im wesentlichen mit dem Ausfall der weib-

---

[1] ZONDEK, B.: Klin. Wschr. 1930, Nr 9, 393—396. Dtsch. med. Wschr. 1930, Nr 8.

lichen Sexualfunktion beschäftigt. Die derzeitigen Untersuchungen berechtigen mich aber zu der Annahme, daß ähnliche Verhältnisse auch im männlichen Organismus, d. h. auch bei Funktionsausfall im Hoden vorliegen.

Bei der Frau fand ich folgendes: *Der Hypophysenvorderlappen produziert Follikelreifungshormon (HVH-A) in erhöhtem Maße im letzten Stadium des Klimakteriums zu der Zeit, wo die Ovarien ihre Funktion einstellen* (s. S. 245).

Es wurden 20 Frauen mit klimakterischen Beschwerden (Tabelle 20) ohne Rücksicht auf die im vorigen Kapitel erwähnten Phasen des Klimakteriums untersucht. Hierbei fand ich bei fünf Frauen, also bei 25%, die positive HVH-A-Reaktion.

Tabelle 20. Klimakterium.

Lfd.-Nr.	Name	Alter	Prot.-Nr.	Diagnose	Ergebnis
1	M.	45	34	Klimakt. Blutungen	neg.
2	F.	50	93a	Ausfallserscheinungen im Abklingen	pos.
3	K.	48	115	Klimakt. Blutungen	neg.
4	W.	44	116	Ausfallserscheinungen	neg.
5	W.	46	157	Klimakt. m. Descensus	neg.
6	O.	47	160	Klimakt. Blutungen	neg.
7	B.	48	180	Klimakt. + Adnextumor	neg.
8	H.	45	188	Klimakt. + Descensus	neg.
9	B.	37	191	Klim. Blutung. (Klim. praecox)	neg.
9a	B.	37	228	Klimakt. praecox	neg.
9b	B.	37	246	Klimakt. praecox	neg.
10	B.	50	210	Klim. Beschwerden; letzte Menses vor 7 Wochen	neg.
11	M.	47	213	Klimakt. Beschwerden	neg.
12	L.	45	222	Klimakt. Beschwerden	neg.
13	B.	47	223	Klimakt. Beschwerden	pos.
14	M.	43	235	Klimakt. Beschwerden; letzte Menses vor 3 Wochen	neg.
15	K.	45	257	Amenorrhöe seit 9 Monaten	pos.
16	L.	54	261	Ausfallserscheinung im Abkling.	pos.
17	R.	42	264	Ausfallserscheinungen im Abklingen	pos.
18	M.	48	63	Klimax + Tbl. pulmonum	neg.
19	V.	45	190	Klimax	neg.
20	K.	44	229	Klimakt. + Prolaps	neg.

Kastration.

Es kann folgender Einwand gemacht werden: Weshalb wird das Auftreten des HVH-A im Harn mit dem Versiegen der Ovarialfunktion in Verbindung gebracht? Das Vorkommen des Hormons bei einer Reihe von klimakterischen Frauen beweist doch nicht, daß das HVH-A in ursächlichem Zusammenhang mit dem Aufhören der Ovarialfunktion steht. Dieser Einwand kann exakt widerlegt werden und zwar durch die Untersuchungen bei Kastrierten. Kastriert man operativ eine Frau — und wir Gynäkologen sind gelegentlich wegen krankhafter Veränderungen

Tabelle 21. Operative Kastration.

Lfd.-Nr.	Name	Alter	Prot.-Nr.	Art der Kastration	Ergebnis
1	F.	20	142	Kastriert vor 1 Jahr (Dermoide)	pos.
2	H.	47	168	12 Tage nach abdominaler Totalexstirpat. mit bd. Adn.	pos.
3	R.	43	169	21 Tage nach abdominaler Totalexstirpat. mit bd. Adn.	pos.
4	R.	39	185	Bd. Adnexe fehlen (infolge früh. Operat.)	pos.
5	H.	52	216	11 Woch. n. abdom. Totalexstirp. m. bd. Adnex.	pos.
6	G.	43	218	8 Woch. n. abd. Totalexstirp. m. bd. Adn.	pos.
7	L.	44	219	13 Woch. n. abd. Totalexst. m. bd. Adnexen (wegen Adenomyosis + Adnextumoren)	pos.
8	St.	45	220	10 Woch. n. abd. Totalexstirp. m. bd. Adnexen	neg.
9	K.	44	226	11 Woch. n. supravagin. Amput. uteri m. bd. Adn.	pos.
10	St.	41	234	10 Tage nach abd. Totalexst. m. bd. Adnexen	pos.
11	M.	49	240	15 Woch. nach abd. Totalexst. m. bd. Adnexen	neg.
12	G.	44	244	10 Tage nach abd. Totalexst. m. bd. Adnexen	pos.

der Ovarien dazu gezwungen — so tritt in der überwiegenden Mehrzahl der Fälle prompt das HVH-A im Harn auf. Bei zwölf kastrierten[1] Frauen konnte neunmal der positive Befund erhoben werden, d. h. 75% reagierten positiv. Hierbei konnte ich Frauen vom 20.—52. Lebensjahr untersuchen. *Das Follikelreifungshormon tritt bereits 10 Tage nach der Kastration auf und bleibt noch bis zu einem Jahre nach der Kastration im Harn nachweisbar* (Tabelle 21).

Ich kann noch nicht mit Sicherheit sagen, wie lange diese Hormonausscheidung bei Kastrierten anhält. Sicher mehrere Monate. Der endgültige Termin der Umstellung des Organismus und damit der Eintritt negativer HVH-Reaktion muß durch weitere Untersuchungen festgestellt werden.

Röntgenkastration.

Neben den operativ Kastrierten habe ich noch zehn Frauen nach Röntgenkastration (Tabelle 22) untersucht und hier in vier Fällen (d. h. 40%) die positive Reaktion gefunden. Es besteht insofern ein wesentlicher Unterschied zwischen der operativen Kastration gegenüber der Röntgenkastration, als bei letzterer trotz der Amenorrhöe die Reaktion

---

[1] Daß ASCHHEIM und ich (Klin. Wschr. 1928, Nr 31) im Harn kastrierter Frauen die HVR I negativ fanden, lag s. Zt. an der unzureichenden Methodik. Wir injizierten den Harn direkt infantilen Mäusen. Man kann bei Kastrierten aber nur mit der Fällungsmethode HVH-A im Harn nachweisen.

Tabelle 22. Röntgenkastration.

Lfd. Nr.	Name	Alter	Prot.-Nr.	Art der Röntgenkastration.	Ergebnis
1	S.	46	189	Vor 1 Jahr Rö.-Kastrat. wegen klim. Blutungen. Amenorrhöe seit 10 Mon., keine Ausfallserscheinungen	neg.
2	B.	46	193	Seit 3 Monaten amenorrhoisch nach Rö.-Kastration	neg.
3	Sch.	39	214	Vor $1^1/_2$ Jahren Rö.-Kastrat. Schwere Ausfallserscheinungen	pos.
4	K.	40	236	Rö.-Kastrat. vor 3 Wochen, beginnende Wallungen	neg.
5	B.	37	246	4 Wochen nach Rö.-Kastration	neg.
6	V.	44	247	Vor $2^1/_2$ Jahren Rö.-Kastration, seitdem amenorrhoisch	pos.
7	Sch.	53	248	Vor 22 Monaten Rö.-Kastration, seitdem amenorrhoisch	pos.
8	A.	43	251	Vor 3 Jahren Rö.-Kastration wegen Blutungen, seitdem amenorrhoisch., 6 kg Zunahme, keine Ausfallserscheinung mehr	neg.
9	H.	47	258	Vor $3^1/_2$ Jahren wegen Myom Rö.-Kastration. Seit 3 Jahren Amenorrhöe. Geringe Ausfallserscheinungen	neg.
10	M.	46	265	Vor 2 Jahren Rö.-Kastration wegen Myom. Seit $1^1/_2$ Jahren Amenorrhöe, $7^1/_2$ kg Zunahme	pos.

in den ersten Monaten noch negativ ist. Die HVH-A-Reaktion wird erst nach 1—1$^1/_2$ Jahren positiv und bleibt — soweit sich bisher sagen läßt — etwa 1$^1/_2$ Jahre positiv. Mit anderen Worten: Die HVR I=A-Reaktion *ist vom 13.—30. Monat nach Beginn der Röntgenamenorrhöe positiv.* Die Zahl der untersuchten Röntgenkastrierten ist nicht groß genug, um Entscheidendes über die Beziehungen der HVH-A-Produktion zur Röntgenkastration zu sagen. Jedenfalls scheint mir der Unterschied gegenüber der operativen Kastration bedeutungsvoll und weiterer Untersuchungen wert. Bezüglich der funktionellen Unterschiede im Tierversuch sei auf S. 58—62 verwiesen.

Wie soll man sich das Auftreten von Follikelreifungshormon im Harn bei Aufhören der Ovarialfunktion erklären? Wichtiger als die Theorie ist die gefundene Tatsache. Aber es ist reizvoll, sich auf Grund der gefundenen Tatsachen eine Theorie zu machen.

1. Die Hypophysenvorderlappenhormone sind die übergeordneten Sexualhormone. Das HVH-A bringt den Follikel zur Reife und löst die Bildung des Folliculins aus. Wenn im Klimakterium oder sicherer noch bei der Kastration das Ovarialgewebe fortfällt, wenn also das HVH-A keinen Angriffspunkt für seine Wirkung hat, so kann man sich vorstellen, daß das nunmehr zwecklos produzierte Hormon A im Harn zur Ausscheidung gelangt.

2. Die Hypophysenvorderlappenhormone sind die übergeordneten Sexualhormone. Das Ovarium bzw. der Hoden können (s. S. 230—234) ihrerseits einen hemmenden Einfluß auf den Hypophysenvorderlappen ausüben. Fällt die Sexualdrüse fort, so kann man verstehen, daß der Hypophysenvorderlappen, dieses Hemmungsapparates beraubt, in erhöhtem Maße seine Hormone produziert, die nun im Harn ausgeschieden werden. Für diese Auffassung spricht die von EVANS[1] mitgeteilte Tatsache, daß Hypophysen kastrierter Tiere — mit unserer Methodik geprüft — einen erhöhten Hormongehalt haben.

Möglicherweise werden beide Ursachen zusammenwirken, d. h. die nach der Kastration fehlende Wirkungsstätte für das Follikelreifungshormon A und der Fortfall der Hemmung durch die Sexualdrüsen.

Hierbei sei erwähnt, daß EHRHARDT bei einer Kranken mit hochgradiger genitaler Atrophie im Blut und Harn während 10monatiger Beobachtung eine dauernde Hypophysenvorderlappenreaktion I (=HVH-A) im Harn nachweisen konnte. BRÜHL fand bei seinen Nachprüfungen der Schwangerschaftsreaktion in einigen Fällen sowohl bei Tumoren als auch bei der Kastration die Reaktion I.

Wichtig erscheint mir die Tatsache, *daß der Ausfall der Sexualfunktion die HVH-A-Produktion anregt, so daß das Hormon im Harn nachweisbar ist.* Wir haben oben gesehen, daß schon 10 Tage nach Entfernung der Eierstöcke Follikelreifungshormon im Harn erscheint. *Damit besitzen wir eine objektive Methode, um aus dem Harn den Ausfall der Sexualfunktion zu diagnostizieren.* Dies ist wichtig vom Standpunkt der Physiologie wie der Pathologie. Ein Beispiel soll dies illustrieren: Wir wissen, daß eine Amenorrhöe aus den verschiedenen Ursachen entstehen kann. Finden wir bei einer Amenorrhoischen mit der S. 238 beschriebenen Methodik (Fällung) bei 5facher Harnkonzentration HVH-A, so wissen wir objektiv, daß hier die Ovarialfunktion im Erlöschen begriffen ist. Die Heilungsaussicht ist in einem derartigen Fall eine schlechte. Unsere therapeutischen Maßnahmen werden sehr intensiv sein müssen!

Das Follikelreifungshormon regt die Sexualfunktion an. Das Hormon wird also mit Beginn der Sexualtätigkeit in erhöhtem Maße vom Hypophysenvorderlappen produziert. Wir haben jetzt gesehen, daß auch beim Aufhören der Sexualfunktion (Klimax, Kastration) HVH-A in erhöhtem Maße produziert wird. Demnach: *Erhöhung der HVH-A-Produktion bei Beginn und Ende der Sexualfunktion!*

---

[1] EVANS, Amer. Journ. Physiol. 89, 37 (1929).

Follikelreifungshormon (HVH-A) bei kastrierten Tieren.

Der Nachweis der erhöhten Ausscheidung des Follikelreifungshormons bei der kastrierten Frau veranlaßte mich zu Untersuchungen bei kastrierten Tieren[1].

Harn von erwachsenen kastrierten Mäusen wurde infantilen Mäusen injiziert, ohne daß irgend eine Reaktion im Sinne der HVR auftrat. Versuche mit stärkeren Konzentrationen (Fällung der HVH aus Sammelharn von kastrierten Mäusen, wobei jede infantile Maus das fragliche Hormon aus 6 ccm Harn erhielt) führten ebenfalls zu negativem Ergebnis. Auch bei zehnfacher Harnkonzentration und Injektion des Hormons aus je 30 ccm Mäuseharn trat bei infantilen Ratten keine Reaktion auf. Der Harn war vom 7.—11. bzw. vom 15. Tage nach der Kastration an gesammelt.

Im Gegensatz dazu war das Hormon im Harn von kastrierten Ratten nachweisbar, allerdings nur, wenn der Harn bald nach der Kastration verwandt wurde. Wurde der Harn später als 15 Tage nach der Kastration injiziert, so waren die Ergebnisse negativ. Die im Harn vorhandenen Hormonmengen waren sehr wechselnd. Manchmal war schon in 3 ccm Harn 1 Einheit Follikelreifungshormon (HVH-A) vorhanden, in anderen Versuchen mußte ich aber das Hormon aus 30 ccm Harn fällen, um die HVR I auszulösen.

Versuche beim Ochsen verliefen negativ (selbst bei Injektion von Hormon aus 36 ccm Harn). Beim Wallach war dreimal unter acht Tieren HVH-A nachweisbar. 1 Einheit Follikelreifungshormon war enthalten in 3—18 ccm Harn. Bei fünf Wallachen war das Hormon nicht nachweisbar, obwohl das fragliche Hormon aus 40 ccm Harn gefällt und injiziert wurde.

Wir sehen also, daß im Prinzip beim kastrierten Tier die gleichen hormonalen Verhältnisse herrschen wie bei der Frau, d. h. daß auch beim Tier durch die Entfernung der Ovarien eine Überproduktion von HVH-A einsetzt. Allerdings ist die Hormonausscheidung im Harn beim Tier viel unregelmäßiger als bei der Frau, so daß der Nachweis nur in einem Teil der Fälle gelingt. Die Hormonmengen sind gering, so daß die Versuche in der Regel erst positiv werden, wenn man das Hormon durch Fällung aus größeren Harnmengen gewinnt.

Während bei der Maus und dem Ochsen HVH-A im Harn nicht nachweisbar war, waren die Versuche bei der Ratte und dem Wallach positiv. Der Rattenharn mußte bald nach der Kastration verwandt werden, denn 2 Wochen nach der Kastration ist das Hormon nicht mehr vorhanden. Beim Pferd konnte nur in einem Teil der Fälle Follikelreifungshormon A nachgewiesen werden, hier aber noch mehrere Jahre (5—6) nach der Kastration.

HVH und Parabiose.

Die Überproduktion von Hypophysenvorderlappenhormon im Kastraten läßt sich noch auf eine andere Weise nachweisen und zwar durch

---
[1] ZONDEK, B.: Noch nicht veröffentlicht.
[2] MATSUYAMA, R.: Frankf. Z. Path. **25**, 436 (1921).

den Parabioseversuch. MATSUYAMA[2] fand zuerst, daß bei Vereinigung eines kastrierten mit einem normalen Rattenweibchen an den Geschlechtsorganen des letzteren starke Veränderungen vor sich gingen. Der Uterus und die Brustdrüsen hypertrophierten, am Ovarium war reichliche Follikel- und Gelbkörperbildung nachweisbar, letztere sowohl an frisch geplatzten, wie an atretischen Follikeln. GOTO[1] bestätigte und erweiterte diese Befunde. Er injizierte Blut von kastrierten Ratten tage- bzw. wochenlang nicht kastrierten Tieren und konnte an den Geschlechtsorganen der letzteren die gleichen Veränderungen am Genitalapparat auslösen wie im Parabioseversuch. Leider sind diese Versuche nicht beweiskräftig, da die verwandten Tiere an sich geschlechtsreif waren, so daß man nicht weiß, wie weit die Wirkung auf das injizierte Blut zurückzuführen ist. Auf Grund seiner Befunde kam GOTO zu der Annahme, daß im Blute der kastrierten Tiere ein Kastrohormon[2] sich befindet, das direkt oder indirekt auf die Ovarien einen Reiz ausübe und deren Hypertrophie und histologische Veränderung hervorrufe. Über das Wesen und den Ursprung dieser Substanz konnte GOTO keine Angaben machen.

Heute wissen wir, daß das sogenannte Kastrohormon aus dem Hypophysenvorderlappen stammt. *Die bei Parabiose mit einem kastrierten Tier am nichtkastrierten Partner auftretenden Genitalveränderungen entsprechen genau den Reaktionen, die wir als HVR I—III beschrieben haben.* Die Veränderungen im Parabionten sind dadurch zu erklären, daß das Vorderlappenhormon aus dem kastrierten in das normale Tier übergeht, so daß in diesem das Hormon von zwei Hypophysen zur Wirkung kommt. Es wirkt aber nicht nur das Hormon aus zwei Organismen, sondern dazu kommt noch das in der Hypophyse des Kastraten im Übermaß produzierte HVH-A.

Auch FELS[3] und KALLAS[4] kommen auf Grund ihrer Parabioseversuche zu der Ansicht, daß die sogenannte Kastrohormonwirkung nichts anderes sei als die Reaktion des Hypophysenvorderlappens. Unter sieben Parabioseversuchen bei infantilen Ratten konnte KALLAS in fünf Versuchen nur die Reaktion I, in zwei Versuchen HVR I und III nachweisen. Diese Versuche stimmen mit meinen Resultaten überein (S. 253), daß bei der kastrierten Frau im wesentlichen HVH-A im Übermaß produziert und im Harn ausgeschieden wird. So können wir also mit Bestimmtheit jetzt sagen: *Das „Kastrohormon" stammt aus dem Hypophysenvorderlappen, das Follikelreifungshormon — weniger das Luteinisierungshormon — ist das Kastrohormon.*

---

[1] GOTO: Arch. Gynäk. **123**, 387 (1924).
[2] Mit Recht wendet sich FELS gegen die Bezeichnung Kastrohormon. Eine aus dem Körper entfernte endokrine Drüse könne kein Hormon liefern.
[3] FELS: Arch. Gynäk. **138**, 16 (1929).
[4] KALLAS: Pflügers Arch. **223**, 222 (1929).

Diese biologischen Untersuchungen knüpfen an die allgemeine Pathologie an. Wir haben (Kap. 28) gesehen, daß der Hypophysenvorderlappen kastrierter Tiere und Menschen sich vergrößert, und daß eine Zellverschiebung zugunsten der Eosinophilen einsetzt. Es ist noch nicht entschieden, ob diese morphologischen Vorderlappenveränderungen die Ursache der veränderten Hormonproduktion sind, oder ob sie nur sekundär durch das Fehlen der Sexualdrüse ausgelöst werden. In der Schwangerschaft geht die Vergrößerung des Vorderlappens mit Vermehrung der Hauptzellen einher (sogenannte „Schwangerschaftszellen") bei gleichzeitiger Verminderung der Eosinophilen. Wichtig sind die hormonalen Unterschiede: *Bei der Schwangerschaft haben* ASCHHEIM *und ich die Massenausscheidung von HVH-A und B nachgewiesen, bei der Kastration aber finde ich nur die Überproduktion von Hormon A.*

2. Follikelreifungshormon (HVH-A) und Tumoren.

Es ist bekannt, daß im Blute schwangerer Frauen gleichartige Stoffe auftreten können wie bei bösartigen Tumoren, so daß einige Carcinomreaktionen auch im Schwangerenblut positiv ausfallen. Unter diesem Gesichtspunkt haben ASCHHEIM und ich[1] die hormonale Schwangerschaftsreaktion auch im Harn Krebskranker geprüft. Wir fanden eine positive Schwangerschaftsreaktion (d. h. HVR II und III) zweimal bei Frauen mit Collumcarcinom. Hingegen fanden wir die HVR I beim Genitalcarcinom der Frau in 20% positiv, während sie beim extragenitalen Carcinom (10 Fälle) niemals nachweisbar war.

Die Resultate änderten sich erheblich, als ich[2] die Fällungsmethode (s. S. 238) anwandte und dadurch jeder infantilen Maus durch fünffache Harnkonzentration Follikelreifungshormon aus 9 ccm Harn zuführte.

Ich möchte folgendes vorwegnehmen: *Die Carcinomdiagnose ist aus dem Harn durch Nachweis des Follikelreifungshormons (HVH-A) nicht zu stellen, weil die Reaktion auch bei gutartigen Tumoren positiv ausfallen kann.*

Benigne Ovarialtumoren.

Mit der Fällungsmethode habe ich 6 Fälle von benignen Ovarialtumoren untersucht. Die Reaktion war niemals positiv. Hierbei handelte es sich um Cystyoma serosum simplex, Cystadenoma pseudomucinosum und Dermoidcysten verschiedener Größe (ein Cystom füllte die ganze Bauchhöhle aus). Das Alter der Frauen schwankte zwischen 22 und 47 Jahren. In einem Fall von papillärem Cystom hatten wir früher bei direkter Harneinspritzung eine positive Reaktion gefunden.

---

[1] ASCHHEIM und B. ZONDEK: Klin. Wschr. 1928, Nr 30/31.
[2] ZONDEK, B.: Klin. Wschr. 1930, Nr 15.

Myom.

Anders liegen die Verhältnisse beim Myom. Ich habe 14 Myomfälle untersucht. Das Alter der Frauen schwankte zwischen 39 und 50 Jahren. Bei 9 Frauen war die Reaktion negativ, bei 5, d. h. in 35% der Fälle positiv. Die Größe des Myoms ist dabei nicht entscheidend.

So fand ich bei einer 43jährigen Frau mit einem über den Nabel reichenden Myom eine negative, bei einem submucösen, nicht sehr großen Myom hingegen eine positive HVH-A-Reaktion. Die Anamnese der positiven Fälle ergab, daß das Myom in der letzten Zeit schnell gewachsen war. In 3 Fällen war eine starke Erweichung zu erkennen. Es besteht die Möglichkeit — die Verhältnisse sind allerdings noch nicht genügend geklärt —, daß beim Myom die Reaktion positiv wird, wenn der Tumor schnell zu wachsen beginnt bzw. degenerative Veränderungen zeigt. Das soll uns dazu führen, in Zukunft der HVH-A-Reaktion bei myomkranken Frauen besondere Beachtung zu schenken.

Während wir bei den gutartigen Genitaltumoren die Ausschüttung des Follikelreifungshormons (HVH-A) im Harn nur in ganz seltenen Fällen (benigne Ovarialtumoren) oder in einem Drittel der Fälle (Myome) finden, liegen die Verhältnisse beim weiblichen Genitalcarcinom ganz anders. *Beim Genitalcarcinom der Frau fand ich die HVH-A-Reaktion in der überwiegenden Zahl der Fälle positiv.*

Genitalcarcinome der Frau.

Vulva- und Clitoriscarcinom.

Im ganzen wurden 55 Genitalcarcinome untersucht.

Bei 3 Frauen mit *Vulva-* bzw. *Clitoriscarcinom* im Alter von 52, 67 und 72 Jahren war die Reaktion stets positiv.

Collumcarcinom.

Bei Collumcarcinom (Tabelle 23) war die Reaktion 33mal positiv, d. h. in 82,5% der untersuchten Fälle. Im ganzen wurden 49 Harne von Frauen mit Collumcarcinom untersucht, davon 9 Harne zweimal bzw. mehrmals von derselben Patientin. Die 49 Untersuchungen wurden also an 40 Frauen mit Genitalcarcinom ausgeführt. Die Untersuchungen wurden sowohl an operablen wie inoperablen Fällen gemacht, d. h. das Collumcarcinom in allen klinischen Stadien untersucht. *Bereits bei beginnendem Carcinom, wo die Diagnose nur durch Probeexcision gesichert werden konnte (Tab. 23, Fall 30 und 33), war die Reaktion positiv.* Nach der WERTHEIMschen Radikaloperation bleibt die Reaktion positiv, um 3 Monate nach der Operation negativ zu werden. Dies konnten wir in den Fällen feststellen, wo bei der Operation ein Ovarium erhalten blieb bzw. reimplantiert wurde. Entfernt man bei der Radikaloperation beide Ovarien, so kann die Reaktion dadurch ein Jahr positiv bleiben, daß jetzt eine Kastration vorliegt und diese, wie vorher gezeigt (s. S. 254), die langdauernde HVH-A-Reaktion auslösen kann.

Auch beim Carcinomrezidiv nach der WERTHEIMschen Operation ist Reaktion positiv (unter 8 Fällen 6mal = 75%). Vielleicht besteht die Möglichkeit, aus dem Auftreten einer positiven HVH-A-Reaktion nach der WERTHEIMschen Operation das Rezidiv zu diagnostizieren. Allerdings wäre der positive Befund nur dann zu verwerten, wenn die Reaktion nach der WERTHEIMschen Operation wieder negativ geworden ist. Ich würde begrüßen, wenn nach dieser Richtung hin Untersuchungen vorgenommen würden. Nach dem jetzigen Stand möchte ich jedenfalls einen diagnostischen Schluß für das Rezidiv noch nicht wagen.

Verschlechtert sich das Allgemeinbefinden carcinomkranker Frauen akut, werden sie moribund, so verschwindet das HVH-A meist aus dem Harn. Dieser Befund erscheint mir bemerkenswert, weil wir daraus schließen müssen, daß *der Körper beim Versiegen der Lebenskräfte nicht imstande ist, das Follikelreifungshormon zu produzieren.*

Beim häufigen Vorkommen des HVH-A beim Genitalcarcinom der Frau könnte der Einwand gemacht werden, daß es sich meist um Frauen in der Klimax handelt, wo die HVH-A-Reaktion an sich in 25% der Fälle (S. 253) positiv sein kann. Ich habe deshalb mein Material nach dieser Richtung hin geordnet.

Die Fälle wurden in drei Gruppen geteilt und zwar: in der 1. Gruppe befinden sich die Frauen vor dem Klimakterium (unter 42 Jahren), in der 2. Gruppe die Frauen in der Klimax (42—55 Jahre) und in der 3. Gruppe die Frauen jenseits der Klimax (über 55 Jahre). Hierbei ergab sich folgendes:
 1. Unter 42 Jahren: 13 Ca.-Kranke; hiervon 7 Fälle positiv = 53,8%.
 2. Von 42—55 Jahren: 19 Ca.-Kranke; hiervon 17 Fälle positiv = 89,5%.
 3. Über 55 Jahre: 7 Ca.-Kranke; hiervon 7 Fälle positiv = 100%.

Die Zusammenstellung zeigt, daß das Klimakterium — also die erlöschende Ovarialfunktion — für die Beurteilung des Zusammenhanges zwischen Follikelreifungshormon und Genitalcarcinom ohne Bedeutung ist. Wir sehen jenseits des Klimakteriums bei Frauen über 55 Jahren beim Collumcarcinom in 100% die positive HVH-A-Reaktion. Auch bei Frauen mit Collumcarcinom im Alter von 64—67 Jahren war die Reaktion noch positiv.

Corpus- und Ovarialcarcinom.

Bei 4 Frauen mit Corpuscarcinom im Alter von 56—75 Jahren fand ich die Reaktion 3mal positiv (75%).

Bei 8 Fällen von Ovarialcarcinom fand ich 6mal positive HVH-A-Reaktion (75%). Das Alter der Frauen schwankte zwischen 41 und 65 Jahren (Tabelle 24). Im Fall 5 war die Reaktion bei einer moribunden Frau mit Ovarialcarcinom negativ. Ich habe schon darauf hingewiesen, daß beim Versiegen der Lebenskräfte HVH-A nicht mehr produziert wird.

Tabelle 23. Collumcarcinome (auch Rezidive).

Nr.	Name	Alter	Protokoll-Nr.	Art des Carcinoms	Ergebnis	Bemerkung
1	B.	43	6	Progress., früher mit Radium bestrahlt	pos.	
2	M.	38	2	Ca. cervicis. p. operat.	pos.	
3	Sch.	35	8	Ca. cervicis inop.	pos.	
4	St.	55	10	Ca. cerv. oper.	pos.	
5	B.	43	13	Portio-Ca. inop., früher mit Radium bestrahlt	pos.	
6	B.	65	15	Portio-Ca., inop.	pos.	
7	W.	32	18	Ca. colli oper.	neg.	
8	G.	57	19	Ca. colli, Rezidiv	pos.	Rezidiv!
9	K.	40	20	Ca. colli oper.	pos.	
10	B.	45	22	Rezidiv p. WERTHEIM	neg.	Rezidiv!
11	K.	33	23	Progr. Rez. p. WERTHEIM	pos.	Rezidiv!
12	B.	64	26	Ca. port. oper.	pos.	
13	M.	47	28	Portio-Ca. op.	neg.	
14	K.	33	31	Rez. progr. n. WERTHEIM	pos.	Rezidiv! vgl. 23
15	K.	40	33	24 Tage post WERTHEIM, nicht radikal operiert	pos.	
16	K.	40	37	Ca. colli oper.	pos.	
17	K.	33	45	Rec. progr. p. WERTHEIM	pos.	Rezidiv! (vgl. 23)
18	R.	52	47	Rec. p. WERTHEIM	pos.	Rezidiv!
19	N.	50	48	Ca. colli inop.	pos.	
20	N.	45	49	Ca. colli op.	pos.	
21	M.	42	61	4 Mon. n. WERTHEIM. Ovar reimplantiert!	pos.	4 Mon. p. WERTHEIM
22	W.	58	62	Ca. colli Rec.	pos.	Rezidiv!
23	W.	50	72	22 Tage p. WERTHEIM	pos.	22 Tage post WERTHEIM
24	G.	54	83	Portio-Ca. op.	pos.	
25	Sch.	55	90a	Portio-Ca. op.	pos.	
26	H.	67	96a	Portio-Ca. op.	pos.	
27	M.	56	100	Portio-Ca. inop. 8 Tage n. Radiumbestrahlung	pos.	8 Tg. n. Radiumbestrlg.
28	Sch.	38	103	Portio-Ca. oper.	pos.	
29	B.	35	109	8 Mon. p. WERTHEIM. 1 Ovar reimplantiert!	neg.	8 Mon. post WERTHEIM
30	H.	43	110	Ganz beginnendes Ca.	pos.	
31	G.	47	117	32 Tage p. WERTHEIM	pos.	1 Mon. p. WERTHEIM (vgl. 83)
32	K.	43	135	Ca. cervicis., 3 Tage p. WERTHEIM	neg.	3 Tage p. WERTHEIM
33	Sch.	40	136	Beginn. Cervix-Ca. Embolietod!	pos.	
34	A.	57	162	Rez. n. SCHAUTA-Op.	pos.	Rezidiv!
35	W.	52	164	Rez. n. vagin. Op. 6 Tage nach Radiumbestrahlung	pos.	Rezidiv! Radium!

Tabelle 23 (Fortsetzung).

Nr.	Name	Alter	Protokoll-Nr.	Art des Carcinoms	Ergebnis	Bemerkung
36	G.	47	171	2½ Mon. p. WERTHEIM	pos.	2½ Mon. p. WERTHEIM (vgl. 83, 117)
37	R.	43	183	Großes Rezidiv (außerhalb oper.)	neg.	Rezidiv!
38	K.	33	195	Ca. cervicis m. multipl. Metastasen, moribund	neg.	Rezidiv! (vgl. 23, 45, 51)
39	Sch.	37	209	Collum-Ca.	pos.	
40	E.	48	211	Collum-Ca.	pos.	
41	N.	55	212	Collum-Ca. m. Drüsen	pos.	
42	N.	29	215	9 Wochen n. WERTHEIM	neg.	
43	B.	49	217	9 Wochen n. WERTHEIM	pos.	
44	Sch.	37	237	2 Woch. n. WERTHEIM m. Erhaltg. des r. Ovars	pos.	(vgl. 209)
45	G.	47	238	13 Woch. n. WERTHEIM	neg.	(vgl. 83, 117, 171)
46	B.	37	252	Cervix-Ca.	neg.	
47	G.	49	255	Cervix-Ca. nach Röntg.-Bestrahlung	pos.	Röntgen.
48	G.	34	259	Collum-Ca.	neg.	
49	Sch.	39	239	Collum-Ca.	pos.	

Während wir bei gesunden Frauen niemals eine positive HVH-A-Reaktion fanden, beim gutartigen Genitaltumor nur in 25%, sehen wir beim Genitalcarcinom das starke Anschwellen der Reaktion auf 81,8%.

Tabelle 24. Ovarial-Ca.

Nr.	Name	Alter	Protokoll-Nr.	Diagnose	Ergebnis
1	B.	43	9	Ovar.-Ca m. Metastase in der Leiste	pos.
2	J.	65	50	Riesenovarial-Ca. inop.	pos.
3	Sch.	60	55	Riesenovarial-Ca. seit 9 Jahr., bestrahlt, degeneriert	neg.
4	P.	47	60	Ovarial- + Rectum-Ca.	pos.
5	B.	53	77	Ovar.-Ca. moribund	neg.
6	St.	58	82	Großes Ov.-Ca., Peritoneal-Ca.	pos.
7	V.	51	84	2-kopfgr. Ov.-Ca. m. Netz- u. Darmmetast.	pos.
8	M.	41	187	Ovar.-Ca. inop. Netzmetast. (wahrscheinl. primäres Magenca.)	neg.

Extragenitale Carcinome bei der Frau.

Die nächste Frage mußte lauten: Ist die Ausscheidung des Follikelreifungshormons charakteristisch für das Carcinom überhaupt oder nur für das Genitalcarcinom? Zur Entscheidung dieser Frage mußten Untersuchungen an Frauen mit extragenitalem Carcinom ausgeführt werden (Tabelle 25). Ich habe 14 Frauen mit Carcinom der Lippen, der Mamma, des Magens und des Peritoneums untersucht (im Alter

Tabelle 25. Extragenitale Carcinome der Frau.

Nr.	Name	Alter	Protokoll-Nr.	Diagnose	Ergebnis
1	R.	49	56	Mamma-Ca., Metastasen	pos.
2	H.	63	148	Lippen- u. Unterkiefer-Ca.	neg.
3	W.	40	149	Mamma-Ca.	neg.
4	J.	60	150	Mamma-Ca.	neg.
5	M.	39	154	Oberlippen-Ca.	pos.
6	B.	63	155	Wangen-Ca.	pos.
7	S.	46	174	Mamma-Ca.	neg.
8	L.	32	175	Mamma-Ca., Metastasen	neg.
9	H.	70	176	Magen-Ca.	neg.
10	B.	46	177	Magen-Ca. (Klimakt. Ausfallserscheinungen)	pos.
11	B.	39	203	Mamma-Ca.	neg.
12	H.	70	204	Magen-Ca.	neg.
13	B.	49	205	Magen-Ca.	neg.
14	H.	65	182	Carcinose d. Peritoneums	pos.

Tabelle 26. Carcinome beim Mann.

Nr.	Name	Alter	Protokoll-Nr.	Diagnose	Ergebnis
1	B.	—	59	Oesophagus-Ca.	pos.
2	St.	61	65	Kiefer-Ca.	pos.
3	S.	—	66	Magen-Ca.	pos.
4	N.	41	67	Magen-Ca. inop.	neg.
5	B.	43	87	Magen-Ca. 9 Tage *nach* Operation (Resektion)	neg.
6	Sch.	53	106	Rectum-Ca.	neg.
7	W.	49	107	Magen-Ca.	neg.
8	X.	—	108	Magen-Ca. mit Gastroenterostomie	neg.
9	N.	59	119!	Magen-Ca. 8 Tage p. operat.	neg.
10	N.	53	125!	Magen-Ca. 10 Tage n. Op.	neg.
11	G.	69	126	Magen-Ca.	neg.
12	G.	29	127	Unterschenkel-Ca.	neg.
13	B.	54	128	Rectum-Ca.	neg.
14	H.	66	129	Oesophagus-Ca.	neg.
15	W.	61	130	Rectum-Ca.	neg.
16	J.	31	132 (vgl. 144)	r. Oberarmsarkom	neg.
17	H.	71	133	Schläfen-Ca.	neg.
18	Th.	63	134	Magen-Ca.	neg.
19	B.	52	138	Rectum-Ca.	neg.
20	L.	52	139	Bronchial-Ca.	neg.
21	U.	59	140	Magen-Ca.	neg.
22	A.	45	141	Magen-Ca.	neg.
23	H.	66	143	Oesophagus-Ca.	neg.
24	W.	61	145	Rectum-Ca.	neg.
25	B.	77	146	Wangen-Ca.	neg.
26	D.	72	147 (vgl. 131)	Lippen-Ca. mit Drüsen	pos.
27	M.	46	199	Progress. Rectum- und Prostata-Ca.	neg.
28	M.	58	200	General. Zungen-Ca.	neg.
29	B.	57	201	Prostata-Ca.	neg.
30	K.	66	202	Prostata-Ca.	neg.

von 32—70 Jahren). Bei diesen 14 Fällen war die Reaktion 5mal positiv, d. h. in 36% der Fälle. Das Alter und die Lokalisation des Carcinoms spielen keine Rolle. *Wir sehen aus diesem Ergebnis, daß in der Tat das Genitalcarcinom der Frau eine Ausnahmestellung einnimmt.*

Carcinome beim Mann.

Zum Schluß seien noch die Untersuchungen an carcinomkranken Männern mitgeteilt (Tabelle 26). Hierbei handelte es sich um Carcinome des Gesichts, der Zunge, des Bronchus, Oesophagus, Magens, Rectums, Prostata und um ein Oberarmsarkom. Unter 30 carcinomkranken Männern war die Reaktion 4mal positiv, d. h. in 13% der Fälle. Auch hier spielen Lebensalter und Lokalisation des Krebses keine Rolle.

Wie liegen nun die Verhältnisse beim Genitalcarcinom des Mannes? Es war mir bisher nur möglich, 6 Fälle zu untersuchen. Beim Prostatacarcinom (2 Fälle) war die Reaktion negativ, bei 4 Hodensarkomen hingegen positiv (HVH-A). Hierbei war bei einem *Hodensarkom*, das gleichzeitig Metastasen der Nebenniere hatte, nicht nur *HVR I*, sondern auch *HVR II* und *III* positiv, d. h. in diesem Falle wurde HVH-A und B ausgeschieden, wie wir es sonst nur in der Schwangerschaft[1] finden.

Bei 4 Fällen von Hodensarkom war die HVR I positiv (1mal auch HVR II und III). Dieser Befund scheint mir sehr wichtig zu sein. *Vielleicht wird es möglich sein, durch Nachweis des Follikelreifungshormons (HVR I) im Harn des Mannes den malignen Hodentumor zu diagnostizieren.* Mein Material ist viel zu klein, um Abschließendes zu sagen. Weiterarbeit ist hier nötig!

Meine Untersuchungen über das Vorkommen des Follikelreifungshormons im Harn stützen sich auf 260 Hormonanalysen, ausgeführt an 206 Patienten (Tabelle 27).

Wir sehen aus der Zusammenstellung, *daß das Aufhören der Ovarialfunktion (Kastration) und die Tumorbildung im Organismus die wesent-*

---

[1] Bisher konnte bei malignen Tumoren viermal im Harn nicht nur die HVR I, sondern auch HVR II und III (also die Schwangerschaftsreaktion) nachgewiesen werden.

Hierbei handelte es sich in zwei Fällen um ein Portiocarcinom, wobei Aschheim und ich durch direkte Harneinspritzung die Schwangerschaftsreaktion erhielten.

Der dritte Fall ist das oben erwähnte Hodensarcom.

Den vierten Fall habe ich im letzten Jahr in unserem Krankenhaus (Berlin-Spandau) beobachtet. Es handelte sich um ein einjähriges Mädchen mit einem kopfgroßen Teratom der Nebennierengegend. Ich werde über diesen interessanten Fall, den ich Herrn Sanitätsrat Dr. Zapel verdanke, an anderer Stelle genauer berichten. Die Untersuchungen sind noch nicht abgeschlossen.

Tabelle 27. Gesamtmaterial. (Harnanalyse auf HVH-A.)

Nr.	Diagnose	Zahl der Fälle	Positiv	Positiv %
1	Gesunde und kranke Männer und Frauen	45	0	0
2	Klimakterium	20	5	25
3	Operative Kastration	12	9	75
4	Röntgenkastration	10	4	40
5	Gutartige Ovarialtumoren	6	0	0
6	Myome	14	5	35
7	Vulvacarcinom	3	3	100
8	Collumcarcinom und Rezidive	40	33	82,5
9	Corpuscarcinome	4	3	75
10	Ovarialcarcinome	8	6	75
	Genitalcarcinome insgesamt:	55	45	81,8
11	Extragenitale Carcinome bei Frauen	14	5	36
12	Extragenitale Carcinome bei Männern	30	4	13
		206		

lichen Faktoren sind, die zur erhöhten Produktion des Follikelreifungshormons führen.

Auch bei anderen Erkrankungen wird man hin und wieder das HVH-A im Harn einmal finden können, aber diese Verhältnisse spielen keine Rolle gegenüber der Kastration und dem Tumor. *Hierbei ist bei den Tumoren das Auffallende das häufige Vorkommen des Follikelreifungshormons gerade beim Genitalcarcinom der Frau, das nach dieser Richtung hin eine Ausnahmestellung einnimmt.*

Folgendes sei besonders hervorgehoben: In jedem Organismus kreist das im Hypophysenvorderlappen produzierte Follikelreifungs- und Luteinisierungshormon (A und B). Das Blut enthält beide Hormone, beide werden in kleinsten Mengen in jedem Frauenharn ausgeschieden (15 RE. pro Liter). Das gleiche ist der Fall bei der kastrierten oder carcinomatösen Frau, so daß beide Hormone A u. B im Harn zur Ausscheidung kommen können. Das Charakteristische bei der Kastration und dem Genitalcarcinom ist die *Überproduktion des Follikelreifungshormons, so daß das Verhältnis von HVH-A zu B weit zugunsten von Hormon A verschoben ist.* Bei Darstellung des HVH-A aus dem Harn einer Frau mit Genitalcarcinom fand ich[1] bei fünffacher Hormonkonzentration — mittels Fällung — nur die HVH-A-Reaktion, bei 50facher Konzentration aber auch die HVH-B-Reaktion. Das Verhältnis von A und B ist nicht bei allen Kastrierten und Carcinomatösen dasselbe. So konnte ich in einigen Fällen auch bei 50facher Harnkonzentration nur HVH-A finden (s. S. 133 u. 145).

---
[1] Noch nicht veröffentlicht.

Follikelreifungshormon im Blut bei Ovarialstörungen und malignen Tumoren.

Nachdem ich festgestellt hatte, daß beim Aufhören der Ovarialfunktion (Klimakterium und Kastration) sowie beim Carcinom der weiblichen Genitalorgane HVH-A in erhöhtem Maße ausgeschieden wird, interessierte mich die Frage, ob die Hormonvermehrung auch im Blute[1] nachweisbar ist. Die beim Harn angewandte Methode zum Nachweis kleiner HVH-Mengen (Alkoholfällung) ist mit Blut nicht durchführbar, weil bei der Alkoholfällung das Bluteiweiß mitgefällt wird und die Hormongewinnung aus der Eiweißfällung sehr schwierig ist und nur unvollkommen gelingt.

Ich habe daher das Blut direkt untersucht, indem ich große Serummengen injizierte. Diese werden von den infantilen Tieren nur vertragen, wenn das Serum mittels der Äthermethode entgiftet[2] ist. Jetzt kann man infantilen 30 g schweren Ratten 6mal 2 = 12 ccm Serum im Verlauf von 48 Stunden direkt injizieren. (Ich habe für die Serumversuche nicht Mäuse, sondern Ratten verwandt, weil diese größere Serummengen vertragen.) 12 ccm Serum entsprechen ungefähr 30 ccm Blut. Kann man durch 12 ccm Serum die HVH-Reaktion auslösen, so zeigt dieses, daß im Liter Blut 33 Ratteneinheiten vorhanden sind.

Methodik: Man läßt das zu untersuchende Blut 24 Stunden in einem weiten Gefäß stehen, damit das Serum sich gut absetzt. Durch Zentrifugieren kann man die letzten Serummengen gewinnen. In einem Schütteltrichter wird das Serum mit der vier- bis fünffachen Menge Äther pro narcosi 5—10 Minuten tüchtig geschüttelt. Dann läßt man das im Schütteltrichter untenstehende Serum ab und stellt es für einige Stunden in weitem Gefäß an das offene Fenster, damit der Äther verdampft. Es ist zweckmäßig, die Versuche erst 24 Stunden nach der Ätherbehandlung zu beginnen.

Nach der Ätherbehandlung hat das Serum oft eine leicht milchige Trübung, was aber ohne Einfluß auf die Versuche ist.

---

[1] Im Blut carcinomatöser Männer und Frauen haben DINGEMANSE, FREUD, DE JONGH und LAQUEUR (Arch. f. Gyn. 141, 225 [1930]) zuweilen einen hohen Gehalt an weiblichem Sexualhormon gefunden (bis 10000 ME. statt physiologisch 500 ME. pro Liter). Demnach müßte man schon durch 0,1 ccm Blut von Carcinomatösen die Brunstreaktion auslösen können. Ich habe das Blut von Männern mit klinisch sicher nachgewiesenem Carcinom untersucht. Ich verwandte das mit Natrium citricum versetzte Gesamtblut. Hierbei erhielten die kastrierten Mäuse steigende Dosen von 6mal 0,1 bis 6mal 0,4 ccm Blut. Selbst durch diese großen Mengen gelang es mir niemals, die Brunstreaktion auszulösen. Da in 2,4 ccm Blut nicht eine Einheit vorhanden war, sind im Liter Gesamtblut Carcinomatöser weniger als 440 ME. Folliculin vorhanden. Ich kann also die Angaben über einen hohen Folliculingehalt des Blutes Carcinomatöser nicht bestätigen.

[2] ZONDEK, B.: Klin. Wschr. 1930, Nr 21, 994/64.

268 Die Bedeutung des Follikelreifungshormons (HVH-A) beim Menschen.

Zu jedem Versuch habe ich vier infantile Ratten im Gewicht von 25—33 g verwandt, wobei jedes Tier im Verlauf von 48 Stunden 6 × 2 = 12 ccm Serum erhielt. Vom 3. Versuchstage an wird das Scheidensekret kontrolliert. Bei positiver Reaktion ist am 4. Versuchstage abends oder am 5. Versuchstage früh das reine Schollenstadium im Scheidenabstrich nachweisbar (Brunstreaktion). Am 5. Versuchstage vormittag wird das Tier getötet und die Genitalorgane untersucht. Zur Kontrolle sind Untersuchungen an kastrierten Mäusen erforderlich, um das Follikelreifungshormon (HVH-A) vom Folliculin zu unterscheiden, das trotz Ätherbehandlung aus dem Serum zuweilen nicht völlig entfernt ist.

Mit dieser Methodik habe ich[1], unterstützt durch meinen Assistenten, Herrn Dr. GRUNSFELD, bisher das Blut von 56 Menschen untersucht. Das Ergebnis ist in folgender Tabelle zusammengestellt:

Tabelle 28. Blutuntersuchung zum Nachweis von Follikelreifungshormon (HVH-A).

Nr.	Diagnose	Zahl der Fälle	Positiv	Positiv %
1	Kontrollen bei Frauen (gesunde und kranke)	13	0	0
2	Ovarielle Funktionsstörungen	10	2	20
3	Myome (+ Polypen)	9	1	11,1
4	Genitalcarcinome der Frau	16	10	62,5
5	Carcinome beim Mann	4	0	0

Die Kontrolluntersuchungen fielen sämtlich negativ aus. Hierbei handelte es sich um gesunde Frauen bezw. um Patientinnen mit leichten entzündlichen Erkrankungen der Beckenorgane, 2mal um Douglasabscesse, 2mal um Fälle von Endometritis.

Bei den ovariellen Funktionsstörungen war die Reaktion einmal bei einer 23jährigen, vor einem Jahr operativ kastrierten Patientin positiv, in einem zweiten Fall bei einer 31jährigen, wiederholt operierten Frau, die zwar noch ein Stückchen Ovarium besaß, aber an sehr schweren funktionellen Ausfallserscheinungen litt. Bei drei Klimakterischen war die Reaktion negativ.

Wir finden im Blut — ebenso wie im Harn — bei Tumoren, und zwar bei benignen und malignen Genitaltumoren, eine positive HVH-A-Reaktion. Allerdings fällt die Reaktion im Harn häufiger positiv aus als im Blut. So sehen wir beim Myom im Blut in 11,1%, im Harn hingegen in 35%, beim Genitalcarcinom im Blut bei 62,5%, im Harn aber in 81,8% die positive HVH-A-Reaktion.

Bei den Harnuntersuchungen (s. S. 250) erhielt jede Maus das in 9 ccm Urin vorhandene durch Fällung gewonnene Hormon. Bei den Blutuntersuchungen werden jeder Ratte 12 ccm Serum injiziert. Da die Ratte im allgemeinen für HVH-A wesentlich empfindlicher ist als die Maus

---

[1] Noch nicht veröffentlicht.

Follikelreifungshormon im Blut bei Ovarialstörungen und Tumoren. 269

(siehe S. 140), sind die verwendeten Blutmengen nicht nur absolut, sondern auch relativ größer als die angewandten Harnmengen. Trotzdem ist die HVH-A-Reaktion im Harn häufiger positiv als im Blut, mit anderen Worten: *der Urin ist hormonreicher als das Blut*. Aus diesem Ergebnis müssen wir schließen, daß der weibliche Organismus bestrebt ist, das in erhöhtem Maße produzierte, aber nicht verwendete HVH-A möglichst bald aus dem Körper durch den Harn auszuscheiden. (Das gleiche ist, wie wir gesehen haben, in der Schwangerschaft der Fall, nur daß hier HVH-A und B im Übermaß produziert und ausgeschieden werden.)

Zum Schluß möchte ich noch erwähnen, daß ich einige Male Gelegenheit hatte, carcinomatöse Ascitesflüssigkeit zu untersuchen[1] (Ovarialcarcinom, Lebercarcinom usw.). Wir injizierten infantilen Ratten 6mal 3 ccm der Ascitesflüssigkeit, nachdem sie durch Behandlung mit Äther entgiftet war. Die Versuche verliefen negativ. Die Zahl der untersuchten Fälle ist allerdings zu gering, um hier Abschließendes sagen zu können.

Was bedeutet die erhöhte Produktion von Follikelreifungshormon beim Carcinom, insbesondere beim Genitalcarcinom? Hierbei ist nur eine Vermutung möglich. Es wäre denkbar, daß das Carcinom selbst den Stoff produziert. In der Tat ist es mir gelungen, durch Einpflanzung von Carcinomgewebe, das durch Behandlung mit Äther entgiftet war, bei der infantilen Ratte die Brunstreaktion mit Vergrößerung der Ovarialfollikel auszulösen. Aber diese Reaktion ließ sich nur selten erzielen und nur nach Einpflanzung von größeren Gewebsmengen[2] (bei dreimaliger Implantation von 0,5—1 g frischem Carcinomgewebe). Das Vorkommen des Stoffes im Carcinom beweist allerdings in keiner Weise die Produktion in der Tumorzelle, zumal das Hormon hier nur selten und in geringer Quantität gefunden wird, so daß ich es für naheliegender halte, daß der Stoff im Übermaß im Vorderlappen der Hypophyse produziert und in den Carcinomzellen nur gespeichert wird. Oder man muß sich vorstellen, daß die erhöhte HVH-A-Produktion nur sekundärer Natur ist, d. h. daß der Vorderlappen nur auf die peripheren Wachstumsvorgänge beim Carcinom mit einer erhöhten Produktion des Follikelreifungshormons antwortet — im Sinne der peripheren endokrinen Theorie von H. ZONDEK. — Dafür spricht auch die Tatsache, daß ich im Ascites bei Ovarialcarcinom, also in einer Flüssigkeit, die in engstem Kontakt mit dem malignen Gewebe steht und durch diese bedingt ist, HVH nicht finden konnte, während das Hormon in demselben Organismus im Blut und Harn nachweisbar war. Hierbei war die injizierte Ascitesflüssigkeit sogar

---
[1] Noch nicht veröffentlicht.
[2] Nur beim Hodensarkom und Chorionepitheliom sind in kleinen Gewebsmengen (0,1 g) die HVH nachweisbar.

zwei- bis dreimal so groß wie die Harn- bzw. Blutmenge. Ich möchte also glauben, daß beim Carcinom, insbesondere beim Genitalcarcinom, eine echte Hyperfunktion des Vorderlappens besteht, wobei besonders interessant ist, daß im wesentlichen das Follikelreifungshormon, jedenfalls in einer viel stärkeren Konzentration als das Luteinisierungshormon, von der Hypophyse produziert wird.

Vielleicht ist die erhöhte Produktion des Follikelreifungshormons eine spezifische Abwehrreaktion des Körpers gegen das Carcinom. Hierfür spricht meine Beobachtung, daß die HVH-A-Ausscheidung im Harn beim Versiegen der Lebenskräfte aufhört (s. S. 261).

Jedenfalls weisen auch diese Untersuchungen beim Genitalcarcinom auf die besonderen Beziehungen zwischen Hypophyse und dem Genitalapparat hin. Hierbei sei hervorgehoben, daß HIRSCH und HOFBAUER schon vor Jahren versucht haben, Uterustumoren durch Röntgenbestrahlung der Hypophyse therapeutisch zu beeinflussen.

Die vorliegenden Untersuchungen führen uns wieder zur allgemeinen Pathologie. Nicht nur bei der Schwangerschaft und der Kastration, sondern auch bei den malignen Tumoren hat man anatomische Veränderungen im Hypophysenvorderlappen nachgewiesen (s. Kap. 28).

So beschrieben KARLEFORS, BERBLINGER und MUTH Vermehrung der Hauptzellen beim Carcinom und Sarkom. Es ist besonders interessant, daß BERBLINGER beim Genitalcarcinom in erhöhtem Maße die Vermehrung der Hauptzellen und Umwandlung in Schwangerschaftszellen nachweisen konnte. BERBLINGER nimmt an, daß die Eiweißspaltprodukte der zerfallenden Tumorzellen auf hämatogenem Wege als plasmafremde Stoffe die Veränderungen im Hypophysenvorderlappen auslösen, zumal er durch unspezifische Extrakte beim Kaninchen Veränderungen im Sinne der Schwangerschaftszellen hervorrufen konnte. Diese Anschauung würde im Sinne der vorher erwähnten peripheren Theorie sprechen, d. h. die Mehrproduktion des Follikelreifungshormons beim Carcinom wäre als sekundäre Reaktion zu betrachten, angeregt durch die Wachstums- und Zerfallsvorgänge im carcinomatösen Organismus.

32. Kapitel.
Die Folliculin- und die HV-Reaktionen in ihrer diagnostischen Bedeutung.

Die Brunstreaktion, die am kastrierten, geschlechtsreifen Nagetier durch Folliculin und die HVR I—III, die am Genitalapparat infantiler Nagetiere durch die Vorderlappenhormone ausgelöst werden, haben durch unsere Untersuchungen auch klinische Bedeutung erlangt. Durch den Nachweis einer qualitativ und quantitativ veränderten Hormonausscheidung im Harn, festgestellt an den genannten Reaktionen, können wir sichere klinische Diagnosen stellen bzw. einen Hinweis in diagnostischer Beziehung erhalten.

1. Bei bestimmten funktionellen Störungen der Frau wird Folliculin in erhöhtem Maße im Harn ausgeschieden. *Zu diesen von mir als ,,Poly-*

Biologische Diagnostik.

hormonale Krankheitsbilder" (s. Kap. 30) *bezeichneten Krankheitsstörungen gehört die Amenorrhöe, die Blutung und das erste Stadium des Klimakteriums.* Zum Nachweis wird je 6 ccm Frühurin einer kastrierten Maus injiziert. Tritt die Brunstreaktion (Schollenstadium) auf, so ist damit bewiesen, daß pro Liter Harn mindestens 166 ME. Folliculin ausgeschieden werden, was im allgemeinen nur bei polyhormonalen Störungen der Fall ist.

2. *Die Brunstreaktion habe ich als sichere Graviditätsdiagnose beim Pferd verwenden können* (s. Anhang S. 316). Neben dem Folliculin wird auch das Follikelreifungshormon des Hypophysenvorderlappens (HVH-A) in erhöhtem Maße im Harn trächtiger Stuten ausgeschieden. *Die Graviditätsdiagnose beim Pferd gründet sich also auf den Nachweis beider Hormone im Harn,* wobei das Verhältnis des Folliculins zum HVH-A etwa 10:1 beträgt. Der angesäuerte, mit Äther ausgeschüttelte Harn wird infantilen Ratten injiziert (6 × 0,05 bis 6 × 0,1 ccm). Reaktion positiv = Schollenstadium im Scheidensekret.

3. *Feststellung des Erlöschens der Sexualfunktion:* Bei dieser Funktionsstörung (Kastration) konnte ich Follikelreifungshormon (HVH-A) in 80% der Fälle in erhöhtem Maße im Harn (110 ME. pro Liter) nachweisen (Kap. 31). Das Hormon wird aus dem Frühurin in fünffacher Konzentration gefällt und infantilen Mäusen injiziert (s. S. 238). Reaktion positiv = Schollenstadium im Scheidensekret.

Die Reaktion habe ich auch mit Blut an infantilen Ratten angestellt, wobei jedes Tier 6 × 2 = 12 ccm durch Äther entgiftetes Serum erhält (s. S. 267).

4. *Auch beim Genitalcarcinom der Frau konnte ich in 80% der Fälle die erhöhte HVH-A-Ausscheidung nachweisen* (ebenfalls Hormonfällung). Im Blutserum ebenfalls erhöhter Hormonspiegel (s. S. 268). Da das Follikelreifungshormon (HVH-A) auch bei gutartigen Genitaltumoren der Frau in einem Drittel der Fälle im Harn auftritt, ist der HVH-A-Nachweis für die Diagnose des weiblichen Genitalcarcinoms nicht zu verwerten.

5. Vielleicht wird es aber möglich sein, die erhöhte Ausscheidung des HVH-A im Harn beim Mann für die Diagnose des malignen Hodentumors (Sarcom) zu verwenden. In vier bisher untersuchten Fällen war die Reaktion positiv. Das Material ist noch viel zu klein, um diese Frage zu entscheiden (s. S. 265). Bei nicht carcinomatösen Männern war die Reaktion stets negativ. Das Hormon wird aus dem Frühurin in fünffacher Konzentration gefällt und infantilen Mäusen injiziert. Reaktion positiv = Schollenstadium im Scheidensekret.

6. *Auf dem Nachweis der HVR II bzw. III beruht die hormonale Schwangerschaftsreaktion bei der Frau* (ASCHHEIM-ZONDEK). Reaktion positiv = Blutpunkt oder Corpus luteum im Ovarium der infantilen Maus (s. S. 300).

Tabelle 29. **Diagnostische Bedeutung**

Reaktion	Diagnose	Methodik	
		Ausgangsmaterial	Zubereitungs- u. Injektionsart
Folliculin = Brunstreaktion	Polyhormonale Krankheitsbilder: a) Amenorrhöe b) Blutung c) I = polyfolliculines Stadium der Klimax	Frühurin	6 × 1 ccm
Brunstreaktion durch Folliculin + HVR I	Graviditätsdiagnose beim Pferd	Frühurin	6 × 0,05—0,1 ccm mit Äther ausgeschüttelt
HVR I	Aufhören der Sexualfunktion: a) III = polyprolanes Stadium der Klimax b) Kastration (Röntgen und operativ)	Frühurin	Harn-Alkoholfällung mit 5facher Hormonkonzentration, so daß Hormon aus 9 ccm Harn zugeführt wird. Positiv = 110 ME. HVH-A pro Liter
HVR I	„	Serum	6 × 2 = 12 ccm Serum, durch Äther entgiftet
HVR I	Maligner Hodentumor?	Frühurin	Harn-Alkoholfällung mit 5facher Hormonkonzentration, so daß Hormon aus 9 ccm Harn zugeführt wird. Positiv = 110 ME. HVH-A pro Liter
HVR II	Schwangerschaftsschnelldiagnose (FSR) bei der Frau	Frühurin	Harn-Alkoholfällung mit 6facher Hormonkonzentration, so daß jedes Tier Hormon aus 14,4 ccm Schwangerenharn erhält
HVR II bzw. III	Schwangerschaftsdiagnose bei der Frau (Originalmethode)	Frühurin	Direkte Harninjektion 6 × 0,2—6 × 0,4 ccm

Methodik.

der Folliculin- und HV-Reaktionen.

Tierart	Methodik Reaktions-nachweis	Literatur	Bemerkungen
Kastrierte Maus	Schollen-stadium	Ztbl. f. Gynäk. 1930 Nr. 1 (B. Zondek)	
Infantile Ratte	Schollen-stadium	Erscheint Klin. Wschr. (B. Zondek)	
Infantile Maus	Schollen-stadium	Klin. Wschr. 1930 Nr. 6, 9, 15 u. 26 (B. Zondek)	
Infantile Ratte	Schollen-stadium	s. S. 267	
Infantile Maus	Schollen-stadium	s. S. 265	Methode aussichts-reich, aber Material noch zu gering!
Infantile Maus	Blutpunkt im Ovar	Klin. Wschr. 1930 Nr. 21 (B. Zondek)	Nur bei positivem Ausfall verwertbar. Nach 51—57 Std. positiv. Nicht so exakt wie die Origi-nalmethode von Aschheim-Zondek.
Infantile Maus	Blutpunkt oder Corpus luteum im Ovar	Klin. Wschr. 1928 Nr 30 und 31 (Aschheim u. B. Zondek)	Nach 100 Std. positiv. Fehlerquelle 1—2%. Durch Giftigkeit können 6—7% der Urine nicht unter-sucht werden. Durch Ätherbehand-lung (Zondek, Klin. Wschr. 1930 Nr 21) wird der Harn entgiftet!

7. *Auf dem Nachweis der HVRII basiert die von mir angegebene Schwangerschaftsschnellreaktion* (s. S. 307). Das Hormon (HVH) wird in sechsfacher Konzentration aus dem Frühurin gefällt, so daß jedes Tier Hormon aus 14,4 ccm Harn erhält (Fällungsschnellreaktion = FSR). Nur der positive Ausfall ist diagnostisch zu verwerten. Reaktion positiv = Blutpunkt im Ovar der infantilen Maus.

Die Folliculin- und HVR-Reaktionen sind in Tabelle 29 in ihrer diagnostischen Bedeutung und Wertigkeit zusammengestellt.

33. Kapitel.
Stoffwechsel und Sexualhormone.

Wir haben gesehen, daß die Sexualhormone in der Schwangerschaft und bei Erkrankungen (endokrine Störungen, Genitalcarcinom) in erhöhtem Maße produziert werden, daß sie also für den Gesamtorganismus von Bedeutung sind. Daß die Sexualdrüsen über die eigentliche Genitalsphäre hinaus — speziell für den Stoffwechsel — wichtig sind, ist durch klinische Beobachtung seit langem bekannt. So kann das Aufhören der Ovarialfunktion im Klimakterium zu Fettansatz führen, der im Volksmunde als Matronenspeck bezeichnet wird. In der Tierzucht bedient man sich seit langer Zeit der Kastration zur Förderung der Mast. Die Beziehung der Sexualdrüsen zum Stoffwechsel ist besonders durch LOEWY u. RICHTER[1] erforscht worden, die nach Kastration eine Senkung des O_2-Verbrauches um rund 15% im Tierversuch feststellten. Daß die Stoffwechselveränderungen durch den Ausfall der Sexualdrüsen bedingt waren, ging daraus hervor, daß LOEWY und RICHTER durch Fütterung der kastrierten Tiere mit Ovarialsubstanz den O_2-Verbrauch bis zur Norm erhöhen konnten. Der den Stoffwechsel beeinflussende Ovarialstoff geht nicht verloren, wenn man frische Ovarien geschlechtsreifer Kühe vorsichtig trocknet (s. S. 276). So dargestelltes Ovarialpulver[2] (Ovowop) wurde in Gemeinschaft mit BERNHARDT[3] auf seine Stoffwechselwirkung untersucht.

Frau M., 39 Jahre alt, wurden am 5. März 1920 Uterus und beide Ovarien exstirpiert. Der Stoffwechsel wurde seit 2 Jahren fortlaufend kontrolliert (ZUNTZ-GEPPERTsche Methode).

---

[1] LOEWY u. RICHTER: Arch. f. Anat. 1899, 174.

[2] Das „Ovowop" wird von der Degewop A.-G. Berlin-Spandau, Berliner Chaussee, hergestellt. Jedes Dragée enthält 0,15 g Trockensubstanz entsprechend 0,75—1 g frischer Drüse (Gesamtovarium). Neuerdings werden jedem Dragée 5 ME. Folliculin-Menformon zugesetzt. Die obigen Stoffwechseluntersuchungen wurden mit dem Ovarialpulver ohne Zusatz von Folliculin ausgeführt.

[3] ZONDEK, B. u. BERNHARDT: Klin. Wschr. 1925, Nr 42, 2001.

Ovowop, Folliculin und Stoffwechsel.

Tabelle 30.

Datum	Gewicht kg	O_2-Verbrauch ccm	Pro Minute		Respir.-Quot.
			CO_2-Ausscheidung ccm	Atemvol. ccm reduz.	
13. II. 1924	51	153,4	126	3726	0,84
22. II. 1924	49,2	152,66	116,25	3547	0,762

Vom 23. II. bis 10. III. 1924 2 mal täglich 1 g Ovarialpulver = Ovowop (entspricht 5 g frisches Ovar).

12. III. 1924	50,5	162,4	136,34	4004,2	0,84

Vom 13. III. bis 6. IV. 1924 2 mal täglich 1 g Ovowop.

7. IV. 1924	50,1	166,8	131	3850,2	0,79

Vom 7. IV. bis 15. IV. 1924 2 mal täglich 1 g Ovowop.

16. IV. 1924	51,5	164,70	126,16	3495	0,766

Vom 16. IV. bis 13. V. 1924 2 mal täglich 1 g Ovowop.

14. V. 1924	50,5	171,9	145	4099,6	0,84

Wie aus der Tabelle ersichtlich, stieg der Sauerstoffverbrauch nach der oralen Zufuhr von Ovowop von 153,4 ccm aus 171,9 ccm, also um 12,4%. Heyn[1] kam bei seinen Nachprüfungen zu gleichartigen Ergebnissen. Durch Zufuhr von täglich 6 Tabletten Ovowop konnte er bei kastrierten Frauen eine ziemlich schnell einsetzende Steigerung des Grundumsatzes bis zu 20% erreichen.

Die Stoffwechselwirkung kann durch Ovarialtransplantation (s. S. 19) und durch orale Zufuhr des pulverisierten gesamten Ovariums ausgelöst werden.

Wie wirkt nun das den Oestrus auslösende, in den menschlichen und tierischen Follikelzellen produzierte Folliculin auf den Stoffwechsel? Mit dieser Frage hat sich Köhler[2] (I. innere Abteilung des Urban-Krankenhauses von H. Zondek) eingehend beschäftigt. Bei einer großen Zahl von Patientinnen mit sichtbaren Zeichen gestörter Keimdrüsenfunktion wurde der Gasstoffwechsel genau bestimmt, und dann 2—4 Wochen täglich 80 Einheiten Folliculin subcutan injiziert. *Eine Beeinflussung des Gasstoffwechsels durch Folliculin konnte nicht festgestellt werden.* Hiermit stimmen auch die Untersuchungen von Soda[3] überein, der durch Folliculin (10—80 ME. täglich) bei normalen und kastrierten Ratten keinerlei Änderungen in der Oxydation — gemessen am Periodendurchschnittsoxydationsquotienten des Harns — feststellen konnte. Im Gegensatz dazu stehen die von Laqueur und seinen Mitarbeitern[4] im Tierver-

---

[1] Heyn: Dtsch. med. Wschr. **1926**, Nr 32, 1331.
[2] Köhler: Klin. Wschr. **1929**, Nr 11, 502.
[3] Soda: Ztbl. f. Gynäk. **1930**, Nr 4, 215.
[4] Laqueur, Hart u. de Jongh: Dtsch. med. Wschr. **1926**, Nr 32, 1331.

such erzielten Ergebnisse. Bei 12 kastrierten Rattenweibchen konnte durch Zuführung von je 5—16 ME. Menformon ein steigender Einfluß auf den Stoffwechsel festgestellt werden, was mit anderen Organextrakten (Leber) nicht zu erzielen war. Die Untersuchungen an 6 kastrierten Rattenböcken (Zufuhr von je 6 Einheiten) ergaben keine Stoffwechselwirkung, so daß die Autoren daraus schließen, daß das Follikelhormon seinen spezifischen Einfluß auf den Stoffwechsel nur bei weiblichen, nicht bei männlichen Kastraten ausübe. In diesem Zusammenhang sei auf die Untersuchungen von KOCHMANN und WAGNER[1] hingewiesen, die durch Zuführung von Extrakt aus frischen Ovarien im Tierversuch (Ratten) eine Stoffwechselwirkung erzielen konnten, die aber ausblieb, wenn das Extrakt über 70° erwärmt wurde. Die Autoren schließen daraus, daß der Stoffwechselstoff mit dem Folliculin nicht identisch sein kann, da das Folliculin (s. S. 90), thermostabil ist.

Wir sehen also folgendes: Beim Menschen wird durch das reine weibliche Sexualhormon, Folliculin, keine Stoffwechselsteigerung (KOEHLER) erzielt, wohl aber durch homoioplastische Ovarialtransplantation (S. 18) bzw. durch Zuführung von Trockenpulver des gesamten Ovariums (B. ZONDEK und LOEWY[2], B. ZONDEK und BERNHARDT[3], HEYN u. a.). Im Tierversuch Stoffwechselsteigerung durch Zuführung eines mit dem Folliculin nicht identischen Ovarialextraktes (KOCHMANN und WAGNER).

Die Angaben von LAQUEUR über Stoffwechselsteigerung durch das reine weibliche Sexualhormon passen in diesen Zusammenhang nicht hinein, da es sehr unwahrscheinlich ist, daß im Ovarium neben dem thermolabilen noch ein thermostabiler Stoffwechselstoff produziert wird.

Auf Grund der vorliegenden Befunde müssen wir vielmehr annehmen, *daß im Ovarium ein mit dem Folliculin nicht identischer Stoff vorhanden ist, der den durch die Kastration herabgesetzten Grundumsatz auf die Norm zu heben imstande ist.*

Die Beziehung der endokrinen Drüsen, insbesondere des Ovariums, zum Stoffwechsel habe ich seit vielen Jahren in Gemeinschaft mit meinem Bruder H. ZONDEK untersucht. Auf Grund klinischer Beobachtungen kamen wir immer mehr zu der Überzeugung, daß der Einfluß der Ovarien auf den Stoffwechsel weit überschätzt wird. *Jedenfalls hat das Ovarium, wenn überhaupt, als Stoffwechseldrüse im Organismus nur eine untergeordnete Bedeutung*, z. B. im Vergleich zur Schilddrüse. Wir sehen häufig genug kastrierte Frauen, die gar nicht zur Fettsucht neigen, so daß man annehmen muß, daß bei diesen der Funktionsausfall der Sexualdrüsen im Stoffhaushalt durch andere endokrine Drüsen sofort kompensiert wird. Jedenfalls besteht keine Gesetzmäßigkeit zwi-

---

[1] KOCHMANN u. WAGNER: Z. exper. Med. 53, H. 5/6, 705 (1927).
[2] ZONDEK, B.: Zeitschr. f. Geb. u. Gynäk. 86, 276 (1923).
[3] ZONDEK, B. u. BERNHARDT: Klin. Wschr. 1925, Nr 42.

schen Kastration und Fettsucht, wie z. B. zwischen Entfernung der Schilddrüse und dem Myxödem. Die Stoffwechselveränderung nach Kastration ist wohl nicht so sehr auf den Ausfall der Sexualdrüse als vielmehr auf die dadurch bedingte Umstellung im endokrinen Apparat zurückzuführen. Als Beweis für diese Auffassung führe ich die von mir festgestellte Tatsache an, daß im Klimakterium und insbesondere nach Kastration der HVH-Haushalt entscheidend geändert wird. Wir haben im vorigen Kapitel gesehen, daß das nach der Kastration im Übermaß produzierte Follikelreifungshormon (HVH-A) noch 1 Jahr lang im Harn ausgeschieden wird, bis der Körper sich auf einen anderen Gleichgewichtszustand im endokrinen System umgestellt hat.

Welche Wirkung haben nun die Vorderlappenhormone selbst auf den Stoffwechsel? Im Hypophysenvorderlappen werden mehrere Hormone produziert, die auf den Sexualapparat wirkenden Hormone (A u. (B und ein den Stoffwechsel beeinflussender Stoff (S. 135—137). In dem von uns aus Schwangerenharn dargestellten Prolan sind beide Komponenten vorhanden, die übergeordneten Sexualhormone und der Stoffwechselstoff. Die von KOEHLER[1] mit unserem Prolan ausgeführten Stoffwechseluntersuchungen ergaben, daß *Prolan bei oraler und parenteraler Zufuhr den Grundumsatz[2] senkt (4—17%), daß ferner die spezifisch-dynamische Wirkung um 2—17% gesteigert wird.*

Zu gleichen Ergebnissen kam HERZFELD[3].

Durch die Kastration wird der Hypophysenvorderlappen zu erhöhter Funktion angeregt, so daß 1 Jahr lang Follikelreifungshormon (HVH-A) in erhöhtem Maße produziert wird. Es liegt nahe, daran zu denken, daß auch der im Vorderlappen produzierte Stoffwechselstoff nach der Kastration mobilisiert wird, und daß dieser an der Herabsetzung des Sauerstoffverbrauches, d. h. der Senkung des Grundumsatzes, mitwirkt.

Zusammenfassend sei über die Beziehung der Sexualdrüsen und Sexualhormone zum Stoffwechsel folgendes gesagt: *Das Ovarium spielt im Stoffhaushalt nur eine untergeordnete Rolle im Vergleich zu anderen endokrinen Drüsen* (Schilddrüse). Die nach der Kastration häufig, aber nicht regelmäßig auftretende Senkung des Grundumsatzes ist bedingt

1. durch den Ausfall des im Ovarium vorhandenen Stoffwechselstoffes,
2. durch die Umstellung im endokrinen System, wobei es zu einer

---

[1] KOEHLER: Klin. Wschr. 1930, Nr. 3, 110.
[2] Daß der Stoffwechsel durch die Hypophyse beeinflußt wird, hat KESTNER bewiesen. Nach Hypophysenexstirpation trat bei Hunden eine Erniedrigung der spezifisch-dynamischen Wirkung ein, die durch Zuführung von Vorderlappensubstanz wieder gesteigert wurde (s. auch S. 135).
[3] HERZFELD: Dtsch. med. Wschr. 1930, Nr. 37.

Hyperfunktion des Hypophysenvorderlappens kommt — nachweisbar durch erhöhte Produktion des HVH-A.

Ich möchte glauben, daß die Kastration auch eine erhöhte Mobilisierung des im Hypophysenvorderlappen gebildeten Stoffwechselstoffes auslöst, der, wie feststeht, eine Herabsetzung des Grundumsatzes und eine Erhöhung der spezifisch-dynamischen Wirkung herbeiführt.

Das *im Follikelapparat des Ovariums produzierte Folliculin ist ohne Einfluß auf den Stoffwechsel, während durch Zuführung des gesamten Eierstocks (Transplantation, Ovarialpulver), der auch den thermolabilen Stoffwechselstoff enthält, eine Steigerung des Grundumsatzes ausgelöst wird.*

In dem von uns dargestellten Hypophysenvorderlappenhormon = Prolan ist auch die Stoffwechselkomponente vorhanden, *Prolan bewirkt beim Menschen bei parenteraler und oraler Zuführung eine Herabsetzung des Grundumsatzes und Erhöhung der spezifisch-dynamischen Wirkung.*

34. Kapitel.
Die klinische Anwendung von Folliculin und Prolan.

Die beschriebene Wirkung des Folliculins und Prolans auf den Stoffwechsel des Menschen ist für die klinische Anwendung dieser Hormone von untergeordneter Bedeutung, z. B. im Vergleich zum Thyroxin. Jedes Hormon ist charakterisiert durch die spezifische Wirkung auf die zu seiner Drüse gehörigen Erfolgsorgane. Auf Grund der biologischen Untersuchungen müssen wir beim Folliculin eine spezifische Wirkung auf die Erfolgsorgane des Eierstocks, d. h. auf den Uterus, beim Prolan hingegen eine spezifische Wirkung auf das Erfolgsorgan des Hypophysenvorderlappens, d. h. auf die Sexualdrüsen (Ovarium, Hoden), annehmen.

Als Autor ist man subjektiv eingestellt und leicht geneigt, bei Anwendung von selbstgefundenen Mitteln Erfolge zu sehen, die vielleicht gar nicht auf die Mittel zurückzuführen sind. Ich glaube aber sagen zu können, daß ich auch bei meinen klinischen Untersuchungen sehr kritisch vorgegangen bin, so daß meine Erfahrungen nicht ohne Wert sein dürften. Ich möchte vor allem vor kritikloser Anwendung von Folliculin und Prolan warnen. Jeder klinische Fall liegt anders, so daß er nur durch exakte Analyse geklärt werden kann. Immer ist ein genauer Genitalbefund und umfassende Allgemeinuntersuchung[1] erforderlich. In jedem Falle ist Hormonanalyse des Harns und meist auch des Blutes notwendig, um zu einer möglichst exakten Diagnose zu kommen. Selbstverständlich ist die Hormonbehandlung kein Allheil-

---
[1] Hierzu gehört: a) Prüfung des Grundumsatzes, b) Wasserversuch zur Feststellung etwaiger Wasserretention, c) Kochsalzbelastungsversuch, d) Zuckerbelastungsversuch, e) Röntgenaufnahme der Sella turcica.

mittel, sondern nur *ein* Faktor in unseren therapeutischen Bemühungen. Wer wahllos Folliculin und Prolan — gewissermaßen als Reflextherapie — bei allen möglichen ovariellen Störungen anwendet, wird keine Erfolge haben können. In der Hand des geübten Gynäkologen und guten Arztes werden Folliculin und Prolan — dessen bin ich sicher — erwünschte Heilmittel in den Grenzen ihrer Leistungsfähigkeit sein. Dabei muß man sich bewußt sein, daß diese beiden Hormone aus unbekannten Gründen beim Menschen zuweilen überhaupt nicht oder nur sehr schwach wirken können, wie dies auch bei anderen Hormonen (z. B. Thyroxin und Insulin) gelegentlich vorkommen kann.

Ich verfüge über ein großes klinisches Material, da mir viele Fälle von funktionellen Ovarialstörungen in den letzten Jahren zugegangen sind. Über die Ergebnisse sei im folgenden zusammenhängend berichtet:

A. Folliculin[1].

1. Orale Wirksamkeit des Folliculins.

Für die klinische Anwendbarkeit ist die Frage der oralen Wirksamkeit von grundlegender Bedeutung. Während z. B. das Schilddrüsenhormon (Thyroxin) oral wirksam bleibt, ist dies beim Insulin, Hypophysin und Adrenalin nicht der Fall. Das Folliculin wird durch den Magen-Darmkanal nicht zerstört, allerdings wird seine Wirksamkeit erheblich vermindert. Das Verhältnis der oralen zur parenteralen Dosis habe ich folgendermaßen bestimmt. Ich habe bei kastrierten Mäusen in der Magengegend ein viereckiges Haut- und Muskelstück ausgeschnitten und die Magenwand in dieses Fenster eingenäht (Gastrofixur). Nun werden *titrierte Folliculinlösungen direkt in die Magenhöhle injiziert* und die Dosis festgestellt, die das kastrierte Tier in die Brunst bringt, d. h. im Scheidenabstrich das reine Schollenstadium auslöst. Diese Methode halte ich für exakter als jede Art der Verfütterung, weil bei der direkten Injektion in den fixierten Magen Hormon nicht verloren gehen kann. In Kontrollversuchen hatte ich vorher durch Einspritzen von Methylenblau festgestellt, daß die blaue Lösung vom Magen in den Darm wandert, daß aber Farbstoff in die Magenwand oder in die freie Bauchhöhle nicht gelangt.

Die Untersuchungen ergaben, daß *bei oraler Darreichung von Folliculin zur Brunstauslösung die fünffache Dosis nötig ist im Vergleich zur parenteralen Applikation*. Nebenbei sei bemerkt, daß das Hormon auch von der Haut aus resorbiert wird (Salbeneinreibung in die rasierte Haut), wobei das Verhältnis der Hautdosis zur parenteralen Dosis 1 : 7 beträgt. Bei rektaler Darreichung (Suppositorien) braucht man die 15fache Hormondosis.

---

[1] ZONDEK, B.: Klin. Wschr. 1929, Nr 48, 2229.

Ich fand also folgende Beziehungen: Parenterale zur oralen Folliculindosis $= 1 : 5$, parenterale zur Hautdosis $= 1 : 7$, parenterale zur rektalen Dosis $= 1 : 15$.

2. Dosierung des Folliculins.

Die Frage der therapeutischen Dosierung ist noch immer nicht geklärt. Zweifellos spielen individuelle Faktoren eine große Rolle, so daß man die Dosis für den einzelnen Fall schwer angeben kann. Es hat keinen Zweck zu große Mengen zuzuführen, weil das vom Organismus nicht verwertete Hormon sofort ausgeschieden wird. Ich habe bei einem jungen Mädchen, das mit 20 Jahren wegen doppelseitiger Ovarialtumoren kastriert war, Ausscheidungsversuche bei Darreichung von hohen Hormondosen angestellt. Die Patientin erhielt täglich 5000 Einheiten Folliculin subcutan (Darstellung der konzentrierten Hormonlösungen s. S. 88). Bei parenteraler Zuführung von 10000 Einheiten Folliculin fand ich, daß etwa 60% des Hormons in den nächsten 36 Stunden im Harn ausgeschieden werden. Vor kurzem hat SIEBKE[1] aus der SCHROEDERschen Klinik in sehr mühevollen Untersuchungen die Gesamtausscheidung des Folliculins während eines mensuellen Zyklus untersucht und hierbei nicht unerhebliche Schwankungen beobachtet. Bei normalem Zyklus fand er im Harn 250—2000 ME. Folliculin. Dieselbe Menge wird auch im Kot ausgeschieden, so daß nach SIEBKE mit 4000 ME. in den Exkreten der obere Wert der Hormonausscheidung während eines mensuellen Zyklus erreicht ist. Bei der Titration hat SIEBKE nicht das reine Schollenstadium (Vollbrunsteinheit), sondern ein Übergangsstadium gewählt, so daß seine Hormonwerte im Vergleich zu meinen Bestimmungen höher liegen.

Nach den eben genannten Zahlen können wir annehmen, daß vielleicht Tausende von Einheiten für therapeutische Zwecke notwendig sind. Zur Zeit ist die Beschaffung des Hormons noch kostspielig, so daß wir nicht mit so hohen Hormondosen arbeiten können, wie sie in manchen Fällen vielleicht notwendig sind. Aus dem neuerdings von mir gefundenen, außerordentlich reichen Ausgangsmaterial (Harn trächtiger Pferde) wird sich leicht billiges, hochkonzentriertes Folliculin darstellen lassen (s. S. 81 und 85).

Ich möchte glauben, daß viele Mißerfolge in der Folliculintherapie darauf beruhen, daß die Diagnose nicht exakt gestellt wird, so daß das Folliculin als eine Reflextherapie bei allen möglichen ovariellen und nicht ovariellen Störungen angewandt wird.

Im folgenden sollen die einzelnen Indikationsgebiete und die von mir verwandten Dosen besprochen werden.

---

[1] SIEBKE, Zbl. f. Gynäk. **1929**, Nr 39, **1930**, Nr 26, 28.

a) *Klinische Anwendung des Folliculins bei Amenorrhöe.*

Folliculin kann nur bei endokrin bedingten Amenorrhöen helfen. Die Amenorrhöe ist nur ein *Symptom* und als solches Begleiterscheinung mannigfacher Störungen. Bei den auf Allgemeinerkrankungen beruhenden Amenorrhöeformen (Tuberkulose, Diabetes, Infektionskrankheiten, Avitaminose usw.) sowie bei der klimaktisch bedingten Amenorrhöe, kann Folliculin nicht nützen.

In der Jetztzeit muß auch auf die durch Abmagerungskuren und übertriebene sportliche Betätigung — infolge der Sucht des Schlankseins — hervorgerufene Amenorrhöe hingewiesen werden. Hier ist Folliculin nicht angebracht, sondern Regelung der Lebensweise, am besten Mastkur mit Unterstützung durch Insulin.

Die mit Stoffwechseländerung, insbesondere Fettansatz einhergehende Amenorrhöe ist häufig thyreogen bedingt. Hierbei nützt das Folliculin wenig. Entfettung unter Verwendung von Thyreoidin beeinflußt hier auch meist die Amenorrhöe.

Da die Hypophysenvorderlappenhormone die übergeordneten Sexualhormone sind, muß die mangelhafte HVH-Produktion zur Amenorrhöe führen. Bei normaler HVH-Produktion kann durch Zerstörung des Ovarialgewebes die sekundäre Folliculinproduktion im Eierstock ausbleiben und dadurch die Amenorrhöe hervorgerufen werden.

Bei der folliculinogenen Amenorrhöe müssen wir zwei Arten unterscheiden, die polyhormonale und oligohormonale Amenorrhöe. Wie wir zeigen konnten, kann durch eine Überproduktion des Hormons, durch einen Dauerreiz auf die Uterusschleimhaut die Blutung hinausgeschoben und dadurch eine Amenorrhöe (s. S. 240) ausgelöst werden. Hierbei fühlt sich der Uterus weich an, die Scheidenschleimhaut ist livide, die Brüste sind zuweilen geschwollen, kurz ein Bild, das mit einer jungen Gravidität verwechselt werden kann. Die Differentialdiagnose zwischen Gravidität und polyhormonaler Amenorrhöe kann exakt durch hormonale Harnanalyse gestellt werden. Bei einer Gravidität finden wir, wie Aschheim und ich zeigten, im Harn HVH, bei der polyhormonalen Amenorrhöe finden wir niemals HVH, hingegen Folliculin. Durch die Harnuntersuchung ist auch die differentialdiagnostische Abgrenze zwischen der poly- und oligohormonalen Amenorrhöe möglich. Bei der oligohormonalen Amenorrhöe finden wir im Harn kein bzw. nur geringe Mengen Folliculin, bei der polyhormonalen Amenorrhöe aber eine Ausscheidung von 200 E. Folliculin pro Liter Harn. Man injiziert (s. S. 236) einer kastrierten, 20 g schweren Maus im Verlauf von 48 Stunden sechsmal 1,0 ccm des schwach angesäuerten und filtrierten Frühurins. Wird die Maus 100 Stunden nach Beginn der Injektion östrisch, so wissen wir, daß eine polyhormonale Amenorrhöe vorliegt. Hierbei kann man durch Folliculin nur schaden. Wir finden in solchen

Fällen palpatorisch häufig neben dem vergrößerten Uterus auch einen vergrößerten, manchmal cystischen Follikel im Eierstock. Durch Punktion dieses Follikels von der Scheide aus, sowie durch Zerdrücken des Follikels im Chloräthylrausch habe ich wiederholt die Amenorrhöe [1] beseitigen können. Dies Verfahren ist nur möglich, wenn man seiner Diagnose absolut sicher ist (Verwechslung mit Extrauteringravidität möglich. Differentialdiagnose wird durch Harnanalyse gestellt. Bei stehender Extrauteringravidität ist die Schwangerschaftsreaktion positiv (s. S. 314), bei cystischem Follikel negativ).

So bleibt als Hauptanwendungsgebiet für das Folliculin die oligohormonale Amenorrhöe. Bei hochgradiger Hypoplasie wird man den mangelhaft entwickelten, harten Uterus kaum beeinflussen können. Je weniger rückentwickelt der Uterus, um so besser sind die Erfolge unserer hormonalen Therapie. Ich unterscheide klinisch eine Hypoplasie 1.—3. Grades je nach der Länge des Uterus.

Hypoplasia uteri 1. Grades = Uterussondenlänge $6^1/_2$—$5^1/_2$ cm; Hypoplasia uteri 2. Grades = Uterussondenlänge 5—$3^1/_2$ cm und Hypoplasia uteri 3. Grades = Uterussondenlänge unter $3^1/_2$ cm.

Besteht eine Amenorrhöe bei einer Hypoplasia uteri 3. Grades, so habe ich bisher mit Folliculin keine Erfolge gesehen. Bei Hypoplasia uteri 2. Grades werden die Erfolge besser, am meisten Aussicht besteht bei einer Amenorrhöe, die mit einem hypoplastischen Uterus 1. Grades vergesellschaftet sind.

Ich kombiniere jetzt bei der Amenorrhöebehandlung Prolan mit Folliculin. Prolan ist imstande sowohl die Follikelreifung und Folliculinproduktion (HVH-A) wie die Bildung des gelben Körpers (HVH-B) auszuösen. Durch Prolan — das übergeordnete Sexualhormon — können wir also im Ovarium sowohl die Produktion des Folliculins wie des Lutins hervorrufen. Wir besitzen daher im Prolan das wirksamere hormonale Mittel, müssen aber daran denken, daß das Folliculin seinerseits auch eine stimulierende Wirkung auf den Vorderlappen haben kann (s. S. 232), daß also auch durch Folliculin unter Umständen die Prolanproduktion im Organismus angeregt werden kann.

Je mehr man sich in die ovariellen Krankheitsbilder vertieft, um so mehr erkennt man, daß man in jedem einzelnen Falle mit der Dosierung individualisieren muß. Man muß in nach Zuführung des Hormons die etwaige Ausscheidung des Folliculins im Harn kontrollieren, um nicht durch zu starke Hormonzufuhr eine funktionelle Überbelastung im Sinne einer polyhormonalen Störung auszulösen. Die genaue Kenntnis der ovariellen Krankheitsbilder und die sich daraus ergebende Dosierung

---

[1] Das gleiche Verfahren hilft auch (s. S. 284) bei der polyhormonalen Blutung.

wird nur dem Spezialisten möglich sein. Es ist aber notwendig, dem Praktiker Anhaltspunkte für die Therapie zu geben. In diesem Sinne möchte ich die folgenden Schemata aufgefaßt wissen.

Bei der echten oligohormonalen Amenorrhöe mache ich eine kombinierte Kur mit Prolan und Folliculin. 9 Tage werden täglich 100 bis 200 RE. Prolan[1] intramuskulär injiziert. Dann folgt eine 18tägige Nachbehandlung mit Folliculin und zwar mittels Injektion und oraler Darreichung.

1.—9. Tag	10.—15. Tag	16.—21. Tag	21.—27. Tag
Tägl. 100 bis 200 RE. Prolan intramuskulär.	2mal tägl. 100 ME. Folliculin per os, 40—100 ME. Folliculin subcutan.	2mal tägl. 200 bis 300 ME. Folliculin per os, 100 ME. Folliculin subcutan.	2 mal tägl. 300 bis 400 ME. Folliculin per os, 200 ME. Folliculin subcutan.

Nach dieser Kur 4 Wochen Pause, dann Wiederholung der obigen Kur. Jetzt wieder 4 Wochen Pause und nochmalige Wiederholung der Kur.

b) Zyklusstörungen.

Bei menstruellen Zyklusstörungen, d. h. bei verändertem Intervall der Blutung, kann man durch Folliculin zweifellos Erfolge erzielen. Die Anomalien beruhen auf gestörtem Ablauf der Eireifung, der Bildung des Corpus luteum und dem Eitod, abhängig von falscher Steuerung durch den Hypophysenvorderlappen.

Diese Zyklusstörungen habe ich meist ohne Prolan, nur mit Folliculin günstig beeinflussen können. Die Kur setzt postmenstruell, d. h. sofort nach Aufhören der Blutung ein. Die Behandlung muß sich, da man den Termin der Wiederkehr der Blutung nicht kennt, auf einen kürzeren Zeitraum beschränken. Ich wende folgende Dosen an:

1.—5. Tag	5.—10. Tag	10.—15. Tag
1 mal täglich 100 ME. Folliculin per os, 40 ME. Folliculin subcutan.	2—3mal täglich 100 ME. Folliculin per os, 100 bis 200 ME. Folliculin subcutan.	3—4mal täglich 100 ME. Folliculin per os, 200 bis 300 ME. Folliculin subcutan.

c) Blutungen.

Die sachgemäße Behandlung der Uterusblutungen gehört wohl zu den schwierigsten Aufgaben des Gynäkologen. Leider verwirren sich die Begriffe hier immer mehr. Alle Blutungen ohne organische Ursache

---

[1] 1 Ampulle Prolan = 100 RE.

werden in den Topf der sogenannten ovariellen Blutungen geworfen und hormonal zu behandeln versucht. Diese Blutungen können aber die verschiedenste Ursache haben, und es muß zu falschen therapeutischen Konsequenzen führen, wenn man sie sämtlich als ovarielle Blutungen bezeichnet. Wir haben früher das Krankheitsbild der polyhormonalen Amenorrhöe beschrieben. Wir wissen nun, daß es auch eine polyhormonale Blutung gibt (s. S. 243), wo durch Überproduktion des Folliculins und durch Ausbleiben der Corpus luteum-Bildung eine abnorme Proliferation der Schleimhaut mit häufig glandulär cystischer Hyperplasie[1] ausgelöst wird. Durch mangelnden Abbau der Uterusschleimhaut kommt es zur Dauerblutung. In diesen Fällen kommt die Hormonbehandlung nicht in Frage. Hier muß man den cystischen Follikel entfernen oder durch Curettage der Schleimhaut das Krankheitsbild zu beeinflussen versuchen.

Es gibt aber eine Reihe von Blutungen, bei denen wir keine polyhormonalen Störungen finden, bei der auch im Ovarium und in der Uterusschleimhaut sich nicht die Veränderungen im Sinne des oben skizzierten Krankheitsbildes finden. Diese Blutungen[2] können äußerst langdauernd sein, sie können zu schweren sekundären Anämien führen und sind therapeutisch schwer zu beeinflussen. Jeder Gynäkologe kennt in seiner Praxis diese bedrohlichen Fälle, bei denen man zunächst alle möglichen Styptica verwendet, dann zu Kalkpräparaten übergeht, schließlich Milz- und Leberbestrahlungen verordnet und in verzweifelten Fällen aus vitaler Indikation sich zur Röntgenkastration und Uterusexstirpation entschließen muß. Ich habe in solchen Fällen Folliculin angewandt und häufig Erfolge gesehen, wenn die anderen Mittel versagten. Selbstverständlich ist die Folliculinbehandlung nur *ein* Mittel zur Bekämpfung dieser schweren Krankheit, aber jede neue Waffe muß uns bei dieser schweren Störung willkommen sein. Hierbei muß man große Folliculindosen geben, und zwar intravenös. Ich gebe 6—10 Tage hintereinander täglich zweimal 100—200 ME. Folliculin *intravenös*, daneben zweimal täglich 500 ME. per os.

Worauf die therapeutische Wirkung des Folliculins in diesen Fällen zurückzuführen ist, vermag ich noch nicht zu sagen. Ob die Wirkung auf die Uterusschleimhaut von ausschlaggebender Bedeutung ist, erscheint mir zweifelhaft. Ich möchte lieber keine Theorien entwickeln, sondern nur diese klinische Beobachtung mitteilen.

---

[1] Metropathia haemorrhagica nach SCHROEDER, PANKOW.
[2] Die thrombopenischen Uterusblutungen sind hormonal schwer zu beeinflussen. In jedem Fall ist eine genaue Blutuntersuchung (Zahl der Thrombocyten!) notwendig, um die durch Bluterkrankung bedingten Uterusblutungen sicher ausschließen zu können.

d) Klimakterium.

Bei klimakterischen Störungen werden Ovarialpräparate gewissermaßen reflektorisch verordnet. Ausfall der Ovarialfunktion, also Ersatz durch Ovarialhormon. Dieser Schluß ist nur richtig bei der operativen Kastration, wo bei der plötzlichen Entfernung der Eierstöcke Ersatz durch Hormonzufuhr geschaffen werden muß.

Im ersten Stadium des Klimakteriums kommt es meist (siehe S. 244) zu einem Folliculinüberschuß, so daß in dieser an sich polyhormonalen Phase die Anwendung von Folliculin kontraindiziert ist. In der zweiten Phase, der oligohormonalen, besteht eine mangelnde Folliculinproduktion, so daß man jetzt mit Erfolg Folliculin anwenden kann. Ich gebe in solchen Fällen täglich 2—300 ME. Folliculin per os, bei schweren Störungen 100—300 ME. intravenös.

e) Sterilität.

Jeder Gynäkologe kennt zur Genüge jene Fälle von Sterilität, bei denen wir keine organische Erklärung für das Ausbleiben der Befruchtung finden. Der gynäkologische Tastbefund und der menstruelle Zyklus sind normal. Die operative Behandlung mittels Discision, Curettage, antefixierende Behandlung des Uterus sind bereits ohne Erfolg ausgeführt. Die Durchblasung der Tuben hat das Offensein der Eileiter ergeben, die Bäderbehandlung in Franzensbad, Elster u. a. hat keinen Erfolg gezeigt. Von der Sehnsucht nach einem Kinde getrieben, gehen die Frauen von Arzt zu Arzt. Ich habe bei derartigen Patientinnen die Hormontherapie, die zum mindesten eine harmlose Behandlung ist, versucht und möchte bei aller Kritik hier mitteilen, daß ich in einer Reihe von Fällen so frappante Erfolge gesehen habe, daß ich diese auf die hormonale Therapie zurückführen muß. Unter mehreren Mißerfolgen habe ich im Laufe der letzten 4 Jahre bei zwölf Frauen meiner Privatpraxis die zum Teil jahrelang bestehende Sterilität beseitigen können. Fünf Patientinnen waren aus dem Ausland gekommen, nachdem sie von Land zu Land und von Arzt zu Arzt gegangen waren. Die Vorbedingung für die hormonale Therapie ist selbstverständlich das Offensein der Tuben, wovon man sich — vor Ausführung der Therapie — durch die Durchblasung leicht überzeugen kann. Der Uterus darf nicht zu stark zurückgebildet sein, so daß die Fälle mit Hypoplasia uteri 1. Grades am geeignetsten sind. Ich beginne mit Prolan und gebe anschließend Folliculin. Nach zweimonatiger Behandlung mache ich 4 Wochen Pause. Die Gesamtbehandlung dauert etwa 1 Jahr.

Ich kann mir den Erfolg nur dadurch erklären, daß bei dieser Art der Sterilität in einem palpatorisch uns normal erscheinenden Uterus die Schleimhaut zwar anatomisch, aber nicht funktionell vollendet aufgebaut ist, oder daß das Ei gerade bei diesen Frauen besonders gute Nährbedingungen braucht, um sich in der Uterusschleimhaut anzusiedeln. Die Hormonbehandlung schafft diese Bedingungen und ermöglicht so dem „anspruchsvollen" befruchteten Ei das Weiterleben in der Gebärmutterschleimhaut. Wichtiger als die Erklärung ist der Erfolg. Ich berichte hier zum erstenmal über diese Ergebnisse, da ich bei den ersten erfolgreich behandelten Fällen selbst sehr skeptisch war. Die Wiederholung hat mir aber gezeigt, daß man auf jeden Fall die hormonale Therapie bei den oben skizzierten, bisher erfolglos behandelten Fällen von Sterilität versuchen muß.

f) Habitueller Abort.

1928 suchte mich eine Patientin auf, die fünfmal hintereinander im 3.—6. Schwangerschaftsmonat abortiert hatte. In den beiden letzten Schwangerschaften hatte sie vom Ausbleiben des Unwohlseins an zu Bett gelegen, ohne daß der tragische Ausgang vermieden werden konnte. Die Patientin war, als sie mich konsultierte, wieder in der 6. Woche schwanger. Ich verordnete damals zum Trost Folliculin per os, das bis zum Ende des 6. Schwangerschaftsmonats genommen wurde. Zu meinem Erstaunen hielt sich die Schwangerschaft, und die Patientin gebar ein lebendes Kind. Durch diesen Erfolg aufmerksam gemacht, gab ich bei weiteren Fällen die gleiche Verordnung, d. h. neben Ruhe, Vermeidung von Autofahrten usw. zwei- bis viermal täglich 100 ME. Folliculin per os, das bis zum Ende des 6. Monats genommen wurde. Drei weitere Fälle von habituellem Abort wurden so erfolgreich behandelt. Eine Erklärung der therapeutischen Wirkung ist schwierig. Wissen wir doch, daß in der Schwangerschaft Folliculin an sich im Übermaß produziert wird, so daß das Folliculin vom 3. bis 4. Schwangerschaftsmonat an im Blut und Harn in erhöhtem Maße nachweisbar ist. Allerdings wissen wir bisher nichts Genaues über die quantitative Folliculinproduktion gerade der ersten Schwangerschaftswochen. Es besteht durchaus die Möglichkeit, daß bei Frauen mit habituellem Abort in den ersten Schwangerschaftsmonaten quantitativ nicht genügend Folliculin produziert wird, so daß der Uterus infolge der mangelhaften Folliculinproduktion vielleicht nicht genügend turgesciert ist und sich dadurch des Eies entledigt. Dies ist allerdings nur eine Annahme von mir, die ich in den nächsten Fällen quantitativ nachprüfen werde. Jedenfalls möchte ich auf Grund der praktischen Erfolge empfehlen bei den unglücklichen Frauen, die unter den dauernden Aborten körperlich und seelisch schwer leiden, die Hormontherapie[1] auf jeden Fall zu versuchen.

---

[1] Neuerdings kombiniere ich die Hormontherapie mit Jod in kleinen Dosen und mit Vigantol.

B. Prolan.

1. Orale Wirksamkeit.

Bei der Behandlung der Amenorrhöe habe ich bereits auf die kombinierte Therapie von Folliculin und Prolan hingewiesen. Im folgenden will ich über die klinischen Erfolge berichten, die ich mit Prolan allein gehabt habe. Ist das Prolan auch oral wirksam?

Neuere ausgedehnte Untersuchungen[1] haben mir im Gegensatz zu meinen früheren[2] gezeigt, daß Prolan bei Tieren auch nach oraler Applikation die spezifischen Reaktionen am Genitalapparat auslöst.

Bei der infantilen Ratte konnte ich durch Prolanfütterung (Zusatz zur Milch) sämtliche Reifewirkungen (HVR I—III) hervorrufen. Allerdings ist die Reaktionsfähigkeit der Tiere sehr wechselnd, die notwendigen Hormondosen individuell recht verschieden. Manchmal genügen schon 10—15 RE. Prolan. Sicher wird die HVR I (Follikelreifungshormon) erst durch 100 RE., die HVR III (Luteinisierungshormon) erst durch 5—700 RE. ausgelöst.

Bei infantilen Mäusen konnte ich im Gegensatz zur Ratte durch Prolanfütterung nur die HVR I, und auch nur durch große Dosen erzielen (20 ME.). Selbst bei Fütterung mit 1400 ME. Prolan A und B ist nur die HVR I (= A), nicht die HVR III (= B) positiv.

Im Magen-Darmkanal der Nagetiere wird also, wie aus den Versuchen hervorgeht, ein großer Teil des Prolans zerstört, so daß im Vergleich zur parenteralen Zuführung bei der Ratte höchstens 10%, bei der Maus 5% des zugeführten Hormons zur Wirkung kommt. Interessant ist die Tatsache, daß bei der Maus nur das Follikelreifungshormon (HVH-A), nicht das Luteinisierungshormon (HVH-B) oral wirksam ist.

Ich verfüge noch nicht über eine genügend große Erfahrung, um aussagen zu können, ob das Prolan beim Menschen oral zugeführt die spezifische Wirkung auf den Genitalapparat ausübt. Sicher aber ist, wie die Untersuchungen von KOEHLER ergeben haben, daß Prolan[3] auch bei oraler Zuführung auf den Stoffwechsel des Menschen wirkt (s. S. 135, 277 u. 294).

2. Wirkung des Prolans auf die Genitalorgane der Frau.

Um ein möglichst objektives Bild von der Wirkung des Prolans beim Menschen zu erhalten, bin ich folgendermaßen vorgegangen: Ich habe Frauen, die ich operieren mußte, einige Tage vorher Prolan injiziert, um bei der Operation einen etwaigen Einfluß auf den Genitalapparat direkt feststellen zu können. Hierbei war uns aufgefallen, daß sich die Scheide deutlich livide verfärbte. Bei der Laparotomie sahen wir häufig, daß der ganze innere Genitalapparat stark hyperämisch war, dem-

---

[1] Noch nicht veröffentlicht.
[2] ZONDEK, B.: Zbl. f. Gyn. **1929**, Nr 14, 842.
[3] 1 Prolantablette = 150 RE.

nach eine Wirkung im Sinne unserer Hypophysenreaktion II. Die Spermaticae waren strotzend mit Blut gefüllt, Tube und Uterus turgesciert, aufgelockert, blaurötlich verfärbt, — ein Bild, das an eine junge Schwangerschaft erinnerte. Bei der Operation merkte man an der stärkeren capillären Blutung deutlich die hyperämisierende Wirkung des Prolans. Es sei aber betont, daß hierbei nicht unerhebliche individuelle Unterschiede vorkamen, wie denn überhaupt die Reaktionsfähigkeit der Menschen auf Prolan eine recht verschiedene zu sein scheint. Dies ist bei der Hormonwirkung im allgemeinen nicht ungewöhnlich. Beim Prolan wundern wir uns über diese in der Stärke wechselnde Reaktion beim Menschen nicht, da wir sie auch im Tierversuch beobachtet haben.

Wir haben weiter versucht, mit Prolan auf den mensuellen Zyklus einzuwirken. Frauen, die operiert werden mußten, erhielten vom 1. Tag der Menstruation an täglich 60—120 RE. subcutan. Die Operation wurde am 8. oder 9. Tage nach Beginn der Menstruation ausgeführt. Wir fanden nach dieser 8 tägigen Darreichung schon eine deutliche Hyperämie des Genitalapparates. In einem Falle, bei dem die Prolanbehandlung am ersten Tag der Menstruation einsetzte, sah ich am neunten Tage des Zyklus im Ovarium einen sprungreifen Follikel. Die Punktion des Follikels ergab 2 ccm Follikelsaft, also eine Menge, die wir in unseren früheren Untersuchungen beim sprungreifen Follikel gefunden haben (s. S. 46). Die Prüfung des Follikelsaftes an der kastrierten Maus ergab, daß in 0,4 ccm 1 Einheit Folliculin enthalten war, daß also die Hormonproduktion so weit vorgeschritten war, wie dies physiologischerweise erst etwa am 14. Tag der Fall ist. Im Ovarium befand sich neben dem Follikel ein Corpus luteum der Blüte (entsprechend dem 24. Tage), hingegen zeigte die Uterusschleimhaut das Stadium des Intervalles mit eben beginnender Sekretion und Glykogeneinlagerung. Die Schleimhaut entsprach also in ihrem Aufbau nicht dem Reifezustand des gelben Körpers. Herr Prof. ROBERT MEYER, der die Liebenswürdigkeit hatte, die Präparate durchzusehen, hielt die Uterusschleimhaut infolge ihres Fibrillengehaltes in der Functionalis für pathologisch verändert, so daß man die Blutung bei Beginn der Prüfung nicht mit Sicherheit als echte Menstruation deuten kann. Hierbei sei aber erwähnt, daß die Patientin seit 10 Jahren stets regelmäßig menstruiert war. Trotzdem soll aus dieser Beobachtung kein bindender Schluß auf die Ovarialwirkung des Prolans gezogen werden.

In drei Fällen sah ich nach 14 tägiger Prolanbehandlung eine Reihe kleiner Cysten in den Ovarien — *im Sinne der kleincystischen Degeneration*. Ich erwähne diese Beobachtung, um auf die Möglichkeit der ätiologischen Beziehung des Krankheitsbildes der kleincystischen Degeneration zum Hypophysenvorderlappen hinzuweisen.

Nebenbei sei erwähnt, daß ich bei manchen Frauen *nach der Prolanbehandlung Colostrum und Milch in den Brustdrüsen* nachweisen konnte, viele Frauen reagierten aber nicht.

3. Klinische Anwendung der Prolans.

a) Bei Amenorrhöe.

Praktisch interessiert uns als Ärzte vor allem die Frage: Kann man durch Prolan auch beim Menschen die ruhende Ovarialfunktion wieder in Gang bringen und den Rhythmus unterhalten? Kann man durch Prolan die Amenorrhöe beeinflussen? Hierbei muß man allerdings in der Auswahl der Fälle kritisch sein. Wenn man in Publikationen bei Behandlung der Amenorrhöe liest, daß 1—2 Tage nach dem Einsetzen der Hormontherapie eine Blutung aufgetreten ist und damit die menstruationsauslösende Wirkung des Hormons bewiesen werden soll, so muß man skeptisch sein. In einem Teil dieser Fälle wäre wahrscheinlich, falls es sich um eine echte Menstruation gehandelt hat, diese auch ohne die therapeutische Maßnahme aufgetreten, es war ein Zufallstreffer. Bei einem so hyperämisierenden Mittel wie Prolan kann nach 1—2 Tagen infolge der Blutüberfüllung eine Blutung eintreten. Hierbei handelt es sich aber nur um eine atypische Uterusblutung, nicht um eine Menstruation.

Da ich die Amenorrhöe meist kombiniert (Folliculin und Prolan) behandelt habe, verfüge ich nur über ein kleines Material, bei dem die Prolanbehandlung allein zur Anwendung kam. Ich habe nur diejenigen Fälle ausgesucht, wo die Amenorrhöe mindestens $^3/_4$ Jahr bestand und die Harnanalyse ergeben hatte, daß es sich sicher um eine echte hypohormonale Amenorrhöe handelt (siehe Tabelle 31).

Wie aus der Tabelle ersichtlich, ist zweimal (Fall 5 und 6) am 4. bzw. 5. Tag nach Beginn der Prolanbehandlung eine Blutung aufgetreten. Hier kann es sich nur um eine durch die Hyperämie bedingte Uterusblutung, nicht um eine Menstruation gehandelt haben.

Beim Fall 1 habe ich keinen Erfolg erzielt, was wohl auf den schon sehr atrophischen Uterus ($3^1/_4$ cm lang = Hyperplasia uteri 3. Grades) zurückzuführen ist.

In zwei Fällen (9 und 10) habe ich das Auftreten der Blutung nicht abgewartet, sondern 8 Tage nach der einwöchigen Prolanbehandlung mit einer schmalen Curette einige Schleimhautstückchen aus der Gebärmutterhöhle entnommen. So konnte histologisch eine etwaige Einwirkung des Prolans auf die Schleimhautentwicklung festgestellt werden. Hierbei fanden wir (Fall 9) eine drüsenreiche Schleimhaut mit cystischen Drüsen, im zweiten Fall (10) an einer Stelle die Schleimhaut im beginnenden sekretorischen Stadium, an anderen Stellen in funktioneller Ruhe.

In fünf Fällen sah ich einen therapeutischen Erfolg. Hierbei trat die Blutung erst auf, nachdem die einwöchige Behandlung eine Zeitlang aus-

Tabelle 31. Prolanbehandlung

Nr.	Name	Alter	Poliklinische Nr.	Zyklusstörung	Genitalbefund
1	E. B.	17	3246 1928	Seit Beginn sehr unregelmäßige Menses, alle 8 Wochen, 1 Tag lang. Jetzt Amenorrhöe seit 1 Jahr	Uterus klein, anteflektiert, konische Portio. Uterus $3^{1}/_{4}$ cm lang
2	M. T.	18	4327 1928	Beginn mit 15 J., stets sehr unregelmäßig, in Pausen von einigen Monaten. Oligomenorrhöe. Amenorrhöe seit März 1928	Portio konisch, Uterus sehr klein, spitzwinklig anteflektiert. Sondenlänge 5 cm
3	H. W.	25	3660 1928	Seit 1922 Oligomenorrhöe, seit Oktober 1927 Amenorrhöe	Uterus klein, retrovertiert 5 cm lang
4	E. N.	28	3612 1928	Stets unregelmäßige Menses, seit Oktober 1927 Amenorrhöe	Uterus 7 cm lang, in Anteversio-flexio
5	M. W.	18	4092 1928	Noch nie menstruiert	Schmaler, anteflektierter Uterus, 5 cm lang
6	F. H.	32	3948 1928	Menarche mit 14 Jahren, stets unregelmäßig menstruiert. Jetzt seit Februar 1928 Amenorrhöe	Schmaler, spitzwinklig anteflektierter Uterus, 7 cm lang
7	A. R.	33	3916 1928	Menarche mit $14^{1}/_{2}$ Jahren, Menses stets unregelmäßig; Dysmenorrhöe. 1919 Partus. Seit 1925 Oligomenorrhöe. Seit 1 Jahr Amenorrhöe	Uterus in Mittelstellung, von normaler Größe
8	M.Sch.	32	4340	Menarche mit 12 Jahren, 1920/24 regelmäßige Menstruation von 8tägiger Dauer. Seitdem Oligomenorrhöe. Seit $^{3}/_{4}$ Jahren Amenorrhöe	Uterus schmal, 7 cm lang
9	E. J.	39	5705	In den letzten 4 Jahren Menses unregelmäßig, immer schwächer werdend. Seit 2 Jahren Amenorrhöe	Uterus 7 cm lang, spitzwinklig anteflektiert, konische Portio
10	H. B.	35	5706	In den letzten 3 Jahren nur sehr selten menstruiert, seit 1 Jahr vollständige Amenorrhöe	Anteflektierter, schmaler Uterus mit konischer Portio

der Amenorrhöe.

Prolanbehandlung[1]	Gesamt-dosis in ccm	Ergebnis	Bemerkung
Im ganzen 9 Injektionen à 2 ccm. Beginn 19. VI.	18	Ohne Erfolg	
17. VIII. 2 ccm Prolan 18. VIII. 2 „ „ 20. VIII. 2 „ „ 21. VIII. 2 „ „ 22. VIII. 2 „ „ 23. VIII. 2 „ „	12	23. VIII. Seit heute morgen Blutung 20.—23. IX. Blutung, seitdem Amenorrhöe	
1) 11.—19. VII. je 2 ccm Prolan	18	29. VII.—1. VIII. Blutung	
2) 1.—19. IX. je 2 ccm Prolan	18	22.—24. IX. Blutung	
1) 10.—18. VIII. je 2 ccm Prolan	18	31. VIII.—4. IX. geringe Blutung. 26. IX. eintägige Blutung. 10. bis 12. X. Blutung. Seitdem keine Blutung	1. XII. Curettage: Schleimhauthyperplasie mit cyst. Drüsen.
2) 17.—25. VIII. je 2 ccm Prolan	18		
3.—7. VIII. je 2 ccm Prolan	10	8. VIII. geringe Blutung, seitdem keine Blutung	
27.—29. VIII. je 2 ccm Prolan	6	30. VIII. ziemlich starke Blutung, die am 31. VIII. wieder aufhört	
26. VII.—3. VIII. je 2 ccm Prolan	18	12. VIII. Eintreten der Blutung unter heftigen Schmerzen! Starke Blutung bis zum 17. VIII. 20. bis 25. IX. Blutung. Oktober keine Blutung	22. XI. Curettage: Schleimhaut im Intervallanfang, teils noch Ruhestadium, Stroma z. T. durchblutet, an einer Stelle cystische Drüsen, mit Blut gefüllt
18.—22. VIII. je 2 ccm Prolan	10	22.—23. VIII. Blutung 1.—3. X. starke Blutung	
2.—8. XI. je 2 ccm Prolán	14		15. XI. Curettage: drüsenreiche Schleimhaut mit cystischen Drüsen
2.—7. XI. je 2 ccm Prolan	12		15. XI. Curettage: Schleimhautdrüsen an einer Stelle in beginnendem sekretorisch. Stadium, an anderen Stellen ruhende Schleimhaut

[1] 1 ccm Prolan = 50 RE., 1 Ampulle = 100 RE.

gesetzt war. Die Blutungen begannen zwischen dem 17. und 30. Tage (vom 1. Behandlungstage an gerechnet). In dieser Zwischenzeit muß der Aufbau der Schleimhaut und die durch den Abbau bedingte menstruelle Blutung eingetreten sein. Der Erfolg war aber nicht zufriedenstellend, da die Blutung nur ein- bzw. zweimal auftrat, um dann wieder zu versiegen. Mit anderen Worten: Der einmalige Hormonstoß mit Prolan regte die ruhende Ovarialfunktion der Frau nur ein- bis zweimal an, um dann wieder in das Stadium der funktionellen Ruhe zu verfallen.

Auch bei Anwendung größerer Dosen (10 Tage je 300 RE. Prolan) habe ich durch einmalige Behandlung einen Dauererfolg nicht erzielen können. Ich halte es im allgemeinen für zweckmäßiger, häufiger kleinere Dosen zu verabreichen, als einmal eine sehr große Hormonmenge zu geben. Bei zu großer Prolanzufuhr scheidet der Körper das Hormon — das gleiche gilt für Folliculin — (siehe S. 280) durch den Harn aus. Zur gleichen Auffassung kam EHRHARDT[1]. Aus therapeutischen Gründen transfundierte er bei Frauen mit ovariellen Störungen das hormonreiche Schwangerenblut. Bei Übertragung von 700 ccm Blut des 6. Schwangerschaftsmonats mit einem Gehalt von 7000 ME. Vorderlappenhormon waren beim Empfänger nach 8 Stunden die HVH (HVR I—III) im zirkulierenden Blut nachweisbar. Nach 24 Stunden war das Blut der Empfängerin bereits hormonfrei.

Die HVH bleiben also etwa 16 Stunden in der Zirkulation. 5 Minuten nach der Bluttransfusion fand EHRHARDT im Harn der Empfängerin die HVR I, nach 10 Minuten bereits die HVR II und III. Die regelmäßige Harnuntersuchung bis zur 20. Stunde nach der Bluttransfusion ergab immer noch die HVR II und III, nach 24 und 48 Stunden nur noch die HVR I, während nach 60 Stunden der Empfängerharn frei von HVH war. *Daraus ergibt sich, daß der Körper nicht verwendetes Vorderlappenhormon sofort im Harn ausscheidet, so daß es unzweckmäßig ist, für therapeutische Zwecke zu große Prolanmengen in einer Dosis zuzuführen.*

Im letzten Jahr habe ich bei Amenorrhöen an 10 aufeinanderfolgenden Tagen je 2 ccm Prolan à 100 RE. entweder intramuskulär oder intravenös injiziert, so daß zu einer Kur 2000 RE. verwandt wurden. Zur Unterstützung habe ich peroral täglich 2—6 Tabletten à 100 Einheiten verordnet, wobei ich aber nicht sicher bin, ob das Prolan beim Menschen bei oraler Anwendung auch die Sexualwirkung ausübt (s. S. 287).

b) Prolan bei ovariellen Blutungen.

Als eine weitere Indikation möchte ich die intravenöse Behandlung von ovariellen Blutungen mit hohen Prolandosen angeben (täglich 3 bis

---

[1] EHRHARDT, Dtsch. med. Wschr. **1930**, Nr 11 u. 37.

500 RE., im ganzen bis 3000 RE.). Hierbei hat mich der Gedanke geleitet, eine Hemmung der Blutung durch Luteinisierung herbeizuführen, da wir im Tierexperiment gesehen haben (S. 180), daß man durch chronische Darreichung von Prolan die Follikelreifung verhüten und das Ovarium gewissermaßen in *einen* Luteinkörper umwandeln kann. Das Bild erinnert sehr an die Wirkung von Röntgenstrahlen, wobei allerdings die Zellstruktur im Ovarium eine andere ist. Durch die chronische Darreichung von Prolan erreichen wir eine Massenbildung von Luteinzellen, nach Röntgenbestrahlung zeigt das Ovarium eine Fülle von epitheloiden Zellen. Funktionell ist der Effekt insofern ein gleicher, als es nicht mehr zur Follikelreifung kommt. Von der gleichen Auffassung ausgehend hat MARTIN[1] versucht, mit Prolan eine hemmende Wirkung auf das Ovarium auszuüben, wobei er über gute Erfolge bei Blutungen berichten konnte. Ich habe vorher erwähnt, daß man auch durch große Folliculingaben (s. S. 284) häufig schwerste ovarielle Blutungen zum Stehen bringen kann. Jetzt sehen wir, daß man auch durch Prolan trotz seiner hyperämisierenden Wirkungen die ovarielle Blutung günstig beeinflussen kann. Zur Erklärung des Heilerfolges ovarieller Blutungen sowohl durch Folliculin wie Prolan könnte man leicht Theorien aufstellen, um so leichter, je weniger man sie beweisen kann. Ich begnüge mich mit der Mitteilung meiner klinischen Beobachtungen und der Bitte um Nachprüfung dieser Angaben.

c) Prolan bei Adnextumoren.

Als wir den zu operierenden Frauen Prolan injizierten, konnten wir uns bei der Laparotomie davon überzeugen, daß die Genitalien so stark hyperämisch und turgesciert waren, daß eine junge Schwangerschaft vorzuliegen schien. Beim Anblick dieser von Blut strotzenden Genitalien gab P. KLEIN[2] die Anregung, das Prolan zur Hyperämisierung bei Behandlung von entzündlichen Adnexerkrankungen anzuwenden. Die Beckenhyperämisierung kann man durch direkte Temperaturmessung nachweisen. Injiziert man genital gesunden Frauen mehrere Tage Prolan, so kann man häufig, aber nicht immer eine Temperatursteigerung in Scheide und Rectum feststellen, die nicht wie gewöhnlich 0,5°, sondern bis zu 1° über der Achseltemperatur liegt. Eine Erhöhung der Rectaltemperatur um 0,5° scheint mir für die Therapie nicht unwichtig, da ich aus früheren Untersuchungen[3] mit meinem Tiefenthermometer weiß, wie schwer sich die Rectaltemperatur erhöhen läßt. Bei intensiver Wärmebehandlung des Abdomens mit einem elektrischen Heißluftappa-

---

[1] MARTIN: Dtsch. med. Wschr. **1930**, Nr 14.
[2] KLEIN, P.: Z. Geburtsh. u. Gyn. **95**, 371 (1929).
[3] ZONDEK, B.: Münch. med. Wschr. **1922**, Nr 16.

rat konnte ich bei 50 Minuten dauernder Behandlung — bei einer Lufttemperatur von 64° — in der Subcutis eine Temperatur von 40,1° (vorher 35,4°), am Peritoneum von 37,9 (vorher 37°), in der Vagina und im Rectum aber nur 37,6 (vorher 37,2°) feststellen. Eine Erhöhung der Vaginal- und Rectaltemperatur zeigt also eine starke Hyperämisierung des Beckens an.

Ich habe in meinem Krankenhaus bisher 70 klinisch genau beobachtete Fälle von Adnextumoren mit Prolan behandelt. Zuerst wandte ich das Hormon nur bei chronischen bzw. subacuten Fällen, später auch bei akuten, fieberhaften Adnextumoren an. In den ersten 3 Tagen werden täglich 100 RE., dann täglich 200 RE. intramuskulär injiziert. Die Kur dauert 8—12 Tage. Die Dosen und die Dauer der Behandlung richten sich nach der Verträglichkeit und den auftretenden lokalen und allgemeinen Reaktionen. Man muß also variieren. Auffallend ist die bei den meisten Fällen prompt einsetzende Schmerzstillung. Die Beurteilung therapeutischer Erfolge bei Adnextumoren ist immer schwierig, besonders wenn die Therapie unter Bettruhe vor sich geht, da wir wissen, daß durch die Ruhe allein der entzündliche Prozeß günstig beeinflußt werden kann. Ich habe aber den sicheren Eindruck gewonnen, daß man durch Prolanbehandlung wesentlich besser wirken kann als durch Bettruhe allein oder Kombination mit unspezifischer Reiztherapie, daß die Dauer der Erkrankung zweifellos abgekürzt wird, und daß auch bei chronischen Erkrankungen die Beschwerden viel schneller nachlassen. Bei großen, akut entzündlichen Tumoren habe ich den Eiter vom Douglas mittels Punktion durch Aspiration entfernt und dann eine Prolankur angeschlossen. Auf Grund meiner Erfahrung kann ich sagen, daß ich durch keine Therapie bisher derartig schnelle Besserung bzw. Heilung eiteriger Adnextumoren gesehen habe, wie durch die Kombination der Punktion mit der Prolanbehandlung.

d) Weitere Indikationen für Prolan.

Prolan wirkt nicht nur auf das Ovarium, sondern auch auf die männlichen Sexualorgane (s. S. 159) stimulierend, so daß man auch bei männlichen Sexualstörungen das Hormon anwenden dürfte. Da ich als Gynäkologe derartige Untersuchungen nicht ausführen kann, wäre ich dankbar, wenn dies von anderer Seite in großem Umfang geschähe.

Die Stoffwechselwirkung des Prolans mit der Herabsetzung des Grundumsatzes macht das Hormon zur Behandlung der Magersucht geeignet. Nach dieser Richtung liegen bereits die Erfahrungen von H. ZONDEK vor, der nicht nur bei der gewöhnlichen Magersucht, sondern auch bei der hypophysären Kachexie Erfolge gesehen hat, jedoch nur nach wochen- bzw. monatelanger Anwendung von Prolan. Interessant ist hierbei die Tatsache (vgl. S. 277), daß auch durch orale Darreichung von Prolantabletten die Stoffwechselwirkung zu erzielen war. Da die wirksame Behandlung der hypophysären Magersucht eine so schwierige ist, sollte man bei dieser Krankheit Prolan auf jeden Fall versuchen.

Erwähnen möchte ich noch, daß ich bei *hartnäckigen Ekzemen im Klimakterium* durch kombinierte Hormonbehandlung (täglich 80 ME. Folliculin und 100 RE. Prolan intramuskulär) gute Erfolge gesehen habe. Ich möchte hiermit zur Nachprüfung auffordern.

Ich habe über die klinische Bedeutung des Folliculins und Prolans auf Grund meiner eigenen Erfahrungen berichtet. Zweifellos wird sich das Indikationsgebiet erweitern lassen. Ich erwähne als Beispiel, daß BUSCHKE u. CURTH[1] einen Fall von Impetigo herpetiformis, jener malignen, meist zu Tode führenden, prognostisch an sich sehr ungünstigen Dermatose durch Folliculin (Menformon) geheilt haben, daß WALINSKI[2] die Psoriasis durch Prolan günstig beeinflussen konnte. Gelenkerkrankungen, insbesondere im Klimakterium, können durch Folliculin bzw. Ovowop erheblich gebessert werden.

Wichtig ist, daß wir bei unseren klinischen Beobachtungen kritisch eingestellt bleiben, daß wir nicht Erfolge sehen, weil wir Erfolge sehen wollen. Auf Grund meiner Erfahrung mit der Hormontherapie fühle ich mich berechtigt auszusprechen, daß wir durch Folliculin und Prolan — im Rahmen der Leistungsfähigkeit dieser Hormone — unser therapeutisches Rüstzeug bereichert haben. Ich bin mir allerdings bewußt, daß gerade auf klinischem Gebiet noch viel Arbeit zu leisten ist, daß insbesondere in der Frage der Dosierung das letzte Wort noch lange nicht gesprochen ist.

---

[1] BUSCHKE u. CURTH: Klin. Wschr. **1927**, Nr 37, 1757.
[2] WALINSKI: Dtsch. med. Wschr. **1930**, Nr 20, 833.

Anhang.

I. Die hormonale Schwangerschaftsreaktion aus dem Harn bei Mensch und Tier.

Über die hormonale Schwangerschaftsreaktion berichte ich im Anhang dieses Buches, weil die Beschreibung der Reaktion die Einheitlichkeit der vorhergehenden Darstellung gestört hätte.

A. die hormonale Schwangerschaftsreaktion bei der Frau durch Nachweis von Hypophysenvorderlappenhormon im Harn

Es wird niemand bezweifeln, daß eine sichere biologische Schwangerschaftsdiagnose für die Praxis notwendig ist. Wir können die Diagnose auf Grund der Palpation bei der Frau erst von der achten Schwangerschaftswoche an mit einiger Sicherheit stellen. Aber auch zu dieser Zeit wird jeder Arzt diagnostisch schon in Schwierigkeiten gewesen sein. Schwer, fast unmöglich, wird die sichere Diagnose, wenn neben dem graviden Uterus ein Tumor vorhanden ist, wenn ein gestauter Uterus retroflektiert und fixiert liegt, wenn eine Gravidität in einem myomatösen Uterus sitzt, wenn es sich um die Differentialdiagnose zwischen Schwangerschaft und weichem Myom handelt. Nichts ist unangenehmer, als den Bauch aufzuschneiden, einen Tumor diagnostiziert zu haben und einen schwangeren Uterus vorzufinden. Die Verwechslung ist verständlich, da man sogar bei offenem Bauch oft nicht weiß, ob eine Gravidität oder ein erweichter Tumor vorliegt. Ich habe gesehen — und das kann in der besten Klinik passieren — daß ein gravider Uterus unter der Diagnose Myom entfernt wurde, oder daß man in einem anderen Fall den Bauch geschlossen hat, weil man den Uterus für gravide hielt, daß aber in Wirklichkeit ein Myom vorlag, so daß nach Monaten eine erneute Operation notwendig war. Bei einer Frau mit negativer Schwangerschaftsreaktion habe ich den kindskopfgroßen Uterus supravaginal amputiert. Beim Aufschneiden der Gebärmutter glaubte man eine Gravidität vor sich zu haben. In Wirklichkeit handelte es sich um ein cystisch erweichtes Myom mit einem Gebilde, das makroskopisch einer Fruchtblase äußerst ähnlich sah. Diese Fälle zeigen die Überlegenheit einer wirklich exakten Schwangerreaktion über die bisherigen klinischen Methoden, so daß wir vor schweren ärztlichen Irrtümern bewahrt bleiben können.

Seit langem haben sich Physiologen und Gynäkologen bemüht, eine biologische Reaktion für die Schwangerschaft zu schaffen. In der Gravi-

Die hormonale Schwangerschaftsreaktion bei der Frau.

dität gehen zweifellos die größten Veränderungen im Gesamtorganismus vor sich, und trotzdem ist es schwer, die Summe dieser biologischen Veränderungen in einer Reaktion einwandfrei zusammenzufassen. Unter den diesbezüglichen Arbeiten sind vor allem die ABDERHALDENs hervorzuheben.

ABDERHALDEN ging von dem Gedanken aus, daß sich im mütterlichen Organismus Abbaustoffe gegen körperfremde placentare Stoffe bilden. Den Nachweis des fermentativen Kampfes gegen die placentaren Stoffe im Blut der Graviden benutzte ABDERHALDEN zu seiner Schwangerschaftsdiagnose. Eine Fortführung der ABDERHALDENschen Lehren stellen die Arbeiten der SELLHEIMschen Schule dar (LÜTTGE, v. MERTZ), die einen Ausbau und Vereinfachung der Methode brachten und zur Alkoholextraktreaktion führten. Auch die Modifikation von GRAEFENBERG und MUNTER muß in diesem Zusammenhang genannt werden. Von weiteren Schwangerschaftsreaktionen erwähne ich die inferometrische Methode nach HIRSCH, die Antithrombinmethode nach DIENST, endlich die Kohlehydratbelastungsprobe von FRANK und NOTHMANN sowie die Maturinprobe von JOSEPH und KAMNITZER.

So wissenschaftlich wertvoll die genannten Arbeiten und Methoden sind, so haben sie uns, wie aus der Literatur hervorgeht, eine klinisch brauchbare, exakte biologische Schwangerschaftsdiagnostik *nicht* gebracht.

1. Wissenschaftliche Grundlagen der hormonalen Schwangerschaftsreaktion.

Unsere hormonale Schwangerschaftsreaktion beruht auf einem neuen Prinzip. Wir weisen nicht körperfremde, hypothetische, unbekannte Körper nach, sondern unsere Reaktion beruht auf dem Nachweis eines körpereigenen, in jedem Organismus gebildeten Stoffes und zwar eines bestimmten Hormons.

Die gemeinsam ausgearbeitete Schwangerschaftsreaktion bei der Frau haben ASCHHEIM und ich in einem am 27. April 1928 in der Berliner Gynäkologischen Gesellschaft gehaltenen Vortrag bekannt gegeben. Die ausführliche Publikation erfolgte in der Klin. Wschr. 1928, Nr 30—31, wobei ich selbst über die Grundlagen und Technik der Methode, ASCHHEIM über die praktischen und theoretischen Ergebnisse der Harnuntersuchungen berichtete.

Nachdem festgestellt war (siehe S. 200), daß im Harn der schwangeren Frau in erhöhtem Maße Folliculin und HVH ausgeschieden werden, lag es nahe, den Hormonnachweis für die Schwangerschaftsdiagnostik zu verwerten. Auf der Tatsache, daß man im Blut oder Harn der Schwangeren eine erhöhte Ausscheidung körpereigener Stoffe findet, kann man an sich noch nicht eine biologische Diagnostik aufbauen. Ich erinnere daran, daß man im Schwangerenharn z. B. biogene Amine, wie Histidin oder Stoffwechselprodukte wie Aceton in erhöhtem Maße findet. Da aber solche Stoffe gelegentlich auch außerhalb der Schwangerschaft in wechselnden Mengen ausgeschieden werden, wird der Nachweis derartiger Produkte für die Schwangerschaftsdiagnostik unbrauchbar. Würde man den Nachweis von Folliculin *und* Prolan im Harn für die Diagnose verwerten, so wäre das Resultat ebenfalls ein schlechtes. Folliculin wird in den ersten acht Schwangerschaftswochen bei der Frau unregelmäßig ausgeschieden, so daß man bei direkter Harninjektion von 2—3 ccm Urin die Schollenreaktion an der kastrierten Maus häufig nicht auslösen kann. Man würde also eine Reihe von Graviditäten mit der Folliculinreaktion übersehen. Andererseits würden auch Nichtschwangere positiv reagieren, da bei funktionellen Störungen — und zwar im Klimakterium und bei Amenorrhöe — Folliculin in erhöhtem Maße im Harn ausgeschieden wird (Kap. 30). Die von uns als ,,polyhormonale Amenorrhöe" bezeichnete Funktionsstörung ist gerade durch die erhöhte Folliculinproduktion charakterisiert. Eine derartige Amenorrhöe würde dann als Schwangerschaft diagnostiziert werden. Für die Diagnose sind aber gerade die Fälle von Amenorrhöe entscheidend, weil es hier darauf ankommt, die richtige Differentialdiagnose zu stellen.

Auch der Nachweis der Hypophysenvorderlappenhormone im Harn (HVR I—III) würde zu erheblichen Fehlresultaten führen. Wir haben im Vorhergehenden gesehen, daß die HVR I (Follikelreifungshormon = HVH-A) auch außerhalb der Schwangerschaft im Harn nachweisbar ist, daß z. B. bei der Kastration und bei schweren ovariellen Funktionsstörungen (Amenorrhöe, Klimax) das Hormon A in gesteigertem Maße im Harn erscheint (s. Kap. 31). Wir haben weiter gesehen, wie bei malignen, aber auch bei benignen Genitaltumoren (z. B. Myom), ferner bei endokrinen Störungen wie Basedow, Myxödem usw. die HVR I-Reaktion positiv sein kann. Würde man die HVR I auch für die Schwangerschaftsdiagnose verwerten, so würde dies eine Fehlerquelle von 8—10% bedeuten, womit die Reaktion unbrauchbar wäre. Erst die Tatsache, daß Aschheim und ich bei der Arbeit erkannt haben, daß die HVR I für die Schwangerschaftsdiagnose nicht zu verwerten ist, hat die Reaktion klinisch brauchbar gemacht. *Nicht nur die Tatsache, daß die Hormone im Harn ausgeschieden werden, hat uns zu einer exakten Schwangerschaftsreaktion bei der Frau geführt, sondern vor allem die Erkenntnis, daß die Folliculin- und HVR I-Reaktion nicht, sondern nur die HVR II bzw. HVR III zu verwerten ist.*

Die Grundlage der hormonalen Schwangerschaftsreaktion aus dem Harn ist unser Testobjekt zum Nachweis der Hypophysenvorderlappenhormone. Ohne Testobjekt wäre die Schwangerschaftsreaktion niemals möglich gewesen, denn nach Einspritzung des Harns wird die Schwangerschaftsdiagnose am Ovar der infantilen Maus abgelesen. Ich erwähne dies, weil Cordua[1] in den Binzschen Versuchen einen Vorläufer unserer hormonalen Schwangerschaftsreaktion erblickt. Binz[2] hatte festgestellt, daß

---
[1] Cordua: Zbl. Gynäk. 1930, Nr 4.
[2] Binz, Münch. med. Wschr. 1924, Nr 27.

man durch Serum von Graviden eine starke Wachstumssteigerung des Uterus auslösen kann. Ähnliches sah er auch nach Injektion des Inhalts eines Parovarialcystoms und einmal auch mit dem Serum einer Myomkranken. Auch durch Serum Nichtgravider konnte eine gewisse Wachstumssteigerung erzielt werden, die sich aber besonders in der Längsrichtung auswirkte, während beim Serum von Graviden die Dickenzunahme überwog, so daß der Uterus eine gedrungene Gestalt annimmt. Die Beobachtung, die BINZ mit dem Serum Schwangerer gemacht hatte, ist zweifellos richtig, nur darf sie nicht für die Schwangerschaftsdiagnose bei der Frau verwendet werden. Die Wachstumssteigerung des Uterus wird, wie wir jetzt wissen, durch das im Blute Schwangerer vorhandene Folliculin (s. S. 198) ausgelöst (R. T. FRANK, B. ZONDEK u. ASCHHEIM, FELS). TRIVINO [1], der die Angaben von BINZ bestätigt hat, konnte zeigen, daß die das Wachstum hervorrufenden Stoffe des Serums alkohollöslich, thermostabil und diffusibel sind, Eigenschaften, die mit denen des Folliculins übereinstimmen. Die Wachstumssteigerung des Uterus infantiler Nagetiere kann aber als spezifische Reaktion überhaupt nicht benutzt werden, weil, wie ich gezeigt habe (Kap. 2) das Wachstum des Uterus auch durch unspezifische Stoffe ausgelöst wird, wobei auch exogene Faktoren eine Rolle spielen können. Darum wundert es mich nicht, wenn BINZ auch durch Cysteninhalt und Serum von Nichtschwangeren Wachstumsreaktionen beobachtet hat. Aber selbst wenn das Wachstum des Uterus eine spezifische Folliculinreaktion wäre, dürfte sie nicht für die Schwangerschaftsdiagnostik verwendet werden, weil Folliculin im Harn auch außerhalb der Schwangerschaft (Klimax, Amenorrhöe) genau wie in der Gravidität ausgeschieden werden kann.

Unsere Schwangerschaftsreaktion bei der Frau gründet sich — das muß noch einmal unterstrichen werden — *nicht auf die Wachstumsvorgänge des Uterus, sondern auf die Wachstumsvorgänge am Eierstock der infantilen Maus.* Sie beruht auf dem Nachweis der HVR II und III (Hypophysenvorderlappenhormon), nicht auf dem Nachweis des weiblichen Sexualhormons (Folliculin). Die an sich sehr schönen von BINZ erhobenen Befunde haben also mit unserer Schwangerschaftsreaktion bei der Frau nichts zu tun.

Die Folliculin- und HVR I-Reaktion ist also für die Schwangerschaftsdiagnostik nicht zu verwerten. Wie äußeren sich diese Reaktionen nach Einspritzung des Harns an der infantilen Maus?

1. Durch Folliculin wird die Brunst ausgelöst. Wir finden einen vergrößerten, lividen, sekretgefüllten Uterus, in der Scheide den Aufbau

---

[1] TRIVINO: Klin. Wschr. 1926, Nr 43, 2022.

der polygonalen Zellen mit Verhornung der obersten Zellagen, im Scheidenabstrich das reine Schollenstadium. Das Ovarium ist nicht verändert (s. Abb. 105).

2. Durch Follikelreifungshormon = HVR I wird im Ovar die Follikelreifung ausgelöst, wobei in den Follikelzellen das Folliculin entsteht, das seinerseits die Brunstreaktion hervorruft. Wir finden infolgedessen genau wie unter 1. einen vergrößerten, livide, sekretgefüllten Uterus, Aufbau der Scheidenschleimhaut, reines Schollenstadium im Scheidensekret. Das Ovarium ist im Gegensatz zur Folliculinreaktion hyperämisch, häufig etwas vergrößert. Manchmal sind schon makroskopisch das Niveau überragende bläschenförmige, sprungreife Follikel zu erkennen (s. Abb. 102 u. 108).

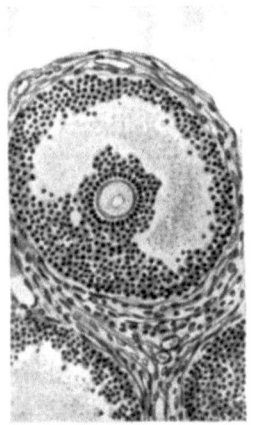 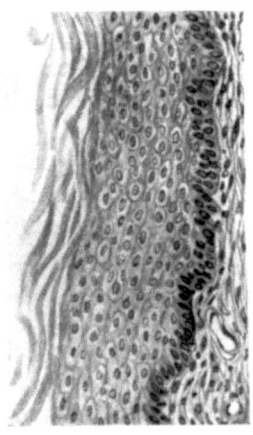 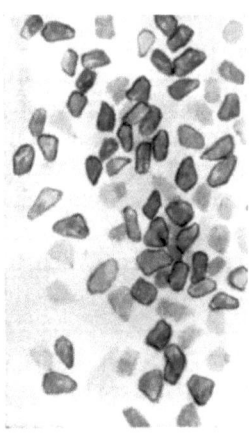

Im Ovarium reifender Follikel   Scheidenschleimhaut, aufgebaut,   Im Scheidensekret reines
                                oberste Lagen verhornt   Schollenstadium

Abb. 102. HVR I = negative Schwangerschaftsreaktion. Im Ovarium reifender Follikel, in dem das Ovarialhormon (Folliculin) produziert wird, das seinerseits die Brunstreaktion der Scheide auslöst.

Die Hyperämie des Ovariums, der Nachweis eines vergrößerten Follikels, der große, livide, sekretgefüllte Uterus, der positive Scheidenabstrich (Schollenabstrich) beweisen nicht das Vorhandensein einer Gravidität, sind für die Schwangerschaftsdiagnostik bei der Frau also nicht zu verwerten.

Für die Schwangerschaftsreaktion bei der Frau spezifisch ist nur die HVR II und III. Wie äußern sich diese?

1. Die HVR II ist charakterisiert durch die Massenblutung in den vergrößerten Follikel, makroskopisch als *Blutpunkt* erkenntlich. Dieser hebt sich als blauschwarzes bzw. braunrotes, übersteknadelkopfgroßes Gebilde plastisch von der Oberfläche des Ovariums ab (s. Abb. 51 u. 103).

HVR II und III als Schwangerschaftsreaktion.

2. Die HVR III ist charakterisiert durch das Auftreten eines Corpus luteum, makroskopisch als ein scharf umgrenzter, das Niveau überragender hirsekorngroßer gelber Punkt deutlich kenntlich (Abb. 103, 110 u. 52, 53).

Die Schwangerschaftsreaktion beruht also auf dem Nachweis neugebildeter anatomischer Substrate im Eierstock der infantilen Maus, d. h. im Nachweis eines Blutpunktes oder eines Corpus luteum. Hierbei sei folgendes eingeschaltet: Findet man die HVR I (Brunstreaktion), so empfehlen wir eine nochmalige Untersuchung des Harns, weil es vorkommen kann, daß bei ganz jungen Graviditäten zuerst die HVR I (HVH-A) und kurze Zeit später HVH-B im Harn erscheint. Die HVR I gibt also, wenn überhaupt, nur einen Fingerzeig, aber — daran muß festgehalten werden — die Diagnose „Schwangerschaft" ist auf die HVR I allein nicht zu gründen. Die Verhältnisse werden durch die folgenden Tabellen und schematischen Zeichnungen klar.

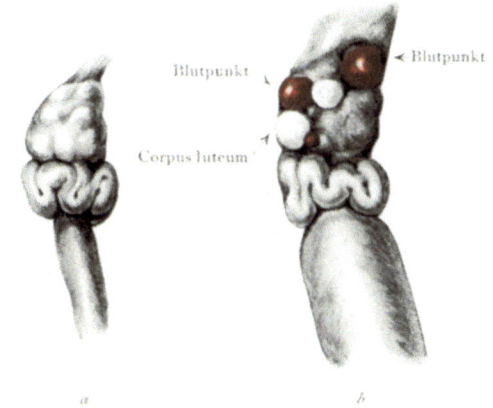

Abb. 103. Ovarien der infantilen Maus bei der Schwangerschaftsreaktion.
a = negative Reaktion (Ovarium nicht verändert), b = positive Reaktion. Die Corpora lutea sind nicht farbig in ihrem gelblichen Schimmer wiedergegeben. Die Zeichnung ist schematisiert.

Hypophysenvorderlappenreaktion (HVR)
- Reaktion I: Follikelreifung, Ovulation, Brunstauslösung
- „ II: Blutpunkte ⎫
- „ III: Luteinisierung der Follikelzellen, Bildung von Corpora lutea atretica ⎬ Schwangerschaftsreaktion bei der Frau

Zusammenfassend ergeben sich folgende Möglichkeiten:

1. Tritt durch die Harneinspritzung an Uterus und Ovarien keinerlei Reaktion auf, so ist die Schwangerschaftsreaktion negativ (Abb. 104).

2. Tritt die Brunstreaktion auf ohne Beteiligung der Eierstöcke (Ovarien klein, blaß), so beruht dies auf Folliculinwirkung. Die Schwangerschaftsreaktion ist negativ (Abb. 105).

3. Tritt die Brunstreaktion auf mit Beteiligung der Eierstöcke (Ovarien hyperämisch, vergrößert, eventuell bläschenförmige vergrößerte Follikel erkennbar), so beruht dies auf HVH-A-Wirkung (HVR I). Die Schwangerschaftsreaktion ist negativ, jedoch eine zweite Harnuntersuchung empfehlenswert (Abb. 102 u. 108).

302 Die hormonale Schwangerschaftsreaktion aus dem Harn.

4. Tritt die Brunstreaktion auf (große Uteri, Schollenstadium) und finden wir außerdem an den hyperämischen Ovarien große Follikel, Blutpunkte und Corpora lutea, so liegt die HVR I—III vor. Die Schwangerschaftsreaktion ist positiv (Abb. 106 u. 111).

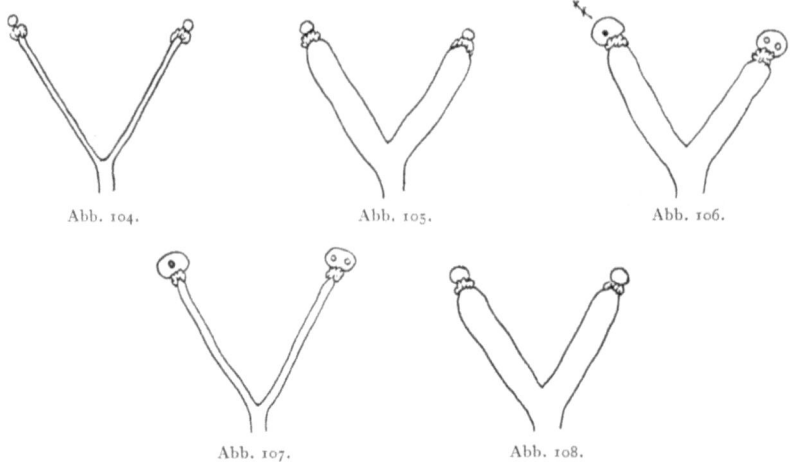

Abb. 104. Abb. 105. Abb. 106.

Abb. 107. Abb. 108.

Abb. 104. Uteri klein, Ovarien o. B. = negative Schwangerschaftsreaktion.
Abb. 105. Uteri groß, Ovarien klein. Histologisch: infantiles Ovarium = Folliculinwirkung = negative Schwangerschaftsreaktion.
Abb. 106. • Blutpunkt, o Corpus luteum. Uteri groß, Ovarien groß. Makroskopisch: Corpora lutea, Blutpunkte bzw. beides = HVR I—III = positive Schwangerschaftsreaktion.
Abb. 107. • Blutpunkt, o Corpus luteum. Uteri klein, Ovarien groß. Makroskopisch: Corpora lutea, Blutpunkte bzw. beides = HVR II + III = positive Schwangerschaftsreaktion.
Abb. 108. Uteri groß, Ovarien etwas vergrößert. Makroskopisch: kein Corpus luteum, kein Blutpunkt; mikroskopisch: nur große Follikel = HVR I = negative Schwangerschaftsreaktion (nochmalige Untersuchung des Harns notwendig).

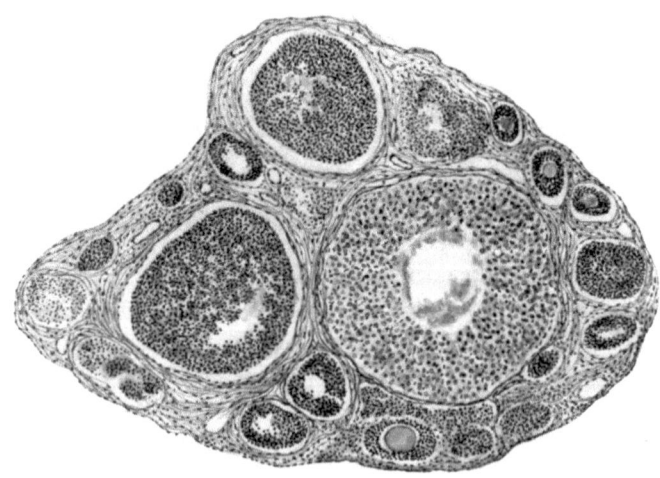

Abb. 109. Ein einziger luteinisierter Follikel; HVR III = positive Schwangerschaftsreaktion.

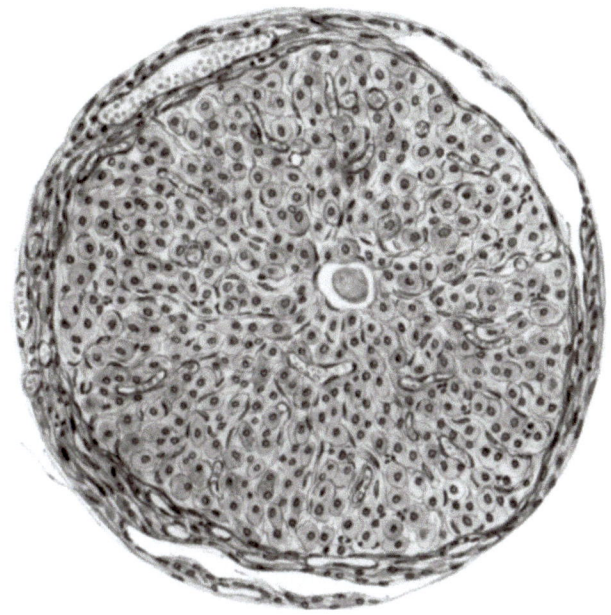

Abb. 110. Ein Corpus luteum atreticum mit eingeschlossenem Ei bei starker Vergrößerung. HVR III = positive Schwangerschaftsreaktion.

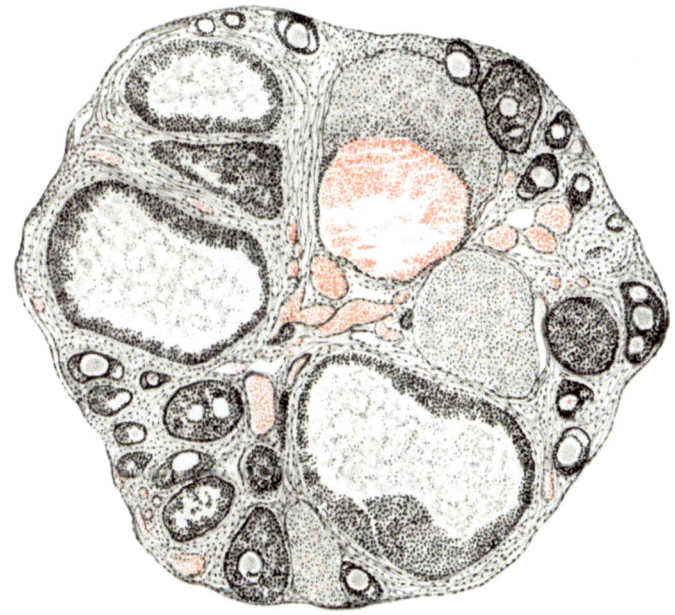

Abb. 111. HVR I—III im Ovarium der infantilen Maus.
Große Follikel = negative Schwangerschaftsreaktion; blutgefüllter Follikel (Blutpunkt) = positive Schwangerschaftsreaktion; Corpus luteum = positive Schwangerschaftreaktion.

5. Tritt keine Brunstreaktion auf, ist der Uterus blaß und klein, der Scheidenabstrich negativ, finden wir aber am Ovarium einen Blutpunkt oder gelben Körper, so liegt die HVR II bzw. III vor. Die Schwangerschaftsreaktion ist positiv (Abb. 107).

Für die Diagnose entscheidend ist also der Blutpunkt oder der gelbe Körper. Die Reaktion gilt als positiv, wenn an einem Ovarium einer infantilen Maus ein Blutpunkt bzw. ein Corpus luteum nachweisbar ist.

Kann man bei makroskopischer Betrachtung das Vorhandensein eines Blutpunktes oder gelben Körpers nicht mit absoluter Sicherheit feststellen, so müssen die Eierstöcke in Serien zerlegt und genan histologisch untersucht werden. Schnittdicke 10 μ genügt. Hierbei wird man die positive Wirkung erkennen: a) an einer Massenblutung in einen erweiterten, oft z. T. luteinisierten Follikel oder b) an einem partiell oder völlig luteinisierten Follikel oder c) an einem Corpus luteum atreticum. Die drei Wirkungen können kombiniert auftreten (Abb. 109—111).

Da die mikroskopische Serienuntersuchung der Ovarien einen größeren Laboratoriumsapparat erfordert, ist es einfacher, eine zweite Reaktion mit dem Harn anzustellen und sich hierbei meiner später zu beschreibenden Äthermethode (s. S. 308) zu bedienen.

2. Technik der hormonalen Schwangerschaftsreaktion aus dem Harn.

(Originalmethode nach ASCHHEIM-ZONDEK[1].)

Die Untersuchungen werden an infantilen, 3—4 Wochen alten, 6—8 g schweren Mäusen ausgeführt. Die Tiere sollen nicht weniger als 6 g wiegen, weil sie sonst zu leicht sterben. Sie sollen nicht mehr als 8 g wiegen, um absolut sicher zu sein, daß die erzielte Reifewirkung am Eierstock durch den injizierten Harn, nicht durch spontane sexuelle Reife aufgetreten ist. Nach unseren Untersuchungen kommen weiße Mäuse in unserem Klima im allgemeinen erst bei einem Gewicht von 12 g in sexuelle Reife. Trotzdem hat sich uns das Gewicht von 6—8 g bewährt, und dieses Gewicht soll nicht überschritten werden.

Zu jeder Untersuchung brauchen wir fünf infantile Mäuse. Man muß den Urin an mehreren Mäusen prüfen, weil Tiere infolge Giftwirkung des Harns sterben können (Entgiftungsmethode S. 308), vor allem aber, weil nicht alle Mäuse gleichmäßig reagieren. Es kann vorkommen, daß die mit kleinerer Dosis gespritzten Tiere besser reagieren als die Mäuse, welche die größere Harnmenge erhalten. Es kann — wenn auch selten — vorkommen, daß wir bei demselben Tier am rechten Ovarium die typische Schwangerschaftsreaktion (Blutpunkt, Corpus luteum) sehen, während am linken Ovarium die

---
[1] ASCHHEIM u. B. ZONDEK: Klin. Wschr. 1928, Nr 30 u. 31.

Reaktion fehlt. *Die Schwangerschaftsreaktion gilt als positiv, wenn sie an einem Ovarium eines Tieres positiv ausfällt, an den anderen nicht.*

Sterben bei einer Harnprüfung mehr als drei Tiere, so ist das Resultat bei negativem Ausfall nicht zu verwerten!

Unsere Reaktion wird mit Frühurin angestellt, d. h. dem ersten frühmorgens gelassenen Harn. Dieser Harn zeigt die besten Konzentrationsverhältnisse. Verwendet man den am Tage gelassenen Harn, so kann dieser infolge von Flüssigkeitsaufnahme so verdünnt sein, daß das Hormon nicht mehr so konzentriert ausgeschieden wird, um die positive Reaktion zu geben. Zweckmäßig ist es, den Harn durch Katheter zu entnehmen. Dies ist aber nicht notwendig, da die Mäuse Infektionen gegenüber sehr resistent sind. Der Urin muß aber in ein sauberes Gefäß (keine Parfümflasche!) gelassen werden. Soll der Urin versandt werden, oder kann er nicht gleich geprüft werden, so muß er mit einem Desinfiziens versehen werden. Hier hat sich uns am besten der Zusatz von Tricresolum purum bewährt. Hierbei muß zu je 25—30 ccm Harn je 1 Tropfen (nicht mehr) Tricresolum purum hinzugefügt und der Harn geschüttelt werden, damit das Trikresol sich mit dem Harn vermischt. Einsendung von 30 ccm Harn genügt.

Vor Anstellung des Versuches wird der Harn auf seine Reaktion geprüft. Reagiert er alkalisch oder neutral, so werden einige Tropfen 10% Essigsäure hinzugefügt, bis der Harn sauer reagiert (Lackmusprobe). Von der entstehenden Trübung wird abfiltriert, also stets der klare, filtrierte Harn gebraucht.

Schwierig war das Auffinden der zweckmäßigsten Dosierung des einzuspritzenden Harns. Nach vielen Variationen sind wir zu dem folgendem Schema gelangt.

Der Harn wird in sechs Portionen injiziert, die auf 48 Stunden verteilt werden. Wir beginnen die Versuche am liebsten am Montag oder Dienstag, weil sie dann am Freitag oder Sonnabend beendet sind.

Die Injektion des Harns in sechs Portionen geschieht folgendermaßen:
1. Montag vormittags (11—12 Uhr),
   nachmittags (etwa 17 Uhr).
2. Dienstag vormittags (10 Uhr),
   nachmittags (etwa 13 Uhr),
   nachmittags (etwa 17—18 Uhr).
3. Mittwoch vormittags (etwa 10 Uhr).

Der Harn wird den infantilen Tieren in folgenden Mengen[1] subcutan injiziert:

Tier 1: sechsmal 0,2 ccm
,, 2:   ,,   0,25 ,,
,, 3:   ,,   0,3 ,,
,, 4:   ,,   0,3 ,,
,, 5:   ,,   0,4 ,,

Wie vorher auseinandergesetzt, ist für die Schwangerschaftsreaktion lediglich der Befund im Ovarium der infantilen Maus zu verwerten. Vergrößerung des Uterus sowie positiver Scheidenabstrich (Schollenstadium)

---

[1] Jetzt injiziere ich $6 \times 0,3$ bzw. $6 \times 0,4$ ccm des mit Äther entgifteten Harns (s. S. 310).

306　Die hormonale Schwangerschaftsreaktion aus dem Harn.

ist für uns lediglich ein Hinweis auf die Hormonwirkung, die sowohl durch Vorderlappenhormon (HVH-A) wie Ovarialhormon (Folliculin) bedingt sein kann. Bei Anwendung der Äther-Entgiftungsmethode ist das Schollenstadium nur durch HVH-A bedingt. Man kann die Schwangerschaftsreaktion auch ohne Scheidenabstrich durchführen. Wir raten aber trotzdem, die Scheidenabstriche auszuführen, weil dadurch in manchen Fällen die Aufmerksamkeit geschärft wird. Wir streichen — wenn der Versuch Montag beginnt — die infantilen Tiere am Montag und Dienstag nicht ab, sondern beginnen erst mit

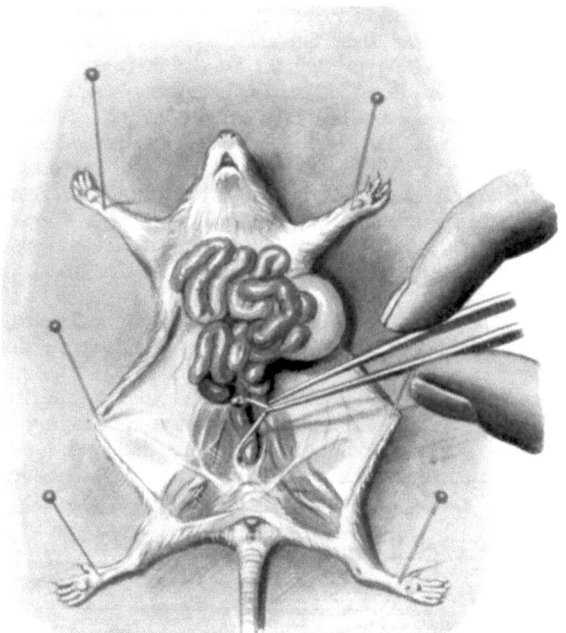

Abb. 112. Inspektion des Ovariums der infantilen Maus zur Feststellung der Schwangerschaftsreaktion bei der Frau. Die Ovarien sind klein, blaß, nicht verändert = negative Schwangerschaftsreaktion.

dem Abstrich am Mittwoch abend. Dann werden die Tiere noch am Donnerstag früh und abends und am Freitag früh abgestrichen. Notwendig aber ist — das sei besonders betont — der Scheidenabstrich nicht.

Die infantilen Tiere werden, wenn der Versuch am Montag begonnen hat, am Freitag vormittag getötet, sie werden Sonnabend vormittag getötet, wenn der Versuch am Dienstag begonnen hat. Die Tötung erfolgt durch Einatmung von Leuchtgas oder Äther. Die Tiere werden in Rückenlage auf einer Korkplatte mit Stecknadeln aufgespannt. Die Ovarien werden dadurch gut sichtbar gemacht, daß man die Uterushörner mit einer feinen chirurgischen Pinzette anhebt (s. Abb. 112). Die Sexualorgane werden auf das Genaueste makroskopisch untersucht. Das Wesentlichste ist die Prüfung der Ovarien. *In der überwiegenden Zahl der Fälle wird die Diagnose durch die makroskopische Inspektion der Ovarien gestellt.* Ist man sich nicht im klaren, erkennt man den Blutpunkt oder das Corpus luteum nicht mit Sicherheit, so müssen die Ovarien in Serienschnitte zerlegt werden. Die Eierstöcke werden in ZENKERscher Flüssigkeit fixiert. Formalinfixierung genügt nicht, weil die Bilder durch Schrumpfungen der Zellen zu Fehlurteilen Anlaß geben können. Außerdem wird der Versuch mit demselben Harn wiederholt.

3. Fällungsschnellreaktion (FSR) nach B. ZONDEK[1].

Wenn man die Prüfung eines Harns am Montag früh beginnt, so ist das Resultat erst Freitag vormittag, also nach 100 Stunden zu erhalten. Im allgemeinen wird man bei der Schwangerschaftsreaktion 4 Tage ohne Schaden der Patientin warten können. Aber es gibt Fälle (z. B. Frage der Operation bei Extrauteringravidität), wo man die relativ lange Dauer des Reaktionsablaufes unangenehm empfindet. Das hat seinerzeit mich und ASCHHEIM dazu geführt, eine Schnellreaktion zu versuchen. Wir injizierten größere Harnmengen (3 ccm) in kürzerer Zeit (im Verlauf von 36 Stunden), um die Tiere nach 48 Stunden zu töten. Wir erhielten mit dieser Schnellmethode positive Ergebnisse, aber die Resultate waren wenig befriedigend.

Man kann infantilen Mäusen nicht mehr als 3 ccm Harn im Verlaufe von 2 Tagen injizieren, da die Tiere bei größeren Harnmengen fast regelmäßig sterben. Ich habe deshalb versucht, *das Hormon aus größeren Harnmengen zu fällen und zu reinigen, um auf diese Weise durch größere Hormonmengen eine schnellere Reaktion zu erreichen.*

Die Methodik ist folgende: 66 ccm Frühurin werden mit 10% Essigsäure bis zur schwach lackmussauren Reaktion angesäuert, filtriert und mit 240 ccm 96%igen Alkohols versetzt. Die Lösung wird 5 Minuten geschüttelt, wobei sich ein flockiger, weißlich-gelber Niederschlag bildet. Man läßt die Lösung etwa $^1/_2$ Stunde stehen, um sie dann zu zentrifugieren. Das Hormon befindet sich in der Fällung. Diese wird gesammelt und zur Reinigung mit 30—50 ccm Äther 3 Minuten geschüttelt. Der Äther wird abgegossen und die Fällung in 11 ccm Aqua dest. aufgenommen, 5 Minuten geschüttelt und zentrifugiert. Das Hormon befindet sich jetzt im Wasser, der Bodensatz wird verworfen. Die Lösung sieht leicht gelblich aus und trübt sich häufig noch nach. Für den Versuch kann die getrübte Lösung verwendet werden. Die Darstellung dauert rund 1 Stunde.

In den 11 ccm Wasser ist das Hormon von 66 ccm Harn enthalten, somit also eine sechsfache Konzentration erreicht. Jede von den vier[2]

---
[1] ZONDEK, B.: Klin. Wschr. **1930**, Nr 21, 964—966.
[2] Für diese orientierende Schnellreaktion genügen vier Tiere, bei der Originalmethode müssen fünf Mäuse verwendet werden.

6—8 g schweren, infantilen Mäusen erhält 6 × 0,4 = 2,4 ccm der Lösung, also Hormon aus 14,4 ccm Schwangerenharn.

Wenn der Versuch am Montag beginnt, so erhalten die Tiere am Montag um 9, 12, 15 und 18 Uhr je 0,4 ccm der Lösung, am Dienstag früh und mittag ebenfalls je 0,4 ccm. Die Tiere werden Mittwoch mittag oder besser Mittwoch nachmittag um 18 Uhr, also 51 bzw. 57 Stunden nach Beginn des Versuchs getötet.

Nach 51—57 Stunden sieht man auch bei den konzentrierten Lösungen nur sehr selten Corpora lutea, *hingegen sehr häufig — und manchmal ganz prachtvoll ausgebildete — Blutpunkte*. Man kann also mittels dieser Fällungsschnellreaktion nicht wie sonst nach 100 Stunden, sondern schon nach 51 bzw. 57 Stunden die Schwangerschaftsdiagnose stellen. Aber — und das möchte ich besonders unterstreichen — *diese Fällungsschnellreaktion (FSR) darf nur bei positivem Ausfall verwertet werden, d. h. nach Feststellung von Blutpunkten können wir die Diagnose „Schwangerschaft" stellen. Während bei der Originalmethode die Schwangerschaftsdiagnose aus dem Vorhandensein eines Blutpunktes (HVR II) oder eines Corpus luteum (HVR III) gestellt wird, beruht die Fällungsschnellreaktion auf dem Nachweis eines Blutpunktes, d. h. also auf der HVR II*. Findet man, was selten vorkommt, bei der Schnellreaktion auch ein Corpus luteum, so ist die Reaktion selbstverständlich positiv. Es kommt aber nicht selten vor, daß auch der konzentrierte Schwangerenharn nach 57 Stunden nicht Blutpunkte zeigt, so daß der *negative Ausfall der Schnellreaktion keine diagnostische Bedeutung hat*.

Die Schnellreaktion kann sich also an Exaktheit mit der Originalmethode nicht messen. Ich wende sie nur an, wenn es mir in diagnostisch wichtigen Fällen (z. B. Frage der Operation bei Extrauteringravidität) auf einen Zeitgewinn von 2 Tagen ankommt. Daneben mache ich regelmäßig die Originalmethode, um bei negativem Ausfall der Schnellreaktion durch die Originalmethode die richtige Diagnose zu erfahren.

4. Entgiftung des Harns (Äthermethode [B. Zondek[1]]). Verbesserung der Schwangerschaftsreaktion

Wir injizieren bei der Originalmethode den filtrierten Harn direkt den infantilen Mäusen in steigenden Dosen von 1,2—2,4 ccm. Wir verwenden für jeden Versuch fünf Tiere, weil der individuelle Reaktionsablauf verschieden ist. Es kann vorkommen, daß man in einem Versuch bei allen fünf Mäusen, in einem anderen Versuch mit demselben Harn nur bei zwei Tieren eine positive Reaktion erhält. Nur bei Anwendung von fünf Tieren wird diese individuelle Fehlerquelle nach Möglichkeit ausgeschaltet. Der Harn wirkt nicht selten giftig, so daß ein oder

---

[1] Zondek, B.: Klin. Wschr. **1930**, Nr 21, 965.

mehrere Tiere bei einem Versuch sterben. Es kann aber vorkommen, daß sämtliche Tiere zugrunde gehen, so daß die Reaktion überhaupt nicht ausführbar ist. Sterben mehr als drei Tiere, so wird die Reaktion unsicher, bei Tod von vier Tieren ist das Resultat überhaupt nicht zu verwerten.

In unserer Originalarbeit wurde eine Gesamtmortalität von 16 bis 17% angegeben, ein Beweis der Giftigkeit vieler Harne. *Wichtig ist, daß von 511 geprüften Urinen 37, d. h. 7,2% überhaupt nicht untersucht werden konnten, weil sämtliche Tiere bei der Injektion gestorben waren.* Harn von Frauen mit Tumoren und endokrinen Krankheiten (z. B. Basedow, Acromegalie) erwies sich besonders toxisch, aber auch Urin von gesunden Frauen wirkte oft giftig. Auf meine Anfrage hat mir EHRHARDT, der sich ausführlich mit unserer Schwangerschaftsreaktion beschäftigt hat, mitgeteilt, daß unter 1080 Reaktionen 29mal sämtliche Tiere gestorben waren. In 35 Fällen gingen von den fünf zur Reaktion verwandten Tieren je vier Mäuse zugrunde, so daß die Reaktion nicht durchführbar war. Somit ergibt sich, *daß bei 1080 Reaktionen die Methode 64mal, d. h. in 6% versagte.* Ferner starben bei EHRHARDT in 43 Fällen (= 4%) je drei von den zum Versuch verwandten fünf Tieren, wodurch die Exaktheit der Reaktion auch in diesen Fällen in Frage gestellt war.

Wir sehen also, *daß die Schwangerschaftsreaktion mit unserer Originalmethode wegen der Giftigkeit des Harns in 6—7% überhaupt nicht ausführbar ist.* Dies ist zweifellos ein wesentlicher Nachteil der Methodik, da man z. B. jede chemische oder serologische Reaktion immer, d. h. in 100% ausführen kann. Aus vielen an mich gerichteten Anfragen habe ich ersehen, daß der Tod der Tiere durch Giftigkeit des Harns auch von anderer Seite als sehr störend für die Reaktion empfunden wird.

Auf folgende einfache Weise konnte ich die Harne ohne Hormonverlust entgiften.

1. Durch Filtration des vorher giftig wirkenden Harns durch ein SEITZ- bzw. BERKEFELD-Filter wird der Harn meist ungiftig, so daß die Tiere nur selten sterben. Hierbei fand ich aber, daß das SEITZ-Filter neben den giftig wirkenden Substanzen auch Hormon adsorbieren kann, so daß das SEITZ-Filter besser nicht verwendet wird. Nicht retiniert wird das Hormon, wie quantitative Untersuchungen mir gezeigt haben, durch das BERKEFELD-Filter. Ich verwende ein BERKEFELD-Filter, das 50—100 ccm Inhalt hat. Nach jeder Filtration muß das Tonfilter mit Wasser gut durchgespült werden.

2. Noch einfacher und daher am empfehlenswertesten ist folgende Methode: *Schüttelt man den zu untersuchenden Urin mit Äther, so gehen die giftig wirkenden Substanzen — nicht die Hypophysenvorderlappenhormone — völlig in den Äther über.*

Wollen wir einen Urin untersuchen, dessen Ergebnis uns sehr wichtig ist, so daß wir bei eventuellem Tod der Tiere eine zweite Reaktion nicht mehr anstellen können, so kommt nur die Äthermethode in Frage. Desgleichen muß die Äthermethode bei allen endokrinen Krankheiten, ferner bei der Differentialdiagnose von Tumoren und schließlich beim Fieber angewendet werden. Denn gerade bei diesen Fällen wissen wir, daß der Harn häufig giftig wirkt. *Da die Äthermethode technisch so einfach ist, habe ich empfohlen die Äthermethode prinzipiell für die Schwangerschaftsreaktion anzuwenden.*

Die Methode wird folgendermaßen ausgeführt: 30—40 ccm Frühurin werden, falls die Reaktion alkalisch ist, mit 10% Essigsäure bis zur schwach lackmussauren Reaktion angesäuert, filtriert. Der Urin wird im Scheidetrichter mit 90 bzw. 120 ccm Narkoseäther 5 Minuten tüchtig geschüttelt. Der im Scheidetrichter unten stehende Harn wird abgelassen und, falls etwas Äther mitgegangen, mittels der Nutsche vom Äther befreit. Es ist zweckmäßig, den nach Äther riechenden Harn in einem weiten Gefäß 1 Stunde am offenen Fenster stehen zu lassen, damit der Äther verdampft. Der Harn darf noch etwas nach Äther riechen. Will man eine schnelle Verdampfung des Äthers erreichen, so stellt man den Harn in ein Wasserbad, wobei die Temperatur im Harn (Kontrolle notwendig) nicht höher als 45° steigen darf. *Zweckmäßiger ist es, den Äther am offenen Fenster verdampfen zu lassen,* da bei schneller Erhitzung des Harns das Hormon (HVH) geschädigt werden kann.

Mittels der Äthermethode kann man jeden Harn entgiften und dadurch den Tod der Tiere vermeiden. Während mit der Originalmethode 6—7% der Harne durch Tod der Tiere überhaupt nicht zu untersuchen sind, kann ich durch die beschriebene Entgiftungsmethode (Äther) jeden Harn prüfen und damit die Exaktheit der Schwangerschaftsreaktion steigern. Die bisherigen Versager der Methode (6—7%) sind dadurch beseitigt.

Wir haben in der Originalarbeit eine steigende Dosierung von 6mal 0,2 bis 6mal 0,4 ccm angegeben, um auf diese Weise bei toxischen Harnen mit kleineren und größeren Dosen zu arbeiten. Das ist bei dem entgifteten Harn nicht notwendig. Man injiziert allen fünf Tieren je 6mal 0,3 ccm oder den ersten drei Tieren je 6mal 0,3 ccm, den letzten beiden je 6mal 0,4 ccm Harn. Die Tiere werden 100 Stunden nach der ersten Injektion getötet. *Durch die Ätherbehandlung wird das Folliculin aus dem Harn extrahiert, worin ich einen wesentlichen Vorteil für die Schwangerschaftsreaktion erblicke.* Finden wir jetzt einen vergrößerten, sekretgefüllten Uterus, so kann die Wachstumssteigerung nicht durch Folliculin oder HVH-A, sondern nur durch HVH-A ausgelöst sein. In diesem Falle ist eine nochmalige Anstellung der Reaktion zu empfehlen, weil — wie vorher (S. 301) auseinandergesetzt — bei ganz junger Gravidität zuerst die HVR I, etwas später erst die HVR II bzw. III auftreten kann.

5. Harntitration zur Diagnose pathologisch veränderter Schwangerschaft (Blasenmole, Chorionepitheliom).

In den ersten Schwangerschaftswochen werden 5000—30 000 ME. Hypophysenvorderlappenhormon pro Liter Harn ausgeschieden. Mit dem Fortschreiten der Gravidität fällt die Kurve der Hormonausscheidung etwas ab (siehe S. 201). Bei pathologisch gestörter Schwangerschaft ist die HVH-Ausscheidung (S. 206) ganz erheblich erhöht, so daß wir bei Blasenmole eine 2—3fache Hormonvermehrung im Frühurin fanden. ROBERT MEYER wies beim Chorionepitheliom 70 000 Einheiten, EHRHARDT bei Blasenmole sogar 520 000 Einheiten pro Liter Harn nach. Diese starke Hormonvermehrung kann diagnostisch verwertet werden. Bei einer Patientin, bei der im 3. Monat der Schwangerschaft (der Befruchtungstermin stand fest) der Uterus größer war, als der Schwangerschaft entsprach, fand ich[1] bei der Harntitration zuerst 50 000 ME. HVH pro Liter Frühurin, bei weiterer Beobachtung eine schnelle Steigerung bis auf 200 000 ME. (HVR II bzw. III). Dieser abnorm hohe Hormontiter war für mich der Beweis, daß eine Blasenmole vorlag, was klinisch bestätigt wurde.

Wir können heute schon sagen, daß bei Auslösung der HVR II bzw. III durch 0,02 ccm Frühurin (= 50 000 ME. pro Liter) der Verdacht einer pathologischen Placentaveränderung vorliegt, und daß die Diagnose um so wahrscheinlicher wird, je höher der HVH-Gehalt des Harns über 100 000 Einheiten pro Liter steigt. Kann man die Schwangerschaftsreaktion schon durch 0,005 ccm Harn auslösen (= 200 000 ME. pro Liter), so ist die Diagnose „Mole" bzw. „Chorionepitheliom" gesichert.

Die Titration führe ich folgendermaßen aus: Der Frühurin wird, falls er nicht sauer reagiert, mit 10% Essigsäure bis zur schwach lackmussauren Reaktion angesäuert und durch ein grobes Filter filtriert. 1 ccm Harn wird gemischt mit 99 ccm Aqua dest. (Lösung A) und 1 ccm verdünnt mit 49 ccm Aqua dest. (Lösung B). Diese Lösungen werden in steigenden Dosen zehn infantilen Mäusen injiziert.

Lösung A.		Lösung B.	
Tier 1 = 4 × 0,05 ccm 2 × 0,1 „	= 250 000 ME.	Tier 4 = 4 × 0,05 ccm 2 × 0,1 „	= 125 000 ME.
„ 2 = 4 × 0,1 „ 2 × 0,05 „	= 200 000 „	„ 5 = 4 × 0,1 „ 2 × 0,05 „	= 100 000 „
„ 3 = 6 × 0,1 „	= 166 666 „	„ 6 = 6 × 0,1 „	= 83 300 „
		„ 7 = 3 × 0,15 „ 3 × 0,1 „	= 66 666 „
		„ 8 = 6 × 0,15 „	= 55 550 „
		„ 9 = 6 × 0,2 „	= 41 660 „
		„ 10 = 6 × 0,3 „	= 27 770 „

Bei der individuellen Reaktionsfähigkeit der infantilen Mäuse darf man sich auf eine Harntitration nicht verlassen, sondern muß die Untersuchung nach einigen Tagen wiederholen.

---

[1] ZONDEK, B.: Zbl. f. Gynäk. **1930**, Nr 37, 2306.

Ist die Schwangerschaftsreaktion (HVR II oder III) bei Tier 9 und 10 negativ, so kann man mit ziemlicher Sicherheit eine Blasenmole oder Chorionepitheliom ausschließen.

Wird die Reaktion von Tier 8 an positiv, so wird die Diagnose „Mole oder Chorionepitheliom" um so wahrscheinlicher, je höher der Hormongehalt des Harns ist. Derartige Frauen müssen klinisch besonders gut beobachtet werden! Ist die Schwangerschaftsreaktion von Tier 2 an positiv, so ist damit die Diagnose einer pathologischen Placentarveränderung (Mole, Chorionepitheliom) gesichert.

6. **Qualitative und quantitative Gewebsuntersuchung auf HVH nach Gewebsentgiftung**[1].

Bedeutung für die Diagnose des Chorionepithelioms.

Quantitative Gewebsuntersuchungen, die ich im letzten Jahr auf Grund anderer Fragestellungen ausführte, haben mir gezeigt, daß der HVH-Gehalt der Blasenmolenwand besonders hoch ist, daß er fünfmal so groß ist wie in normaler Placenta. Die HVR II bzw. III wird durch 7 mg Placentagewebe der 7. Schwangerschaftswoche, durch 20—30 mg der 16. Schwangerschaftswoche ausgelöst (s. S. 196). Molenwand der gleichen Schwangerschaftszeit (16. Woche) gibt die Reaktion bereits mit 4—6 mg.

Auch im Chorionepitheliom selbst ist HVH in erhöhtem Maße nachweisbar, so daß ROBERT MEYER[2] den Hormongehalt in Lebermetastasen bei einem Fall von Chorionepitheliom der Niere um das dreifache höher schätzt als den der normalen Placenta. Dadurch ergibt sich eine *neue diagnostische Möglichkeit, d. h. die Untersuchung verdächtigen exzidierten oder mit der Curette entfernten Gewebes auf HVH mittels der Implantationsmethode.* Hierbei bestand bisher die Schwierigkeit (EHRHARDT[3]), daß die Gewebsstücke außerordentlich toxisch sind, so daß die meisten Tiere kurz nach der Implantation des Chorionepithelioms zugrunde gingen. Diese Schwierigkeit ist durch meine Entgiftungsmethode beseitigt. *Legt man die zerkleinerten Gewebsstücke, deren Implantation den Tod der Tiere zur Folge hat, 24 Stunden in Äther (pro narcosi), läßt die Gewebsstücke am offenen Fenster lufttrocken werden und implantiert sie jetzt, so bleiben die Tiere am Leben.* Durch den Äther werden nur die Giftstoffe, nicht die HVH aus dem Gewebe extrahiert.

Excidiert man *aus der Scheide oder der Portio Gewebe, das auf Chorionepitheliom suspekt ist und löst dieses nach Ätherbehandlung bei Implantation kleiner Stückchen (0,1 g) die HVR II- oder III-Reaktion*

---

[1] ZONDEK, B.: Zbl. f. Gynäk. 1930, Nr 37, 2307.
[2] MEYER, R.: Zbl. f. Gynäk. 1930, 431.
[3] EHRHARDT: Zbl. f. Gynäk. 1930, Nr 25, 154.

aus, so ist damit die Diagnose Chorionepitheliom gesichert. (Biologische Pathologie.)

Gesundes Gewebe gibt nämlich niemals die Schwangerschaftsreaktion. Mit Carcinomgewebe konnte ich nur sehr selten und auch nur nach mehrmaliger Einpflanzung von 0,5 g Gewebe die Reaktion — meist nur HVR I — auslösen (s. S. 269).

Auch das durch Curettage gewonnene Gewebsmaterial kann nach Ätherbehandlung mittels Implantation hormonal untersucht werden. Hierbei ist aber zu bemerken, daß auch die Decidua und die gesunde Placenta (siehe S. 194—197) die HVR II und III auslösen können. Nur der negative Befund wäre hier von Bedeutung, so daß man im Verein mit der morphologischen Untersuchung, die Diagnose Chorionepitheliom vielleicht ausschließen könnte. Für die Untersuchung des Uterusinhaltes steht uns noch ein anderer Weg zur Verfügung und zwar die quantitative Gewebsuntersuchung. Zu dieser Annahme berechtigt mich meine oben angegebene Erfahrung bei Vergleich des Hormongehalts zwischen gesunder und pathologisch veränderter Placenta. Das durch Curettage entfernte Gewebe wird vom Blut befreit und steigende Mengen des frischen Gewebes (1—1000 mg)[1] abgewogen. Diese Gewebsstückchen werden zur Entgiftung für 24 Stunden in Äther pro narcosi gelegt. Nachdem das Gewebe einige Stunden zur Verdampfung des Äthers am offenen Fenster lag, wird es infantilen Mäusen implantiert. Besteht für den Arzt nicht die Möglichkeit der genauen Wägung, so genügt es, das Gewebe in kleine Stückchen zu schneiden und in einer mit Äther (pro narcosi) gefüllten Flasche an die Untersuchungsstelle zu schicken. Durch die Ätherbehandlung verliert, wie ich festgestellt habe, das frische Gewebe 20% vom Gewicht, was berücksichtigt werden muß.

Die einzelne Klinik bekommt Chorionepitheliome nur selten zu sehen, so daß es wünschenswert wäre, wenn diese Untersuchungen von vielen Seiten gemacht würden.

7. Die Schwangerschaftsreaktion bei Abort, Fruchttod und Extrauteringravidität.

Im Wochenbett sind die HVH bis zum 8. Tage im Harn nachweisbar. Diese Zeit gebraucht der Körper, um sich seiner Hormonvorräte zu entledigen. In derselben Zeitdauer können wir auch beim Abort nach Ausstoßung der Frucht und Placenta eine positive Schwangerschaftsreaktion im Harn finden. Die *Hormonausscheidung kann aber länger dauern, wenn lebende, mit der mütterlichen Zirkulation in Kontakt befindliche choriale Reste im Uterus zurückgeblieben sind.*

---

[1] Ich implantiere folgende Gewebsmengen an je zwei Tieren: 1 mg, 3 mg, 5 mg, 10 mg, 20 mg, 30 mg, 100 mg, 200 mg.

Die Schwangerschaftsreaktion kann negativ sein, obwohl der Uterus das Ei noch enthält. Dies tritt nur ein, wenn die Frucht abgestorben ist. Hierbei wird die Reaktion etwa 2—3 Wochen nach dem Fruchttod negativ. *Wenn wir also bei einer sicher Schwangeren bei mindestens zweimaliger Harnuntersuchung eine negative Schwangerschaftsreaktion finden, so können wir daraus den Fruchttod diagnostizieren.* Hierbei sei betont, daß nicht der Tod der Frucht, sondern der Tod der Placenta die negative Reaktion bedingt, da wir wissen, daß auch ohne Frucht (Blasenmole) die Reaktion positiv ist.

Klinisch wichtig ist die Reaktion bei der Extrauteringravidität. *Bei erhaltener, ungestörter Bauchhöhlenschwangerschaft ist die Reaktion selbstverständlich positiv.* Bei gestörter Extrauteringravidität (tubarer Abort, Tubenruptur) kann die Reaktion 6—8 Tage positiv bleiben, da der Körper diese Zeit — wie im Wochenbett — gebraucht, um das Hormon im Harn auszuscheiden. Die Reaktion kann aber längere Zeit positiv bleiben, *wenn in der Tube noch lebende Zotten vorhanden sind, die in Kontakt mit der mütterlichen Zirkulation stehen.* Hört dieser Kontakt auf, so wird die Reaktion negativ. Im klinischen Sinne kann die Extrauteringravidität noch bestehen, d. h. in der Tube kann das nicht mehr lebende Ei noch vorhanden sein, es kann eine Hämatocele bestehen usw., und trotzdem ist die Reaktion negativ. Das Gleiche gilt für die Uterusmole!

Für die Extrauteringravidität ist also nur der positive Ausfall der Schwangerschaftsreaktion zu verwerten, nicht der negative.

Die positive Schwangerschaftsreaktion zeigt nur an, daß *lebendes Eigewebe* vorhanden ist. Durch die positive Reaktion kann natürlich nicht entschieden werden, ob das Ei im Uterus oder außerhalb desselben sitzt. Die Diagnose „Extrauteringravidität" müssen wir Kliniker stellen. Hierbei kann uns aber die Schwangerschaftsreaktion unter den angegebenen Kautelen in der Diagnose sehr unterstützen.

8. Wertigkeit der Schwangerschaftsreaktion.

Es gibt keine biologische Reaktion, die immer richtig ist. Die WASSERMANNsche Reaktion hat über 5% Fehlresultate, trotzdem ist sie eine ausgezeichnete Methode. An eine Schwangerschaftsreaktion muß man aber besonders hohe Anforderungen stellen, hier fällt jedes Fehlresultat schwer ins Gewicht. Bei keiner diagnostischen Methode kann die Richtigkeit vom Patienten so genau nachgeprüft werden wie bei der Gravidität. So lange durch Tod der Tiere infolge Giftigkeit des Harns 6—7% der Fälle nicht zu prüfen waren, haftete der Schwangerschaftsreaktion noch ein erheblicher Nachteil an. Durch die Ätherentgiftungsmethode ist diese Versagerquelle jetzt beseitigt, so daß jeder Harn geprüft werden kann.

Wertigkeit der Schwangerschaftsreaktion.

Als Gesamtergebnis kann mitgeteilt werden, daß die hormonale Schwangerschaftsreaktion aus dem Harn in den Händen der verschiedensten Untersucher eine Fehlerquelle[1] von 1—2% ergeben hat, was wohl als das Optimum einer biologischen Reaktion bezeichnet werden kann.

Die Methode ist in zahlreichen Kliniken der verschiedensten Länder nachgeprüft worden, wobei unsere Resultate bestätigt worden sind. ASCHHEIM und ich haben über 1200 Fälle untersucht, von anderer Seite sind 4315 Fälle geprüft worden (Tabelle 32), so daß im ganzen in der Literatur die Erfahrungen von 5515 Reaktionen niedergelegt sind.

Tabelle 32. Schwangerschaftsreaktionen.

Name des Untersuchers	Ort	Zahl der Reaktionen
EHRHARDT	Frankfurt a. M.	1080
WERMBTER und SCHULZE	Berlin	109
KLOPSTOCK	Berlin	200
KRAUL	Wien	30
KRAUS	Prag	30
PRAUDE	Moskau	100
BROUHA und SIMMONET	Paris	30
ODESCHATI	Italien	30
LOURIA und ROSENZWEIG	New York	100
KRIELE	Berlin	12
SCHMIDT	Düsseldorf	249
MARTIUS-BRÜHL	Göttingen	243
GRAGERT	Greifswald	46
FÜTH	Köln	139
SIEBKE	Kiel	51
KEHRER-WAHL	Marburg	129
KARG	München	110
ESCH	Münster	49
HELLMUTH	Würzburg	36
BECKER	Dresden	413
FELS	Breslau	127
WESTERMANN	Utrecht	33
KAPLAN	New York	132
GRISI	Italien	91
PISTUDDI	,,	36
PERALTA RAMOS u. ROTH	Buenos-Aires	24
SAIDL	Prag	79
ROBERTSON	London	400
DICKENS	,,	207
		4315 Reaktionen.

Die Hauptforderung, die man an eine Schwangerschaftsreaktion stellen muß, ist die Möglichkeit der Frühdiagnose und ihre unbedingte

---

[1] Voraussetzung für die guten Resultate ist exakte Untersuchung. Die Reaktion wird in Berlin in verschiedenen Instituten und Apotheken in großem Umfange ausgeführt, wobei scheinbar nicht immer mit der nötigen Sorgfalt vorgegangen wird. Nur so kann ich mir erklären, daß mir von Kollegen über einige Fehlresultate berichtet wurde, die stets aus bestimmten Untersuchungsstellen stammten.

Zuverlässigkeit. Ich glaube sagen zu können, daß dies für unsere hormonale Schwangerschaftsreaktion aus dem Harn zutrifft. Die Methode hat den Nachteil, daß man sie im Tierexperiment ausführen muß, so daß man stets 3—4 Wochen alte infantile Mäuse vorrätig haben muß. In Berlin haben sich die Händler auf die Zucht der infantilen Mäuse so eingestellt, daß trotz des großen Bedarfs kein Mangel an Versuchstieren ist. Da in den meisten Großstädten die Reaktion schon ausgeführt wird, scheint die Schwierigkeit der Tierzucht, die anfangs gegen unsere Reaktion geltend gemacht wurde, behoben zu sein. Ein zweiter Nachteil ist die relativ lange Dauer der Reaktion, so daß man erst nach 4 Tagen das Resultat erfahren kann. Durch meine Fällungsschnellreaktion ist die Zeit fast um die Hälfte abgekürzt, so daß die Reaktion schon in 55 Stunden ausführbar ist. Allerdings arbeitet die Schnellreaktion[1] nicht so exakt wie die Originalreaktion, so daß ich sie nur für dringliche Fälle empfehlen kann (S. 307).

Das Ideal einer Schwangerschaftsreaktion wäre eine schnell ausführbare exakte chemische Reaktion. Solange wir eine derartige Reaktion nicht besitzen, wird, — da die anderen bisher angegebenen serologischen und biologischen Schwangerschaftsreaktionen sich als klinisch nicht brauchbar erwiesen haben, — unsere hormonale Schwangerschaftsreaktion aus dem Harn für die Klinik von Bedeutung bleiben.

B. Die hormonale Schwangerschaftsreaktion aus dem Harn beim Tier.

a) Beim Affen.

Wir haben gesehen, daß die Hypophysenvorderlappenhormone beim Affenweibchen in genau der gleichen Weise im Harn ausgeschwemmt werden wie bei der Frau (s. S. 204). Wir können daher beim Affenweibchen durch den Nachweis der HVR II und III im Harn die Gravidität mit der gleichen Methodik wie bei der Frau diagnostizieren. Dies gilt sowohl für die Menschenaffen wie für die niederen Affen.

b) Beim Pferd.

Die Massenausscheidung der HVH in der Gravidität tritt nur beim Affen, nicht bei anderen Tieren auf. Wir haben (s. S. 204) Harn von trächtigen Mäusen, Ratten, Kaninchen, Kuh, Schwein, Elefant untersucht, ohne daß wir in ihnen HVH finden konnten. Auch Konzentrationsversuche[2] mit Fällung des Hormons aus 25 ccm Harn trächtiger Schweine und Kühe führten zu negativem Ergebnis. Aus der Tatsache, daß die HVH nur beim Menschen und Affen in der Schwangerschaft ausgeschieden werden, schlossen wir, daß diese besonderen hormonalen

---

[1] Mit einer weiteren Schnellreaktion bin ich beschäftigt.
[2] ZONDEK, B.: Dtsch. med. Wschr. 1930, Nr 8.

Die hormonale Schwangerschaftsreaktion aus dem Harn beim Pferd. 317

Verhältnisse auf die besondere hämochoriale Placentation der Primaten zurückzuführen sei. Dieser Schluß erweist sich jetzt nicht als richtig, nachdem sich gezeigt hat, daß auch beim trächtigen Pferd eine Überproduktion und Überschwemmung des Organismus mit Vorderlappenhormonen auftritt. Das Pferd hat keine hämochoriale Placenta, sondern ebenso wie das Schwein und die Kuh eine Haftplacenta. Warum nun gerade beim Menschen, Affen und dem Pferd, nicht aber bei anderen Säugetieren in der Gravidität eine Überproduktion der Vorderlappenhormone auftritt, entzieht sich völlig unserer Kenntnis.

Das Studium der qualitativen und quantitativen Hormonverhältnisse beim trächtigen Pferd (s. S. 205) führte mich zu folgenden interessanten Ergebnissen[1]:

1. Im *Blut* der trächtigen Stute fand ich Folliculin (800 ME. pro Liter Serum).

2. Das Follikelreifungshormon (HVH-A) tritt im Blut in sehr wechselnden Mengen auf. Ich konnte durchschnittlich 2000 RE. pro Liter Serum nachweisen.

3. Luteinisierungshormon (HVH-B) fand ich durchschnittlich 1000 ME. pro Liter Serum.

Ganz anders sind die Hormonverhältnisse *im Harn* der trächtigen Stute. Hier fand ich:

1. *Folliculin in sehr großen Mengen*, durchschnittlich 100000 ME. pro Liter Harn.

2. Follikelreifungshormon (nachgewiesen durch die Fällungsmethode S. 238). = 800 RE. HVH-A pro Liter Harn.

3. Luteinisierungshormon HVH-B wird im Harn nicht ausgeschieden.

Während im Blut der trächtigen Stute drei Hormone kreisen (Folliculin, HVH-A und B) wird im Harn im wesentlichen nur das Folliculin ausgeschieden. Follikelreifungshormon (HVH-A) ist nur in geringen Mengen (5—10%), Luteinisierungshormon (HVH-B) überhaupt nicht vorhanden. Weiter ist bemerkenswert, daß das Folliculin im Harn in 100facher Konzentration im Vergleich zum Blut auftritt.

Während beim Menschen und Affen die drei im Übermaß produzierten, im Blute kreisenden Hormone in der Schwangerschaft im Harn ausgeschieden werden, tritt beim Pferd im wesentlichen nur das Folliculin und geringe Mengen HVH-A in den Harn über, nicht aber HVH-B. Worauf diese grundlegenden Unterschiede zurückzuführen sind, vermag ich nicht zu sagen. Die Tatsachen scheinen mir sehr bemerkenswert.

Zu den Untersuchungen am Pferd haben mich meine Studien des letzten Jahres über das Follikelreifungshormon (HVH-A) geführt. Ich

---
[1] Noch nicht veröffentlicht.

fand, daß dieses Hormon beim Aufhören der Ovarialfunktion (Klimakterium), insbesondere bei der Kastration im Harn in erhöhtem Maße ausgeschieden wird (s. S. 253). Als ich den Harn kastrierter Tiere prüfte, fand ich, daß ein Unterschied bei den verschiedenen Tierarten besteht. Während das Follikelreifungshormon im Harn kastrierter Mäuse nicht nachweisbar ist (s. S. 257), fand ich es zuweilen bei kastrierten Ratten, viel häufiger aber beim kastrierten Pferd (Wallach). Dieser Befund führte mich dazu, mich mit den hormonalen Verhältnissen beim Pferd näher zu beschäftigen, wobei ich im Harn von graviden Stuten zu meinem Erstaunen die großen Hormonmengen fand.

Ich hielt die großen Hormonmengen (100—400000 Einheiten pro Liter) zuerst für Follikelreifungshormon (HVH-A), weil diese Hormonmengen sich auch im Harn nachweisen ließen, den ich mehrfach mit großen Äthermengen ausgeschüttelt hatte. Ich überzeugte mich aber davon, daß es sich hierbei nicht um Follikelreifungshormon handelt, da fast die gleichen Hormonmengen auch im *gekochten* Harn nachweisbar waren. Da das HVH-A durch Kochen zerstört wird, konnte die bei der infantilen Ratte erzeugte Brunstreaktion nicht durch HVH-A bedingt sein. Als ich das Hormon aus dem Harn auszufällen versuchte (Alkoholfällungsmethode), erhielt ich pro Liter Harn nur noch 5—10% Ausbeute. Dadurch war bewiesen, daß das im Harn der trächtigen Stute vorkommende brunstauslösende Hormon nur zum kleinsten Teil (5—10%) Follikelreifungshormon (HVH-A), zum größten Teil aber (90—95%) Folliculin ist.

Die großen Hormonmengen waren, wie eben gesagt, auch in dem mit Äther geschüttelten Harn nachweisbar. Es besteht hier demnach ein charakteristischer Unterschied gegenüber dem Harn schwangerer Frauen. Schüttelt man diesen mit Äther, so geht das Folliculin vollständig oder zum größten Teil in den Äther über. *Das im Harn trächtiger Stuten vorhandene Folliculin geht aber nicht in organische Lösungsmittel*[1] *wie Äther und Benzol über* (s. S. 90). Ich möchte daraus nicht schließen, daß das Folliculin beim Pferd eine andere chemische Konstitution hat als beim Menschen, weil eine Haupteigenschaft (leichte Löslichkeit in Äther) für das Hormon im Pferdeharn nicht zutrifft. Vielmehr muß man annehmen, daß das Folliculin im alkalischen Pferdeharn in Verbindung mit Begleitsubstanzen auftritt, welche die Löslichkeit in Äther verhindern. Dafür spricht die Tatsache, daß das Folliculin im Pferdeharn durch Kochen mit Säure in einen ätherlöslichen Zustand übergeführt werden kann (s. S. 85).

Die quantitativen Untersuchungen zeigen uns, daß die Folliculinwerte im Harn der trächtigen Stute rund 100mal so hoch sind als im Blut. *Der gravide Organismus ist bestrebt, das für die Schwangerschaft*

---

[1] Betreffs des ätherlöslichen Hemmungsstoffes im Pferdeharn sei auf S. 90 verwiesen.

Die hormonale Schwangerschaftsreaktion aus dem Harn beim Pferd.

produzierte, aber nicht verwendete weibliche Sexualhormon (Folliculin) möglichst schnell aus dem Organismus zu entfernen.

Während, wie oben auseinandergesetzt, die Vorderlappenhormone (A und B) nur im Harn der graviden Frau und des trächtigen Affenweibchens, das Follikelreifungshormon (A) auch beim trächtigen Pferd vorkommt, wird Folliculin in der Gravidität nicht nur beim Menschen, Affen und Pferd, sondern z. B. auch bei der Kuh ausgeschieden. Allerdings sind die Hormonmengen bei der Kuh gering. Sie betragen etwa 500—800 ME. pro Liter (s. S. 204). Da die Kuh auch außerhalb der Schwangerschaft Folliculin im Harn ausscheidet, kann der relativ geringe Hormonanstieg in der Gravidität diagnostisch nicht verwertet werden. Anders liegen die Verhältnisse beim Pferd. Der Harn nicht belegter und güster (= belegt, aber nicht befruchtet) Stuten enthält pro Liter Harn 300—800 ME. Folliculin, der Harn trächtiger Stuten hingegen 100000 ME., somit in der Gravidität eine Steigerung um über das 100fache. Diese starke Hormonausschwemmung kann zur Graviditätsdiagnose beim Pferd verwendet werden.

Die hormonale Schwangerschaftsreaktion beim Pferd, über die ich im folgenden berichten werde, *beruht auf dem Nachweis des weiblichen Sexualhormons (Folliculin) und des Follikelreifungshormons des Hypophysenvorderlappens (HVH-A).*

Bei dem diagnostischen Hormonnachweis spielt das Folliculin die Hauptrolle (etwa 90—95%), das Follikelreifungshormon nur eine Nebenrolle. Das Verhältnis der beiden Hormone zueinander ist allerdings nicht unerheblichen Schwankungen unterworfen.

Die Graviditätsreaktion führe ich an infantilen Ratten aus. Die Trächtigkeit wird diagnostiziert durch das Auftreten der Brunstreaktion, die sich im Wachstum des Uterus, vor allem aber im Aufbau der Scheidenschleimhaut und Auftreten des reinen Schollenstadiums im Scheidensekret äußert.

Die Brunstreaktion wird bekanntlich durch das weibliche Sexualhormon (Folliculin) sowie das HVH-A ausgelöst. Wenn wir also nach Einspritzen von Harn trächtiger Stuten die Brunstreaktion bei der infantilen Ratte erzielen, so kann diese sowohl durch Folliculin wie HVH-A ausgelöst sein.

Zwischen der hormonalen Schwangerschaftsreaktion aus dem Harn beim Menschen und Pferd besteht demnach ein grundlegender Unterschied: *Die Graviditätsdiagnose beim Menschen beruht auf dem Nachweis der HVR II und III, während die durch Folliculin, bzw. durch Follikelreifungshormon (HVR I) bedingte Brunstreaktion für die Graviditätsdiagnose bei der Frau nicht verwertet werden darf. Im Gegensatz dazu ist beim Pferd gerade die durch Folliculin bzw. Follikelreifungshormon bedingte Brunstreaktion für die Graviditätsdiagnose ausschlaggebend.*

Hierbei sei erwähnt, daß Küst und Grawert[1] in Anlehnung an unsere Arbeiten den Versuch gemacht haben, durch Nachweis des weiblichen Sexualhormons die Gravidität beim Pferd zu diagnostizieren. Sie fanden, daß der Folliculingehalt im Harn trächtiger Stuten 2—3 ME. pro Kubikzentimeter beträgt, während im Harn güster Stuten nur 1 ME. nachweisbar ist. Eine Stute sei als sicher tragend zu bezeichnen, wenn der Harn 2 Monate nach dem letzten Decktermin einen Gehalt von 2 und mehr ME., 3 Monate nach dem letzten Decktermin einen Gehalt von 3 und mehr ME. Folliculin enthalte. Die Diagnose ist positiv, wenn bei mehreren, in etwa 3—4wöchigen Abständen — nach dem letzten Decktermin — vorgenommenen Prüfungen eine deutliche Zunahme des Gehaltes an Folliculin festzustellen sei. Die Diagnose sei negativ, wenn 4 Monate nach dem letzten Decktermin nicht mehr als 1,5 ME. Folliculin in 1 ccm Harn vorhanden ist.

Zur Diagnose müssen also mehrmalige Hormonuntersuchungen in mehrwöchigen Abständen ausgeführt werden, so daß Küst und Grawert bei 14 graviden Stuten fünfmal erst 4—7 Monate nach dem letzten Decktermin die Gravidität durch hormonale Harntitration feststellen konnten.

Eine biologische Reaktion auf so geringe quantitative Hormonunterschiede (1 bzw. 3 Einheiten) zu gründen, ist nach meiner Erfahrung nicht möglich, da die Fehlerquellen bei derartigen Hormontitrationen durch Streuung zu groß sind.

Im übrigen muß man von einer biologischen Schwangerschaftsreaktion verlangen, 1. daß sie früher die Gravidität anzeigt, als dies durch klinische Untersuchung möglich ist, 2. daß die Diagnose durch eine *einmalige* biologische Untersuchung gestellt werden kann. Diese Bedingungen treffen für meine Schwangerschaftsreaktion zu, die, das sei noch einmal wiederholt, auf dem Nachweis des weiblichen Sexualhormons *und* des Follikelreifungshormons (HVH-A) im Harn des Pferdes beruht.

Küst und Grawert haben im Harn trächtiger Stuten 3—4 ME. Folliculin pro Kubikzentimeter Harn gefunden. In Wirklichkeit sind aber 100—400 ME. pro Kubikzentimeter vorhanden. Nur diese so große — um das Hundertfache — durch die Gravidität bedingte Steigerung der Hormonausscheidung ermöglicht die biologische Reaktion. Ich habe die großen Folliculinmengen dadurch gefunden, daß ich gleich beim ersten Versuch einen mit Äther ausgeschüttelten Harn untersucht habe, wodurch ich unbewußt Hemmungsstoffe im Pferdeharn (s. S. 90) beseitigt hatte. Das Vorhandensein des Follikelreifungshormons (HVH-A) im Harn trächtiger Stuten war Küst und Grawert entgangen.

Der stark alkalische Pferdeharn wirkt bei infantilen Nagetieren häufig sehr toxisch. Die Harneinspritzungen werden aber gut vertragen,

---
[1] Tierärztl. Rdsch. **1930**, Nr 3.

Technik der Schwangerschaftsreaktion aus dem Harn beim Pferd. 321

wenn man den Harn mittels Äther (s. S. 308) entgiftet. In den Äther gehen nur die Giftstoffe, nicht die Vorderlappenhormone über. Beim Pferdeharn tritt, wie vorher auseinandergesetzt, auch das sonst in organischen Lösungsmitteln so leicht lösliche Folliculin beim Schütteln mit Äther nicht in diesen über (beim Frauenharn ist dies der Fall). *Wir erreichen also durch Schütteln des Pferdeharns mit Äther eine Entgiftung und Entfernung von Hemmungsstoffen, ohne daß der Gehalt des Urins an Folliculin bzw. Follikelreifungshormon (HVH-A) verringert wird!*

Technik der hormonalen Schwangerschaftsreaktion beim Pferd.

Am besten verwendet man den früh vor der Fütterung aufgefangenen Urin der Stuten. Der stark alkalische Harn wird mit Eisessig bis zur schwach lackmussaueren Reaktion angesäuert und filtriert. Jetzt wird der Harn mit der vier- bis fünffachen Menge Äther pro narcosi 5 Minuten im Schüttelkolben tüchtig geschüttelt. Der im Kolben unten stehende Harn wird abgelassen und für einige Stunden an das offene Fenster gestellt, damit der Äther verdampft. Der Harn darf noch etwas nach Äther riechen.

Die Reaktion wird an 4—5 Wochen alten, 25—35 g schweren infantilen Ratten ausgeführt (bei infantilen Mäusen wirkt der Pferdeharn giftiger als bei der Ratte). Die Reaktion wird nicht an der erwachsenen kastrierten Maus ausgeführt, sondern an der infantilen Ratte, weil beim infantilen Tier die Folliculin- *und* HVH-A-Wirkung bei der Brunstreaktion zum Ausdruck kommen. Zu jedem Versuch werden fünf infantile Ratten verwendet, da es trotz Entgiftung bei sehr toxischen Harnen vorkommen kann, daß ein Tier stirbt.

Die Tiere erhalten folgende Harnmengen subkutan:

Tier 1—3 = 6mal 0,05 ccm
,, 4 und 5 = 6mal 0,1 ,,

Beginnen wir die Versuche am Montag, so erhalten die Ratten um 10 und 17 Uhr je 0,05 bzw. 0,1 ccm, am Dienstag um 9, 13 und 17 Uhr die gleichen Harnmengen, am Mittwoch um 9 Uhr die letzte Harninjektion (je 0,05 bzw. 0,1 ccm). Am Mittwoch Abend beginnt man mit den Scheidenabstrichen, die am Donnerstag früh und abends sowie Freitag früh wiederholt werden.

Die Gravidität wird am Scheidenabstrich diagnostiziert, und zwar am Auftreten des reinen Schollenstadiums. Es genügt, wenn die Schollenreaktion bei *einem* Tier positiv ist, meist zeigen alle 5 Ratten das Schollenstadium.

Die durch Harn trächtiger Stuten ausgelöste Wachstumssteigerung (Folliculin, HVH-A) des Uterus infantiler Nagetiere ist sehr wechselnd, so daß sie diagnostisch für die Graviditätsreaktion *nicht* verwertet werden kann.

Bleibt die Brunstreaktion aus, bleibt im Scheidenabstrich das Schleimsekret bestehen, so ist die Graviditätsreaktion negativ.

Ergebnis.

Ich habe bisher Harn von 80 Stuten[1] untersucht.

1. Im Harn von 9 nicht belegten Stuten war die Graviditätsreaktion negativ.

2. Im Harn von 17 güsten Stuten (belegt, aber nicht befruchtet) war die Graviditätsreaktion 16 mal negativ, 1 mal positiv. Diese Fälle sind besonders wichtig. Vom Gestüt (Trakehnen) war mir nur der Decktermin, nicht die klinische Diagnose mitgeteilt worden.

3. Im Harn von 54 graviden Stuten war die Graviditätsreaktion 53 mal positiv, 1 mal negativ. Bei dem Fehlresultat handelte es sich um eine Gravidität am 91. Tag nach der Deckung.

Unter 80 Fällen demnach 2 Fehlresultate = 2,5%.

Die Diagnostik wird sich vielleicht noch verbessern lassen, wenn man noch geringere Harnmengen injiziert.

Ich habe Harne vom 74.—260. Tage nach der Deckung untersucht (das Pferd trägt rund 320 Tage). Harn von jüngeren Graviditäten stand mir bisher nicht zur Verfügung, da die Deckzeit Mitte Juni beendet ist. Die nächste Deckperiode beginnt erst Anfang Dezember. Es wird mir erst dann möglich sein, genau festzustellen, an welchem Tage nach der Belegung die Hormone beim Pferd in so stark erhöhter Menge produziert und im Harn ausgeschieden werden. Damit wird sich der Tag bestimmen lassen, an dem die Graviditätsreaktion beim Pferd nach der Belegung positiv wird.

Die Reaktion ist auch bei den dem Pferd nahestehenden Tieren (Esel, Zebra), d. h. bei den Equiden, nicht aber bei anderen Säugetieren anwendbar.

Ich glaube, daß meine *hormonale Graviditätsreaktion beim Pferd, die sich auf dem Nachweis der Brunstreaktion bei der infantilen Ratte gründet, ausgelöst durch das weibliche Sexualhormon (Folliculin) und das Follikelreifungshormon des Hypophysenvorderlappens (HVH-A), für die Veterinärmedizin nicht ohne Bedeutung sein wird.*

Darüber hinaus dürfen gerade die Hormonbefunde beim Pferd allgemein-medizinisches Interesse beanspruchen. Die Untersuchungen ha-

---

[1] Bei den Hormonuntersuchungen am Pferd (Blut, Harn), die ich an 1300 Nagetieren ausgeführt habe, hat mich mein Assistent, Herr Dr. GRUNSFELD, unterstützt.

Das Material zu den Untersuchungen ist mir in liebenswürdigster Weise vom Gestüt in Trakehnen überlassen worden. Ich möchte an dieser Stelle den Herren Gestütsveterinärräten Dr. FISCHER und Dr. SCHWERDTFEGER für ihre Mitarbeit bestens danken.

Auch Herrn Dr. SCHAEPER (Tierzüchtungsinstitut Klein-Ziethen) und Herrn Dr. KUNZE (Tierärztliches Institut Königsberg i. Pr.) bin ich für Materialüberlassung zu Dank verpflichtet.

ben uns gezeigt, daß der Hormonhaushalt nicht nur bei Mensch und Tier, sondern auch bei den verschiedenen Tierklassen ganz verschieden ist. Wir haben im Harn trächtiger Pferde ein neues, billiges, hochwertiges Ausgangsmaterial für das Folliculin kennen gelernt, so daß in Zukunft die Darstellung konzentrierter Hormonpräparate für den klinischen Gebrauch nicht mehr Schwierigkeiten machen wird. Das in unbegrenzten Mengen zur Verfügung stehende Ausgangsmaterial wird meines Erachtens auch für die weitere chemische Hormoforschung von Bedeutung sein.

II. Über Züchtung des menschlichen Ovarialgewebes in vitro.

Zum Schluß möchte ich über die in Gemeinschaft mit WOLFF[1] ausgeführten Züchtungsversuche des menschlichen Eierstockes berichten. Die Untersuchungen entstanden im Rahmen meines Arbeitsplans zur Klärung der Frage, ob das zur Transplantation verwendete Ovarialgewebe auch außerhalb des Wirtsorganismus lebens- und funktionstüchtig ist (s. S. 20). Die Versuche dürfen ein gewisses Interesse beanspruchen, weil sie meines Wissens zu den ersten erfolgreich durchgeführten Züchtungsversuchen hochdifferenzierten menschlichen Gewebes in vitro überhaupt gehören. Da die Ergebnisse der Züchtungsversuche nur in losem Zusammenhang mit dem Vorhergehenden stehen, habe ich die Explantationsversuche im Vorhergehenden nur kurz erwähnt, um sie hier im Anhang ausführlich zu beschreiben.

Das menschliche Gewebe hat die Tendenz, den Nährboden in unmittelbarer Nähe des explantierten Stückes zu verdauen und zu verflüssigen, wodurch das Wachstum gehemmt wird. Deshalb ist die Züchtung menschlichen Gewebes sehr schwierig. Wir kamen weiter, als wir nach dem Vorschlag von KUCZINSKY eine Nährlösung gebrauchten, die sich aus Menschenserum, Kaninchenplasma und Ringerscher Lösung zusammensetzt. Das in der Kultur gerinnende Plasma stellt durch sein Fibrinnetz den Stützapparat für die wachsenden Zellen dar. Wir haben die Passagen längstens über 2 Monate fortgeführt. Ein unglücklicher Zufall, Versagen der Regulierung des Brutschrankes, veranlaßte die vorzeitige Unterbrechung unserer Versuche. So wird die Frage der dauernden Erhaltung der gezüchteten Gewebe in der Kultur durch unsere Untersuchungen nicht berührt.

Unser Explantationsmaterial wurde, soweit es nicht von verstorbenen Neugeborenen stammte, operativ gewonnen. Die Eierstöcke wurden gleich nach Herausnahme in ein keimfreies Schälchen gelegt und im Eisschrank

---

[1] ZONDEK, B. u. WOLFF: Zbl. f. Gynäk. **1924**, Nr 40, S. 2193. WOLFF, E. K. u. B. ZONDEK: Virchows Arch. **454**, H. 1 (1925).

324 Über Züchtung des menschlichen Ovarialgewebes in vitro.

bzw. Eiskasten aufbewahrt. Die Anlegung der Kultur erfolgte am gleichen oder am folgenden Tage, außer in den Fällen, in denen die später kurz zu erwähnenden Versuche über die Dauer der Konservierbarkeit angestellt wurden. Schwierigkeiten hinsichtlich der Sterilität des operativ gewonnenen Materials haben wir nicht gehabt! Falls es sich nicht um bereits infizerte Organe handelte, erwies sich in fast 100% das Material als brauchbar, d. h. als völlig bakterienfrei.

Unsere ersten Versuche galten der Feststellung, inwieweit sich auch der Eierstock älterer Individuen zur Zucht im Plasmamedium eignet, und welche Zellen unter diesen Umständen zur Vermehrung zu bringen sind. Es zeigte sich bald, daß das Alter der betreffenden Personen kein Hindernis für die Zucht abgab, denn einer unserer ersten Fälle, — Ovarium einer 45 jährigen Frau —, zeigte üppig sprossendes Wachstum. Die Abb. 113 gibt den Eindruck wieder, den die wachsende

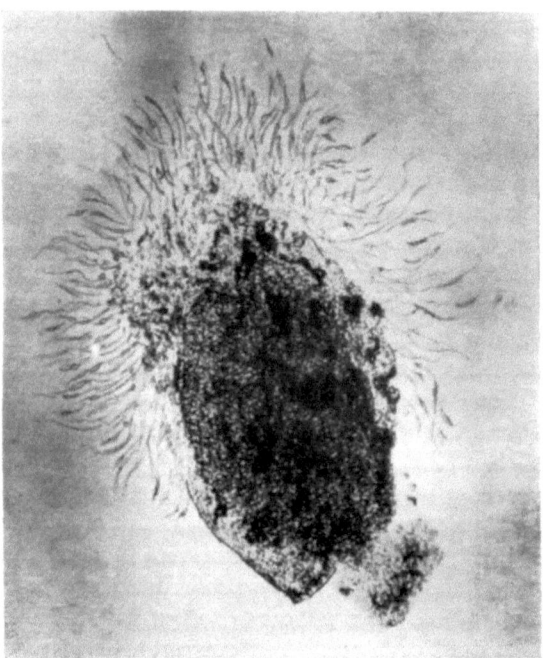

Abb. 113. Wachstumsvorgänge am ausgepflanzten Ovarium einer 45 jährigen Frau nach 8 tägigem Brutschrankaufenthalt. In den oberen Abschnitten vorwiegend Fibroblastensprossung, rechts unten *a* flächenhaftes (epitheliales) Wachstum. Zeichnung der lebenden Kultur bei schwacher Vergrößerung.

Kultur nach achttägiger Bebrütung im Brutschrank bei 37° darbot. Man sieht von allen Seiten die charakteristischen weitverzweigten Sprossen aus dem eingepflanzten Stück herauswachsen, und die einfache Betrachtung ergibt auch ohne Besichtigung des gefärbten mikroskopischen Präparates, daß es sich überwiegend um Bindegewebszellwucherung, um

Fibroblasten in der Ovarialkultur.

sich vermehrende und weit ins Medium vordringende Fibroblasten handelt. Dieser Typ des Wachstums ist hinreichend bekannt und so charakteristisch, daß sich jede weitere Beschreibung erübrigt. Rechts unten im Bild sieht man im Gegensatz dazu flächenhaftes Wachstum, wahrscheinlich epithelialer Zellen (a). Die Abb. 114 zeigt einen besonders günstigen Schnitt vom Pol einer wachsenden Kultur, der das gleichmäßige Vordringen der Sprossen (Bindegewebszellen) nach allen Seiten tief ins Medium hinein erkennen läßt. Mitosen sind, wie bekannt, äußerst selten zu finden. Der Vorgang der Kernteilung läuft bei diesen Zellen so schnell ab, daß der Querschnitt des Wachstumsablaufes, wie man ihn beim

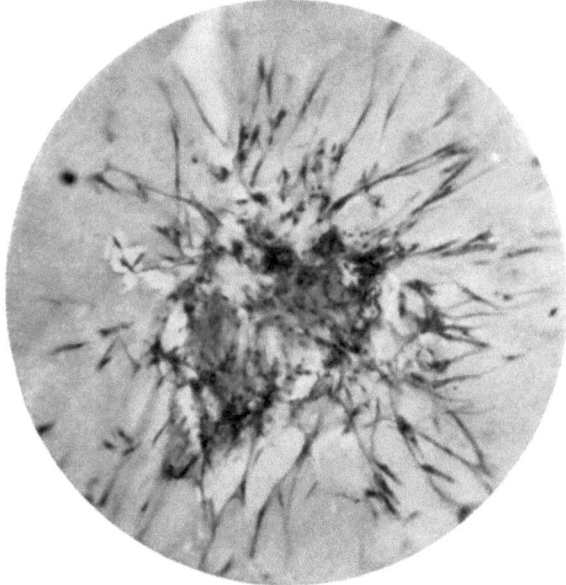

Abb. 114. Mikroskopisches Präparat einer 6 Tage lang bebrüteten Kultur von Ovarialgewebe. Ausschließlich wachsende Bindegewebszellen.

Fixieren der Kultur zu sehen bekommt, nur ganz gelegentlich eine Teilungsfigur aufweist. Dennoch kann nicht bezweifelt werden, daß es sich hier um echtes Wachstum handelt und nicht etwa um einen Vorgang der Auswanderung, wie man ihn bei Organstückchen, die reichlich Blut- und Wanderzellen enthalten, zu Beginn des Aufenthalts im Plasmamedium beobachtet. Die praktisch ad infinitum mögliche Fortführung der Bindegewebskulturen durch sogenannte Passagen stellt ja die Frage echten Wachstums endgültig sicher. Wir selbst haben auch von derartigen Kulturen mit bestem Erfolge eine Reihe von Subkulturen bis zu 2 Monaten fortgesetzt.

Unser Bestreben ging natürlich dahin, außer dem unspezifischen,

326 Über die Züchtung des menschlichen Ovarialgewebes in vitro.

uncharakteristischen Bindegewebe auch die „spezifischen" Zellen des Eierstocks in der Kultur zum Wachsen zu bringen.

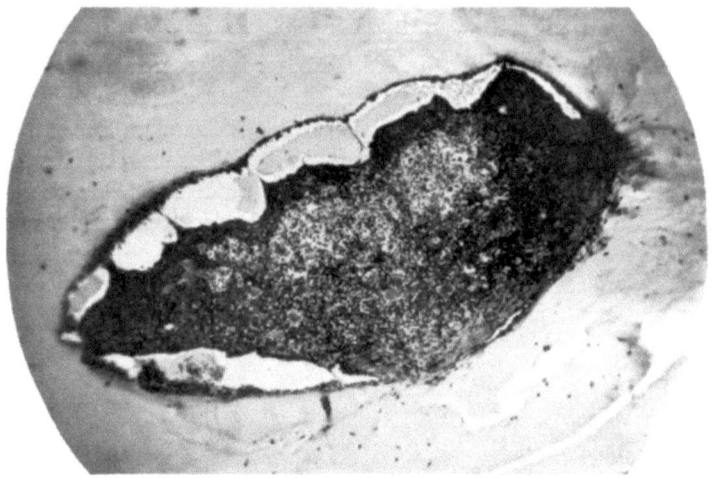

Abb. 115. Wachsendes Oberflächenepithel des Ovars einer Frühgeburt im 8. Monat. Die äußere Zellage und die Verbindungsbrücken sind neugewachsene Zellen. 9 tägiger Brutschrankaufenthalt.

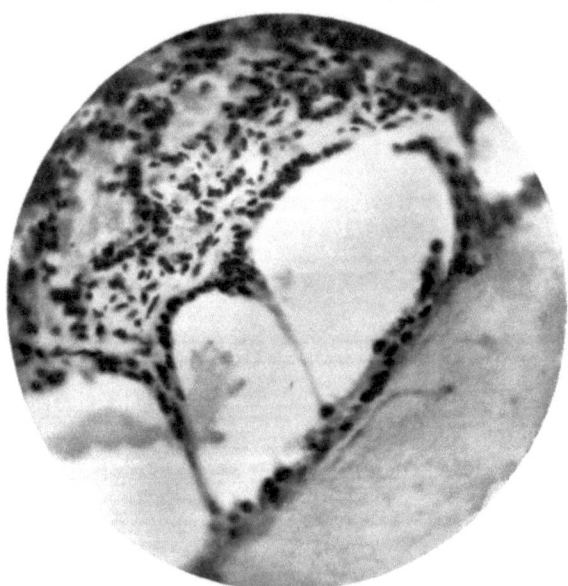

Abb. 116. Wachsendes Oberflächenepithel des Ovars einer Frühgeburt. Ausschnitt aus Abb. 115 bei stärkerer Vergrößerung.

Seitdem man sich überhaupt mit der Züchtung epithelialer Elemente befaßt, steht man in jedem Einzelfall vor der Schwierigkeit, aus den Organstücken, die doch stets gemischt bindegewebig-epitheliale Anteile enthalten, den einen und zwar den langsam wachsenden in „Reinkultur" zu züchten. Im allgemeinen nimmt der schneller wachsende bindegewebige Anteil den epithelialen Gebilden die Möglichkeit der Vermehrung. Nur wenn das Bindegewebswachstum gehemmt bleibt, kann das Epithel auch aus gemischtgeweblich zusammengesetzten Organen sich allein vermehren und bei Passagekulturen sogar in Reinkultur weitergeführt werden. Könnte man bei der Anlegung von Kulturen von einzelnen Zellen ausgehen, so wäre dies Problem vielleicht einfacher zu lösen, da man durch weitgehende mechanische Zertrümmerung des Organstückes und Lösung des Zellverbandes auch einzelne Epithelien, z. B. Leberzellen, gewinnen könnte. Es ist aber festgestellt, daß eine einzelne Zelle in künstlicher Kultur nicht vermehrungsfähig bleibt, daß dazu ein — wenn auch noch so kleiner — Zellverband

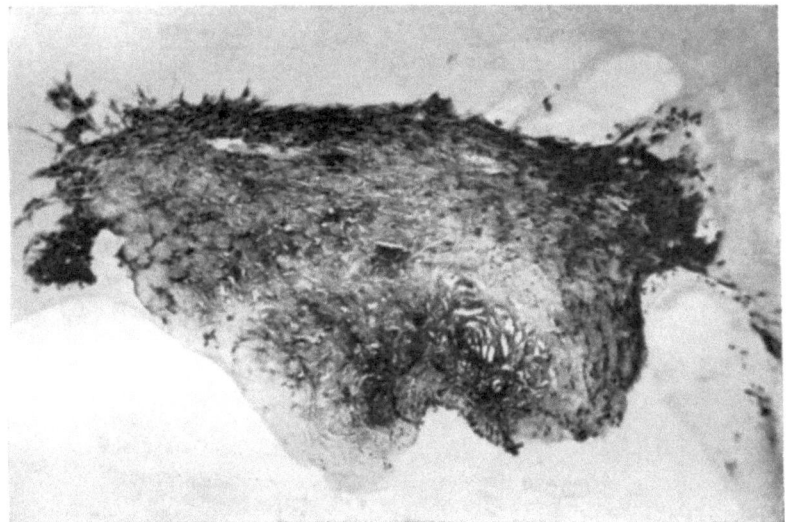

Abb. 117. Wachsendes Amnionepithel von der Nabelschnur eines menschlichen Fetus im 4. Monat. Man sieht die mehrfache Zellage und die ins Medium teilweise flächenhaft vordringenden Zellmassen. 7. Tag der Auspflanzung.

erforderlich ist. Falls nun nicht rein epitheliale Zellverbände zur Verfügung stehen, wie bei der vielgeübten Kultur von Epithelien der äußeren Haut oder der Irisepithelien (FISCHER, EBELING), muß man erstreben, günstige räumliche Bedingungen zwischen den Bestandteilen des ausgepflanzten Stückes und dem Nährmedium zu erreichen, da wir bis heute Nährbodenzusätze, die das Wachstum einzelner Zellarten begünstigen und anderer hemmen, nicht kennen[1].

In einer Reihe von Versuchen mißlang es denn auch gänzlich, außer dem Bindegewebe andere Bestandteile des Eierstocks zum Wachstum zu bringen, bis die Auspflanzung des Eierstocks einer Frühgeburt zu dem gewünschten Erfolge führte (Abb. 115 und 116). Wie sich später im

---

[1] Erfolgreiche Versuche sind von KRONTOWSKI mitgeteilt. Klin. Wschr. 1924.

Schnitt herausstellte, war das ausgepflanzte Stück zum größten Teil mit dem Oberflächenepithel in unmittelbare Berührung mit dem umgebenden Medium geraten, während nur an kleineren Stellen des Umfanges Stromaanteile das Plasmamedium berührten. Die Folge dieser Lagerung war, daß die Epithelien, — wie dies in der Regel geschieht —, das anstoßende Medium zu verdauen begannen, aber nicht so vollständig, daß eine völlige Herauslösung der Stücke erfolgt wäre. An einigen Stellen blieb die Berührungsfläche erhalten, und an diesen Plasmaspangen zog

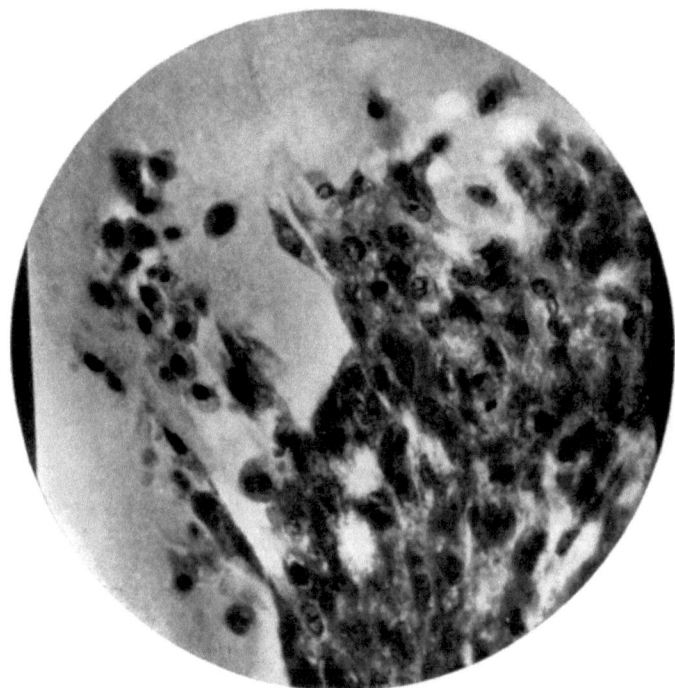

Abb. 118. Wachsendes Amnionepithel. Ausschnitt aus Abb. 117 bei stärkerer Vergrößerung. Im Gesichtsfeld mehrere Mitosen.

sich nun das wuchernde Oberflächenepithel (das sogenannte Keimepithel) an dem Rand der selbstgeschaffenen Höhlung entlang, wodurch diese mit einer epithelialen Auskleidung versehen wurde. Man sieht in dem Präparat (Abb. 115 u. 116) an verschiedenen Stellen die etwas breiteren Pfeiler epithelialer Gebilde, die, von der ausgepflanzten Schicht ausgehen, um sich dann in die neu gewachsene, die Höhlung auskleidende Schicht fortzusetzen. Die besondere Anordnung der Kultur hat hier einmal durch die Schaffung von Wundflächen den Wucherungsreiz bewirkt, ferner durch die Herstellung des Verdauungshofes der Neigung der Epithelien zur Auskleidung von Hohlräumen die Wege gewiesen. Es ist dies der eine Typ epithelialen Wachstums in der Kultur, der nur zumeist wegen zu erheblicher und allseitiger Verflüssigung des Mediums sich nicht ausbilden kann. Er unterscheidet sich ganz wesentlich vom Wachstumstypus der Fibroblasten, die ohne Verflüssigung des Mediums tief in dasselbe hineindringen und nach allen Seiten ihre Ausläufer und Verzweigungen aussenden. Das eine Ende der Kultur zeigt deutlich das gegensätzliche Verhalten. Zur Zeit der Fixierung scheint der Prozeß epithelialen Wachstums eben durch die Auskleidung der Höhlung zu

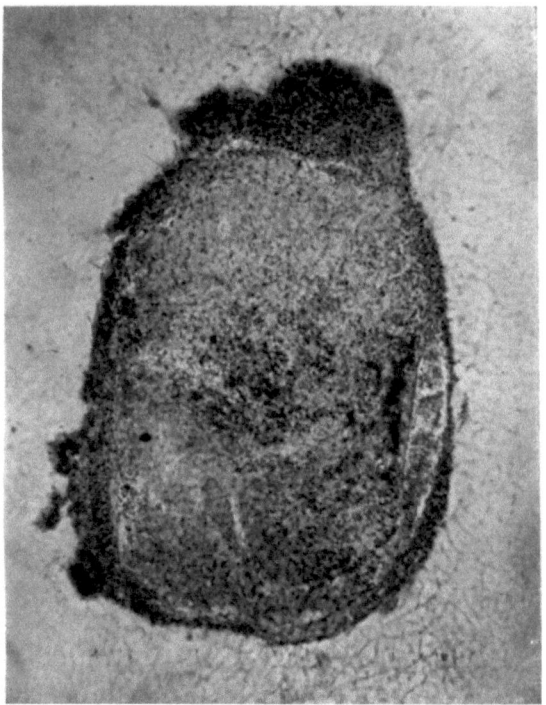

Abb. 119. Flachenhaft wachsende Granulosazellen (?) des Ovariums einer 35 jährigen Frau. 10. Tag der Auspflanzung.

einem gewissen Anschluß gekommen zu sein. Bei genauester Durchmusterung fanden sich nur in zwei Präparaten der Serie einige Mitosen. Dasselbe Bild bot übrigens ein zweites Stück der gleichen Reihe. Die Zellen sind im allgemeinen etwas flacher als die entsprechenden Zellen der Oberfläche des Stückes selbst, die Kerne sind zum Teil etwas langgestreckt, ohne aber den Charakter des Bindegewebszellkerns anzunehmen. Von einer Entdifferenzierung kann hier jedenfalls keine Rede sein, denn in ihrer Differenzierung unterscheiden sich die neugewachsenen Zellen nicht grundsätzlich von den Mutterzellen.

Ob der beschriebene Züchtungserfolg auf die besonderen topographischen Verhältnisse oder auf die Jugend des explantierten Ovarienstückes zurückgeführt werden muß, kann nicht entschieden werden. Gewiß wird beim Neugeborenen die Wachstumsneigung aller Zellen eine größere sein als beim älteren Kinde oder Erwachenen, aber die besonderen Funktionen, die in der frühen Embryonalzeit dem Keimepithel möglicherweise zukommen, eben die Funktion als Keimepithel und nicht nur als Oberflächenepithel, besteht doch bei der Geburt ebensowenig wie im späteren Lebensalter. Das Oberflächenepithel des Neugeborenen ist im eigentlichen Sinne des Wortes kein Keimepithel mehr, da es an der Bildung der Follikel keinen Anteil nimmt. Wir können also auch aus dem Gelingen der Plasmakultur keinen Schluß hinsichtlich einer besonderen funktionellen Beziehung des Keimepithels ziehen.

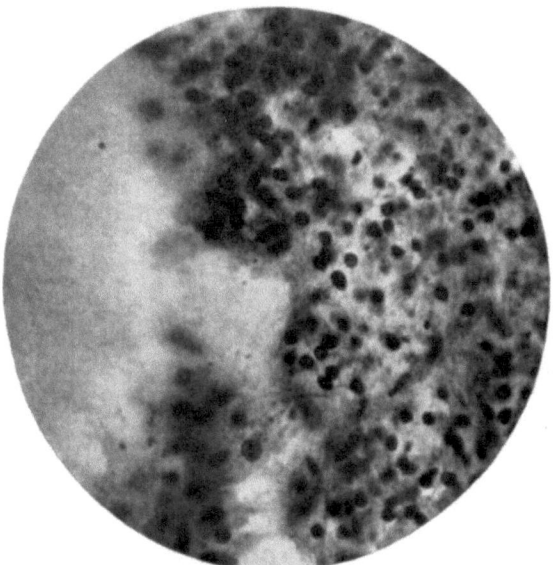

Abb. 120. Flächenhaft wachsende Granulosazellen (?). Ausschnitt aus Abb. 119 bei stärkerer Vergrößerung.

Als Gegenstück soll hier die den anderen Typus des epithelialen Wachstums verkörpernde Kultur vom Amnionepithel geschildert werden. Über die Kultur von Amnionepithel des Huhns hat Lewis (Anat. Rec. 26) berichtet. Als Ausgangsmaterial für unsere Versuche diente die Nabelschnur eines durch Uterusexstirpation wegen offener Lungentuberkulose der Mutter gewonnenen Fetus im 4. Monat. Die Abb. 117 zeigt ganz deutlich, daß das Nabelschnurgewebe selbst keine Neigung zum Wachstum zeigt, hingegen die ein- bis zweischichtige Epithelkleidung in ganz enorme Wucherung geraten ist. Bei schwächeren Vergrößerungen kann man in einem Gesichtsfeld bis fünf Mitosen erkennen. Die starke Vergrößerung, Abb. 118, zeigt zwei besonders schön ausgebildete Kernteilungsfiguren. Man sieht, wie sich die protoplasmareichen, eng aneinandergedrängten Zellen im engsten epithelialen Verband in das Plasmamedium vorschieben. Das flächenhafte Wachstum tritt ganz besonders deutlich zutage, wenn man damit das sprossende Wachstum der Abb. 113 vergleicht. Die einzelnen am weitesten vorgeschobenen Zellen zeigen, wie dies stets der Fall ist, Neigung zur Abrundung. Die meisten anderen Zellen sind eckig und typisch im epithelialen Verbande. Auch hier findet sich wohl gelegentlich eine Abflachung und Streckung der Zellen, eine Veränderung der ursprünglichen Form — aber nicht das, was man als Entdifferenzierung bezeichnet, wie CHAMPY sie in fast allen Kulturen epithelialer Gewebe (Niere, Leber usw.) beobachtet haben will.

Am meisten fesselte uns natürlich — wegen der mit diesen Fragen verknüpften Probleme der Anatomie und Physiologie der Ovarien — die Möglichkeit, auch anderes Epithel als Oberflächenepithel zu züchten.

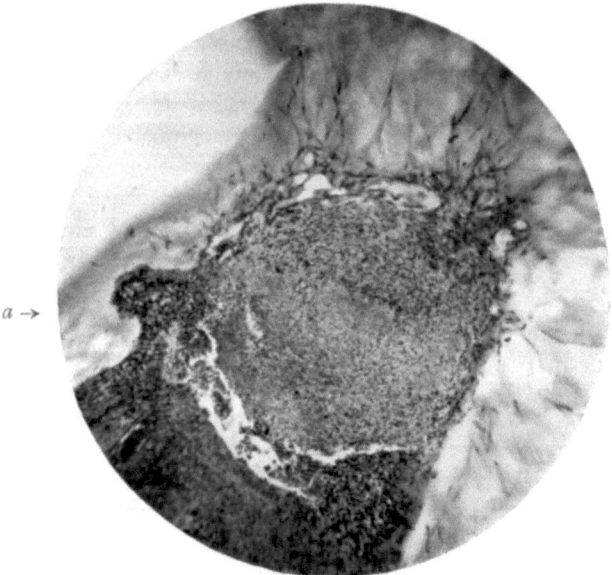

Abb. 121. Flächenhaft wachsende Granulosazellen(?). Mikroskopisches Präparat aus einem anderen Stück des gleichen Ovariums wie Abb. 119. In den oberen Abschnitten Bindegewebswachstum, an der linken Seite flächenhaftes Wachstum in Form einer Nase (a) von den gleichen Zellen wie in Abb. 119 u. 120 dargestellt. Höchstwahrscheinlich Granulosaepithel. 9 tägiger Brutschrankaufenthalt.

Es sei hier mit aller Zurückhaltung ein Fall beschrieben, den man als einen gelungenen Versuch bezeichnen könnte (Abb. 119—121). Der Eierstock entstammt einer 35 jährigen Frau. Die makroskopische Betrachtung der wachsenden Kultur ließ in der gesamten Peripherie ein flächenhaftes Wachstum erkennen, das sich deutlich sowohl von der als Auswanderung bezeichneten Erscheinung wie von der der Fibroblastensprossung unterschied. Letztere macht sich nur an einigen Stellen bemerkbar. Das Präparat zeigt nun am Rande einen ganzen Saum von Zellen in wechselnder Breite, größtenteils geradlinig begrenzt, nur an einzelnen Stellen mit Ausläufern in die Umgebung versehen. Außerdem sieht man — aber in viel geringerem Grade — wiederum Wachstum von typischen Fibroblasten in schmalen Sprossen, zum Teil durch diesen Zellsaum hindurchwachsend. Die Zellen des Saumes zeichnen sich durch eine große Gleichmäßigkeit des runden, gut färbbaren, deutlich strukturierten Kerns aus. Die Zellgrenzen sind nirgends genau zu verfolgen, vielmehr erhält man den Eindruck eines syncytialen Verbandes. *Nach dem Aussehen des Kerns ähneln die Zellen am meisten den Granulosazellen*, (Abb. 120), ohne daß man aber auf Grund der vorliegenden Präparate imstande gewesen wäre, sie einwandfrei zu identifizieren. Die Art der vorgenommenen Fixierung und Einbettung gestattete leider nicht den Entscheid, ob es sich um lipoidhaltige Zellen handelt, etwa Abkömmlinge eingepflanzter Luteinzellen. Dies ist aber wenig wahrscheinlich, zumal sich in den Präparaten keine Lücken im Protoplasma finden, die auf größere extrahierte Lipoidmengen schließen lassen könnten. Die Untersuchungen über das Verhalten fettführender Zellen in der Plasmakultur stoßen auf recht erhebliche technische Schwierigkeiten. Bei der Bedeutung des — auch heute noch ungeklärten — Lipoidstoffwechsels für den Eierstock und der Frage der Beziehungen der Hormone zu den Fettkörpern des Ovariums reizt diese Frage ganz besonders zum Studium mittels des Explantationsverfahrens.

Die vorliegenden Untersuchungen zeigen, daß man nicht nur fetales menschliches Gewebe, sondern auch ein so hoch differenziertes Gewebe wie den Eierstock in der Plasmakultur züchten kann. Zweifellos ist die Explantationsmethode zur Klärung biologischer Fragen aussichtsreich. Wenn ich selbst diese Untersuchungen nicht fortgeführt habe, so lag das daran, daß mich seinerzeit (1925) andere Fragestellungen in Anspruch nahmen, vor allem aber weil mir die neue biologische Methodik (Kap. 4—6) zur Erforschung von Fragen der weiblichen Genitalfunktion aussichtsreicher erschien. Erfreulicherweise sind die Explantationsversuche von anderer gynäkologischer Seite fortgeführt worden. So konnte GUGGISBERG in der Plasmakultur erfolgreich menschliche Placenta züchten, was uns in einigen Versuchen nicht gelungen war. Mit ihren schönen Untersuchungen haben A. MAYER, HEIM, CAFFIER, FRIEDHEIM, CRONU. GEY, STROGANOWA durch Züchtung von Uterusschleimhaut in den verschiedenen Zyklusphasen, Decidua und fetalen Gewebselementen uns einen weiteren Einblick in die Biologie der weiblichen Genitalfunktion verschafft. Die Gewebszüchtung hat für die biologische Forschung ihre natürlichen Grenzen, weil die in der Kultur gezüchteten Zellen nicht unbedingt dieselben biologischen Eigenschaften zu haben brauchen wie die Ausgangszellen im Organismus, vor allem aber, weil die Zellen nur ihre Eigenfunktion erkennen lassen, nicht aber ihre Eigenschaften in Abhängigkeit von den im Organismus wirkenden Faktoren. Die bisher vorliegenden wichtigen Ergebnisse der Züchtung von weiblichem Genitalgewebe lassen es wünschenswert erscheinen, auf diesem Gebiete weiter zu arbeiten, da wir dadurch eine weitere Möglichkeit haben, in die Rätsel der weiblichen Genitalfunktion einzudringen.

Ich bin mir wohl bewußt, daß eine Reihe der hier behandelten Fragen noch nicht endgültig geklärt ist, daß noch manche Probleme der Lösung harren. Aber ich glaube, daß über einige wichtige Fragen Klarheit geschaffen ist, sodaß die vorliegenden Ergebnisse nicht ohne theoretische und praktische Bedeutung sind. Mit dem Fortschreiten der Forschung werden vielleicht manche in diesem Buch niedergelegten Anschauungen überholt werden. Wenn aber nur einige Tatsachen als naturwissenschaftliche Erkenntnisse erhalten bleiben, wird der Zweck der vorliegenden Untersuchungen erfüllt sein.

Sachverzeichnis.

Abort, Folliculin bei habituellem 286.
— durch Prolan 188.
— Schwangerschaftsreaktion 313.
Abstrichverfahren, Methodik 37.
Adnextumoren, Prolan 293.
Adrenalin, Ovarialfunktion und 67.
Äther, Harnentgiftung 308.
Alkohol, Follikelblutungen 69.
Amenorrhöe, Folliculin bei 281.
— polyhormonale 240.
— Prolan 283, 289.
Amine, proteinogene, Wachstumswirkung auf den Uterus 16.
Amnionepithel, wachsendes, in Plasmakultur 330.
Antimaskuline Wirkung des Folliculins 103.
Ascites, Follikelreifungshormon (HVH-A) 269.
Ausgangsmaterial zur Darstellung des weiblichen Sexualhormons (Folliculin) 80.
Avitaminosen, Ovarialfunktion und 65.

Blasenmole, Harn-, Hormontitration 311.
— und HVH 206.
Blut, Folliculin im, bei Gravidität, bei Mensch und Tier 197.
— — Stute 317.

Blut, Follikelreifungshormon im, bei Ovarialstörungen 267.
— Hormonanalyse, klinische zum Nachweis von Folliculin und HVH 234.
— Ovarialstörungen, Follikelreifungshormon im 267.
— Sexualhormon, weibliches, bei Carcinom 267.
— Tumoren, benigne und maligne, Follikelreifungshormon 267.
Blutpunkte 125, 131.
— Ovarium der Maus 108.
— Schwangerschaftsschnellreaktion und 308.
Blutungen, Folliculin 283.
— ovarielle 292.
Blutverschiebungen, hormonale Reize 217.
Brunst, Tiere, verschiedene 218.
Brunstphasen 29.
Brunstreaktion der Nagetiere als Testobjekt zum Nachweis des weiblichen Sexualhormons 25.
— als Graviditätsreaktion beim Pferd 319.
Brunstrhythmus, Nagetiere 25.
Brunstzyklus, hemmende Wirkung von HVH-B 174.

Brustdrüse, Folliculin 102.

Carcinom, Hormone und 229.
— weiblicher Sexualhormon im Blut bei 267.
— Hypophysenvorderlappenzellen und 229.
— Follikelreifungshormon als spezifische Abwehrreaktion 270.
— beim Mann, Follikelreifungshormon und 265.
Carcinomdiagnose, Follikelreifungshormon (HVH-A) und 259.
Carcinome, genitale u. extragenitale der Frau, Follikelreifungshormon und 260, 263.
Carcinomgewebe, Hypophysenvorderlappenhormone und 269.
Carcinomrezidiv bei Genitalcarcinom, Follikelreifungshormon und 261.
Carotin, Placenta 217.
Chorionepitheliom und HVH 206.
— Harn-, Hormontitration 311.
— Hypophysenvorderlappenhormone, Bedeutung der Gewebsuntersuchung auf 312.
Clitoriscarcinom, Follikelreifungshormon und 260.

Sachverzeichnis.

Collumcarcinom, Follikelreifungshormon und 260.
Corpora lutea atretica, Funktion 129.
Corpus luteum, Folliculin, fehlt im tierischen 49.
— graviditatis, menschliches und tierisches 194.
— Hormons 104.
— — brunsthemmendes 105.
— — Lutin 106.
— — Progestin 106.
— der Schwangerschaftsfürsorge 105.
— der Schwangerschaftsvorbereitung 105.
— junges in der Gravidität durch HVH 183.
— Kuh 46.
— menschliches 80.
— menstruale 47.
— postmenstruale 47.
— prägravides 48.
— tierisches 46, 80.
— vascularisiertes durch HVH 126.
— Versuche mit 46.
Corpuscarcinom, Follikelreifungshormon und 261.

Daueroestrus als Ausdruck der Ovarialschädigung 65.
— beim geschlechtsreifen Tier durch Folliculin 98.
Decidua, Hormone 194, 203.
Diagnostik, biologische, durch Hormonnachweis 270.
Dioestrus, Ruhestadium 26.
Drüse, interstitielle 51.
Drüsen, endokrine, Extrakte 11.

Drüsen, endokrine, klinische Wirkung 11.
— — Spezifität 7.
— — Gravidität 193.
Ei, Folliculin und HVH, Beziehungen 191.
— und Hormon 189.
— und Röntgenstrahlen 190.
Eierstockpreßsäfte 2.
— Bronchialmuskulatur 2.
Einheitsbegriff des weiblichen Sexualhormons 77.
Ekzeme, Folliculin 295.
— Prolan 295.
Endokrine Drüsen, Extrakte 11.
— — klinische Wirkung 11.
— — Spezifität 7.
— — Gravidität 193.
— Krankheiten und Follikelreifungshormon 249.
Entgiftungsmethode, Äther 309.
Epiphyse, Gravidität 193.
Equiden, Schwangerschaftsreaktion 322.
Erdbeerovarium durch HVH 175.
Esel, Schwangerschaftsreaktion 322.
Extrauteringravidität, Schwangerschaftsreaktion 313.

Farbstoffe, Placenta 216.
Fetus, Folliculin 200.
— HVH 200.
Folliculin, Abort, habitueller 286.
— antimaskuline Wirkung 103.
— atresierende, thecazellreiche Follikel, Produktionsstätte des Folliculins in der Schwangerschaft 52.

Folliculin, Ausgangsmaterial 80.
— beim geschlechtsreifen Tier 98.
— biologische Wirkungen 91.
— Stute 317.
— Blutungen 283.
— Brustdrüse 102.
— Chemie 89.
— Corpus luteum 80.
— Darstellung aus Follikelsaft 83.
— — aus Harn, Adsorption 86.
— — — Frauen mit polyhormonalen Störungen 82.
— — — Konzentration, möglichst einfache 85.
— — — krystallinische Darstellung 85.
— — — Mensch und Tier (Pferd) 84.
— — — Pferdeharn bei Trächtigkeit 81.
— — — Schwangerenharn 81.
— — — Schwermetallsalzfällung 86.
— — — Verseifungsmethode 83.
— — Placenta 83.
— Daueroestrus bei Dauerzufuhr 93.
— dialysabel 90.
— Dosierung 280.
— Ekzeme 295.
— Fetus 200.
— Follikelsaft 80
— Galle beiderlei Geschlechts 82.
— Gasstoffwechsel 275.
— geschlechtsreifes Tier 98.
— Gewicht der Genitalien 96.
— Harn 200.
— Hoden 82.
— Hodengewicht nach Folliculinbehandlung 104.

Folliculin, Hormon der Pf-Phase 101.
— Hormonanalyse, klinische zum Nachweis in Blut und Harn 234.
— HVH und Ei, Beziehungen 191.
— im Blut bei Gravidität bei Mensch und Tier 197.
— kastrierter Tiere, Wirkung auf 92.
— — seniler Tiere 101.
— Klimakterium 285.
— Knochenwachstum und 98.
— Lösungsmittel, organische 90.
— Name 48.
— orale Wirksamkeit 279.
— Ovarium und 97.
— — bei Gravidität 194.
— Pferdeharn 90.
— Pflanzen 82.
— Placenta 81, 83, 195.
— — Produktion in der 211.
— Sexualorgane infantiler Tiere, Wirkung auf 92.
— Sterilität 285.
— Stoffwechsel 275.
— Stute, Blut 317.
— und HVH-Reaktionen, diagnostische Bedeutung 270.
— Uterusschleimhaut bei Mensch und Tier, Wirkung auf 99, 101.
— — Proliferationsphase 101.
— Uteruswachstum 95.
— Vorderlappenhormone, Treiber und Hemmer der 232.
— Zyklusstörungen 283.
Follikel, Wand, reifender 46.

Follikel, Wand, Versuche mit 45.
Follikelblutungen durch Alkohol 69.
Follikelhormon 104.
Follikelreifungshormon (HVH-A) 132.
— Abwehrreaktion, spezifische bei Carcinom 270.
— Ascites 269.
— Bedeutung beim Menschen 249.
— Blut bei Ovarialstörungen 267.
— Carcinom des Mannes und 265.
— Carcinomdiagnose und 259.
— Clitoriscarcinom und 260.
— Collumcarcinom und 260.
— Corpuscarcinom und 261.
— endokrine Krankheiten und 249.
— extragenitales Carcinom der Frau und 263.
— Frauenharn, Gehalt an 250.
— Genitalcarcinome der Frau und 260.
— — Recidiv und 261.
— Genitalerkrankungen der Frau und 252.
— Genitaltumoren, gutartige, und 260.
— Harn der trächtigen Stute 317.
— Hodentumor, maligner 265.
— Kastration und 252.
— kastrierte Tiere 257.
— Klimakterium und 253.
— menstrueller Zyklus und 251.
— Myom und 260.
— Ovarialcarcinom und 261.

Follikelreifungshormon Ovarialstörungen, Blut 267.
— Ovarialtumoren, benigne und 259.
— Proliferationsphase 138.
— Röntgenamenorrhöe und 255.
— Röntgenkastration und 254.
— Sexualfunktion, Aufhören und 253.
— Testobjekt 141.
— Tumoren und 259.
— — benigne und maligne 267.
— Vulvacarcinom und 260.
— Wallachenharn 257.
Follikelsaft 11.
— blutdrucksenkende Wirkung 11.
— Darstellung des weiblichen Sexualhormons 80.
— Entstehung 53.
— Folliculin im menschlichen 46.
— Folliculindarstellung 83.
— gerinnungshemmende und blutdrucksenkende Wirkung 11.
— Kuh 46, 49.
— des Menschen 49.
— — Versuche mit 46.
— Thecazellensekret 54.
Follikelsprung 137.
— durch HVH 125.
— Tiere 219.
Follikelwand, Versuche mit 45.
Frauenharn, Follikelreifungshormon, Gehalt an 250.
Fruchttod, Schwangerschaftsreaktion 313.
Funktionsphase 220.
— Pg-Phase = Sekretionsphase 220.
Fütterungsmethodik 41.

Sachverzeichnis. 337

Galle, beiderlei Geschlechts, Folliculin 82.
Gasstoffwechsel, Folliculin 275.
Gefäßreaktionen, thermische, im Klimakterium 249.
Gelenkerkrankungen, Hormonbehandlung 295.
Genitalcarcinome der Frau, Follikelreifungshormon und 260.
— — Recidiv und Follikelreifungshormon 261.
Genitalerkrankungen der Frau, Follikelreifungshormon (HVH-A) und 252.
Genitalfunktion, weibliche und Hypophysenvorderlappen 139.
Genitaltumoren, gutartige, Follikelreifungshormon und 260.
Gewebsentgiftung, Gewebsuntersuchung auf Hypophysenvorderlappenhormone nach 312.
Gifte, Menstrualblut 73.
— und Ovarialfunktion 71.
— — Adrenalin 67.
— — Alkohol 68.
— — Morphin 68.
— — Narkotica 68.
— — Thallium 70.
Glandole 6.
— glatte Muskulatur, kontrahierende Wirkung auf 6.
Gravidität, Corpus luteum, junges 183.
Gravidität, endokrine Drüsen und 193.
— Epiphyse 193.
— Folliculin im Blut bei Mensch und Tier 197.

Gravidität, Folliculin, im Ovarium 194.
— Hormone, Ablenkungsmechanismus 209.
— HVH im Ovarium 194.
— Hypophyse 193.
— Hypophysenhinterlappen 193.
— Hypophysenvorderlappenzellen und 225.
— Nebennierenrinde 193.
— Ovulation in der 181.
— Sexualhormon 194.
— Vorderlappenhormon 194.
Graviditätsähnliche Scheidenschleimhautveränderungen nach chronischer Prolanbehandlung 176.
Graviditätsdiagnose bei der Frau 296.
Graviditätsdiagnose beim Pferd 271.
Grundumsatz, Prolan 277.
Guanidin, Wachstumswirkung auf den Uterus 16.

Harn, Folliculin 200.
— Follikelreifungshormon, Gehalt an, bei Frauen 250.
— Hormonanalyse, klinische, zum Nachweis von Folliculin und HVH 234.
— HVH 200.
— — bei Mann und Frau 251.
— menschlicher, Folliculindarstellung 84.
— Nichtschwangerer, Prolandarstellung aus 145.
Harn, Pferde-, Folliculindarstellung 84.

Harn, Schwangerer, Prolandarstellung aus 145.
— Stute, trächtige 317.
— tierischer Folliculindarstellung 84.
— von Frauen mit polyhormonalen Störungen als Ausgangsmaterial zur Darstellung von Folliculin 82.
Harnentgiftung durch Äther 308.
Harntitration bei Blasenmole, Chorionepitheliom 311.
Histamin, Wachstumswirkung auf den Uterus 16.
Histochemische Untersuchungsmethoden 55.
Hoden, Folliculin 82.
Hypophysenvorderlappen und 160.
— Prolanwirkung am infantilen, reifenden, 163.
Hodengewicht nach Folliculinbehandlung 104.
Hodensarkom und HVH 208.
— Schwangerschaftsreaktion 265.
Hodentumor, maligner, Follikelreifungshormon 265.
Hormonale Untersuchungsmethoden 55.
Hormonanalyse, klinische zum Nachweis von Folliculin und HVH in Blut und Harn 234.
Hormonbehandlung, Ekzeme, Impetigo herpetiformis, Psoriasis 295.
Hormone, Blut des trächtigen Pferdes 205.

Zondek, Hormone. 22

Hormone, Blut und Harn, Vergleich des Gehaltes bei Frau und Pferd 205.
— Carcinom und 229.
— Decidua, 194, 203.
— Ei und 189.
— Gravidität und 226.
— Harn des trächtigen Pferdes 205.
— Harn und Blut, Vergleich des Gehaltes bei Frau und Pferd 205.
— Lumbalflüssigkeit der Schwangeren 202.
— Magensaft der Schwangeren 202.
— Milch, Ausscheidung 200.
— Ovarialcyste bei Gravidität 214.
— Schwangerschaft und 192.
— — Ablenkungsmechanismus 209.
— trächtige Tiere 204.
— Tuben, in der Gravidität 203.
Hormonforschung.
— falscher Weg 1.
Hormonnachweis, Diagnostik, biologische durch 271.
Hormonproduktion.
— cyclische 48.
— follikulärer Apparat und 48.
Hormontitration bei Blasenmole, Chorionepitheliom 311.
HV-Reaktion 128.
— Blutpunkte 128.
— Brunstauslösung 128.
— Follikelreifung 128.
— Luteinisierung 128.
— Ovulation 128.
HVH, Blasenmole 206.
— Blut bei Gravidität bei Mensch und Tier 197.

HVH, Chorionepitheliom 206.
— Erdbeerovarium durch 175.
— erstes Auftreten im Schwangerenharn 203.
— Fetus 200.
— Folliculin und Ei, Beziehungen 191.
— Harn 200.
— Hodensarkom 208, 267.
— Hormonanalyse, klinische, zum Nachweis in Blut und Harn 234.
— im Ovarium bei Gravidität 194.
— Luteincysten durch 208.
— Placenta 195, 213.
— Schwangerschaftsunterbrechung 187.
— Schwangerschaftsveränderungen durch 179.
— Sterilisierung, hormonale, durch 179.
HVH-A, im Harn von Mann und Frau 251.
HVH-A und B, bei Mensch und Tier 138.
— Testobjekt 143.
HVH-B, Brunstzyklus, hemmende Wirkung 175.
— Uteruswachstum 177.
HVR I = negative Schwangerschaftsreaktion der Frau 300.
HVR I—III 118.
Hypophyse, Gravidität 193.
— Hormongehalt der infantilen 117.
— — beim Tier 111.
— — der menschlichen 114.
Hypophyse, Hormongehalt in der Pubertät 117.

Hypophyse, Hormongehalt, Kuh 116.
— — Schwein 116.
Hypophysektomie 109.
Hypophysenhinterlappen in der Gravidität 193.
Hypophysenvorderlappen 107.
— Extrakte 109.
— — Riesenwachstum 109.
— Follikelreifungshormon — HVH-A 107.
— Genitalfunktion, weibliche 139.
— Gravidität 194.
— — HVR I—III, Wirkungsmechanismus 118.
— — Hypophysenvorderlappenzellen und 224.
— — Kastrohormon und 258.
— — kleincystische Degeneration der Ovarien 288.
— — Parabiose und 258.
— — Produktion mehrerer 132.
— Hormone, Carcinomgewebe und 269.
— — chemische Eigenschaften 146.
— — Chorionepitheliom, Bedeutung der Gewebsuntersuchung für Diagnose 312.
— — Darstellung 144.
— — Gewebsuntersuchung auf, nach Gewebsentgiftung 312.
— Implantat 107.
— Implantation in der Gravidität 181.
— Kuh 111.
— Luteinisierungshormon — HVH-B 107.

Sachverzeichnis.

Hypophysenvorderlappen des Mannes und der Frau 112.
— Ovarium und Wechselwirkung 230.
— quantitative Hormonuntersuchungen beim Manne 113.
— Sexualfunktion, Motor der 107.
— Sexualhormone, übergeordnete „HVH" 107.
— senile Tiere 170.
— Stier 112.
— Testobjekt 140.
— Vorderlappenhormon „Prolan" 107.
— Wachstumshormon 135.
— Wirkungsmechanismus (HVR I—III) 118.
Hypophysenvorderlappenzellen, Carcinom und 229.
— und Gravidität 225.
— Kastration und 228.
— und Vorderlappenhormone 224.

Impetigo herpetiformis, Hormonbehandlung 295.
Implantation, körperfremdes Gewebe 41.
Implantationsmethode 23.
— Brunstreaktion und 24.
— hormonale Schwangerschaftsreaktion 24.
— Hypophysenvorderlappenhormon, Nachweis durch 23, 24.
— interstitielle Zellen, Bedeutung 23.
Implatationsmethode, Lokalisation des weiblichen Sexualhormons 23.

Implatationsmethode, Resorption eingepflanzten Gewebes 40.
Implantationsmethodik 39.
Injektionsmethodik 41.
Interstitielle Drüse 51.
— Zellen, funktionelle Bedeutung 49.

Jodgehalt des Blutes in der Schwangerschaft 192.

Kachexie, hypophysäre, Prolan 294.
Kaltblüter, Prolan 169.
Kaninchen, Prolanwirkung 153.
Kastration, Follikelreifungshormon (HVH-A) und 252.
— Hypophysenvorderlappenzellen und 228.
— Methodik 35.
— Röntgen- und Follikelreifungshormon (HVH-A) 254.
— unvollständige, Follikel im Ovarialrest 43.
Kastrationsbestrahlung 58.
Kastrationshypophyse 228.
Kastrohormon, Hypophysenvorderlappenhormone und 258.
Klima, Sexualzyklus und 219.
Klimakterische Wallungen, Analyse 245.
Klimakterium, Folliculin 285.
— Follikelreifungshormon und 253.
Klimakterium, Gefäßreaktionen, thermische 249.

Klimakterium, polyhormonales 244.
Knochenwachstum, Folliculin und 98.
Kuh, Corpus luteum 47, 49, 194.
— Follikelsaft 46.
— Hormongehalt der Hypophyse 116.
— Hypophysenvorderlappen 111.
— Placenta 215.

Lipoide des Ovariums 54.
— nicht das Hormon (Folliculin) selbst 56.
Lumbalflüssigkeit der Schwangeren, Hormone 202.
Lutein, Placenta 217.
Luteincysten durch HVH 208.
— bei Hypophysentumor 180.
Luteinisierung, maximale im Ovarium durch Prolanbehandlung 178.
— partielle, durch HVH 126.
Luteinisierungshormon (HVH-B) 132, 232.
— brunsthemmende Wirkung 232.
— Ovarialfunktion, Hemmungsstoff 174.
— Sekretionsphase 138.
— Stute, Blut 317.
— — Harn der trächtigen 317.
— Testobjekt 142.

Magensaft der Schwangeren, Hormone 202.
Magersucht, Prolan 294.
Mann, Hypophysenvorderlappen 113.
Menstrualblut 71.
— Arsen 73.
— Eiweißgehalt 74.
— Erythrocyten, Resistenz 74.
— Folliculin 76.

Menstrualblut, Gerinnungsfähigkeit 75.
— Gifte 73.
— Hämolyse 74.
— Jod 73.
— molekulare Konzentration 74.
— Morphologie 73.
— physikalische Untersuchung 74.
— Trockensubstanz 74.
— Wassergehalt 74.
Menstruation 71.
— Affenweibchen 221.
— als Exkretion 72.
Menstrueller Zyklus und Follikelreifungshormon (HVH-A) 251.
Metoestrus, Abbauphase 26.
— polygonale Zellen von Leukocyten durchsetzt 27.
Metropathia haemorrhagica als polyhormonale Störung 243.
Milch, Hormonausscheidung 200.
Myom, Follikelreifungshormon (HVH-A) und 260.

Narkotica, Ovarialfunktion und 68.
Nebennieren, und Ovarialzyklus 70.
Nebennierenrinde, Gravidität 193.

Oestrus 71.
— Brunst 26.
— verhornte Zellagen (Schollen) 27.
Optone 6.
— glatte Muskulatur, erschlaffende Wirkung auf 6.
Ovarialcarcinom, Follikelreifungshormon und 261.
Ovarialcyste bei Gravidität, Hormongehalt 214.

Ovarialextrakte, Uteruswachstum und 13.
Ovarialfunktion, Adrenalin 67.
— Alkohol 68.
— Avitaminosen 65.
— Ernährung 65.
— exogene Einflüsse 58.
— Gifte 66.
— Luteinisierungshormon (HVH-B) als Hemmungsstoff 174.
— Morphin 68.
— Nährschäden 64.
— Röntgenstrahlen und 58.
— Thallium 70.
Ovarialgewebe, menschliches, Züchtung in vitro 323.
Ovarialhormone, Uteruswachstum als Testobjekt zum Nachweis 11.
— verschiedene 105.
Ovarialkultur, Fibroblasten 325.
— Granulosazellen 332.
— Oberflächenepithel 328.
Ovarialpreßsaft 11.
— Giftigkeit 11.
Ovarialrest, Follikel nach unvollständiger Kastration 43.
Ovarialrinde 194.
— Versuche mit 45.
Ovarialtransplantation, hormonale Wirkung 23.
— Implantation, Wirkung nur als.
— als Reiztherapie 23.
spezifische 19.
— Stoffwechsel und 18.
— als Substitution des weiblichen Sexualhormons 17.
Ovarialtumoren, benigne, Follikelreifungshormon (HVH-A) und 259.

Ovarium, anatomische Veränderungen durch HVH 118.
— Folliculin bei Gravidität 194.
— im Dioestrus 26.
— Folliculin und 97.
— HVH bei Gravidität 194.
— Hypophysenvorderlappen und Wechselwirkung 230.
— kleincystische Degeneration und Hypophysenvorderlappenhormone 288.
— Lokalisation des weiblichen Sexualhormons im menschlichen 44.
— Luteinisierung, maximale, durch Prolan 178.
— im Metoestrus 26.
— im Oestrus 26.
— im Prooestrus 26.
— Reaktivierung 171.
— Transplantation konservierter menschlicher 20.
Ovoglandol, Wachstumswirkung 16.
Ovowop 274.
— Stoffwechsel 275.
Ovulation in der Gravidität 181.
— und unspezifische Stoffe 110.

Parabiose, Hypophysenvorderlappenhormone und 258.
Pferd, Graviditätsdiagnose 271.
— Hormone im Blut bei Trächtigkeit 199.
— s. auch Stute.
— trächtiges, Hormone in Blut und Harn 205.

Sachverzeichnis.

Scheidenschleimhaut, graviditätsähnliche Veränderungen nach chronischer Prolanbehandlung 176.
— Probeexcisionen 24.
Scheidensekret 27, 39.
— Dioestrus, fadenziehende (spinnwebartige) Masse 39.
— Epithelien 27.
— Krissel im 27.
— krümelige Masse im Oestrus 39.
— Leukocyten 27.
— Schleim 27.
— Schollen 27.
— unspezifische Änderung 44.
Schilddrüse, Schwangerschaft 192.
Schwangerenharn, Ausgangsmaterial zur Darstellung von Folliculin 81.
— erstes Auftreten von HVH im 203.
— Hormone im 201.
— Prolandarstellung aus 145.
Schwangerschaft, siehe auch Gravidität.
— Hormone 192.
— Jodgehalt des Blutes 192.
— Schilddrüse 192.
Schwangerschaftshypophyse 225.
Schwangerschaftsreaktion, Abort 313.
— Affe, Harn 316.
— Equide, (Zebra, Esel) 322.
— Entgiftung 308.
— Extrauteringravidität 313.
— Fruchttod 313.
— Grundlagen, wissenschaftliche 297.
Schwangerschaftsreaktion, Harn beim Tier 316.

Schwangerschaftsreaktion, Hodensarkom 265.
— hormonale bei der Frau 203.
— — im Harn der Frau 296.
— Mensch und Pferd, Unterschiede 319.
— Pferd 204, 319.
— dem Pferd nahestehende Tiere 322.
— Technik 304.
— Teratom 265.
— Tier, Harn 316.
— Verbesserung 308.
— Wertigkeit 314.
— wissenschaftliche Grundlagen 297.
— Zebra 322.
Schwangerschnellreaktion, Blutpunkte und 308.
— Fällungsreaktion (PSR) 307.
— durch HVR II 274.
Schwangerschaftsunterbrechung durch HVH 187.
Schwangerschaftsveränderungen durch HVH 175.
Schwangerschaftszellen 193, 225.
Schwein, Hormongehalt der Hypophyse 116.
Serum, Entgiftung durch Äther 237.
Sexualfunktion, Aufhören, Follikelreifungshormon (HVH-A) und 253.
Sexualhormon, weibliches 11, 54, siehe auch Folliculin.
— Ausgangsmaterial zur Darstellung 80.
— Darstellung 77.
— Einheitsbegriff 77.
— Erforschung, neuer Weg zur 23.
Sexualhormon, Gravidität 194.

Sexualhormon, Lokalisation im menschlichen Ovarium 44.
— Mäusevollbrunsteinheit 79.
— Rattenvollbrunsteinheit 79.
— Stoffwechsel und 274.
— Uteruswachstum als Testobjekt zum Nachweis 11.
Sexuallipoid, feminines 13.
Sexualorgane 14.
— Gewicht, Beziehungen zum Gesamtgewicht 14.
Sexualhormone bei Mensch und Tier, vergleichende Untersuchungen 218.
Sexualorgane, männliche, Prolan 159.
Sexualzyklus, exogene Faktoren 219.
— Klima und 219.
— bei Mensch und Tier, vergleichende Untersuchungen 218.
Sterilisierung, hormonale, durch HVH 179.
Sterilität, Folliculin bei 285.
Stier, Hypophysenvorderlappen 112.
Stoffwechsel, Folliculin 275.
— Ovarialtransplantation und 18.
— Ovowop 275.
— Prolan 277.
— Sexualhormone und 274.
Stoffwechselhormon 132.
— und Hypophysenvorderlappen 135.
Stute, Folliculin im Blut 317.
Stute, Harn der trächtigen 317.

Sachverzeichnis.

Scheidenschleimhaut, graviditätsähnliche Veränderungen nach chronischer Prolanbehandlung 176.
— Probeexcisionen 24.
Scheidensekret 27, 39.
— Dioestrus, fadenziehende (spinnwebartige) Masse 39.
— Epithelien 27.
— Krissel im 27.
— krümelige Masse im Oestrus 39.
— Leukocyten 27.
— Schleim 27.
— Schollen 27.
— unspezifische Änderung 44.
Schilddrüse, Schwangerschaft 192.
Schwangerenharn, Ausgangsmaterial zur Darstellung von Folliculin 81.
— erstes Auftreten von HVH im 203.
— Hormone im 201.
— Prolandarstellung aus 145.
Schwangerschaft, siehe auch Gravidität.
— Hormone 192.
— Jodgehalt des Blutes 192.
— Schilddrüse 192.
Schwangerschaftshypophyse 225.
Schwangerschaftsreaktion, Abort 313.
— Affe, Harn 316.
— Equide, (Zebra, Esel) 322.
— Entgiftung 308.
— Extrauteringravidität 313.
— Fruchttod 313.
— Grundlagen, wissenschaftliche 297.
Schwangerschaftsreaktion, Harn beim Tier 316.

Schwangerschaftsreaktion, Hodensarkom 265.
— hormonale bei der Frau 203.
— — im Harn der Frau 296.
— Mensch und Pferd, Unterschiede 319.
— Pferd 204, 319.
— dem Pferd nahestehende Tiere 322.
— Technik 304.
— Teratom 265.
— Tier, Harn 316.
— Verbesserung 308.
— Wertigkeit 314.
— wissenschaftliche Grundlagen 297.
— Zebra 322.
Schwangerschnellreaktion, Blutpunkte und 308.
— Fällungsreaktion (PSR) 307.
— durch HVR II 274.
Schwangerschaftsunterbrechung durch HVH 187.
Schwangerschaftsveränderungen durch HVH 175.
Schwangerschaftszellen 193, 225.
Schwein, Hormongehalt der Hypophyse 116.
Serum, Entgiftung durch Äther 237.
Sexualfunktion, Aufhören, Follikelreifungshormon (HVH-A) und 253.
Sexualhormon, weibliches 11, 54, siehe auch Folliculin.
— Ausgangsmaterial zur Darstellung 80.
— Darstellung 77.
— Einheitsbegriff 77.
— Erforschung, neuer Weg zur 23.
Sexualhormon, Gravidität 194.

Sexualhormon, Lokalisation im menschlichen Ovarium 44.
— Mäusevollbrunsteinheit 79.
— Rattenvollbrunsteinheit 79.
— Stoffwechsel und 274.
— Uteruswachstum als Testobjekt zum Nachweis 11.
Sexuallipoid, feminines 13.
Sexualorgane 14.
— Gewicht, Beziehungen zum Gesamtgewicht 14.
Sexualhormone bei Mensch und Tier, vergleichende Untersuchungen 218.
Sexualorgane, männliche, Prolan 159.
Sexualzyklus, exogene Faktoren 219.
— Klima und 219.
— bei Mensch und Tier, vergleichende Untersuchungen 218.
Sterilisierung, hormonale, durch HVH 179.
Sterilität, Folliculin bei 285.
Stier, Hypophysenvorderlappen 112.
Stoffwechsel, Folliculin 275.
— Ovarialtransplantation und 18.
— Ovowop 275.
— Prolan 277.
— Sexualhormone und 274.
Stoffwechselhormon 132.
— und Hypophysenvorderlappen 135.
Stute, Folliculin im Blut 317.
Stute, Harn der trächtigen 317.

Sachverzeichnis.

Stute, Luteinisierungshormon im Blut 317.

Teratom, Schwangerschaftsreaktion 265.
Testobjekt, Follikelreifungshormon 141.
— Hypophysenvorderlappenhormone 140.
— Hypophysenvorderlappenhormone und Schwangerschaftsreaktion 298.
— Nagetiere, Brunstreaktion als Nachweis des weiblichen Sexualhormons 25.
— für Ovarialhormon 38.
Thecawucherung nach Prolan beim Kaninchen 157.
— Produktionsstätte des weiblichen Sexualhormons 51.
— Schwangerschaft 52.
— Thymus und Ovarialfunktion 70.
Tiere, kastrierte, Follikelreifungshormon und 257.
— trächtige, Hormone 205.
Transplantation, Ovarien, konservierte menschliche 20.
Tuben, in der Gravidität Hormone 203.

Tumoren, Follikelreifungshormon (HVH-A) und 259.
Tyramin, Wachstumswirkung auf den Uterus 17.

Untersuchungsmethoden, histochemische 55, 57.
— hormonale 55, 57.
Uterus, Amine Wachstumswirkung 16.
— im Dioestrus 26.
— Guanidin, Wachstumswirkung 16.
— Histamin, Wachstumswirkung 16.
— im Metoestrus 26.
— im Oestrus 26.
— im Prooestrus 26.
— Tyramin, Wachstumswirkung 17.
Uterusschleimhaut, Foliculinwirkung bei Mensch und Tier 99, 101.
— — Proliferationsphase 101.
— bei polyhormonalen Krankheiten 242.
— Wachstum 17.
— — Folliculin 95.
— — HVH-B 177.
— — Ovarialextrakte 13.
— — als Testobjekt zum Nachweis des

weiblichen Sexual-(Ovarial-)hormons 11.
Uterusschleimhaut, Wachstum, unspezifische Stoffe 17.

Vaginalschleimhaut 34.
— Zyklus beim Menschen und Affen 34.
Vasomotorenzentrum, hormonale Reize 247.
Vitamine, Placenta 216.
Vögel, Prolan 169.
Vorderlappen, s. Hypophysenvorderlappen.
Vulvacarcinom, Follikelreifungshormon und 260.

Wachstumshormon 132, 135.
Wachstumsvitamin, Placenta 217.
Wallach, Follikelreifungshormon (HVH-A) im Harn 257.
Wallungen, klimakterische, Analyse 245.

Zebra, Schwangerschaftsreaktion 322.
Zwischengewebe des Hodens, Prolanwirkung 164.
Zyklus, zweiphasiger 221.
Zyklusstörungen, Folliculin 283.

Verlag von Julius Springer / Berlin und Wien

Die Hormone, ihre Physiologie und Pharmakologie. Von **Paul Trendelenburg,** Professor an der Universität Berlin. Erster Band: **Keimdrüsen. Hypophyse. Nebennieren.** Mit 60 Abbildungen. XI, 351 Seiten. 1929. RM 28.—; gebunden RM 29.60 Zweiter Band: **Schilddrüse. Nebenschilddrüse. Inselzellen** usw. In Vorbereitung

Pathologische Anatomie u. Histologie der Drüsen mit innerer Sekretion. Bearbeitet von W. Berblinger, A. Dietrich, G. Herxheimer, E. J. Kraus, A. Schmincke, H. Siegmund, C. Wegelin. („Handbuch der speziellen pathologischen Anatomie und Histologie", Band VIII.) Mit 358 zum Teil farbigen Abbildungen. XII, 1147 Seiten. 1926. RM 165.—; gebunden RM 168.—

Mikroskopische Anatomie des Blutgefäß- und Lymphgefäßapparates, Atmungsapparates und der innersekretorischen Drüsen. („Handbuch der mikroskopischen Anatomie des Menschen", Band VI.)

Erster Teil: **Blutgefäße und Herz. Lymphgefäße und lymphatische Organe. Milz.** Bearbeitet von A. Benninghoff, Adele Hartmann, T. Hellman. Mit 299 zum großen Teil farbigen Abbildungen. VIII, 584 Seiten. 1930. RM 148.—; gebunden RM 156.—

Zweiter Teil: **Atmungsapparat. Innersekretorische Drüsen mit Ausnahme der Keimdrüse.** Von R. Heiß und B. Romeis. In Vorbereitung

Jeder Band ist einzeln käuflich, jedoch verpflichtet die Abnahme eines Teiles eines Bandes zum Kauf des ganzen Bandes.

Innere Sekretion, ihre Physiologie, Pathologie und Klinik. Von Professor Dr. **J. Bauer,** Wien. Mit 56 Abbildungen. VI, 479 Seiten. 1927. RM 36.—; gebunden RM 39.—

Die Krankheiten der endokrinen Drüsen. Ein Lehrbuch für Studierende und Ärzte. Von Dr. **H. Zondek,** a. o. Professor an der Universität Berlin, Direktor der Inneren Abteilung des Krankenhauses am Urban. Zweite, vermehrte und verbesserte Auflage. Mit 220 Abbildungen. IX, 421 Seiten. 1926. RM 37.50

Die Erkrankungen der Blutdrüsen. Von Professor Dr. **W. Falta,** Wien. Zweite, vollkommen umgearbeitete Auflage. Mit 107 Abbildungen. VII, 568 Seiten. 1928. RM 42.—; gebunden RM 45.—

Die Erkrankungen der Schilddrüse. Von Professor Dr. **Burghard Breitner,** Erstem Assistenten der I. Chirurgischen Universitätsklinik in Wien. Mit 78 Textabbildungen. VIII, 308 Seiten. 1928. RM 24.—; gebunden RM 25.80

Physiologie und Pathologie der Hypophyse. Referat, gehalten am 34. Kongreß für Innere Medizin in Wiesbaden am 26. April 1922. Von Professor Dr. **Artur Biedl,** Prag. Mit 42 Abbildungen im Text. II, 81 Seiten. 1922. RM 3.—

Verlag von Julius Springer / Berlin

Correlationen II. („Handbuch der normalen und pathologischen Physiologie", Band XVI.)

Erste Hälfte: **Physiologie und Pathologie der Hormonorgane. Regulation von Wachstum und Entwicklung. Die Verdauung als Ganzes. Die Ernährung des Menschen als Ganzes. Die correlativen Funktionen des autonomen Nervensystems. Regulierung der Wasserstoffionen-Konzentration.** Bearbeitet von I. Abelin, G. v. Bergmann, A. Biedl, O. Fürth, K. Gollwitzer-Meier, G. Hertwig, P. Hertwig, R. Isenschmid, O. Kestner, G. Koehler, A. Kohn, O. Marburg, F. Pineles, W. Schulze, H. Staub, J. Wiesel†, H. Zondek. Mit 245 Abbildungen. XIII, 1159 Seiten. 1930. RM 121.—; gebunden RM 129.—

Zweite Hälfte: **Correlationen des Zirkulationssystems. Mineralstoffwechsel. Regulation des organischen Stoffwechsels. Die correlativen Funktionen des autonomen Nervensystems II.** Bearbeitet von L. Asher, H. Eppinger, A. Fleisch, P. György, W. Heubner, S. Isaac, Chr. Kroetz, R. Meyer-Bisch †, E. Schilf, M. B. Schmidt, R. Siegel, W. H. v. Wyss. W. Zielstorff. Mit 73 Abbildungen. IX, 700 Seiten. 1931.
RM 78.—; gebunden RM 86.—

Jeder Band ist einzeln käuflich, jedoch verpflichtet die Abnahme eines Teiles eines Bandes zum Kauf des ganzen Bandes.

Pathologische Anatomie und Histologie der weiblichen Geschlechtsorgane. (Handbuch der speziellen und pathologischen Anatomie und Histologie", Band VII.)

Erster Teil: **Uterus und Tuben.** Mit 447 zum großen Teil farbigen Abbildungen. X, 931 Seiten. 1930. RM 195.—; gebunden RM 199.—

Inhaltsübersicht: Die pathologische Anatomie der Gebärmutter. Von R. Meyer. — Mola hydatiformis (Blasenmole) und Chorionepithelioma malignum uteri. Von R. Meyer. — Tube. Von O. Frankl.

Zweiter Teil: In Vorbereitung

Inhaltsübersicht: Plazenta. Von K. Kaufmann, Berlin. — Brustdrüse. Von A. Schultz und O. Schultz-Brauns. — Die Krankheiten der Uterusbänder einschl. Beckenbindegewebe. Von H. O. Neumann. — Vagina und Vulva. Von R. Meyer. — Ovarien. Von J. Miller.

Jeder Band ist einzeln käuflich, jedoch verpflichtet die Abnahme eines Teiles eines Bandes zum Kauf des ganzen Bandes.

Mikroskopische Anatomie des Harn- u. Geschlechtsapparates. („Handbuch der mikroskopischen Anatomie des Menschen", Band VII.)

Erster Teil: **Exkretionsapparat und weibliche Genitalorgane.** Mit 422 zum großen Teil farbigen Abbildungen. VII, 574 Seiten. 1930. RM 138.—; gebunden RM 146.—

Inhaltsübersicht: **Der Exkretionsapparat.** Von W. v. Möllendorff. — **Weibliche Genitalorgane.** Von R. Schröder. Einleitung. Die mikroskopische Anatomie der Keimdrüse: Das fetale Ovarium. Das Ovarium der Neugeborenen. Das Ovarium im Kindesalter bis zur Geschlechtsreife. Der Eierstock der geschlechtsreifen Frau. Das Ovarium während Schwangerschaft und Wochenbett. Das senile Ovarium. Die mikroskopische Anatomie des Genitalschlauches, des Eileiters, des Uterus, der Scheide, der äußeren Geschlechtsorgane des Ligamentapparates und des Beckenbindegewebes. Literatur. Namenverzeichnis. Sachverzeichnis.

Zweiter Teil: **Männliche Genitalorgane.** Bearbeitet von H. Stieve. Mit 245 zum Teil farbigen Abbildungen. VII, 399 Seiten. 1930.
RM 128.—; gebunden RM 136.—

If you have any concerns about our products,
you can contact us on
ProductSafety@springernature.com

In case Publisher is established outside the EU,
the EU authorized representative is:
**Springer Nature Customer Service Center GmbH
Europaplatz 3, 69115 Heidelberg, Germany**

Printed by Libri Plureos GmbH
in Hamburg, Germany